通信新技术丛书

5G 空时信号处理

牛　凯　董　超　编著

科　学　出　版　社
北　京

内 容 简 介

本书以第五代(5G)移动通信系统为背景，梳理与总结其中具有代表性的关键技术——MIMO 空时信号处理技术。全书分为 6 章，主要包括绪论、信道建模、信道估计技术、MIMO 检测技术、智能表面辅助的 MIMO 处理技术和空间调制与序号调制技术。本书每章后面附有习题，可供读者自主学习和练习。

本书可作为信息与通信工程以及相关领域硕士研究生的教材，也可作为高年级本科生和博士研究生的教材，同时可供从事移动通信领域研究、开发和维护的专业技术人员参考。

图书在版编目(CIP)数据

5G 空时信号处理 / 牛凯，董超编著. —北京：科学出版社，2022.11
通信新技术丛书
ISBN 978-7-03-073905-6

Ⅰ. ①5… Ⅱ. ①牛… ②董… Ⅲ. ①第五代移动通信系统－信号处理 Ⅳ. ①TN929.538

中国版本图书馆 CIP 数据核字(2022)第 220074 号

责任编辑：潘斯斯 / 责任校对：王 瑞
责任印制：张 伟 / 封面设计：迷底书装

科 学 出 版 社 出版
北京东黄城根北街 16 号
邮政编码：100717
http://www.sciencep.com
北京建宏印刷有限公司 印刷
科学出版社发行 各地新华书店经销
*
2022 年 11 月第 一 版 开本：787×1092 1/16
2023 年 8 月第三次印刷 印张：14 3/4
字数：360 000

定价：88.00 元

(如有印装质量问题，我社负责调换)

作 者 介 绍

牛凯，男，北京邮电大学人工智能学院教授，博士研究生导师。现为北京邮电大学泛网无线通信教育部重点实验室副主任，中国电子学会与中国通信学会高级会员，中国电子学会信息论分会副主任委员。主要研究方向为极化码、5G/6G 移动通信、智能信号处理。先后主持多项国家自然科学基金重点与面上项目、国家重点研发计划项目、863 计划项目、国家科技重大专项项目。在 IEEE 等重要学术期刊和会议发表论文 200 篇(其中，SCI 检索 60 篇)，申请国家发明专利 80 项，所提极化码高性能编译码算法成为 5G 标准主流方案，荣获中国电子学会科学技术奖自然科学一等奖。作为主要编著者，撰写普通高等教育“十五”“十一五”国家级规划教材《移动通信原理》，荣获 2010 年全国电子信息类优秀教材一等奖。

董超，男，北京邮电大学人工智能学院副教授，博士研究生导师，中国电子学会会员。主要研究方向为均衡技术、MIMO 检测技术、非正交多址技术等。作为项目负责人主持多项国家自然科学基金项目、华为创新研究计划项目、中国电子科技集团公司第五十四研究所高校合作项目多项，担任 IEEE 多个期刊的审稿人，发表 SCI/EI 检索论文 30 余篇，荣获中国电子学会科学技术奖自然科学一等奖。

前 言

进入21世纪以来，移动通信技术日新月异，给人类社会带来了深刻的信息化变革。目前，以OFDMA为核心技术的第四代(4G)移动通信已经在我国普遍商用，第五代(5G)移动通信网络正在大规模建设。以华为技术有限公司、中国移动通信集团有限公司为代表的中国移动通信设备商与运营商在5G移动通信标准方面获得了整体突破。目前，科技部与工业和信息化部已经启动了第六代(6G)移动通信技术的研究。

5G移动通信引入了三大典型场景，分别是增强型移动宽带(eMBB)、大规模机器通信(mMTC)和低时延高可靠通信(uRLLC)。由此，5G移动通信提出了“万物互联”的愿景，第一次将人-机-物纳入统一的服务体系中，大幅度扩展了移动通信的应用场景，渗透到工业应用、智能交通等各种垂直行业。

5G移动通信的目标是实现系统速率、业务速率、频谱效率、连接密度、传输可靠性与时延的全方位提升。为了应对这些技术挑战，5G移动通信系统充分挖掘了无线信号的时间、频率与空间维度，特别是空时信号处理技术的应用，是5G移动通信系统的一项关键技术。

空时信号处理是最近20年来移动通信最活跃的研究领域。配置多个天线的发射机与接收机，构成了多输入多输出(MIMO)无线传输系统，由于引入了额外的空间维度，该系统能够显著提升无线链路的传输效率。因此，以空时编码、波束成形为代表的空时信号处理技术，迅速得到学术界与工业界的普遍关注。在第三代(3G)移动通信系统中，主要应用了两天线MIMO技术，有效增强了系统频谱效率。在4G移动通信系统中，天线数目扩展为4～8，应用场景从单用户MIMO扩展到多用户MIMO，频谱效率进一步提升。

在5G移动通信系统中，为了满足链路频谱效率的量级增长，采用了大规模MIMO技术，天线数目扩展为32～256，并且应用了各种先进的空时信号处理算法。这些技术是5G移动通信系统大幅度提高系统频谱效率的关键，在信号处理理论与工程应用上都具有重要意义。

随着5G移动通信技术的快速商用，国内外介绍5G关键技术的书籍也层出不穷，但是大多数书籍或者侧重于5G标准的工程解读，或者偏重于单项技术的理论分析，不太适合作为大学的专业课教材。

本书力图将大规模MIMO的前沿理论与5G移动通信的先进应用紧密结合，对5G空时信号处理技术的最新进展进行系统梳理与总结。全书分为6章。第1章是绪论，简要介绍5G移动通信系统的关键技术，引入大规模MIMO的概念，并结合大规模MIMO在5G移动通信系统中的应用实例，说明大规模MIMO实用化的重要意义。

第2章主要关注大规模MIMO的信道建模，以大规模MIMO具有更精细的空间分辨率为基础，说明信道的空间相关性，并结合现有5G移动通信系统中的毫米波高频频段，论述在高频传输下的信道特性。

第 3 章介绍大规模 MIMO 中的信道估计技术。首先根据 5G 移动通信系统中的 OFDM 空中接口，介绍基于 OFDM 体制的信道估计技术，之后结合多小区的系统模型，介绍导频污染现象产生的原因和消除方法。

第 4 章介绍面向 5G 移动通信系统的 MIMO 检测技术，包含线性检测技术、非线性检测技术、基于因子图的迭代检测技术、基于深度学习多层神经网络的检测技术、与信道译码器级联的联合迭代优化技术、与用户调度相结合的实复混合调制技术，以及多小区下的干扰抑制技术。

第 5 章关注智能表面对 MIMO 处理技术带来的影响，介绍智能表面的基本原理和特点，并论述多种基于智能表面的信号处理方法。

第 6 章主要讲述空间调制与序号调制技术，涵盖天线域的空间调制、子载波域的序号调制、单载波传输下的序号调制、单载波传输下天线域的空间调制等多项前沿技术。

本书还配有微课视频，读者可扫描二维码查看相关内容。全书内容由浅入深、定性分析与定量分析并举，以适应不同层次教学需求。

本书作者来自北京邮电大学泛网无线通信教育部重点实验室，长期从事无线通信领域的教学、科研与标准化工作，对无线传输技术的研究现状与发展趋势有着深刻理解与认识，对 5G 移动通信的关键技术有着深入的研究。牛凯负责全书统稿并撰写了第 1 章，董超撰写了第 2～6 章。

在本书编写过程中，得到了吴伟陵教授、林家儒教授的关心和指导，也得到了熊小雄、边瑶慧、薛秋林等同学的大力支持，在此一并表示衷心感谢！

本书得到国家自然科学基金重点项目(编号：92067202)、国家自然科学基金面上项目(编号：62071058)以及国家重点研发计划项目(编号：2018YFE0205501)的大力支持，这里表示感谢！

由于作者才疏学浅，书中难免存在不当之处，敬请同行专家和广大读者批评指正。

作　者

2022 年 5 月于北京邮电大学

目　　录

第1章 绪 论

本章是全书的开篇，首先概述第五代(5G)移动通信的主要特点，归纳总结5G物理层与网络层技术的发展趋势，然后梳理总结5G移动通信系统的关键技术以及网络结构，最后对5G中的大规模MIMO技术进行概要总结。

1.1 5G移动通信概述

移动通信是通信领域中最具有活力、最具有发展前途的一种通信方式。它是当今信息社会中最具有个性化特征的通信手段。蜂窝式移动通信，就正式商业运营而言，至今也不过30多年的历史，就其发展历程看，大约每十年更新一代。它的发展与普及改变了社会，也改变了人类的生活方式，它让人们体会到现代化与信息化的气息。目前正处于第四代(4G)与第五代(5G)交接期，而第六代(6G)也正在进行技术预研。

自20世纪80年代我国引入模拟移动通信网以来，经过短短30多年的发展，截至2022年3月底，全国移动电话用户数已达到16.6亿，其中5G用户达4.03亿，约占移动电话用户总数的24.3%，居全球第一。截止到2022年3月底，我国移动通信基站总数达到1004万个，其中5G基站总数达155.9万个，占全球基站总数60%以上。我国已经建成世界上规模最大、技术最先进的移动通信网络，实现了“3G跟跑、4G并跑、5G领先”的通信产业发展目标。

5G移动通信系统大幅度扩展了移动通信的应用场景，渗透到工业应用、智能交通等各种垂直行业。图1-1给出了5G移动通信的三大典型场景，包括增强型移动宽带(enhance mobile broadband，eMBB)、大规模机器通信(massive machine type of communication，mMTC)和低时延高可靠通信(ultra-reliable and low latency communication，uRLLC)。5G提出了“万物互联”的愿景，第一次将人-机-物纳入统一的服务体系中[1]。

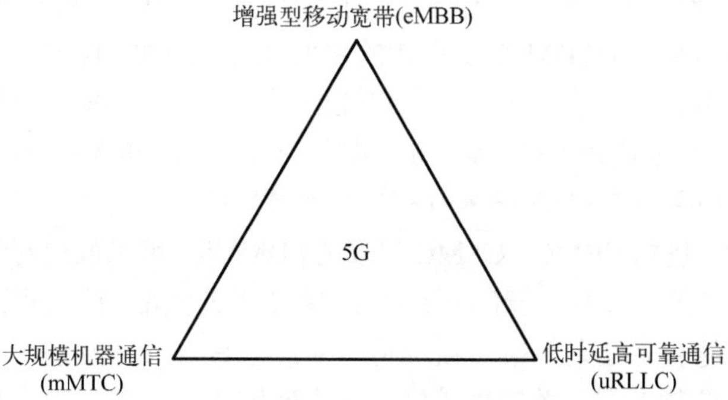

图1-1 5G移动通信的三大应用场景

5G 需要实现系统峰值速率、用户体验数据速率、频谱效率、移动性管理、时延、连接密度、网络能效以及区域业务容量性能的全方位提升。其主要实现措施如下。

(1) 为了支持 eMBB 场景高速数据传输，将大规模 MIMO (massive MIMO，M-MIMO) 技术与滤波 OFDM (filtered-OFDM，F-OFDM) 技术相结合，进一步提高了系统频谱效率。

(2) 为了支持 mMTC 场景海量用户接入，提出了非正交多址接入 (NOMA) 概念，包括功率域 NOMA、稀疏编码多址接入 (SCMA)、图样分割多址接入 (PDMA)、多用户共享接入 (MUSA) 等多种具有代表性的 NOMA 技术，大幅度提升了系统容量。

(3) 为了满足 uRLLC 场景的超高可靠性、超低时延特性，以及提高 eMBB 场景的信令可靠性，采用逼近信道容量的新一代信道编码——极化码 (polar code)。

(4) 为了满足 eMBB 场景高速数据传输，采用高性能的信道编码——低密度校验码 (LDPC code) 替代了 3G/4G 系统的 Turbo 码。

(5) 为了满足 eMBB 场景近距离超高速传输，采用毫米波 (mmwave) 传输、信号带宽扩展到 400MHz～1GHz。

目前，第四代 (4G) 移动通信系统已经完全普及，第五代 (5G) 移动通信系统正在大规模商用化。分析 4G、5G 移动通信的发展，可以发现其客观上应遵循的规律，具体而言，包括物理层与网络层两方面的技术演进趋势[2]。

1.1.1 物理层技术趋势

5G 移动通信的物理层关键技术是在动态环境与条件的限制下满足用户在数量上不断增长、在质量上不断提高的要求，同时要保证用户通信的安全保密性能。它主要包含七个方面的改进与发展。

(1) 对现有物理层关键技术进一步改进、完善与实用化。

例如，在信道编码方面：从串行级联码→Turbo 码→LDPC 码/极化码，不断完善；在多址技术方面：从一般场景的 OFDMA 演进到大连接场景的 NOMA，新的多址划分技术要实现性能与复杂性的合理折中；同时充分挖掘空间维度满足超高速数据传输需求。

(2) 重点突出适应高速数据业务的多载波传输技术。

作为 4G 移动通信的物理层关键技术，正交频分复用 (OFDM) 已经被普遍应用，采用有效措施能够逐步克服 OFDM 系统存在的主要缺点。例如，峰值功率与平均功率的比值过大，频率扩散下正交性能的恶化，同步性能要求高且抗频率扩散性能差，还要求获得精确的信道状态 (信道估值准确) 等问题。另外，还有多种 OFDM 的替代技术值得关注。例如，单载波频域均衡 (SC-FDE) 技术具有低峰平比、抗干扰能力强的技术优势；非正交的多载波调制技术，包括 FBMC、UFMC 以及 GFDM 等，可以放松对于时频同步精度的要求，降低接收机复杂度，取消循环前缀 (CP)，降低带外泄漏，提高频谱效率；超 Nyquist 信号 (FTN) 传输，能够突破奈奎斯特频带利用率，也具有良好前景。

(3) 5G 移动通信物理层的关键技术的另一个研究重点是突出对物理层的自适应传输技术的研究。其内容涉及如下几方面：

①根据接收信号的信噪比，自适应地调整接收机的门限阈值电平；

②根据无线信道时变动态特性与用户移动的动态特性，测量与反馈信道质量指标(CQI)、空间信号流数(RI)、预编码码本序号(PMI)等信道参数，自适应地分配业务、速率、功率、MIMO模式与码本以及相应调制与编码方式；

③根据不同业务的QoS需求，分配带宽、信道以及相应的调制与编码方式；

④综合并统一协调上述各类自适应要求及其实现方式。

(4)加强对信道、用户、业务与网络动态性的监测与估计，为匹配系统动态性提供基础。其中：

①对信道动态性监测、估值已有一定的基础，今后主要是寻求快速、准确的估值算法；

②对用户、业务的动态性的监测，实现对用户实时定位技术的研究与实用化。

(5)加强空域与传统的时域、频域相结合的研究，开发空域在移动通信中的巨大潜力，具体实现的技术路线有两条：

①从目前的扇区天线出发→智能式扇区天线→切换式智能天线→自适应式波束成形→协作多点传输(CoMP)/无定形(cell free)小区。它是以抑制或滤除干扰、集中信号能量、跟踪用户来改善性能，提高抗干扰性并增大容量。这一思路是受雷达技术中自适应阵列理论与技术的启发与引导而提出的，但是应注意两个领域中的相同点与相异点，不能生搬硬套。

②从目前的接收端空间分集技术出发→发送端分集技术→空时码与发送分集相结合→MIMO与OFDMA相结合→多用户MIMO→网络MIMO→大规模MIMO。它是基于无线通信中传统的分集机制，提高发送与接收的综合效应来改善性能、提高抗干扰性，并起到增大容量、改善质量的作用。

(6)在5G移动通信系统的优化中，一个值得注意的方向是，在传统的单一部件如在信道编码、调制技术、多用户检测技术等逐个优化的基础上，逐步扩大联合(组合)优化的范围。例如，可以将Turbo码重复迭代的思想推广至解调、解码的联合迭代中，还可以进一步将其推广至整个接收端乃至整个发、收系统。又如，将极化编码的设计思想推广到整个通信的广义极化设计与优化中，逼近信道容量极限。

(7)在5G移动通信的物理层具体实现技术中将逐步向软件无线电方向过渡。

①实现硬件设备基带全数字化，以达到数字无线电的目标；

②逐步实现软件定义的无线电，即将数字化逐步拓广至中频乃至部分射频，尽可能以软件技术实现原来硬件所完成的功能。

③在上述基础上，逐步推出软基站设备和软移动终端设备，实现单一软件平台下综合多媒体软终端的基本功能。然后进一步向多体制、多波段发展。

④为了提高无线频谱的利用率，解决无线频率资源紧张的问题，毫米波技术将成为下一代移动通信的物理层关键技术之一。

1.1.2　网络层技术趋势

5G移动通信的业务拓广和重点业务的转移，在原有移动通信传统的用户和信道二重动态性的基础上又叠加上业务与网络动态性，由于应用场景的扩展，又叠加了通信对象的动态性。这三个动态性的引入不仅在上述物理层上引起很大的变化，而且在网络层上也提出了很多新要求，可以概括为以下五个方面的发展趋势。

(1) 选定全 IP 方向，因为它更适合于今后的主流业务移动互联网以及数据和多媒体业务。

①这里的全 IP 是指信息结构 IP 化，协议 IP 化，传输、处理、网络全过程均 IP 化；

②移动全 IP 化实现是从核心网 IP 化开始，逐步延伸至无线(移动)接入网和空中接口 IP 化，直至移动终端 IP 化。

(2) 基于软件定义网络(SDN)架构，实现适用于不同场景的网络切片。

①针对三大场景需求，设计基于软件定义网络(SDN)与网络功能虚拟(NFV)的网络架构；

②基于 SDN/NFV 网络架构，在相同的基础设施上“切”出多个虚拟网络，组织从无线接入、承载到核心网逻辑隔离的网络切片，实现端到端按需定制，适配不同业务的 QoS 要求；

③深度融合通信与计算，在端-云移动网络架构下，实现高性能的边缘计算。

(3) 5G 移动通信网络的核心技术是网络智能化，它应满足：

①配合物理层主要关键技术，特别在网络层配合物理层的自适应传输技术以及其他核心、关键技术的实现；

②逐步实现动态智能化无线资源管理，包含对无线资源的估计、呼叫接纳控制、队列调度以及动态无线资源分配全过程的动态智能化管理；

③逐步实现动态智能化移动性管理，包含对用户安全性能鉴权、加密，用户登记、显示，信息调用以及用户越区切换与漫游功能管理的全过程智能化管理；

④统一协调上述三方面智能化管理。

(4) 5G 移动通信对网络结构也提出了新要求，希望建立分布式天线与多层次小区混合的蜂窝网系统。

①在宏蜂窝/微蜂窝/微微蜂窝/家用基站等多层次蜂窝网的基础上，在一些特殊地区，如业务密集地区(eMBB 场景)、高速公路沿线，可利用分布式天线构成不同形状的小区群，小区群内资源相同不切换，小区群间可实现群切换和滑动式群切换；

②引入 Relay 节点、分布式天线，以分布式光纤接入网为基础，构建自组织结构网络，目前大城市中光纤到大楼已初步实现，使得在大楼上处处建立分布式天线已成为可能，在此基础上，建立云无线接入网(C-RAN)、无定形小区(cell free)与雾接入网(fog RAN)，实现泛在移动边缘计算。

(5) 就移动网络技术的长远发展而言，有如下发展倾向：

①电信网、计算机网与有线电视网将逐步实现三网融合并最终走向三网合一；

②就电信网而言，将逐步从目前的有线(固网)、无线(移动网)两个平行发展网络走向无线侧重于接入网，有线侧重于核心骨干网的分工、协作的统一网络的发展方向，以 IP 技术为基础的固网与移动网络融合(FMC)是大势所趋。

1.2 5G 移动通信系统

2017 年 12 月，3GPP 标准组织发布了第一版的 5G NR 标准，即 3GPP R15 标准。这里 NR 指 New Radio，即新空口。NR 有两种运行模式：SA 与 NSA。SA (standalone) 指的是 5G 单独组网运行的方式，而 NSA (non-standalone) 是指 5G 非单独组网，需要依靠 LTE 进行初始接入与移动性管理。这两种运行方式主要影响高层协议与核心网接口，对于无线接入技术没有影响。

R15 标准主要定义了 eMBB 场景以及一些 uRLLC 场景的业务。由于基于 LTE 技术的窄带物联网 (NB-IoT) 性能非常优异，因此 NR 初期版本并不急于标准化 mMTC。未来 NR 将会标准化扩展的 mMTC 以及终端直连 (device-to-device，D2D) 技术。

1.2.1 技术优势

与 LTE 相比，5G NR 的技术优势可以归纳为 5 个方面[3,4]，总结如下。

1) 充足频率资源支持高速传输能力

NR 采用了更高的无线频段，由此引入了额外的频谱支持宽带与高速无线数据传输。LTE 只支持 3.5GHz 的授权频段与 5GHz 的非授权频段。而作为对比，NR 的授权频段，从 600/700MHz 一直到 52.6GHz，并且非授权频段也正在计划制定中。尤其是毫米波频段提供了丰富的频率资源，可以极大地提升传输能力与数据速率。但高频信号传播损耗大，尽管有 MIMO 等高级信号处理技术弥补，仍然导致非视距与室外到室内条件下覆盖较差。为此，联合运行低频段与高频段 (如 2GHz 与 28GHz) 是非常好的解决方案，能够达到广覆盖与高速率的平衡。

2) 超精简设计节省能耗且降低干扰

现代移动通信系统普遍采用不携带信息的参考信号，用于基站检测、系统信息广播、信道估计与解调等。在 LTE 系统中，这些参考信号占用的功率/带宽比例较小，系统开销还可以容忍。但在 NR 的密集组网场景中，这些参考信号导致的系统开销不可忽略。它们既浪费了系统的有用功率，又导致相邻小区之间的干扰。鉴于此，NR 系统采用了超精简设计，大幅度减少了参考信号开销。例如，NR 采用了全新的小区搜索机制，以及解调参考信号结构，从而有效提高了系统能效与数据速率。

3) 前向兼容适应未来应用场景

前向兼容指的是 NR 系统设计时，充分考虑了未来技术的发展趋势，预留了充足的空间容纳新技术与新业务。NR 系统设计遵循的前向兼容性原则有以下三条。

(1) 最大化可以灵活使用的时频资源，避免将来系统后向兼容时出现空白。

(2) 最小化参考信号的发送开销。

(3) 在可重构/可分配的时频资源上，限制物理层的信号与信道功能，避免复杂化操作。

基于这三条原则，NR 系统设计具有充分的灵活性，为将来引入新技术与新功能提供了足够的发展空间。

4) 低延迟提高系统性能支持新应用

低延迟接入是 NR 重要的技术特点，NR 在 PHY、MAC 与 RLC 协议设计中充分考虑了满足低延迟的技术要求。例如，在物理层，NR 不采用跨 OFDM 符号的交织器，降低交织时延；采用迷你时隙发送，降低发送时延。又如，在 MAC 层，当接收到下行数据时，终端必须在 1 个时隙后(甚至更短)发送 HARQ 确认信号；从接收到授权信令到发送上行数据，也需要在 1 个时隙中完成。再如，MAC/RLC 的数据包头也经过专门设计，尽量降低处理时延。通过这些优化设计，NR 能够支持 1ms 的低延迟接入，降低为 LTE 的 1/10。

5) 以波束为中心的设计提升系统性能

NR 采用了大规模 MIMO 技术，空间资源远远比 LTE 丰富。NR 系统的信道与信号，包括控制与同步信道，都是以波束成形为核心进行设计的。NR 的波束成形技术充分灵活，既单独支持模拟波束成形，也支持数字预编码/模拟波束成形的混合模式。在高频段，主要采用波束成形扩展覆盖，而在低频段，通过空间隔离减少系统干扰。具体而言，在毫米波频段，NR 采用模拟波束成形，产生高增益窄波束，并将相同信号在多个 OFDM 符号的不同波束发送，实现波束扫描，从而扩大覆盖范围，并且通过波束管理方法实现无缝切换。在低频段，基于高精度的 CSI 参考信号实现多用户 MIMO，下行最大可支持 8 层信号并行传输，上行最大可支持 4 层信号并行传输。

1.2.2　频谱分配

5G 频谱分配类似于 4G，既考虑与 3G/4G 进行频谱共用，甚至进一步扩展低频段，又在高频区域进行扩展，引入新的频段。在 WRC'15 大会上，定义了 5G 的全球运营频段，主要分为三段，并引入了新频段，说明如下。

(1) 低频段。

低频段主要指低于 2GHz 的频段，包括 600MHz 频段(470～694/698MHz)、700MHz 频段(694～790MHz)以及 L 波段(1427～1518MHz)。其中，业界关注最多的是 600MHz 与 700MHz 频段，这两个频段能够提供非常好的无线信号覆盖，由于频谱资源稀缺，在低频段最大信道带宽不超过 20MHz。

(2) 中频段。

中频段指 3～6GHz 的频段，主要包括 C 波段(3300～3400MHz、3400～3600MHz、3600～3700MHz)以及 4800～4990MHz 等新频段。其中受到全球普遍关注的频段范围是 3300～4200MHz。这个频段的信道带宽可达 100MHz，可以采用载波聚合实现，单个运营商最多可以分配的频段为 200MHz。这个频段的 5G 网络能够提供广义覆盖、大容量与高速速率服务。

(3) 高频段。

高频段指 24GHz 以上的毫米波频段，包括 24.25～27.5GHz、37～40.5GHz、42.5～43.5GHz、45.5～47GHz、47.2～50.2GHz、50.4～52.6GHz、66～76GHz、81～86GHz 八个频段。业界最关注的是 24.25～27.5GHz 频段，信道带宽可达 400MHz，采用载波聚合也可以支持更宽的带宽。这个频段的 5G 网络主要用于热点覆盖，满足局部区域的大容量超高速率传输需求。

依据 WRC'15 规定的 5G 运营频段规划，3GPP 标准组织在 R15 版本中为 5G NR 划分了如下两段工作频率范围。

(1) Sub6G 频段 FR1 包括低于 6GHz 的现有频段与新频段。

(2) 毫米波频段 FR2 包括 24.25～52.6GHz 的所有新频段。

这两个频段的具体划分如表 1-1 与表 1-2 所示。

表 1-1　3GPP 标准组织为 5G NR 定义的 FR1 工作频段

NR 频段序号	上行频段/MHz	下行频段/MHz	双工方式	应用区域
n1	1920～1980	2110～2170	FDD	欧洲、亚洲
n2	1850～1910	1930～1990	FDD	美洲、亚洲
n3	1710～1785	1805～1880	FDD	欧洲、亚洲、美洲
n5	824～849	869～894	FDD	美洲、亚洲
n7	2500～2570	2620～2690	FDD	欧洲、亚洲
n8	880～915	925～960	FDD	欧洲、亚洲
n20	832～862	791～821	FDD	欧洲
n28	703～748	758～803	FDD	亚洲、太平洋
n38	2570～2620	2570～2620	TDD	欧洲
n41	2496～2690	2496～2690	TDD	美国、中国
n50	1432～1517	1432～1517	TDD	—
n51	1427～1432	1427～1432	TDD	—
n66	1710～1780	2110～2200	FDD	美洲
n70	1695～1710	1995～2020	FDD	—
n71	663～698	617～652	FDD	美洲
n74	1427～1470	1475～1518	FDD	日本
n75	—	1432～1517	SDL	欧洲
n76	—	1427～1432	SDL	欧洲
n77	3300～4200	3300～4200	TDD	欧洲、亚洲
n78	3300～3800	3300～3800	TDD	欧洲、亚洲
n79	4400～5500	4400～5500	TDD	亚洲
n80	1710～1785	—	SUL	—
n81	880～915	—	SUL	—
n82	832～862	—	SUL	—
n83	703～748	—	SUL	—
n84	1920～1980	—	SUL	—

表 1-2　3GPP 标准组织为 5G NR 定义的 FR2 工作频段

NR 频段序号	上行频段/GHz	下行频段/GHz	双工方式	应用区域
n257	26.5～29.5	26.5～29.5	TDD	美洲、亚洲
n258	24.25～27.5	24.25～27.5	TDD	欧洲、亚洲
n259	37～40	37～40	TDD	美国

表 1-1 中，n78 的 3.5GHz 频段是全球 5G 商业运营的主用频段，目前很多国家的 5G 试点均采用 n78。

需要注意的是，5G 有 FDD 与 TDD 两种双工方式，因此不同双工方式下，表 1-1 和表 1-2 中的频段分配有差别。FDD 方式下，上行与下行频段成对出现，而 TDD 方式下，上行与下行频段相同。

中国的四个 5G 运营商的频段分配如表 1-3 所示，目前只分配了 FR1 频段。

表 1-3　中国 5G NR 工作频段分配

运营商	NR 频段序号	工作频段/MHz	带宽/MHz	双工方式
中国移动	n41	2515～2675	160	TDD
	n79	4800～4900	100	TDD
中国联通	n78	3500～3600	100	TDD
中国电信	n78	3400～3500	100	TDD
中国广电	n79	4900～5000	100	TDD
	n28	UL：703～733MHz DL：758～788MHz	30	FDD

四家运营商基本都采用 TDD 制式，中国移动分配了两个频段，2.6GHz 频段有 160MHz 带宽，其中的 2515～2615MHz 用于部署 5G 网络，2615～2675MHz 用于部署 4G 网络。另一个频段是 4.8～4.9GHz 频段，专用于 5G 网络部署。中国电信与中国联通都是 3.5GHz 频段，各分配了 100MHz 带宽。中国广电也分配了两个频段，4.9GHz 频段的带宽为 100MHz，采用 TDD 制式；700MHz 频段的带宽为 30MHz，采用 FDD 制式。后者由于传播特性很好，适合低成本广域覆盖，建网成本可以降低到其他运营商的 1/5，非常具有竞争力。

1.2.3　多址与双工技术

尽管在 5G 标准化过程中，非正交多址(NOMA)技术得到了普遍关注与广泛研究，但 NOMA 技术带来的性能增益有一定限制，与 LTE 的兼容性不足，并且接收机复杂度较高，因此 5G NR 最终仍然选择了传统的多址接入方式——正交频分多址(OFDMA)技术。

5G NR 的上下行链路都采用了 OFDMA 方式，其发送流程如图 1-2 所示。NR 系统的链路处理与 LTE 系统基本类似，但 NR 系统上行主要采用 OFDMA，而 LTE 系统上行采用 SC-FDMA。虽然 SC-FDMA 能够降低信号峰平比，但 DFT 预编码增加了 M-MIMO 处理的复杂度以及上层资源调度的难度。并且 NR 系统未来将支持 D2D 连接，上下行链路采用不同多址方式，增加了设备复杂度。考虑到这些因素，NR 系统的上行链路采用 OFDMA 作为基本配置，从而使得上下行链路多址方式一致，同时考虑与 LTE 的兼容性，将 SC-FDMA(称为 DFT 预编码)作为补充方案，从而增加了系统的灵活性与兼容性。

NR 与 LTE 多址接入的第二个差异是 OFDM 子载波配置不同。在 LTE 系统中，OFDM 子载波带宽固定为 $\Delta f = 15\text{kHz}$ 。而在 NR 系统中，OFDM 子载波带宽有不同配置，以 15kHz 为基本单位，倍增到 240kHz。不同配置的 OFDM 结构，能够灵活适应高低频段的不同带宽要求以及场景需求，增加了系统灵活性与适应性。

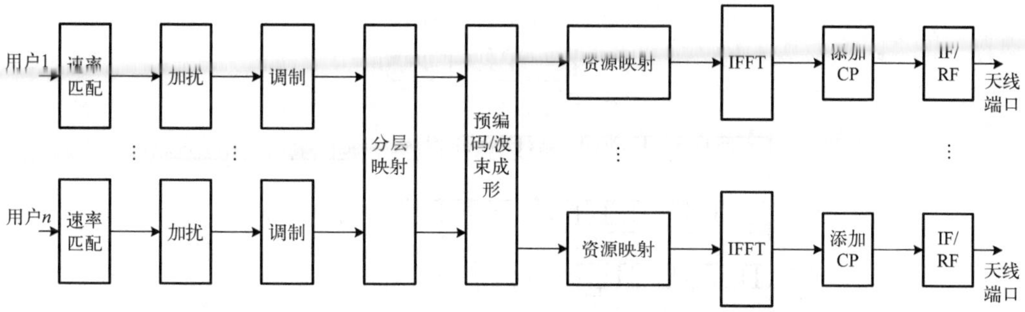

图 1-2 5G NR 的上下行链路采用 OFDMA 的发送流程图

NR 系统有两种双工方式：FDD 与 TDD。对于 Sub 6GHz 的低频段，上下行频段往往成对配置，因此主要采用 FDD 双工方式。对于毫米波高频段，主要采用 TDD 双工方式。另外，需要注意的是，NR 系统 TDD 与 FDD 双工方式的帧格式完全一致，这一点是与 LTE 系统的主要区别。后者两种双工方式的帧格式有显著区别。另外，NR 也可以支持半双工方式，如 TDD 或者半双工的 FDD。

1.2.4 帧结构

5G NR 的系统帧设计考虑了与 LTE 的兼容性，因此也采用 10ms 一帧，其基准采样间隔为

$$T_c = \frac{1}{480000 \times 4096} \approx 0.5086\text{ns} \tag{1-1}$$

因此 LTE 的基准采样间隔为

$$T_s = \frac{1}{15000 \times 2048} = 64T_c \approx 32.55\text{ns} \tag{1-2}$$

由此可见，5G NR 的采样分辨率比 LTE 高 64 倍，能够更精细地分辨多径延迟，有助于实现高精度定位。

1. 时域结构

5G NR 的帧、子帧与时隙等时域信号结构如图 1-3 所示。其中 1 个无线帧分为 10 个子帧，每个子帧时长 1ms。

如图 1-3 所示，TDD 与 FDD 双工方式下，5G NR 的基本帧格式一样，以子载波间隔 $\Delta f = 15\text{kHz}$ 为参考，则一个时隙长度为 1ms，包括 14 个 OFDM 符号。在 15kHz 的基础上，子载波间隔倍增，则 OFDM 符号的周期减半，相应的时隙长度也减半。例如，当 $\Delta f = 30\text{kHz}$ 时，时隙长度为 0.5ms；当 $\Delta f = 60\text{kHz}$ 时，时隙长度为 0.25ms；当 $\Delta f = 120\text{kHz}$ 时，时隙长度为 0.125ms。上述四种配置分别对应 Sub 6GHz 低频到毫米波高频的数据信道。而当 $\Delta f = 240\text{kHz}$ 时，时隙长度为 0.0625ms，主要对应由主同步(PSS)、辅同步(SSS)、广播信道(PBCH)构成的同步信号块(SS)。

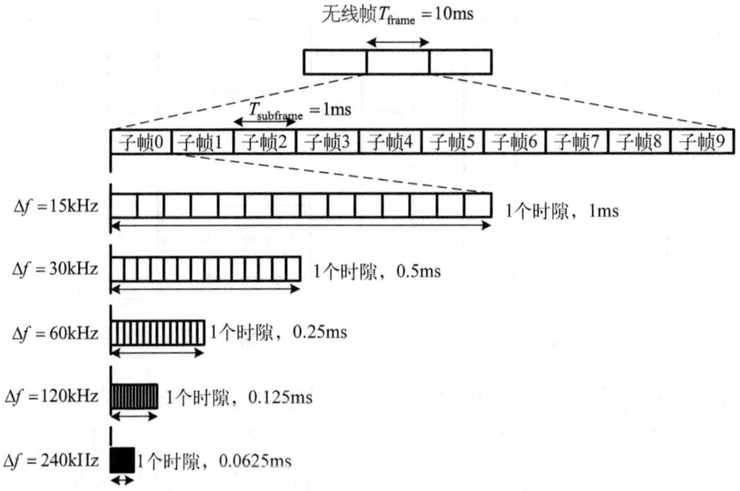

图 1-3　5G NR 的帧、子帧与时隙结构

5G NR 的子载波间隔与循环前缀时间如表 1-4 所示。对于 Sub 6GHz 的低频段，由于小区半径较大，多径效应明显，因此需要较大的循环前缀消除多径干扰，对应 15kHz 与 30kHz 的子载波间隔。对于毫米波高频段，相位噪声对于系统性能有显著影响，而小区半径较小，因此采用较大的子载波间隔，较小的循环前缀更为合适。

表 1-4　5G NR 子载波间隔配置

子载波间隔/kHz	OFDM 符号有效周期 T_u / μs	循环前缀时间 T_{CP} / μs
15	66.7	4.7
30	33.3	2.3
60	16.7	1.2
120	8.33	0.59
240	4.17	0.29

2. 频域结构

LTE 与 NR 的频域信号配置如图 1-4 所示。图 1-4(a)给出了 LTE 的子载波配置，所有设备的信号频谱都是在中心频率两端对称分布的。因此当下变频到基带时，由于可能存在载波泄漏，直流子载波会有强干扰。考虑到这个问题，LTE 下行发送，直流子载波是空载波，不承载数据。

与之相反，图 1-4(b)给出了 NR 的子载波配置，不同设备的中心频率可以灵活配置，并非都集中在载波中心频率。因此直流载波的干扰相对较小，在 NR 系统中，直流载波可以承载数据。

在 LTE 系统中，资源单元(RE)是占用 1 个子载波(Δf =15kHz)以及 1 个 OFDM 符号周期(T_{symbol} = 66.7μs)的时频结构，这是 LTE 系统中最基本的信号结构。在此基础上，将 12 个子载波与 1 个时隙的 RE 组合，得到 LTE 系统的资源块(RB)。1 个 RB 由 84 个 RE 构成，是时频二维的基本资源分配结构。

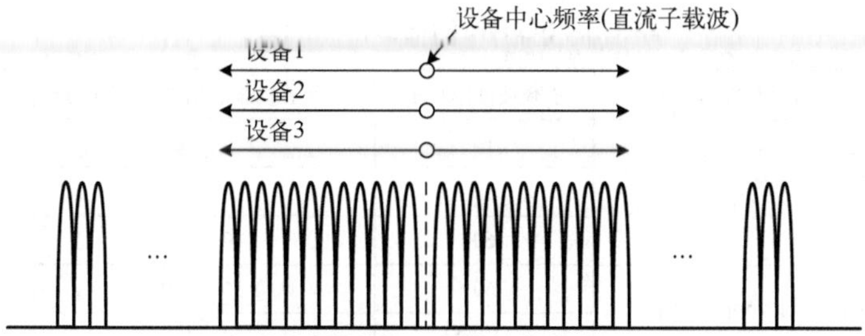

(a) LTE子载波配置

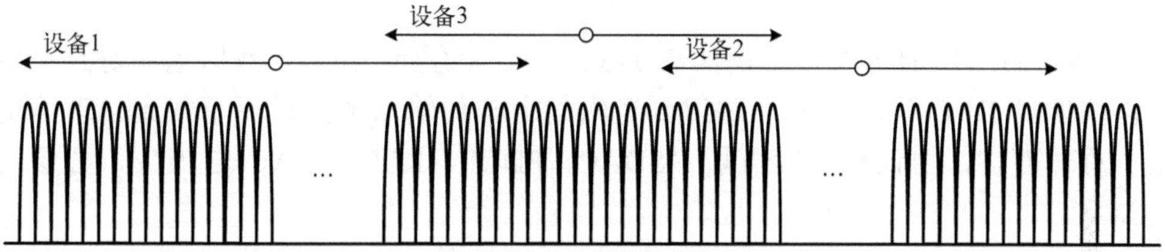

(b) NR子载波配置

图 1-4　LTE 与 NR 的子载波配置与直流载波处理

在 NR 系统中，资源单元也是占用 1 个子载波以及 1 个 OFDM 符号周期的时频结构，但由于子载波间隔可变，因此一个 RE 占用的时间与带宽有多种组合，并不固定。进一步，由于 NR 的时隙长度有多种组合，不方便定义二维资源分配结构。因此，在 NR 系统中，RB 是一维结构，只考虑 12 个子载波组合的频域资源。

同时，NR 系统中可以同时配置不同子载波间隔的资源结构，形成资源网格叠加，如图 1-5 所示，就是子载波间隔分别为 Δf 与 $2\Delta f$ 的两种网格叠加示例。它们分别对应不同的天线端口进行发送。

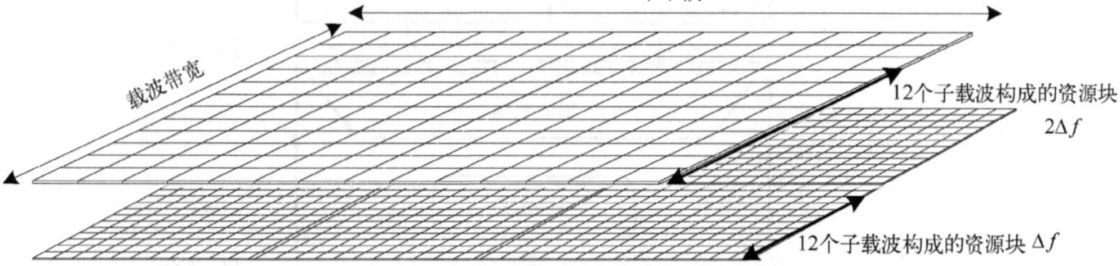

图 1-5　NR 中不同子载波间隔的资源网格叠加

5G NR 的信道带宽跨越了 5～400MHz 的大范围，在 FR1 与 FR2 频段的详细配置如表 1-5 所示。

LTE 系统中，所有设备都可以接收 20MHz 全带宽的信号，但 NR 系统信道带宽太大，如果要求所有设备都有接收 400MHz 全带宽信号的能力，会导致功耗太大，成本太高。考虑到这个问题，NR 系统采用了接收机带宽自适应技术，即接收机的信道带宽可以自适应变化。

表 1-5　5G NR 的信道带宽配置

频段	可用信道带宽/MHz	子载波间隔/kHz	对应子载波的信道带宽/MHz	资源块数目（N_{RB}）
FR1	5，10，15，20，25，30，40，50，60，70，80，90，100	15	5～50	25～270
		30	5～100	11～273
		60	10～100	11～135
FR2	50，100，200，400	60	50～200	66～264
		120	50～400	32～264

1.2.5　协议栈结构

5G NR 的用户面协议栈结构如图 1-6 所示。上层应用的 IP 数据包映射到无线容器，再映射到 RLC 信道，然后映射到逻辑信道与传输信道，最后承载到物理信道上发送。总体而言，协议栈分为五层：SDAP、PDCP、RLC、MAC 与 PHY，各层功能简述如下。

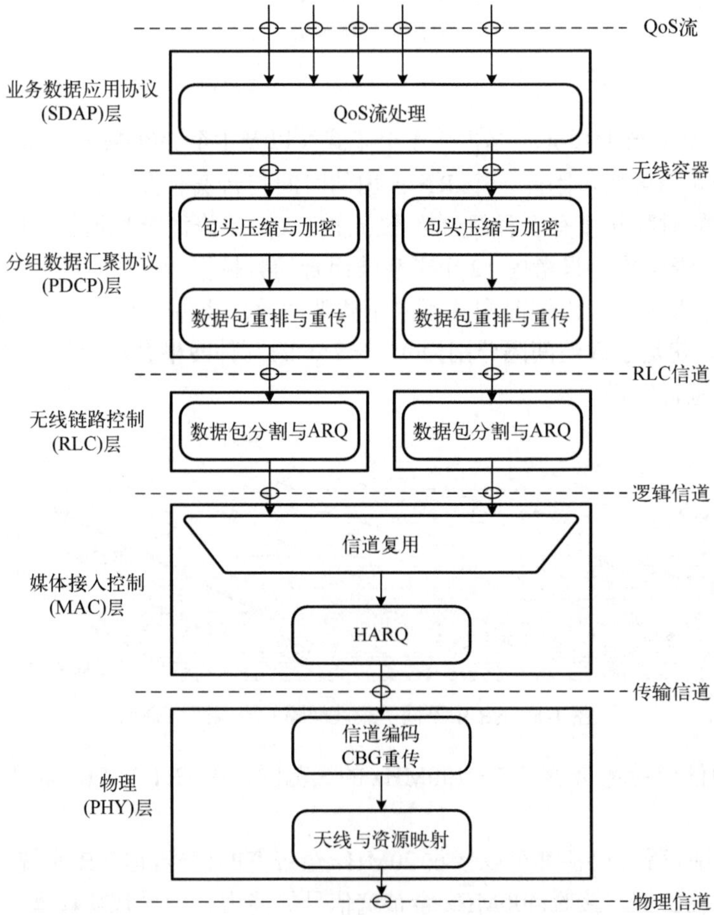

图 1-6　5G NR 用户面协议栈

(1) 业务数据应用协议(SDAP)层。

SDAP 根据业务质量要求，将 QoS 容器映射到无线容器中。这个协议是 NR 新引入的协议层，便于 5G 核心网处理新的 QoS 业务流。

(2) 分组数据汇聚协议(PDCP)层。

PDCP 执行 IP 包头压缩、加密以及数据完整性保护。这一层也处理数据包重传、顺序发送，以及切换过程中的复制移除。对于采用分裂容器的双连接模式，PDCP 提供路由与复制功能。对于一个移动设备，每个无线容器配置一个 PDCP 实体。

(3) 无线链路控制(RLC)层。

RLC 负责数据包分割与重传处理。RLC 通过 RLC 信道承载 PDCP 分组。每个 RLC 信道配置一个 RLC 实体。与 LTE 相比，NR 的 RLC 并不支持数据包的顺序发送，而由 PDCP 重排代替，从而减少了等待时延。

(4) 媒体接入控制(MAC)层。

MAC 完成逻辑信道的复用、HARQ 重传、无线资源调度等功能。调度单元位于 gNB 单元。在 NR 中，MAC 层的包头进行了优化设计，以便支持低时延传输。

(5) 物理(PHY)层。

物理层完成信道编译码、调制解调、多天线映射以及其他物理层功能。

1.2.6　信道分类

5G NR 的信道分为三类：逻辑信道、传输信道与物理信道。其下行和上行信道映射分别如图 1-7 与图 1-8 所示。

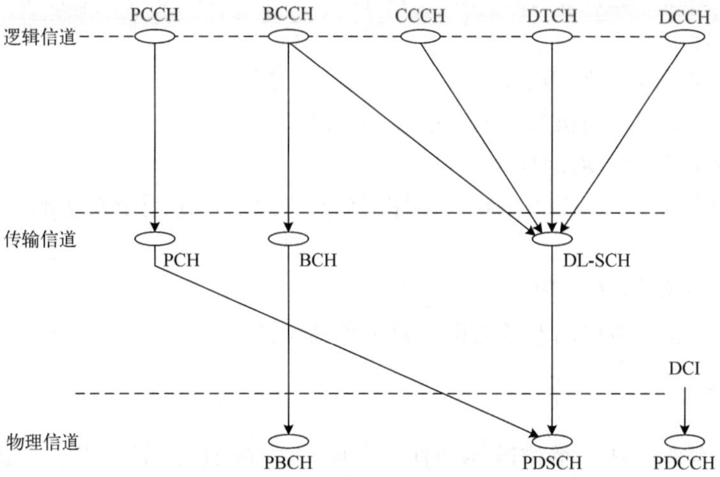

图 1-7　5G NR 下行信道映射

1. 逻辑信道

NR 的逻辑信道包括 BCCH、PCCH、CCCH、DCCH 以及 DTCH，与 LTE 类似。它们的功能说明如下。

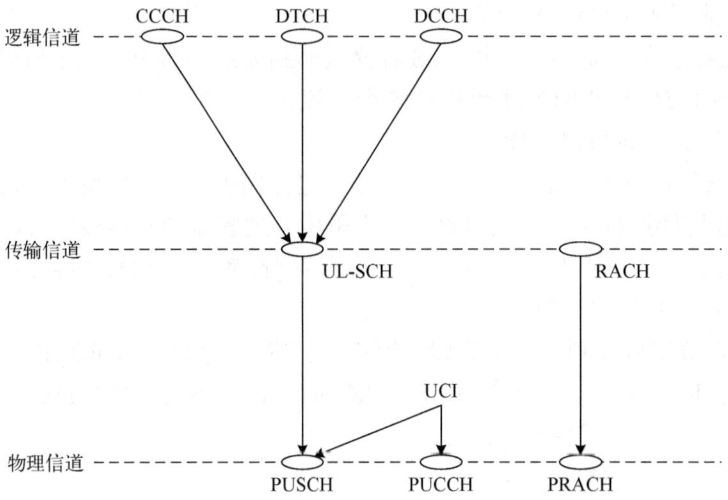

图 1-8　5G NR 上行信道映射

(1) 广播控制信道(BCCH)。

BCCH 用于小区向所有设备发送系统信息。在接入网络前，移动设备需要获取系统信息，以确知系统配置与小区工作状态。在 NSA 组网模式下，系统信息由 LTE 发送，不需要额外的 BCCH。

(2) 寻呼控制信道(PCCH)。

PCCH 用于网络寻呼小区中的移动设备。由于网络不确知移动设备在哪个小区，因此需要在多个小区中进行寻呼。当采用 NSA 组网模式时，寻呼信息由 LTE 发送，不需要额外的 PCCH。

(3) 公共控制信道(CCCH)。

CCCH 用于发送与随机接入相关的控制信息。

(4) 专用控制信道(DCCH)。

DCCH 用于承载与移动设备相关的控制信息。这个信道用于发送配置移动设备的各种参数信息。

(5) 专用业务信道(DTCH)。

DTCH 用于发送用户的业务数据，包括单播模式下上行与下行所有的业务数据。

2. 传输信道

传输信道主要包括广播信道(BCH)、寻呼信道(PCH)、下行共享信道(DL-SCH)、上行共享信道(UL-SCH)以及随机接入信道(RACH)，它们的功能简述如下。

(1) 广播信道(BCH)。

BCH 有固定的传输格式，用于发送 BCCH 的系统信息，主要承载主信息块(master information block，MIB)。

(2) 寻呼信道(PCH)。

PCH 用于发送 PCCH 信道的寻呼信息，支持不连续接收(DRX)，只在预先定义的时间周期唤醒接收寻呼信息，从而节省能耗。

(3) 下行共享信道(DL-SCH)。

DL-SCH 主要发送下行链路的业务数据，它支持主要的 NR 技术特征，包括动态速率适配、依赖信道的时频调度、采用软合并的 HARQ 以及空间复用。DL-SCH 也支持不连续接收(DRX)，从而降低设备功耗。该信道也用于发送一部分系统信息，这些信息 BCCH 没有映射到 BCH 上。在移动设备连接的每个小区，都会有一个 DL-SCH。在接收系统信息的每个时隙，从移动设备来看，都会连接一个额外的 DL-SCH。

(4) 上行共享信道(UL-SCH)。

UL-SCH 是 DL-SCH 的对称信道，用于发送上行链路的业务数据。

(5) 随机接入信道(RACH)。

RACH 也定义为传输信道，但是它不承载传输数据块。

3. 物理信道

NR 的物理信道主要包括 PDSCH、PBCH、PDCCH、PUSCH、PUCCH、PRACH 六类信道，下面简要介绍它们的功能。

(1) 物理下行共享信道(PDSCH)。

PDSCH 是单播方式下主要的数据发送物理信道，它也承载寻呼信息、随机接入响应信息以及一部分系统信息。

(2) 物理广播信道(PBCH)。

PBCH 承载大部分的系统信息，导引移动设备接入网络。

(3) 物理下行控制信道(PDCCH)。

PDCCH 承载下行控制消息，主要是调度决策信息、PDSCH 请求接收消息，以及 PUSCH 的调度授权发送信息等。

(4) 物理上行共享信道(PUSCH)。

PUSCH 是 PDSCH 的对称信道。一般地，每个移动设备的每个上行载波最多只有一个 PUSCH。

(5) 物理上行控制信道(PUCCH)。

PUCCH 承载 HARQ 的确认消息，告知 gNB 下行传输块是否正确接收，反馈信道状态报告给 gNB 用于辅助时频调度，以及请求上行数据发送的资源。

(6) 物理随机接入信道(PRACH)。

PRACH 用于承载随机接入消息。

1.2.7 天线端口

类似于 LTE 系统，NR 系统中多天线发送也是关键技术，只不过配置了更多的天线数目。在 NR 系统中，也引入了天线端口的重要概念，定义如下。

定义 1-1(天线端口)　一个天线端口(antenna port，AP)定义为一个信号传输的等效通道，从其中传输的一个符号可以推断出另外的符号。等价地，每个下行链路数据流都由一个独立的天线端口发送，并且移动终端可以识别其端口号。这样，如果两个发送信号来自相同的天线端口，则可以假定它们经历了相同的无线衰落。

在 NR 系统中，每个天线端口，特别是下行链路，都对应一个特定的参考信号(RS)。移动终端基于参考信号估计天线端口相应的信道状态信息。NR 系统中的天线端口编号如表 1-6 所示。

表 1-6 NR 系统中的天线端口编号

天线端口(AP)编号	上行信道	下行信道
0-系列	PUSCH 与相应的 DM-RS	—
1000-系列	SRS、预编码的 PUSCH	PDSCH
2000-系列	PUCCH	PDCCH
3000-系列	—	CSI-R
4000-系列	PRACH	SS 块

由表 1-6 可知，NR 天线端口编号有一定规律，对应不同的上下行信道。例如，以 1000 开头的下行天线端口编码对应 PDSCH。PDSCH 的不同发送层可以使用这一系列的不同编码，例如，1010 与 1011 对应一个两层 PDSCH 发送。

需要注意的是，天线端口是一个抽象的概念，与物理的天线并不存在一一对应关系。它们之间的联系与区别总结如下。

(1)天线不同，端口相同。

两个不同的信号可以用相同的方式在多个物理天线上发送。终端设备把这两个信号看作在不同天线构成的叠加信道上传输，由此，整个信号发送可以看作在单个天线端口发送两个信号。因此，虽然物理天线不同，但天线端口相同。

(2)天线相同，端口不同。

两个信号也可以在相同的天线集合上发送，但由于发送端采用了不同的预编码器(接收端未知)，接收端把预编码器也看作无线信道的一部分，因此这两个信号可以认为是来自两个不同的天线端口。当然，如果接收端已知预编码器，则认为这两个信号经历相同的天线端口发送。可见，天线端口是由物理天线、预编码器以及收发两端是否确知共同决定的。

1.3 5G 移动通信网络

5G NR 移动网络主要包括接入网(RAN)与核心网(CN)。接入网完成所有与无线接入相关的网络功能，包括调度、无线资源管理、消息重传、信道编码以及多天线信号处理。核心网完成无线接入之外的全部网络功能，包括鉴权、计费以及建立端到端连接等。在 5G NR 系统中，网络功能的设计延续了 LTE 的设计思想，接入网与核心网功能独立、分别演化，能够与 LTE 进行灵活连接，最大限度地兼容 4G 网络基础设施。本节首先介绍 5G-RAN 的基本结构与功能，然后介绍 5G-CN 的主要功能。

1.3.1 5G-RAN

5G NR 的无线接入网包含两类节点可以接入 5G 核心网。

(1)5G基站(gNB)，采用NR的用户面与控制面协议，服务NR的移动台。

(2)升级的4G基站(Ng-eNB)，采用LTE的用户面与控制面协议，服务LTE终端。

设置两类基站的主要目的是后向兼容4G网络，保护运营商在4G网络上的投资。下面不再区分这两类节点的差别，统称为gNB。

NR接入网的结构[10]如图1-9所示，主要由gNB单元组成。

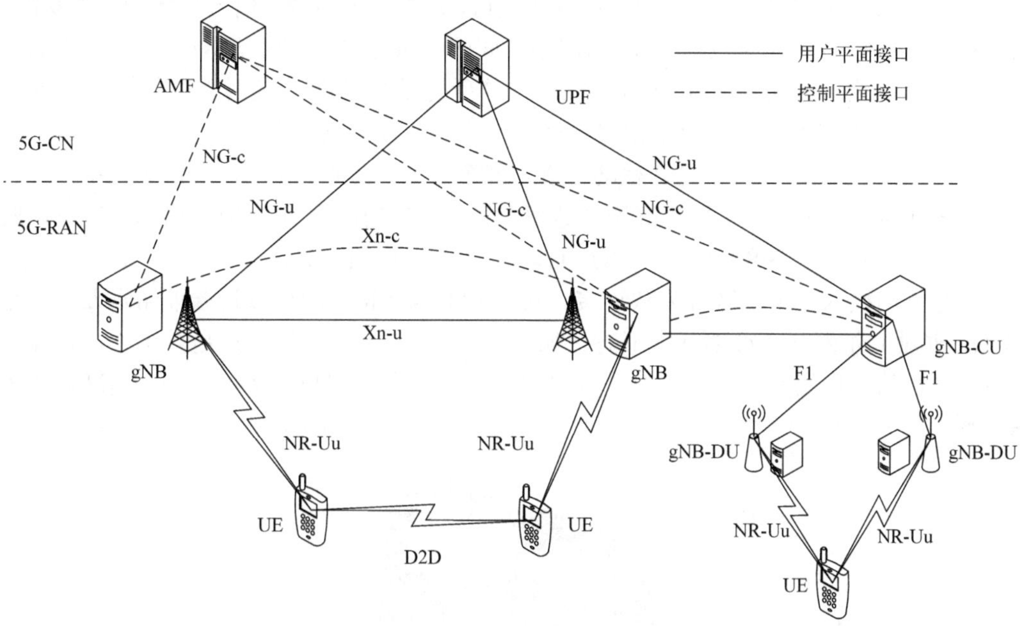

图1-9　5G无线接入网结构

如图1-9所示，5G的基站节点gNB与移动台UE之间通过空中接口NR-Uu互连，gNB之间通过Xn接口互连，Xn接口可以进一步划分为控制面接口Xn-c与用户面接口Xn-u。5G接入网与5G核心网之间的接口为NG，也划分为控制面接口NG-c与用户面接口NG-u。gNB通过NG-c接口与接入和移动性管理单元(access and mobility management function，AMF)相连，通过NG-u接口与用户面单元(user plane function，UPF)相连。

1. gNB单元

gNB单元负责完成一个或多个小区的所有无线相关功能，例如，无线资源管理、接纳控制、连接建立、用户面数据到UPF、控制面信令到AMF的路由，以及QoS流管理。

在具体形态上，gNB是一个逻辑节点，而不唯一对应单个物理设备。通常gNB的实现对应三个扇区无线处理功能，其他的形式也可以，例如，gNB也可以对应分布式基站，包括分离的基带功能单元(BBU)与射频拉远单元(RRH)。

如图1-9所示，gNB通过NG接口连接到5G核心网，具体而言，gNB可以与多个UPF/AMF单元相连，从而实现负载共享与冗余备份。

gNB之间由Xn接口互连，主要支持业务连接模式下的移动与双连接，也用于多小区无线资源管理(RRM)。另外，Xn接口也支持相邻小区之间的分组前传，从而保证用户移动不会丢包。

在 5G NR 标准中，定义了 gNB 的功能分解方式，包括一个集中处理单元(gNB-CU)以及一个或多个分布式处理单元(gNB-DU)，它们之间采用 F1 接口连接。在这种分解形态的 gNB 中，RRC、PDCP 与 SDAP 等协议功能驻留在 gNB-CU，而剩余的协议功能，包括 RLC、MAC 以及 PHY 等驻留在 gNB-DU。

移动终端与 gNB 之间的接口是 NR-Uu 接口，完成无线连接与信号传输的基本功能。当 5G 终端接入时，至少要建立终端与网络之间的一条连接。作为基本形态，5G 终端接入一个小区，由该小区完成上行与下行链路的所有处理功能，包括所有的用户数据与 RRC 信令。这种基本形态是简单稳健的接入方式，适合大范围组网。

除此以外，5G 接入网还允许移动台接入多个小区。例如，在用户面汇聚情况下，多个小区的业务流汇聚后，可以提高数据速率。又如，在控制面/用户面分离的情况下，控制面通信可以由一个小区负责，而用户面可以由另一个小区负责。

一个终端接入多个小区称为双连接。其中 LTE 与 NR 之间的双连接非常重要，它是 5G NR 非独立组网(NSA)的基本形态，如图 1-10 所示。LTE 的 eNB 是主小区，处理控制面与潜在的用户面信令，而 NR 的 gNB 是从小区，负责用户面数据处理，提高业务传输速率。

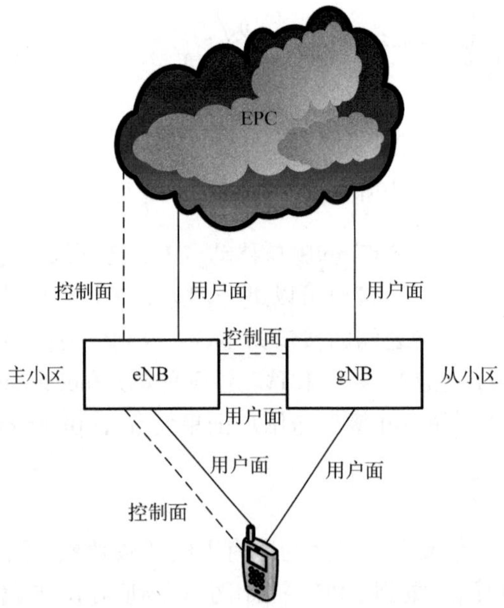

图 1-10　非独立组网下的双连接

另外，图 1-10 中也给出了终端直连的通信模式，UE 与 UE 之间通过无线方式互联，即 D2D(device to device)通信。

2. 无线侧协议栈连接

5G NR 的无线侧协议栈连接关系如图 1-11 所示。

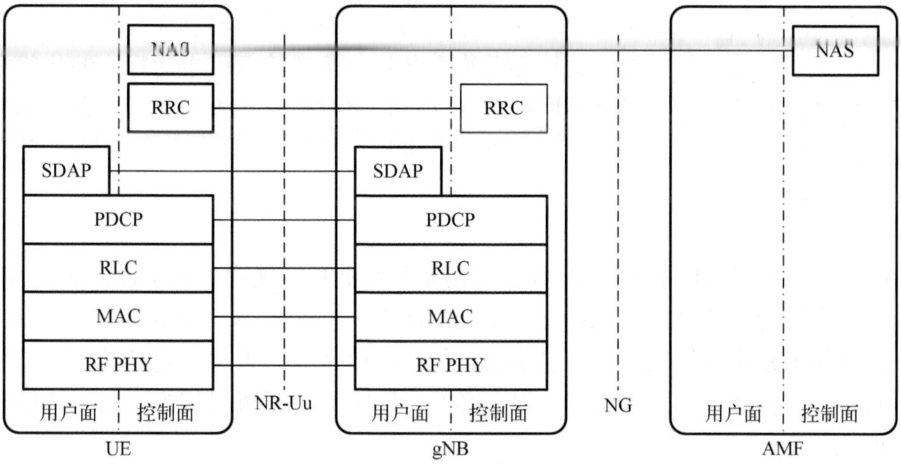

图 1-11　5G NR 无线接入协议栈

由图 1-11 可知，在 NR-Uu 接口两侧，UE 与 gNB 的下部四层协议，即 PDCP、RLC、MAC 以及 PHY，在用户面与控制面功能类似，因此不进行区分。而在上层，用户面主要是 SDAP 协议，完成业务 QoS 处理，这是 5G NR 新引入的协议层。

另外，在控制面，RRC 协议负责系统信息广播、寻呼信息发送、连接管理、移动性管理、测量以及终端能力处理等。

在 NG 接口两侧，主要是 UE 与 AMF 之间的非接入层①(non-access stratum，NAS)协议，它负责终端与接入网之间的操作处理，包括鉴权、加密、不同的空闲模式处理，并且负责将 IP 地址分配给移动终端。

1.3.2　5G-CN

5G 核心网的设计沿用了 LTE 的 EPC 核心网思路，并且在如下三个方面进行增强。

(1) 基于业务的架构。

5G-CN 的核心特点是采用了基于业务的架构，其基本特点是关注网络提供的业务与功能，而不是定义一些特定的节点或网元。这种设计理念借鉴了计算虚拟化思想，因此核心网的功能是高度虚拟化的，可以在通用的计算设备上实现。

(2) 控制面/用户面分离。

5G-CN 的第二个特点是控制面与用户面分离，它强调了两个协议平面的独立演化能力。例如，如果控制面需要提升能力，可以直接增加相应模块，而不会影响网络的用户面。

(3) 支持网络切片。

5G 核心网的第三个特点是支持网络切片(network slicing)。网络切片是一个逻辑网，服务特定的商业或用户需求，由基于业务架构配置的一些必要功能单元构成。例如，5G 核心网可以建立一个网络切片，用于支持移动宽带应用，满足所有的终端移动属性，类

① 一般地，核心网与终端之间的执行功能称为非接入层功能，而接入网与终端之间的功能称为接入层(access stratum，AS)功能。

似于 LTE 网络。另外，还可以建立一个网络切片，支持专用的非移动、延时敏感的工业自动应用。这些切片可以在相同的核心网物理环境与无线接入网中运行，但从终端用户来看，他们感受到的是独立运行的网络。这就像计算虚拟化技术，在同一台实际的计算机上，通过虚拟化技术，可以配置多个不同的虚拟计算机。

1. 5G 核心网架构

5G 的核心网架构如图 1-12 所示，该架构是基于业务功能虚拟化来设计的。如图 1-12 所示，用户面网元主要是 UPF (user plane function)，它是 RAN 与外部网络之间的网关，完成数据分组的路由与转发、数据包检测、业务 QoS 处理以及数据包滤波、流量测试等功能。同时，当移动台跨网移动时，如有必要，UPF 单元还可以作为不同无线接入网之间的锚点。

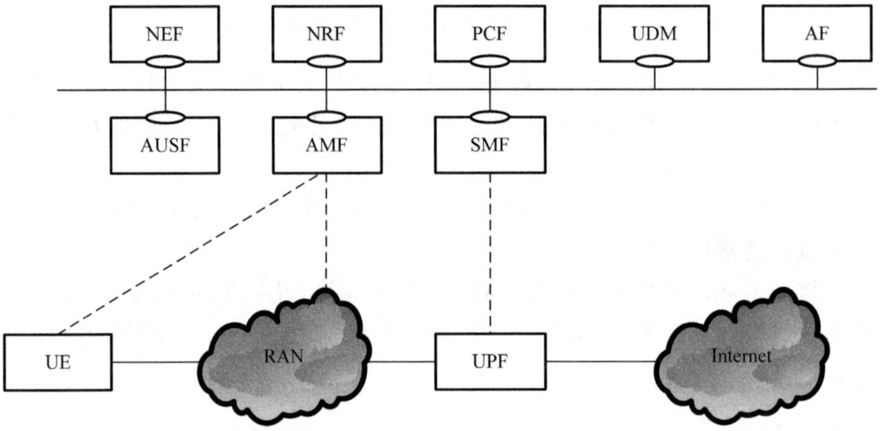

图 1-12　5G 核心网架构

控制面包括多个网元，主要包括会话管理单元 (session management function，SMF) 和接入与移动性管理单元 (access and mobility management function，AMF)。

SMF 网元主要的功能包括为移动终端分配 IP 地址、执行网络管理策略、一般的会话管理功能等。AMF 网元的功能包括管理核心网与终端之间的信令、保障用户数据的安全、空闲状态下的移动性管理、鉴权与认证等。

除此以外，5G 核心网中还有其他的网元，例如，PCF (policy control function) 负责策略规则，UDM (unified data management) 负责身份认证与接入授权，NEF (network exposure function)、NRF (NR repository function)、AUSF (authentication server function) 处理身份认证功能，以及 AF (application function) 等。

2. 5G 网络的组网方式

5G 核心网的网元实现方式有多种，可以在单个物理实体中实现，也可以分布到多个物理节点中，还可以放置到云端。

5G 网络的组网方式也有多种，如图 1-13 所示。通常基本的组网方式为独立(standalone，SA)组网与非独立(non-standalone，NSA)组网两种，分别如图 1-13(a)与图 1-13(b)所示。在 SA 组网方式下，gNB 接入 5G-CN 核心网，连接用户面与控制面。独立组网方便运营商建立大规模 5G 网络，是直接的组网方式，但这种方式需要大规模投资，初期建网成本很高。NSA 组网方式下，gNB 接入 4G EPC 核心网，控制面的功能包括初始接入、寻呼与移动性管理等，由 LTE 基站，即 eNB 完成。而 gNB 只完成用户面功能。非独立组网充分考虑了后向兼容性，可以先建立部分 5G 接入网，通过现有的 EPC 与 LTE 接入网络，提供 5G 业务，节省了网络初期建设的投资。但这种方式下，5G 业务的支持能力有一定限制。

除 SA 与 NSA 两种组网方式外，未来 4G 与 5G 还有各种混合组网方式，如图 1-13(c)、(d)与(e)所示。这三种方式下，4G 的 eNB 节点都可以接入 5G 核心网，可以单独连接用户面或控制面，也可以同时连接两个协议平面，从而提供了灵活的混合组网方式。

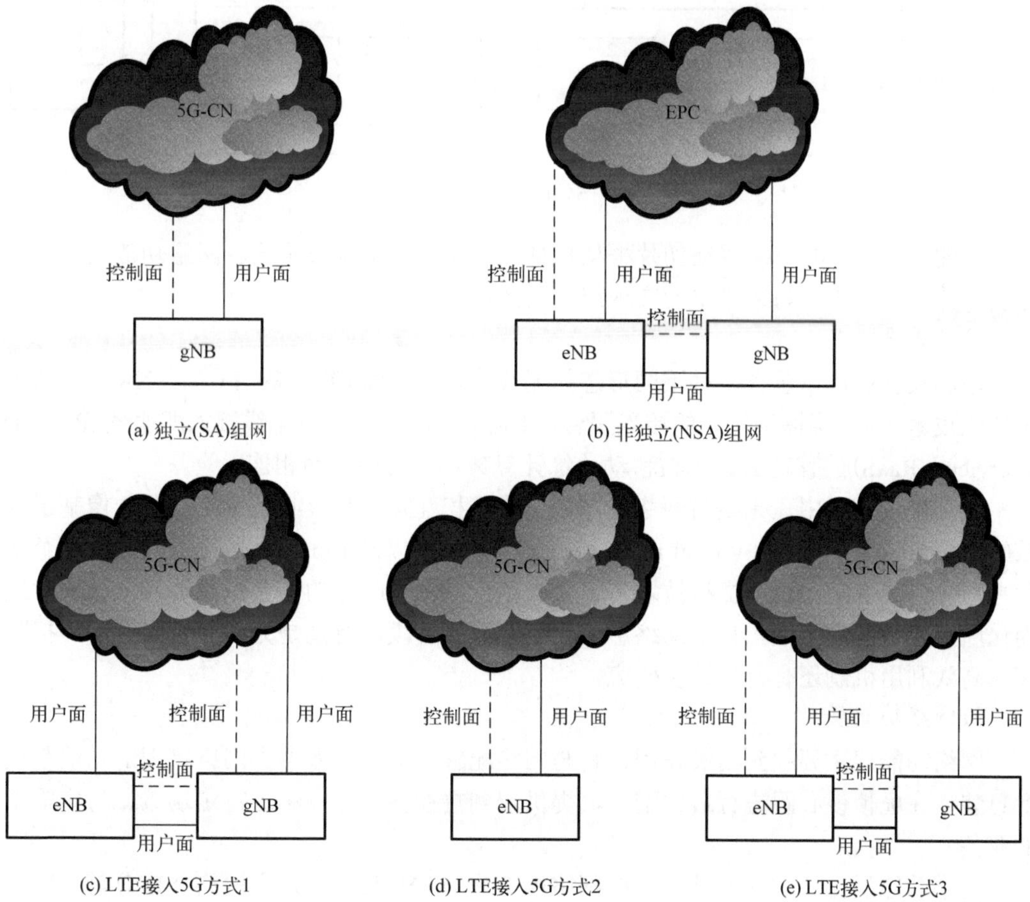

(a) 独立(SA)组网 (b) 非独立(NSA)组网

(c) LTE接入5G方式1 (d) LTE接入5G方式2 (e) LTE接入5G方式3

图 1-13 5G NR 组网方式

3. 网络切片技术

5G 核心网的最大特色是引入了网络切片技术，对核心网功能进行了全面的虚拟化，图 1-14 给出了网络切片的基本框架。

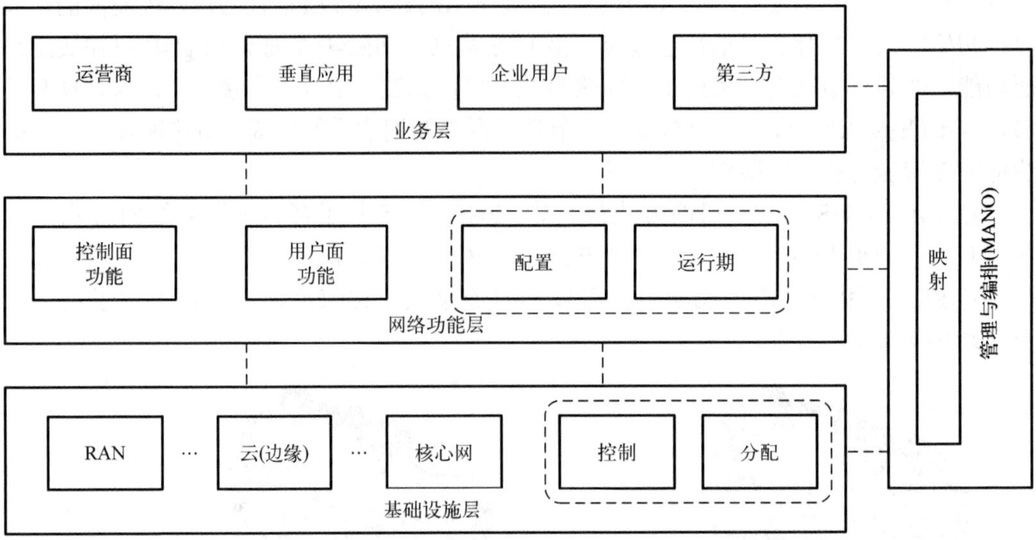

图 1-14　5G 网络切片框架结构

由图 1-14 可知，5G 网络切片框架包括三层结构：基础设施层、网络功能层以及业务层，并且通过管理与编排单元实现层间紧密协作与交互。

1) 基础设施层

基础设施层可以包含多种不同形态的无线接入网，如 LTE、Wi-Fi、5G NR 等，通过虚拟化技术，为上层提供统一的接入平台。并且接入网可以采用无线接入即服务(RAN as a service，RaaS)的移动云计算与移动边缘计算架构，与核心网相连。

在基础设施层中，无线与网络资源虚拟化及相互隔离是核心技术。目前，像基于内核的虚拟机(kernel-based virtual machine，KVM)技术以及 Linux 容器技术能提供各个切片之间的隔离保证。这些虚拟技术再组合类似于 OpenStack 的平台资源池，能够极大地简化虚拟核心网的生成。目前网络虚拟化还在早期阶段，特别是无线频谱资源的虚拟隔离与高效利用机制还有待进一步研究。

2) 网络功能层

网络功能层主要起到封装作用，将与网络配置相关、有效期内网络管理的功能都进行封装，在虚拟核心网进行最优配置，提供端到端业务支撑，满足特定场景、特定需求的业务。

网络功能层主要的使能技术包括网络虚拟化(NFV)与软件定义网络(SDN)等。NFV 技术主要用于网络的有效期内管理，以及协调网络功能。SDN 技术主要通过标准协议，如 Openflow 等，作为 NFV 的支撑，配置与控制底层基础设施在用户面及控制面的路由及转发功能。

网络功能层设计的关键问题是网络功能的粒度划分。一般而言，有两种思路：粗粒度划分与精细粒度划分。对于粗粒度划分，只进行接入网与核心网功能的大块分割，只包括基本网元；而对于精细粒度划分，则需要对网络功能进一步细分，分解到网元的各个子功能实体。粗粒度划分为配置与管理网络切片提供了简单方法，但是其代价是无法灵活地适应网络变化。而细粒度划分灵活度与效率更高，但需要在网络功能单元或子功能实体之间引入与定义更多的接口，尤其是与第三方开发的功能实体接口，其兼容性与一致性难以保证。因此，网络功能的粒度划分需要在兼容性与灵活性之间进行折中。

3) 业务层及管理与编排(MANO)

5G 网络切片与基于云计算的其他切片技术最大的不同在于前者具有端到端的属性，在业务层采用高级描述表示业务，通过管理与编排(management and orchestration，MANO)层对切片生成与组织进行管理，并通过映射器，将高层描述灵活映射到合适的基础设施单元与网络功能实体。因此，业务层可以直接与应用模型连接，产生新的网络切片，并且通过网络切片的编排监测切片执行的有效期。

1.4 5G 中的大规模 MIMO

大规模 MIMO(M-MIMO 或 Large-scale MIMO)最早由 Marzetta 提出[5]，是最近十年来空时信号处理领域最热门的研究方向。大规模 MIMO 已经应用于 5G NR 系统，是提升系统频谱效率的关键技术。NR 系统的多天线处理包括预编码与波束管理。其中，多天线预编码是在数字域进行信号加权，目的是将不同的发送层信号使用预编码矩阵映射到一组天线端口。上行与下行链路的预编码过程有所不同。波束管理主要适用于毫米波，在模拟域上加权。由于模拟器件限制，每段时间只能在一个方向上调整。

1.4.1 应用场景

对空间维度与用户维度的充分探索与利用，是最近二十年 MIMO 技术发展的主要驱动力。配置 2/4/8 天线的 MIMO 在 3G/4G 移动通信系统中得到了普遍应用，系统容量提升了 2～4 倍。为了进一步提高系统容量，可以增加用户数目、终端天线数目与基站天线数目。但由于移动终端体积的限制，难以布设更多的天线。因此，在基站端大幅度增加天线数目成为唯一有效的方法。

图 1-15 给出了单小区多用户 M-MIMO 场景示意。在 M-MIMO 系统中，终端一般假定为单天线配置，主要靠基站端天线数目与用户数目的增加来提高系统容量。

基站到底配置多少天线才能称得上是大规模 MIMO 呢？这个问题可以从理论与工程两个角度来看待[5]。理论上，天线数目可以趋于无穷大，即 $N \to +\infty$，至少要达到 $N > 1000$，即满足大数定律要求。而工程上，受限于基站体积与天线尺寸，一般如果天线数目大于 100，即 $N > 100$，就称为大规模 MIMO 系统。

M-MIMO 还可以进一步扩展到多小区多用户场景，如图 1-16 所示。多个小区同频组网，在小区边缘存在干扰。基于小区间干扰协调(ICIC)技术，通过大规模天线阵列的

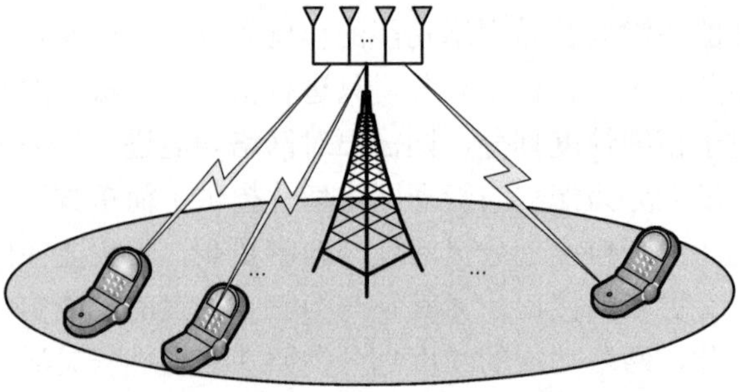

图 1-15　单小区多用户 M-MIMO 场景

波束成形，形成非常窄的天线波束，从而抑制邻小区干扰。在多小区场景下，M-MIMO 的主要问题是导频污染(pilot contamination)。

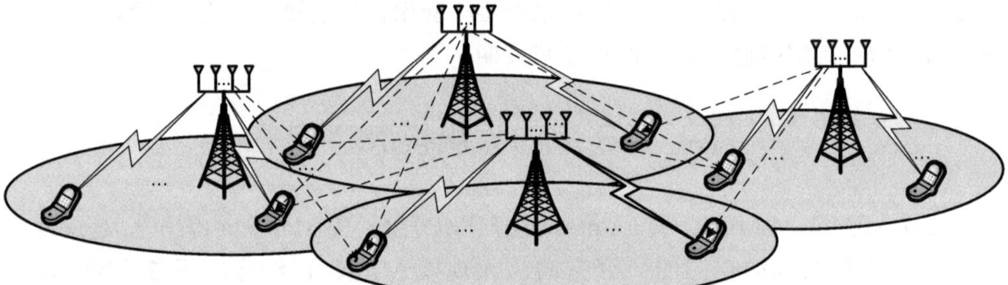

图 1-16　多小区多用户 M-MIMO 场景

除了上述集中式 M-MIMO 配置外，也可以采用分布式 M-MIMO，也就是说，天线阵列分散在整个小区，而不必集中布置在单个基站上。

1.4.2　下行预编码

5G NR 系统的下行预编码处理流程如图 1-17 所示。经过层映射的 PDSCH 信号与 DM-RS 信号送入多天线预编码模块，与预编码矩阵 $\boldsymbol{W}$ 相乘，然后与 CSI-RS 一起映射到时频资源，最后与空间滤波矩阵 $\boldsymbol{F}$ 相乘，形成物理多天线的发送信号。

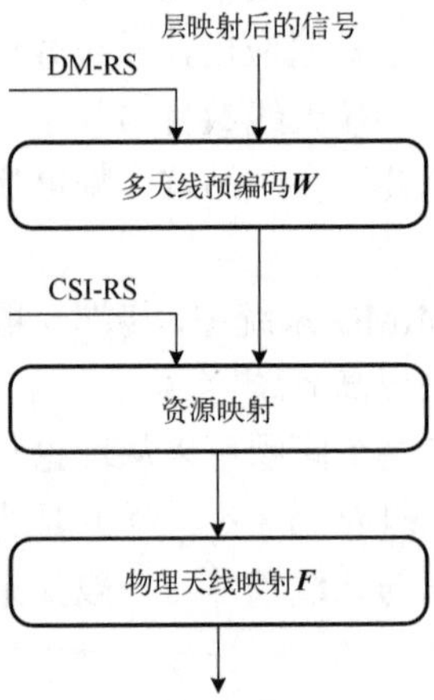

图 1-17　5G NR 系统下行链路预编码

一般地，接收端并不知道多天线预编码矩阵 $\boldsymbol{W}$ 。网络端可以根据需要配置预编码矩阵，不需要通知移动台。因此预编码矩阵对于移动终端是透明的，只能看作无线信道响应的一部分。但需要注意的是，移动终端仍然知道发送层的数目，即预编码矩阵的列数。

一般地，5G NR 系统下行链路的预编码矩阵是根据移动台上报的 CSI 信息确定的。与 LTE 类似，5G NR 系统中的 CSI 信息包括以下三类。

(1) 信道秩标记(rank indicator，RI)。

RI 信息表征移动终端测量的当前 MIMO 信道的独立维度，即等效 MIMO 信道响应的秩。换言之，也就是下行发送信号的层数 N_L。

(2) 预编码矩阵序号(precoder-matrix indicator，PMI)。

PMI 信息表示在给定 RI 条件下，最合适的预编码矩阵。

(3) 信道质量标记(channel-quality indicator，CQI)。

CQI 表示给定 PMI 条件下，最佳的信道编码码率与调制阶数。

5G NR 系统既支持单用户 MIMO，又支持 MU-MIMO，对于后者，需要移动终端测量与上报更多信道响应的细节。因此，5G NR 系统定义了两类 CSI，称为 Type Ⅰ CSI 与 Type Ⅱ CSI，它们的特点描述如下。

(1) Type Ⅰ CSI。

Type Ⅰ CSI 主要面向非 MU-MIMO 场景，用于单用户在给定时频资源上的调度，可以支持较大数目的多层数据并行传输，即高阶的空间复用。Type Ⅰ CSI 的码本相对简单，一般而言，上报的 PMI 信息只需要几十比特。

(2) Type Ⅱ CSI。

Type Ⅱ CSI 主要应用于 MU-MIMO 场景，多个用户在相同的时频资源同时被调度，但每个用户只支持有限数量(最大两层)的空间层数据。Type Ⅱ CSI 的码本更复杂，PMI 可以表征更精细的信道响应特征，上报的 PMI 信息达到几百比特。

1.4.3 上行预编码

上行预编码处理流程如图 1-18 所示。经过层映射的 PUSCH 信号与 DM-RS 信号送入多天线预编码模块，与预编码矩阵 $\boldsymbol{W}$ 相乘，然后与 SRS 一起映射到时频资源，最后与空间滤波矩阵 $\boldsymbol{F}$ 相乘，形成物理多天线的发送信号。

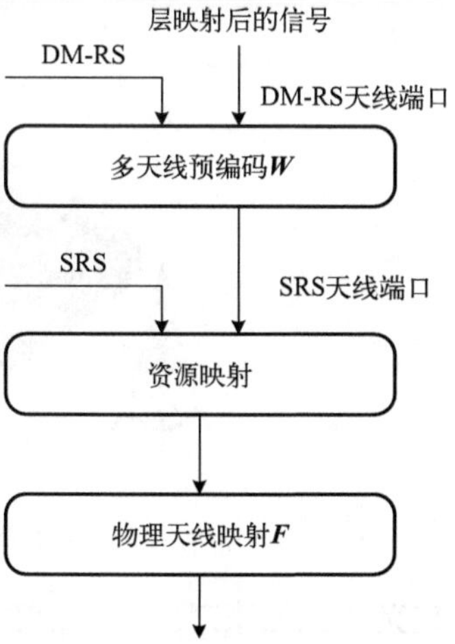

图 1-18 5G NR 系统上行链路预编码

与下行预编码不同，上行预编码分为基于码本与非码本两种预编码方式。

(1) 基于码本的预编码方式。

对于这种方式，由于多天线预编码矩阵 $\boldsymbol{W}$ 是网络调度算法分配的，网络侧可以确知该矩阵，因此基于码本的预编码方式，预编码矩阵 $\boldsymbol{W}$ 是接收端已知的。另外需要注意，空间滤波矩阵 $\boldsymbol{F}$ 的选择并不需要网络侧控制，但网络层可以通过 DCI 中的 SRS 资源标记(SRI)信令限制 $\boldsymbol{F}$ 的选择自由度。

基于码本的预编码主要用于 FDD 或者 TDD 方式下上下行非互易情况。此时，为了确定合适的上行预编码矩阵，需要进行上行信道测量。

(2) 非码本预编码方式。

而对于非码本方式，此时预编码矩阵 $\boldsymbol{W}$ 是单位阵，空间滤波矩阵 $\boldsymbol{F}$ 由移动台选择，对于网络侧是透明的。

非码本预编码方式主要应用于上下行互易的场景，通常是 TDD 模式。此时终端可以通过测量下行信道，获得上行信道响应信息。

1.4.4 波束管理

如前所述，波束管理主要应用于毫米波等高频段[6]，采用模拟方式，分时调整一个方向的波束。因此，下行对于不同方向的用户设备发送信号，只能分时发送，类似地，移动台接收信号时，每次也只能接收一个方向的波束。

在分时收发条件下，波束管理的任务就是建立与保持合适的收发波束对，为链路传输提供好的波束连接。需要注意的是，由于无线传播环境的影响，最佳的波束对不一定是基站与移动台正对的方向。图 1-19 给出了波束对匹配示例。当基站与移动台之间没有障碍物遮挡时，如图 1-19(a)所示，它们之间连线方向的发送波束与接收波束构成了最佳匹配对。而当基站与移动台有建筑物遮挡时，如图 1-19(b)所示，通过建筑物反射，找到的收发波束对性能更好。

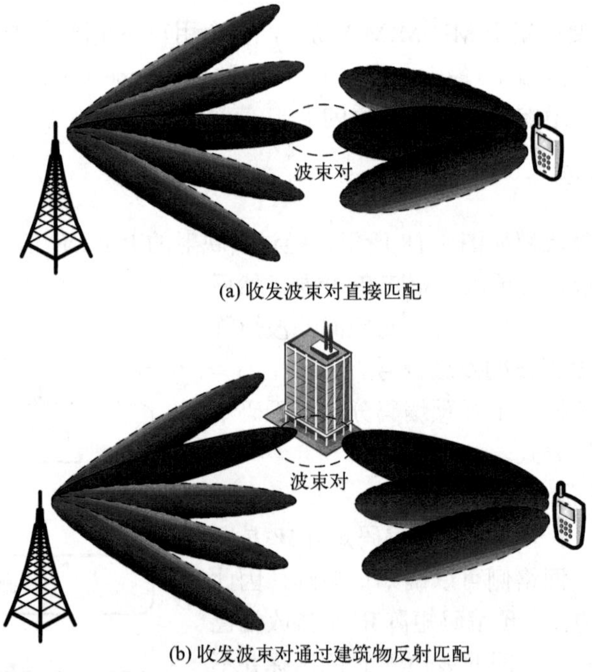

(a) 收发波束对直接匹配

(b) 收发波束对通过建筑物反射匹配

图 1-19　下行链路收发波束对匹配示例

定义 1-2(波束对应)　3GPP 中的波束对应关系是指在大多数情况下，由于存在信道互易性，下行方向的收发波束匹配关系也适用于上行方向。在这种情况下，确定一个发送方向的收发波束匹配，则可以直接应用于另一个相反的发送方向。

需要注意的是，波束管理并不需要跟踪快速时变与频率选择性衰落，因此波束对应不要求下行发送与上行发送必须在同一频段上进行。由此，波束对应的概念也可以应用于 FDD 方式。

一般地，5G NR 中的波束管理包括三个方面：初始波束建立、波束调整以及波束恢复。下面分别介绍。

1. 初始波束建立

初始波束建立主要是指在下行或上行方向，收发波束扫描与建立处理链接的过程。通常，移动台经过小区搜索，发现下行波束，而基站通过随机接入，发现上行波束。

2. 波束调整

波束调整的主要目的是补偿移动台运动导致的方向与角度变化，另外也需要考虑场景变化的影响。波束调整还需要对波束宽度进行精细调整。

波束调整一般分为发送端波束调整与接收端波束调整两类。当假设波束对应成立时，一个发送方向的波束调整可以直接应用于相反的发送方向。

下行链路发送端波束调整如图 1-20 所示。由于采用模拟波束成形，基站只能顺序发送每个波的参考信号(RS)，也就是采用波束扫描方式发送。而移动台需要逐个测量基站发送的 RS 信号质量，并反馈给基站。基站侧根据测量结果，调整波束方向。需要注意，基站侧不一定只从移动台上报的测试波束中选择，也可以在相邻两个波束中加权得到新的波束方向。

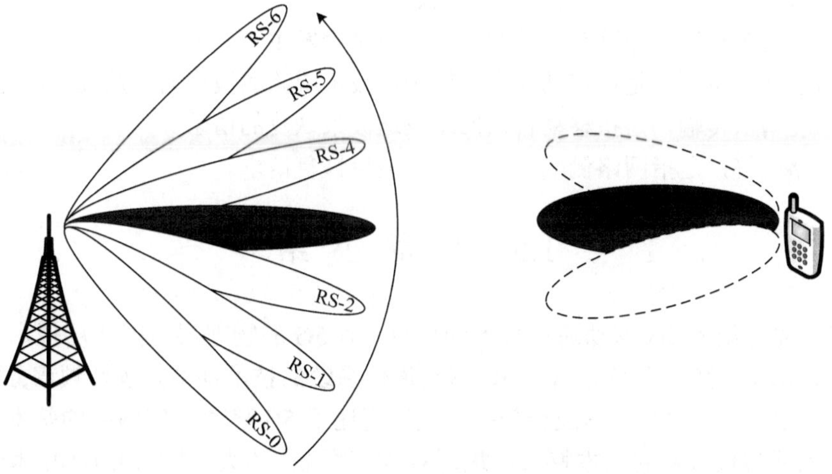

图 1-20 下行链路发送端波束调整

另外需要注意，为了保证测试结果相对准确，在测试时间段，移动台需要固定一个接收波束进行测量。

下行链路接收端波束调整如图 1-21 所示。若基站侧给定发送波束，即当前的服务波束的参考信号，则移动台进行接收端波束扫描，顺序测试每个接收波束对 RS 信号的接收质量，从而选择与调整最佳的接收波束。

上行链路发送端波束调整与接收端波束调整具有类似的过程，不再赘述。

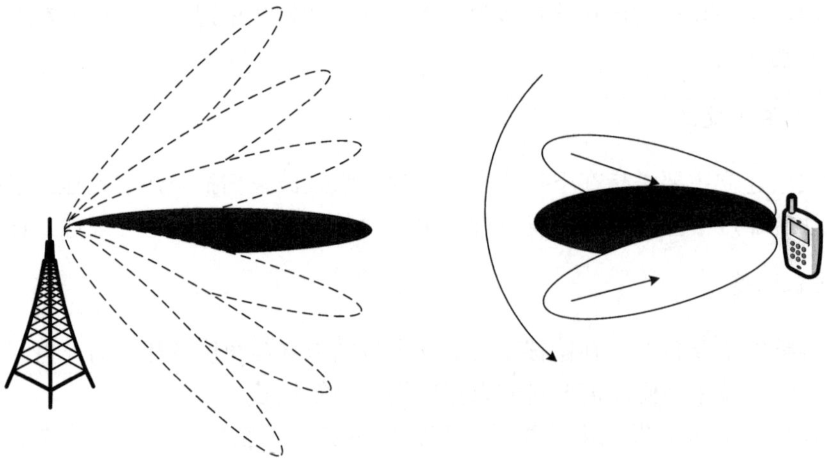

图 1-21　下行链路接收端波束调整

3. 波束恢复

某些情况下，通信环境的运动或其他事件会导致当前建立的波束对快速中断，并且没有充分的时间进行波束调整与适应。此时就需要重新进行波束恢复。

一般地，波束失效与恢复包括如下步骤。

(1) 波束失效检测，即移动台检测波束失效是否发生。

(2) 候选波束辨识，是指移动台需要辨识新波束或新的波束对，从而恢复通信连接。

(3) 恢复请求传输，是指移动台向网络发送波束恢复的请求。

(4) 网络应答，是指网络侧响应移动台的波束恢复请求。

1.5　本章小结

本章首先介绍了 5G 移动通信技术的特点，对 5G 的物理层与网络层技术发展趋势进行了概括总结。其次详细介绍了 5G 移动通信系统的技术细节，包括频谱分配、多址与双工、帧结构与协议栈、信道分类等。然后简述了 5G 移动通信网络的基本结构，包括无线接入网与核心网的基本特点。最后对 5G 系统中的大规模 MIMO 技术进行了简要介绍。

习　　题

1.1　简述 5G 移动通信的主要应用场景。

1.2　概述 5G 移动通信应用的关键技术。

1.3　总结 5G 移动通信的物理层技术优势。

1.4　列出我国 5G 移动通信的工作频段，简述各个运营商的无线频谱分配情况。

1.5 画出5G移动通信的帧结构，并简述FDD与TDD模式下帧结构的具体组织方式。
1.6 画出5G系统的协议栈结构，并描述各层的基本功能。
1.7 分别列出5G系统的三类信道，并画出信道映射关系，简述各个信道的基本功能。
1.8 画出5G无线接入网的结构，并简述各个网元的基本功能。
1.9 画出5G核心网结构，并概述其基本特点与功能。
1.10 简述5G系统中的波束成形与波束管理流程。

参考文献

[1] ITU-R M.2083. IMT vision—framework and overall objectives of the future development of IMT for 2020 and beyond [S/OL]. [2015-09-01]. https://standards.globalspec.com/std/9964221/itu-r-m-2083.

[2] 牛凯, 吴伟陵. 移动通信原理[M]. 3版. 北京: 电子工业出版社, 2021.

[3] DAHLMAN E, PARKVALL S, SKOLD J. 5G NR the next generation wireless access technology [M]. Pittsburgh: Academic Press, 2018.

[4] AHMADI S. 5G NR architecture, technology, implementation and operation of 3GPP new radio standards [M]. Pittsburgh: Academic Press, 2018.

[5] MARZETTA T L. Noncooperative cellular wireless with unlimited numbers of base station antennas [J]. IEEE transactions on wireless communications, 2010, 9(11):3590-3600.

[6] ONGGOSANUSI E, RAHMAN M S, et al. Modular and high-resolution channel state information and beam management for 5G new radio [J]. IEEE communications magazine, 2018, 56(3): 48-55.

第2章 信道建模

基于大规模天线(massive multiple-input multiple-output，M-MIMO)的移动通信网络是一种基于多载波体制的蜂窝结构，当前主要采用时分双工(time division duplexing，TDD)模式。在TDD模式下，相邻小区的上行链路和下行链路同步传输。最常见的MIMO配置模式为每个小区的基站(base station，BS)部署 $N_\mathrm{R}>1$ 根天线，与 N_T 个具有单天线的用户终端(user equipment，UE)同时进行通信。每个BS可以独立进行接收或发送预编码来处理其信号。除此之外，另外两种常见的配置是具有多天线UE的MIMO和单载波传输的MIMO。

MIMO传输信道具有时间和频率的选择性。由于5G信道一般为宽带信道，随着带宽的增加，系统能够容纳的采样率提高。此时，时域上两个采样符号之间的时间间隔随着带宽的增加而减小。为了能够抵消多径引入的频率选择，MIMO传输往往同OFDM相结合。在OFDM传输体制中，通过FFT/IFFT，将宽带信道划分为多个相互正交的窄带子信道，每个子载波都具有足够窄的带宽，使样本之间的有效时间间隔比信道色散长得多。对大规模MIMO来说，应当将频率资源划分为平坦衰落的子载波。相干带宽 B_C 描述了信道响应近似不变的频率间隔，可以根据 B_C 划分子载波，相邻的子载波上的信道通过确定性变换进行近似。类似地，在相邻样本之间，信道随着时间的变化很小，相干时间 T_C 描述了信道响应近似恒定的时间间隔。

MIMO系统的BS侧部署多个接收天线以从电磁波传播中收集更多能量，而不是增加UE侧的上行发射功率，即利用空间分集来对抗非视距传播中的信道衰落。

在发送天线为 N_T，接收天线为 N_R 的窄带时不变无线信道中，信道响应可以用 $N_\mathrm{R}\times N_\mathrm{T}$ 的确定矩阵 $\boldsymbol{H}$ 来表示。$\boldsymbol{H}$ 的性质反映了MIMO系统多路复用的能力，接下来通过信道容量的计算来体现MIMO的多路复用。该时不变信道可以写成：

$$\boldsymbol{y}=\boldsymbol{H}\boldsymbol{x}+\boldsymbol{w} \tag{2-1}$$

其中，发送信号 $\boldsymbol{x}\in\mathbb{C}^{N_\mathrm{T}\times 1}$；接收信号 $\boldsymbol{y}\in\mathbb{C}^{N_\mathrm{R}\times 1}$；加性高斯白噪声 $\boldsymbol{w}\sim\mathbb{C}\mathcal{N}(0,N_0\boldsymbol{I}_{N_\mathrm{R}})$，信道矩阵 $\boldsymbol{H}\in\mathbb{C}^{N_\mathrm{R}\times N_\mathrm{T}}$ 是确定性且不变的，并假设发送器和接收器都已知 $\boldsymbol{H}$。令 h_{ij} 表示从发送天线 j 到接收天线 i 的信道增益。

可以通过将矢量信道分解成一组并行的、独立的标量高斯子信道来计算容量。$\boldsymbol{H}$ 可以通过奇异值分解为[1]

$$\boldsymbol{H}=\boldsymbol{U}\boldsymbol{\varLambda}\boldsymbol{V}^H \tag{2-2}$$

其中，$\boldsymbol{U}$ 和 $\boldsymbol{V}$ 都是酉矩阵；$\boldsymbol{\varLambda}\in\mathbb{R}^{N_\mathrm{R}\times N_\mathrm{T}}$ 是对角矩阵，对角线元素为非负实数。$(\cdot)^H$ 表示矩阵的共轭转置，对角线元素 $\lambda_1\geqslant\lambda_2\geqslant\cdots\geqslant\lambda_{N_{\min}}$ 是矩阵 $\boldsymbol{H}$ 的有序奇异值，其中，$N_{\min}=\min(N_\mathrm{R},N_\mathrm{T})$。因此 $\boldsymbol{H}\boldsymbol{H}^H=\boldsymbol{U}\boldsymbol{\varLambda}\boldsymbol{\varLambda}^T\boldsymbol{U}^H$，$\boldsymbol{H}$ 的奇异值的平方 λ_i^2 是 $\boldsymbol{H}\boldsymbol{H}^H$ 和 $\boldsymbol{H}^H\boldsymbol{H}$ 的特征值。可以将奇异值分解重新写作一阶矩阵 $\lambda_i\boldsymbol{u}_i\boldsymbol{v}_i^H$ 的和，$\boldsymbol{H}$ 的秩就是非零奇异值的个数。

$$\boldsymbol{H}=\sum_{i=1}^{N_{\min}}\lambda_i\boldsymbol{u}_i\boldsymbol{v}_i^H \tag{2-3}$$

定义 $\tilde{\boldsymbol{x}}=\boldsymbol{V}^H\boldsymbol{x}$， $\tilde{\boldsymbol{y}}=\boldsymbol{U}^H\boldsymbol{y}$， $\tilde{\boldsymbol{w}}=\boldsymbol{U}^H\boldsymbol{w}$，因此式(2-1)可以重新写作：

$$\tilde{\boldsymbol{y}}=\boldsymbol{\Lambda}\tilde{\boldsymbol{x}}+\tilde{\boldsymbol{w}} \tag{2-4}$$

其中，$\tilde{\boldsymbol{w}}\sim\mathbb{C}\mathcal{N}(0,N_0\boldsymbol{I}_{N_{\mathrm{R}}})$和原噪声服从相同的分布；$\|\tilde{\boldsymbol{x}}\|^2=\|\boldsymbol{x}\|^2$。因此，信号能量保持不变，原信道模型可以表示成独立并行的高斯信道：

$$\tilde{y}_i=\lambda_i\tilde{x}_i+\tilde{w}_i,\quad i=1,2,\cdots,N_{\min} \tag{2-5}$$

此时，信道容量可以写成[1]：

$$C=\sum_{i=1}^{N_{\min}}\log_2\left(1+\frac{P_i\lambda_i^2}{N_0}\right)\ \ \text{bit/s/Hz} \tag{2-6}$$

其中，$P_1,\cdots,P_{N_{\min}}$ 是注水功率分配。$P_i=\left(\mu-\dfrac{N_0}{\lambda_i^2}\right)^+$，$\mu$ 是根据总功率限制 $\sum_i P_i=P$ 选择的。

当信噪比很高时，注水功率分配方法在非零特征值上分配等功率的策略是渐近最优的。此时的信道容量变为[1]

$$C\approx\sum_{i=1}^{k}\log_2\left(1+\frac{P\lambda_i^2}{kN_0}\right)\approx k\log_2\frac{P}{N_0}+\sum_{i=1}^{k}\log_2\left(\frac{\lambda_i^2}{k}\right)\qquad \text{bit/s/Hz} \tag{2-7}$$

参数 k 是非零特征值 λ_i^2 的数目，代表每秒每赫兹的空间自由度数，也就是发送信号经过信道传输之后的维度，等于矩阵 $\boldsymbol{H}$ 的秩，当 $\boldsymbol{H}$ 满秩时，$k=N_{\min}$。因此，通过 k 能粗略地衡量信道容量。在发射信号总功率相同的信道中，具有最高容量的信道是所有奇异值相等的信道。更一般地，奇异值分布差异越小，在高信噪比下的信道的和容量就越大。在数值分析中，$\max_i\lambda_i/\min_i\lambda_i$ 定义为矩阵 $\boldsymbol{H}$ 的条件数，如果条件数接近 1，则称矩阵是良态的。

在低信噪比时，注水容量分配的最佳策略是仅将功率分配给最强的特征值。由此产生的信道容量为[1]

$$C\approx\frac{P}{N_0}(\max_i\lambda_i^2)\log_2\mathrm{e}\quad \text{bit/s/Hz} \tag{2-8}$$

MIMO 信道提供 $\max_i\lambda_i^2$ 的功率增益。此时更关注有多少能量从发射器转移到接收器。

2.1　大规模 MIMO 引入的方向性

本节从上行的角度考虑，假设用户终端采用单天线，上行传输信道是单发多收结构，信道响应 $\boldsymbol{h}$ 为向量，由向量空间中的范数和方向来表征，两者在衰落信道中都是随机变量。信道模型描述了它们各自的分布和统计独立性/依赖性。不同的信道响应具有不同的空间相关性，直接影响 MIMO 系统的性能。

2.1.1 信道相关性

如果信道增益$\|\boldsymbol{h}\|^2$和信道方向$\boldsymbol{h}/\|\boldsymbol{h}\|^2$是独立的随机变量，并且信道方向在$\boldsymbol{h}\in\mathbb{C}^{N_{\mathrm{R}}\times 1}$的单位球面上均匀分布，则衰落信道在空间上是不相关的。否则，该信道在空间上是相关的。

1. 不相关信道

首先考虑单发多收(single-input multiple-output，SIMO)的情况，即发端是单天线用户，收端是多天线基站。在视距(line of sight，LOS)条件下，收端采用水平均匀线阵，天线间距$d_{\mathrm{H}}\in(0,0.5\lambda]$，其中，$\lambda$表示载波频率处的波长。此时基站对用户有确定性的信道响应[2]：

$$\boldsymbol{h}_i=\sqrt{\beta_i}[1\quad \mathrm{e}^{2\pi d_{\mathrm{H}}\sin\varphi_i}\quad \cdots\quad \mathrm{e}^{2\pi d_{\mathrm{H}}(N_{\mathrm{R}}-1)\sin\varphi_i}]^T \tag{2-9}$$

其中，$\varphi_i\in[0,2\pi)$是 UE 相对于 BS 的方位角；β_i是宏观的大尺度衰落。LOS 传播模型如图 2-1 所示，相邻的两天线观察到的信号传播时间相差$d_{\mathrm{H}}\sin\varphi$，其相位旋转是$d_{\mathrm{H}}\sin\varphi$的倍数。

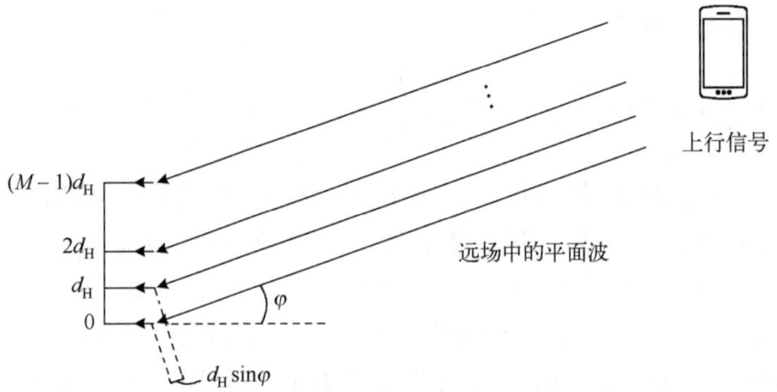

图 2-1 单发多收的 LOS 传播示意图

在非视距(non line of sight，NLOS)条件下，假设信道响应在阵列上是空间不相关的。因此有

$$\boldsymbol{h}_i\sim\mathbb{C}\mathcal{N}(\boldsymbol{0},\beta_i\boldsymbol{I}_{N_{\mathrm{R}}}) \tag{2-10}$$

β_i描述了宏观的大尺度衰落，随机的高斯分布表示了小尺度衰落。这种信道模型称为不相关瑞利衰落或独立同分布瑞利衰落。不相关瑞利衰落是一种适用于丰富散射条件的易于处理的模型。BS 阵列被许多散射目标包围，散射体数量远大于发送天线数量。不相关瑞利衰落的 NLOS 传播模型如图 2-2 所示。

2. 相关信道

实际生活中的信道通常在空间上相关，也称为空间选择性衰落。这是由于天线具有不均匀的辐射方向图，并且物理传播环境使得某些空间方向比其他方向更有可能将强信号从发射机传送到接收机。大型阵列天线具有良好的空间分辨率，具体将在下一小节中

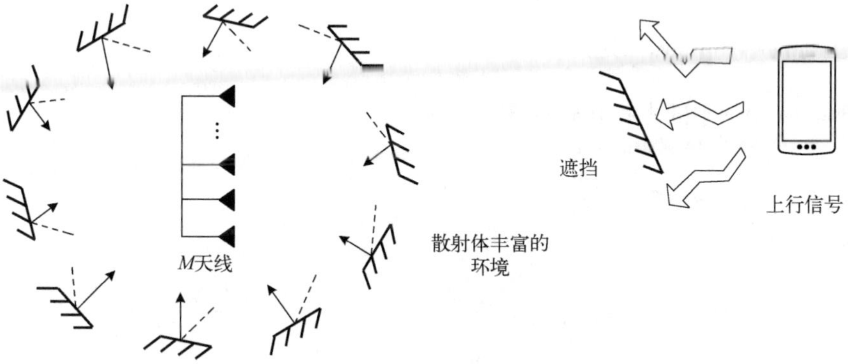

图 2-2　不相关瑞利衰落的 NLOS 传播示意图

介绍。接下来介绍相关的瑞利衰落信道。

$$\boldsymbol{h}_i \sim \mathbb{C}\mathcal{N}(\boldsymbol{0}, \boldsymbol{R}_i) \tag{2-11}$$

其中，$\boldsymbol{R}_i \in \mathbb{C}^{N_R \times N_R}$ 是正的半正定空间相关矩阵，假设在 BS 处相关矩阵是已知的。采用高斯分布对小尺度衰落进行建模。假设信道响应在每个相干块中采用高斯分布的独立实现，作为平稳的遍历随机过程。空间相关矩阵描述了宏观传播效应，包括发射机和接收机的天线增益与辐射方向图。相关矩阵的归一化迹确定从 BS 处的天线之一到第 i 个 UE 的平均信道增益：

$$\beta_i = \frac{1}{N_R}\mathrm{tr}(\boldsymbol{R}_i) \tag{2-12}$$

而在不相关瑞利衰落中，$\boldsymbol{R}_i = \beta_i \boldsymbol{I}_{N_R}$ 是该模型中的特殊情况。参数 β_i 也称为大尺度衰落系数，通常被建模为与接收机和发射机之间的距离、路径损耗指数、信道增益等有关的模型。不同的环境模型中，有不同的大尺度衰落计算方式，2.2 节将介绍几种典型的计算方式。

$\boldsymbol{R}_i$ 的特征结构确定了信道 $\boldsymbol{h}_i$ 的空间信道相关性，即哪些空间方向在统计上比其他方向更有可能包含强信号分量。强空间相关性对应的特征值变化较大。一般而言，可以通过以下方式生成随机信道向量 $\boldsymbol{h} \sim \mathbb{C}\mathcal{N}(\boldsymbol{0}, \boldsymbol{R})$：设 $\boldsymbol{R} \in \mathbb{C}^{N_R \times N_R}$ 的特征值分解为 $\boldsymbol{R} = \boldsymbol{U}\boldsymbol{D}\boldsymbol{U}^H$，其中，$\boldsymbol{D} \in \mathbb{R}^{r \times r}$ 是包含 $r = \mathrm{rank}(\boldsymbol{R})$ 个非零特征值的对角矩阵，$\boldsymbol{U} \in \mathbb{C}^{N_R \times r}$ 由相关的特征向量组成，且有 $\boldsymbol{U}^H\boldsymbol{U} = \boldsymbol{I}_r$。因此，$\boldsymbol{h}$ 可以生成为[2]

$$\boldsymbol{h} = \boldsymbol{R}^{\frac{1}{2}}\breve{\boldsymbol{e}} = \boldsymbol{U}\boldsymbol{D}^{\frac{1}{2}}\boldsymbol{U}^H\breve{\boldsymbol{e}} \sim \boldsymbol{U}\boldsymbol{D}^{\frac{1}{2}}\boldsymbol{e} \tag{2-13}$$

其中，$\breve{\boldsymbol{e}} \sim \mathbb{C}\mathcal{N}(\boldsymbol{0}, \boldsymbol{I}_{N_R})$；$\boldsymbol{e} \sim \mathbb{C}\mathcal{N}(\boldsymbol{0}, \boldsymbol{I}_r)$，且 $\boldsymbol{h}$ 的分布和 $\boldsymbol{U}\boldsymbol{D}^{\frac{1}{2}}\boldsymbol{e}$ 的分布一致。容易证明 $\boldsymbol{h}$ 是均值为零的复高斯向量，且有空间相关矩阵 $\mathbb{E}\{\boldsymbol{h}\boldsymbol{h}^H\} = \boldsymbol{R}$。生成的模型由一个随机向量驱动，且具有 $r < N_R$ 的自由度。

2.1.2　上行与下行系统模型

定义了大规模 MIMO 模型之后，将继续介绍通信中的上行链路和下行链路系统模型。

1. 上行链路(uplink，UL)

大规模 MIMO 中的上行传输如图 2-3 所示。

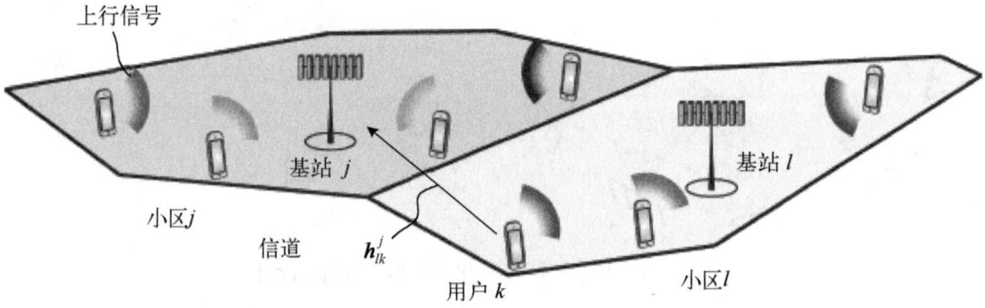

图 2-3 小区 j 和小区 l 中的 UL 大规模 MIMO 传输示意图(基站 j 和用户 k 之间的信道向量称为 $\boldsymbol{h}_{lk}^{j}$)

在基站(BS) j 处接收的上行信号 $\boldsymbol{y}_j \in \mathbb{C}^{N_\mathrm{R}\times 1}$ 被建模为

$$\boldsymbol{y}_j = \sum_{l}^{L}\sum_{i=1}^{N_\mathrm{T}} \boldsymbol{h}_{li}^{j} s_{li} + \boldsymbol{n}_j = \underbrace{\sum_{i=1}^{N_\mathrm{T}} \boldsymbol{h}_{ji}^{j} s_{ji}}_{\text{有效信号}} + \underbrace{\sum_{\substack{l=1\\ l\neq j}}^{L}\sum_{i=1}^{N_\mathrm{T}} \boldsymbol{h}_{li}^{j} s_{li}}_{\text{小区间干扰}} + \underbrace{\boldsymbol{n}_j}_{\text{噪声}} \tag{2-14}$$

其中，$\boldsymbol{n}_j$ 是独立的加性高斯白噪声。$s_{li}\in\mathbb{C}$ 是用户终端(UE) i 对应的发送信号。在相干通信中，在一个数据块的传输时间内，认为信道是恒定不变的，而信号和噪声在每个采样点都会改变。在数据传输过程中，基站(BS) j 中通过接收向量 $\boldsymbol{v}_{ji}^{H}$ 从干扰中将第 i 个用户终端(UE)的信号分离：

$$\boldsymbol{v}_{ji}^{H}\boldsymbol{y}_j = \underbrace{\boldsymbol{v}_{ji}^{H}\boldsymbol{h}_{ji}^{j} s_{ji}}_{\text{有效信号}} + \underbrace{\sum_{\substack{k=1\\ k\neq i}}^{N_\mathrm{T}} \boldsymbol{v}_{ji}^{H}\boldsymbol{h}_{jk}^{j} s_{lk}}_{\text{小区内信号}} + \underbrace{\sum_{\substack{l=1\\ l\neq j}}^{L}\sum_{k=1}^{N_\mathrm{T}} \boldsymbol{v}_{ji}^{H}\boldsymbol{h}_{lk}^{j} s_{lk}}_{\text{小区间干扰}} + \underbrace{\boldsymbol{v}_{ji}^{H}\boldsymbol{n}_j}_{\text{噪声}} \tag{2-15}$$

接收向量 $\boldsymbol{v}_{ji}^{H}$ 的选择将在第 4 章中介绍，这种接收合并方式也称为线性检测。当接收天线与发送天线的比值较大时，线性检测能提供良好的接收性能。

2. 下行链路(downlink，DL)

大规模 MIMO 中的下行传输如图 2-4 所示。

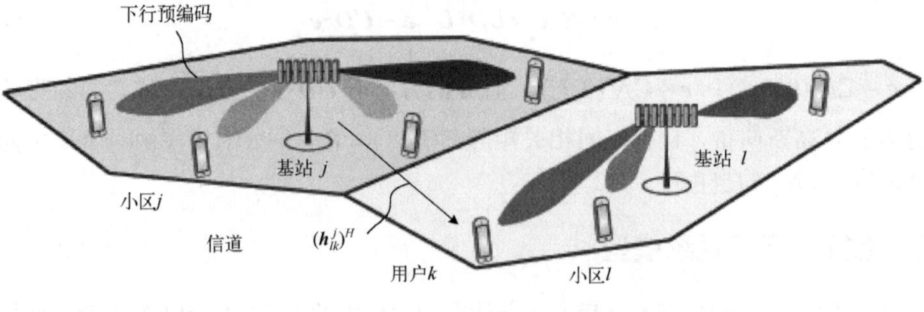

图 2-4 小区 j 和小区 l 中的 DL 大规模 MIMO 传输示意图

基站(BS) l 发送 DL 信号：

$$\boldsymbol{x}_l = \sum_{i=1}^{N_T} \boldsymbol{w}_{li} \varsigma_{li} \tag{2-16}$$

其中，ς_{li} 是发送给用户终端(UE) k 的下行数据信号，该信号利用发送预编码 $\boldsymbol{w}_{li}$ 确定了传输的空间方向性。预编码向量满足 $\mathbb{E}\{\|\boldsymbol{w}_{li}\|^2\}=1$，这样和数据信号相乘之后，发送给 UE 的信号能量仍然保持不变。小区基站 j 中第 i 个 UE 的接收信号为

$$\begin{aligned} y_{ji} &= \sum_{l=1}^{L} (\boldsymbol{h}_{ji}^l)^H \boldsymbol{x}_l + n_{ji} \\ &= \sum_{l=1}^{L}\sum_{k=1}^{N_T} (\boldsymbol{h}_{lk}^l)^H \boldsymbol{w}_{lk} \varsigma_{lk} + n_{ji} \\ &= \underbrace{(\boldsymbol{h}_{ji}^j)^H \boldsymbol{w}_{ji}\varsigma_{ji}}_{\text{有效信号}} + \underbrace{\sum_{\substack{k=1\\k\neq i}}^{N_T} (\boldsymbol{h}_{jk}^j)^H \boldsymbol{w}_{jk}\varsigma_{jk}}_{\text{小区内信号}} + \underbrace{\sum_{\substack{l=1\\l\neq j}}^{L}\sum_{k=1}^{N_T} (\boldsymbol{h}_{ji}^l)^H \boldsymbol{w}_{lk}\varsigma_{jk}}_{\text{小区间干扰}} + \underbrace{n_{jk}}_{\text{噪声}} \end{aligned} \tag{2-17}$$

其中，n_{ji} 是独立的加性高斯白噪声。针对不同的传输要求，有不同的预编码技术，充分利用了多天线的空间方向性，有利于准确的下行传输。

2.1.3　空间信道相关性的影响

对于在发射机和接收机处都有多个天线的单用户点到点 MIMO 来说，空间信道相关性对通信有害。但对于单天线 UE 的多用户通信，UE 的空间相关矩阵对网络性能的影响不同。如果各 UE 的空间相关矩阵彼此正交，则在大规模 MIMO 系统中对通信有益；而各 UE 的空间相关矩阵一致时，则对通信有害。为了更好地理解空间信道相关性对多用户 MIMO 的影响，接下来分别考虑各 UE 的相关矩阵彼此正交和完全一致的两种极端情况。

不同的 UE 往往通过多个波长来进行物理分隔，以便其信道被建模为统计不相关的信道。尽管每个 UE 的信道可能在 BS 处表现出高空间相关性，但是 UE 之间的空间相关性矩阵可以是非常不同的。考虑单小区场景上行信道，并假设信道是完全已知的。用户终端(UE)的信道服从 $\boldsymbol{h}_k \sim \mathcal{CN}(\boldsymbol{0}_{N_R}, \boldsymbol{R}_k), k=1,\cdots,N_T$ [2]，且有

$$\boldsymbol{R}_k = N_T \boldsymbol{U}_k \boldsymbol{U}_k^H \tag{2-18}$$

其中，$\boldsymbol{U}_k \in \mathbb{C}^{N_R \times \frac{N_R}{N_T}}$ 是酉矩阵，满足 $\boldsymbol{U}_k^H \boldsymbol{U}_k = \boldsymbol{I}_{\frac{N_R}{N_T}}$，并假设对于所有的 $k \neq j$，有 $\boldsymbol{U}_k^H \boldsymbol{U}_j = \boldsymbol{0}$。式(2-18)中，$N_T$ 的作用是让平均信道增益归一化，即 $\beta_k = \dfrac{1}{N_R}\mathrm{tr}(\boldsymbol{R}_k)=1$。式(2-18)描述的信道模型意味着每个 UE 有且仅有 N_R/N_T 而非 N_R 个自由度的强空间相关信道，即相关矩阵的非零特征值的数目。各个相关矩阵的特征空间都是正交的。这意味着，尽管 UE 的信道是随机的，但它们位于相互正交的子空间中。类似式(2-13)有

$$\boldsymbol{h}_k = \sqrt{N_T}\boldsymbol{U}_k \boldsymbol{e}_k \tag{2-19}$$

其中，$\boldsymbol{e}_k \sim \mathcal{CN}(\boldsymbol{0}_{N_{\mathrm{R}}/N_{\mathrm{T}}}, \boldsymbol{I}_{N_{\mathrm{R}}/N_{\mathrm{T}}})$。为了理解空间信道相关性的影响，基站侧接收到的 UL 信号 $\boldsymbol{y} \in \mathbb{C}^{N_{\mathrm{R}}}$ 由式(2-20)给出：

$$\boldsymbol{y} = \sum_{i=1}^{N_{\mathrm{T}}} \boldsymbol{h}_i s_i + \boldsymbol{n} \tag{2-20}$$

将 $\boldsymbol{y}$ 乘以用户 k 的相关空间 $\boldsymbol{U}_k$ 可以得到[2]

$$\begin{aligned} \boldsymbol{U}_k^H \boldsymbol{y} &= \boldsymbol{U}_k^H \left(\sum_{i=1}^{N_{\mathrm{T}}} \boldsymbol{h}_i s_i + \boldsymbol{n} \right) \\ &= \sum_{i=1}^{N_{\mathrm{T}}} \sqrt{N_{\mathrm{T}}} \boldsymbol{U}_k^H \boldsymbol{U}_i \boldsymbol{e}_i s_i + \boldsymbol{U}_k^H \boldsymbol{n} \\ &= \sqrt{N_{\mathrm{T}}} \boldsymbol{e}_k s_k + \breve{\boldsymbol{n}}_k \end{aligned} \tag{2-21}$$

由于空间相关矩阵的结构，多用户信道被划分为 N_{T} 个正交的单用户信道，每个信道使用 $N_{\mathrm{R}}/N_{\mathrm{T}}$ 个有效接收天线，避免了多用户之间的干扰。因此，用户 k 的平均 SNR/SINR 为[2]

$$\mathbb{E}\{\mathrm{SNR}_k\} = \mathbb{E}\left\{ \frac{N_{\mathrm{T}} p_k \|\boldsymbol{e}_k\|^2}{\sigma^2} \right\} = \frac{N_{\mathrm{R}} p_k}{\sigma^2} \tag{2-22}$$

其中，p_k 是每个 UL 信号 s_k 的功率。这表明每个用户能够获得 N_{R} 的全阵列增益。可以理解为，收端天线阵列捕获的能量集中在空间方向或空间自由度上。

当所有用户的空间相关矩阵一致时，$\boldsymbol{R} = N_{\mathrm{T}} \boldsymbol{U}\boldsymbol{U}^H$，其中，$\boldsymbol{U} \in \mathbb{C}^{N_{\mathrm{R}} \times \frac{N_{\mathrm{R}}}{N_{\mathrm{T}}}}$ 同样是酉矩阵。因此有 $\boldsymbol{h}_k \sim \mathcal{CN}(\boldsymbol{0}_{N_{\mathrm{R}}}, \boldsymbol{R}), k = 1, \cdots, N_{\mathrm{T}}$。将接收到的 UL 信号 $\boldsymbol{y}$ 乘以相关特征空间 $\boldsymbol{U}$ 时，相关矩阵一致的有害影响显而易见[2]：

$$\begin{aligned} \boldsymbol{U}^H \boldsymbol{y} &= \sum_{i=1}^{N_{\mathrm{T}}} \sqrt{N_{\mathrm{T}}} \boldsymbol{U}^H \boldsymbol{U} \boldsymbol{e}_i s_i + \boldsymbol{U}^H \boldsymbol{n} \\ &= \sum_{i=1}^{N_{\mathrm{T}}} \sqrt{N_{\mathrm{T}}} \boldsymbol{e}_i s_i + \breve{\boldsymbol{n}}_k \end{aligned} \tag{2-23}$$

与式(2-21)相反，处理后的接收信号不是一个单用户信道，而是一个具有 $N_{\mathrm{R}}/N_{\mathrm{T}}$ 个有效不相关天线的 N_{T} 个用户信道。空间相关矩阵的一致从本质上减少了所有用户共享的自由度。在这种情况下，空间信道相关性具有明显的负面影响。

总之，决定系统性能的不是单个用户的空间相关矩阵，而是所有用户相关矩阵的集合。如果用户终端(UE)具有近似正交的相关矩阵，空间信道相关在大规模 MIMO 中非常有益。这也适用于小规模 MIMO 系统。完全正交的相关矩阵的情况在实际中很少出现，只是作为一个极端的例子来解释空间信道相关性对多用户通信的基本影响。

2.2 高频信道建模

最近的研究表明，大多数无线技术无法支持未来容量需求的暴涨，下一个十年的容量需求将增长 1000 倍，而大多数无线技术运行的微波波段无法支持这一容量需求。各种数据流量报告预测即将发生容量危机，这种容量需求引发学术界和工业界共同努力寻求满足这种需求的新方法。

提高系统容量的三种主要方法包括：①缩小小区面积。②应用先进的信号处理技术可以进一步提高频谱效率，但无法满足该容量的量级。③分配新的频谱，如毫米波(mmWave)频段。此外，这三种技术的结合将极大地增加容量，因为大量的可落地的新技术将用于新频段。考虑到 mmWave 的巨大可用带宽、蜂窝尺寸的缩小和信号处理技术的增强，未来十年左右的容量需求完全可以得到满足。

本节重点研究 mmWave 频段。mmWave 频段位于 30～300GHz，是未来无线通信系统满足不断增长的容量需求所开发的重要资源。由于高频仪器的改进和高频功效的提高，无线设备可以在 mmWave 频段运行。本节将介绍 mmWave 的传播特性和信道建模，例如，mmWave 的系统和天线设计需要考虑的因素，包括网络的链路预算等，这对 mmWave 通信系统至关重要。重点关注 28GHz、38GHz、60GHz 和 73GHz 频段可用的信道模型。

2.2.1　毫米波传播特性

在 mmWave 频段中，广泛存在着可使用的未授权、半授权和授权频带，这激发了学术界、工业界和标准化机构的极大兴趣，以此作为寻求实质性容量收益的一部分。然而，mmWave 频率的传播特性不同于经典的 3GHz 频段，因此需要对 mmWave 信道进行进一步的建模。由于移动通信涉及的场景十分广泛，必须仔细研究室内、室外、蜂窝、前向和反馈系统的信道特性。业界就此开展了广泛的测量活动，以了解 mmWave 波段的物理特性。过去三十年在不同的 mmWave 频段进行了大量测量活动，涉及 28GHz、30GHz、40GHz、50GHz、60GHz、70GHz、80GHz 和 90GHz 频段。测量内容主要包括路径损耗、空间和角度特性、时间特性、射线传播机理、材料穿透以及雨、雪等衰减损失的影响。通常选择任意的室内或室外位置，充分拉开发射机和接收机位置的距离(比波长高一个数量级)，便于更好地估计信道参数。这些测量对于在每个频段建模 mmWave 信道是必不可少的。此外，无线电波的传播特性在不同频段是不同的。与低频信号相比，mmWave 更容易受到大气影响和人类遮挡的影响，并且在大多数材料中都不能很好地进行传播。因此，这些影响在建模过程中不可忽视。

1. 自由空间损耗

自由空间损耗(free-space loss，FSL)是根据自由空间中传输信号强度的损耗定义的。两架彼此通信的全向同性天线之间(距离为 d，单位为 km，工作频率为 f，单位为 GHz)的 FSL 由式(2-24)给出[3]：

$$\mathrm{FSL}_{[\mathrm{dB}]}=92.4+20\log_2 f_{[\mathrm{GHz}]}+20\log_2 d_{[\mathrm{km}]} \tag{2-24}$$

由式(2-24)可知，FSL 与收发的相隔距离和载波频率均成正比。与 3GHz 频段相比，当载波频率进入 mmWave 频段时，就会产生较高的 FSL。

2. 大气衰减

mmWave 的另一个传播限制因素是地球大气中气体分子引起的大气衰减，也称为气体衰减。大气衰减是由空气分子暴露于无线电波时的振动性质造成的。分子吸收一定比例的无线电波能量，并以“与载流子频率成比例”的强度振动。在 mmWave 频率下，两种主要的吸收气体是氧气(O_2)和水蒸气(H_2O)。气体吸收的强度取决于几个因素，如温度、压力、海拔，最重要的是工作载流子频率。海平面在零米高度时是大气衰减的最坏情况，因为在零海拔空气密度达到最大值，而在更高的海拔空气密度下降，最终减少衰减。

通过缩短距离的操作，大气衰减可以被缓解[3]。例如，通过将通信距离从 1km 缩小到 100m，在 60GHz 和 119GHz 时的 O_2 吸收仅分别下降到 1.5dB 和 0.14dB。此外，H_2O 分子在 23GHz、183GHz 和 323GHz 处可以发生共振，共振损失分别为 0.18dB/km、28.35dB/km 和 38.6dB/km。同时，两种气体损失的联合影响很小，这是因为 O_2 和 H_2O 的共振波段不重合。因此，大气衰减对 mmWave 信号的影响不显著，尤其是在短距离传输时。

3. 雨衰

毫米波传播波与雨滴相互作用引起的雨水衰减不容忽视[3]。具体来说，mmWave 信号的波长在 1～10mm；实际中雨滴具有球形形状，雨滴的大小通常在几毫米左右。因此，由于大小相似，mmWave 信号比波长较长的信号更容易被雨滴阻塞。对于小雨和大雨，特定的雨水衰减 γ_{Rain} 在给定的降雨率 R (mm/h)下呈指数增长，直至临界频率。超过这个频率，衰减开始以每公里毫分贝的速度轻微衰减。指数表达式为[3]

$$\gamma_{\mathrm{Rain}_{[\mathrm{dB/km}]}} = kR^{\alpha} \tag{2-25}$$

其中，k 和 α 为工作频率 f 在 $1\mathrm{GHz} \leqslant f \leqslant 1000\mathrm{GHz}$ 范围内，受到温度、极化方向(如水平和垂直)、高度等因素影响的参数。轻降水和强降水在 mmWave 的高频段的作用最大值分别为 2.55dB/km 和 20dB/km。考虑到短距离通信，这些值可以进一步降低，在 100mm/h 的大雨中，预计最大衰减损失为 2dB。特别地，实测中暴雨降水速度为 150mm/h，在 60GHz 以上的频率下最大衰减为 42dB/km。在 mmWave 频谱的低波段，如 28GHz 和 38GHz 频段，观测到较低的衰减，大雨的衰减高达 7dB/km，通信距离 200m 时衰减为 1.4dB。

4. 叶衰减

叶衰减是 mmWave 中一个重要的衰减因素。植被在发送端和接收端之间的存在会增加信号的额外衰减，严重影响无线通信系统的服务质量。叶衰减的严重程度取决于植被的厚度。例如，单棵树的效果要小于多棵树。此外，森林比多棵树对无线电波的衰减更严重。叶衰减的一般公式表示为[3]

$$\gamma_{\mathrm{Foliage}_{[\mathrm{dB}]}} = \alpha f^{\beta} D_f^{c} (\theta + E)^{\varepsilon} \tag{2-26}$$

其中，载频 f 的单位是 MHz，树叶厚度 D_f 的单位是 mm；回归参数 α、β、c、E、θ、ε 是依赖于所使用的模型的经验参数。

模型(2-26)中的主导部分是随着通信距离的变化而变化的，例如，Weissberger[4]模型表明，对于小于 14m 的距离，$(\theta + E)^{\varepsilon} = 1$，$\alpha$、$\beta$、$c$ 的值分别为 0.45、0.284 和 1。然

而，对于小于 400m 的距离，它们将分别是 1.33、0.284 和 0.588。这些值因情景不同而不同，取决于所研究的具体植被类型。又如，ITU-R 模型，距离小于 400m 的 $(\theta+E)^{\varepsilon}=1$，$\alpha$、$\beta$、$c$ 分别为 0.5、0.3 和 0.6。作为对比，Rappaport 和 Deng 提供了 73GHz 频段宽带 mmWave 信道的叶衰减测量数据，表明在发射机和接收机采用一对高度定向天线时，共极化和交叉极化配置下叶衰减均达到 0.4dB/m。

5. 其他传播因素

mmWave 频段对其他因素也很敏感，如多普勒扩散和人体遮挡[3]。多普勒扩散是由通信节点的运动引起的，其数值与移动的频率和移动的速度成正比。因此，考虑全向和富散射环境时，mmWave 的多普勒扩散明显高于频率低于 3GHz 的情况。例如，30GHz 和 60GHz 时的多普勒扩散是分别 3GHz 时的 10 倍和 20 倍，60GHz 时以 80km/h 的时速可以达到 16kHz 的多普勒扩散。然而，这个值可以通过调用定向天线来显著降低传入的多径成分的角度拓展。

此外，发射机和接收机之间的人体遮挡的存在会严重衰减接收信号，如图 2-5 所示，单人影响可能已经高达 25～30dB。因此，假设每 $10m^2$ 有一个人，他可以减少 10%的网络吞吐量，高达 42%的信号功率在 60GHz 时反射到人体皮肤上；此外，人体遮挡的严重程度并不直接受遮挡人数的影响，而是受发射天线和接收天线配置的影响，如贴片天线和喇叭天线受人体遮挡的影响较大。实际上，为了减弱上述影响，可以使用相控阵天线和高增益定向天线来减少人的阴影效应。合理获得其中的多径分集还可以获得衍射和/或反射在阴影区域周围的 1～2dB 额外衍射和/或反射增益。

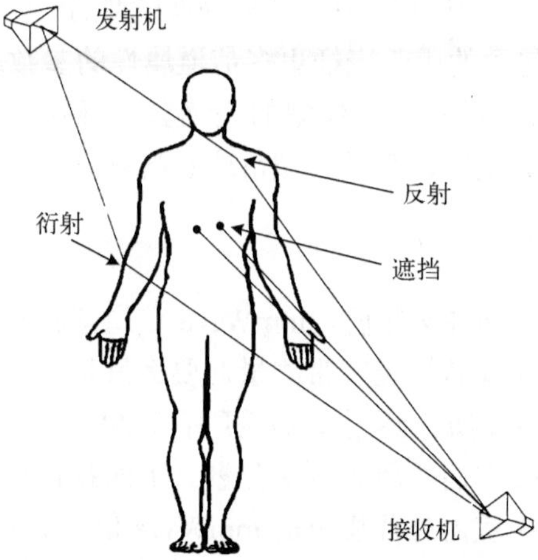

图 2-5 人体对 mmWave 的影响示意图[3]

在实际 mmWave 无线系统中，手的遮挡同样是一个重要的障碍[5]。Raghavan 等[5]的工作中，研究了在商业 mmWave 器件上的 28GHz 终端受手遮挡的影响。为此，进行了五项对照研究，用强握力、中等握力和松握力评估了遮挡的影响。研究表明，以上遮挡对接收信号的强度产生了复杂的影响。在常见的场景中，遮挡导致信号强度下降。然而，与先前将其评估为“严重影响”不同，该实验表明[5]这种恶化是从稍微影响(<5dB

轻度力量手持）到可接受的影响（<15dB 中等力量手持）。此外，随着手的握紧到放松，信号可以通过手指、手掌和手的不同部位反射，以改善微弱信号方向上的信号强度（相较于从无遮挡）。

2.2.2 毫米波信道模型

在了解任何频段的无线电传播特性之前，必须建立相应的信道模型。在 mmWave 中，准确建模是设计在这个频段运行的高效通信系统的先决条件，以便开发适应其传播特性的新技术。本节将介绍用于表示窄带和超宽带 mmWave（UWB）信道的信道模型。

信道模型一般分为两类，分别称为物理模型和分析模型。根据信号在发射阵列和接收阵列之间传播的电磁特性，建立了物理信道模型，在信道数学分析的基础上，描述了解析信道模型。这里只考虑物理信道模型，因为物理信道模型可以有效地反映测量的信道参数，也是 MIMO 信道建模的常用方法。

物理模型进一步分为两种：确定性物理模型和随机物理模型[6]。确定性物理模型明确地描述了环境对系统的实际影响，但以更高的计算复杂性为代价。射线追踪（RT）技术[7-9]最适合表征确定性物理模型。RT 通常使用独立软件包实现，以模拟所需的信道场景，其中所有环境特性都是已知的，并存储在系统中。确定性物理模型，特别是 RT 模型的另一个优点是，当对特定的情况没有测量值时，可以很容易地利用这些确定性物理模型来预测新环境的特征。

与确定性物理模型相比，随机物理模型产生信道的脉冲响应，作为在不同场景和环境中的概率模型。通常，信道参数的概率密度函数（probability density function，PDF）用于表征大尺度和小尺度衰落分量[6]。随机物理模型被认为是时间短、计算复杂度低的简单模型，因此最适合用于系统设计和仿真。随机物理模型的一些例子包括 Saleh-Valenzuela（SV）[10-12]模型，信道模型包含的用于表征更多信道属性的参数越多，其准确性就越好[13]。mmWave 信道可以通过修改现有信道模型的关键参数得到，这些参数既依赖于载波频率，也依赖于周围环境，如室内、室外、城市或农村场景。

1. 小尺度窄带信道模型

在 28GHz、38GHz 和 72GHz 频段，mmWave 信道建模早期成果不够全面[14,15]，要么是由于缺乏宽带信道探测仪而缺乏宽带测量，要么只是因为没有从记录的测量中提取宽带参数。在窄带 mmWave 信道模型中，假设所有簇和多径分量同时到达，并在信道带宽上以相同的衰减水平接收它们的所有频率分量。下面将描述窄带毫米波信道模型。

多径信道模型用于描述室内外环境下的 mmWave 信道。这两种环境的信道模型的差异体现在测量得到的具体信道参数上。这些参数封装在如图 2-6 所示的窄带信道脉冲响应中。t 时刻大小为 $\mathbb{C}^{N_{\mathrm{T}}\times N_{\mathrm{R}}}$ 的对应信道矩阵 $\boldsymbol{H}(t)$ 由以下表达式给出[16-19]：

$$\boldsymbol{H}(t)=\frac{1}{\sqrt{N_p}}\sum_{n_{cl}}^{N_{cl}}\sum_{p=1}^{N_p(n_{cl})}\rho_{n_{cl}}\alpha_{n_{cl,p}}(t)\cdot\boldsymbol{a}_{n_{cl,p}}^{R_x}(\varphi_{n_{cl,p}}^{R_x},\theta_{n_{cl,p}}^{R_x})\cdot\boldsymbol{a}_{n_{cl,p}}^{T_x}(\varphi_{n_{cl,p}}^{T_x},\theta_{n_{cl,p}}^{T_x})^H \tag{2-27}$$

其中，R 代表接收端；T 代表发送端；H 代表共轭转置。式（2-27）中参数的含义如下。

N_{cl}：模型中存在的簇的数量；$N_p(n_{cl})$：每个簇中所包含的传输路径的总数量。

$\rho_{n_{cl}}$：每个簇所占的功率比例；$\alpha_{n_{cl,p}}(t)$：簇中每个多径成分的瞬时增益。

$\psi_{n_{cl,p}}^{R}$：第 n 个簇的第 p 个多径成分的到达水平方位角；$\varphi_{n_{cl,p}}^{T_x}$：第 n 个簇的第 p 个多径成分的离开水平方位角；$\theta_{n_{cl,p}}^{R_x}$：第 n 个簇的第 p 个多径成分的到达仰角；$\theta_{n_{cl,p}}^{T_x}$：第 n 个簇的第 p 个多径成分的离开仰角。

图 2-6 给出了散射簇结构所需的统计参数。

$\bar{\varphi}_{n_{cl,p}}^{R_x}$：第 n 个簇的到达水平方位角平均值；$\bar{\varphi}_{n_{cl,p}}^{T_x}$：第 n 个簇的离开水平方位角平均值；$\bar{\theta}_{n_{cl,p}}^{R_x}$：第 n 个簇的到达仰角平均值；$\bar{\theta}_{n_{cl,p}}^{T_x}$：第 n 个簇的离开仰角平均值。

$\sigma_{\varphi_{n_{cl,p}}}^{AoA}$：第 n 个簇的到达水平方位角角展；$\sigma_{\varphi_{n_{cl,p}}}^{AoD}$：第 n 个簇的离开水平方位角角展；$\sigma_{\theta_{n_{cl,p}}}^{AoA}$：第 n 个簇的到达仰角角展；$\sigma_{\theta_{n_{cl,p}}}^{AoD}$：第 n 个簇的离开仰角角展。

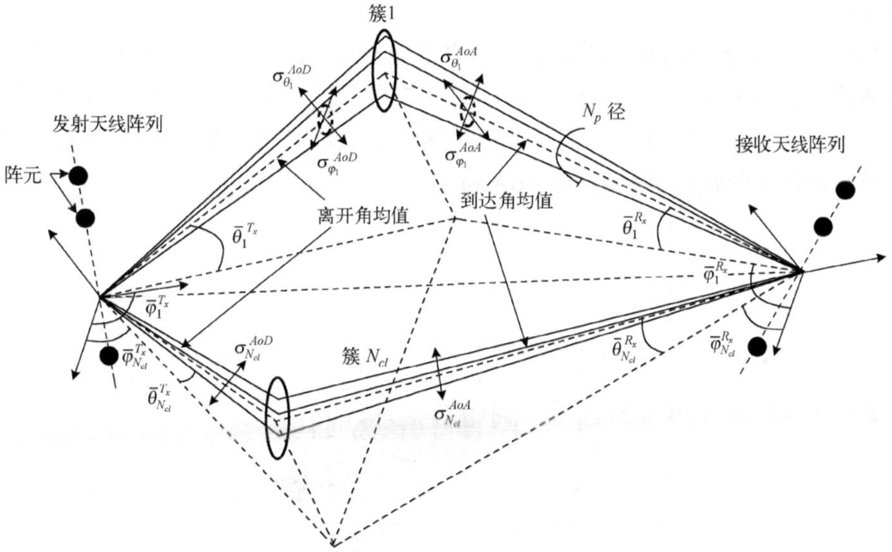

图 2-6　N_{cl} 簇信道在收发天线阵列之间的空间表示，每个簇有 N_p 个射线[3]

窄带信道模型中，t 时刻的信道系数为 $h_{i,j}(t)$，其中，i 和 j 为接收天线和发送天线指数，表示为[3]

$$\boldsymbol{H}(t)=\begin{pmatrix} h_{1,1}(t) & h_{1,2}(t) & \cdots & h_{1,N_{\mathrm{T}}}(t) \\ h_{2,1}(t) & h_{2,2}(t) & \cdots & h_{2,N_{\mathrm{T}}}(t) \\ \vdots & \vdots & & \vdots \\ h_{N_{\mathrm{R}},1}(t) & h_{N_{\mathrm{R}},2}(t) & \cdots & h_{N_{\mathrm{R}},N_{\mathrm{T}}}(t) \end{pmatrix} \tag{2-28}$$

这样一来就可以对应前面介绍的矩阵形式的 MIMO 信道模型，而与前面所述模型的不同之处在于，本节的模型除了空域之外，还引入了时间域的变量。

2. 小尺度宽带信道模型

由于以下原因，上述窄带信道模型并不能反映真实 mmWave 场景的准确模型。首先，窄带信道不适用于毫米波频段的大带宽信道。其次，窄带信道模型不能完全表示信道的时间特性，在不表示模型中的延迟和延迟扩展的情况下，不同簇和多径成分的时间特性是无法区分的。此外，对 28GHz、38GHz 和 73GHz 频段进行的大量测量显示，在多个空间波瓣的接收机上存在多个时间簇，这不能用窄带信道模拟，需要宽带信道建模来准确地表示它们的影响。

从测量的功率延迟剖面中提取时间特征，从功率角度剖面测量中产生空间特征[20]。信道的时间特征代表了其时域参数，如延迟传播和到达时间，确定其脉冲响应；而其空间特征描述了角特征信道，如角蔓延、到达角度和大气气溶胶。

一般来说，发射机和接收机之间的宽带物理信道建模为双向信道的脉冲响应[21-23]。与窄带信道模型相比，在宽带信道模型中，信道建模不再简单地用发射和接收天线阵列形状的导向向量来表征，而是用发射和接收阵元之间的效应与信道响应相结合，形成宽带信道模型。

受 60GHz 信道脉冲响应的图形表示的启发，mmWave 信道的时空特征如图 2-7 所示，其中不同的多径成分在不同的时刻到达。图 2-7 显示了三个主要成分，即高增益路径成分和其他两个低增益空间簇，其中每个空间簇有多个时间簇，不同的多径成分有不同的到达时间，即第 n 个簇的延迟 $\tau_{n_{cl}}$ 和 AoA 特征。

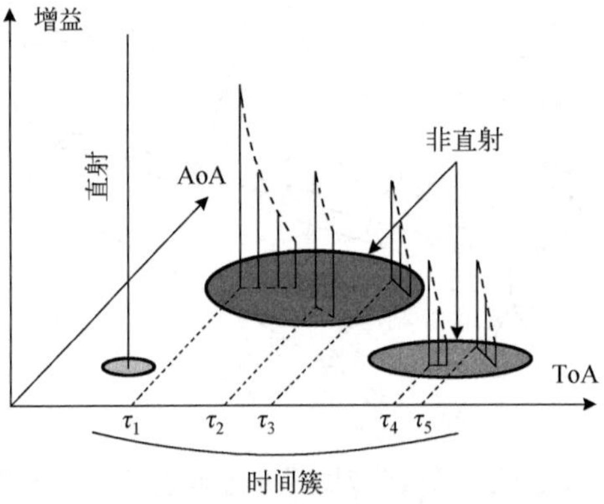

图 2-7　空时联合宽带 mmWave 信道模型[3]

2.3 本章小结

本章主要从相关性的角度阐述了在大规模 MIMO 的配置下信道的分布特性，并以此为基础建立了 MIMO 传输的信道模型，有效涵盖了多天线空间相关性带来的影响。同时，本章以毫米波 mmWave 为例分析了高频信道的相关性质，介绍了学术界对于 mmWave 信道特性的相关研究，方便读者了解未来高频频段通信可预见的机遇和挑战。

信道特性分析与信道建模是实现通信链路优化的基础，通过提取大规模 MIMO 天线传输信道的特征，并建立具有通用化的信道模型，是后续信号处理分析的基础。

习　题

2.1　基于 2.1.2 节中的分析，通过 MATLAB 仿真软件实现 MIMO 上行信道的建模，相邻小区数目为 3。

2.2　基于 2.1.2 节中的分析，通过 MATLAB 仿真软件实现 MIMO 下行信道的建模，相邻小区数目为 6。

参考文献

[1] TSE D, VISWANATH P. Fundamentals of wireless communication[M]. Cambridge: Cambridge Press, 2005.

[2] BJORNSON E, HOYDIS J , SANGUINETTI L. Massive MIMO Networks: spectral, energy, and hardware efficiency[J]. Foundations and trends in signal processing, 2017, 11(3-4): 154-655.

[3] HEMADEH I A, SATYANARAYANA K, EL-HAJJAR M. Millimeter-wave communications: physical channel models, design considerations, antenna constructions, and link-budget[J]. IEEE communications surveys and tutorials, 2017, 20(2): 870-913.

[4] WEISSBERGER M A. An initial critical summary of models for predicting the attenuation of radio waves by trees[R]. Electromagnetic compatibility analysis center (ECAC), Annapolis, 1982.

[5] RAGHAVAN V, MOTOS R A, TASSOUDJI M A. Hand blockage modeling and beamforming codebook mitigation strategies[C]. ICC 2021 - IEEE international conference on communications. Montreal, 2021: 1-6.

[6] ALMERS P, BONEK E , BURR A. Survey of channel and radio propagation models for wireless MIMO systems[J]. EURASIP journal of wireless communications and networks, 2007(1): 1-19.

[7] MCKOWN J W , HAMILTON R L. Ray tracing as a design tool for radio networks[J]. IEEE networks, 1991, 5(6) : 27-30.

[8] MARINIER P, DELISLE G , TALBI L. A coverage prediction technique for indoor wireless millimeter waves system[J]. Wireless personal communications, 1996, 3(3): 257-271.

[9] MOHTASHAMI V, SHISHEGAR A A. Efficient shooting and bouncing ray tracing using decomposition of wavefronts[J]. IET microwave and antennas propagation, 2010, 4(10): 1567-1574.

[10] SAWADA H, SHOJI Y , CHOI C S. Proposal of novel statistic channel model for millimeter wave WPAN[C]. Asia-pacific microwave conference(APMC). Yokohama, 2006: 1855-1858.

[11] SALEH M, VALENZUELA R. A statistical model for indoor multipath propagation[J]. IEEE journal of selected areas in communications, 1987, 5(2): 128-137.

[12] WALLAC J W , JENSEN M A. Modeling the indoor MIMO wireless channel[J]. IEEE transaction on antennas propagation, 2002, 50(5): 591-599.

[13] BAUM D S, HANSEN J , SALO J, et al. An interim channel model for beyond-3G systems: extending the 3GPP spatial channel model (SCM)[C]. IEEE vehicular technology conference. Stockholm, 2005,

61(5): 3132-3136.

[14] AKDENIZ M. Millimeter wave channel modeling and cellular capacity evaluation[J]. IEEE journal of selected areas in communications, 2014, 32(6): 1164-1179.

[15] RANGAN S, RAPPAPORT T S , ERKIP E. Millimeter-wave cellular wireless networks: potentials and challenges[J]. Proceeding of IEEE, 2014, 102(3): 366-385.

[16] AYACH E O, RAJAGOPAL S, ABU-SURRA S, et al. Spatially sparse precoding in millimeter wave MIMO systems[J]. IEEE transaction on wireless communications, 2014, 13(3): 1499-1513.

[17] XU H, RAPPAPORT T S, BOYLE R J , et al. Measurements and models for 38-GHz point-to-multipoint radiowave propagation[J]. IEEE journal of selected areas in communications, 2000, 18(3): 310-321.

[18] GUSTAFSON C, HANEDA K, WYNE S, et al. On mm-wave multipath clustering and channel modeling[J]. IEEE transaction on antennas propagation, 2014, 62(3): 1445-1455.

[19] XU H, KUKSHYA V , RAPPAPORT T S. Spatial and temporal characteristics of 60-GHz indoor channels [J]. IEEE journal of selected areas in communications, 2002, 20(3): 620-630.

[20] IEEE 802.15 WPAN . Task group 3c (TG3c) millimeter wave alternative PHY[EB/OL] [2022-10-13]. http://www.ieee802.org/15/pub/TG3c.html.

[21] MALTSEV A. Channel models for 60GHz WLAN systems[EB/OL] [2010-05-01]. https://mentor.ieee.org/802.
11/dcn/09/11-09-0334-08-00ad-channel-models-for-60-ghz-wlan-systems.doc.

[22] SAMIMI M K , RAPPAPORT T S. Local multipath model parameters for generating 5G millimeter-wave 3GPP-like channel impulse response[C]. 2016 10th European conference on antennas and propagation (EuCAP). Davos, 2016: 1-5.

[23] SAMIMI M K, RAPPAPORT T S. Ultra-wideband statistical channel model for non line of sight millimeter-wave urban channels [C]. 2014 IEEE global communication conference (GLOBECOM). Austin, 2014: 3483-3489.

第 3 章　信道估计技术

信道估计是接收机进行相干检测的前提条件。在 5G 通信系统中，空中接口是基于正交频分复用(OFDM)技术进行设计的，基于 OFDM 的传输体制对于信道的频率选择性具有较好的适应能力。在本章中，对于信道估计的讨论主要针对 OFDM 技术展开。在技术细节的探讨中，首先回顾了基于信道频域响应(channel frequency response，CFR)的传统信道估计方法。之后，考虑信道响应在时域上的稀疏特性，引入了变换域的信道估计方法，并将基于参数模型(parametric model，PM)的方法用于信道估计。除了基于导频序列的信道估计，在接收机优化过程中，随着 Turbo 码和低密度奇偶校验(LDPC)码等具有软译码特性的高效信道编码的实用化，迭代处理与迭代信道估计引起了学术界的深入研究，在本章中也将做探讨。在 5G 通信系统中，大规模天线的使用使得导频序列的开销急剧增加，在原有导频序列设计的基础上，随着天线数目增加、接入用户数增加引入的估计参数增长，基于导频的信道估计过程中，导频资源发生碰撞，这种现象称为导频污染，在 3.3 节中会对导频污染进行论述。

3.1　接收信号模型

无线信道的时变信道冲激响应(channel impulse response， CIR)可以建模为[1]

$$h(t,\tau)=\sum_{l}\alpha_l(t)g(\tau-\tau_l) \tag{3-1}$$

其中，发送信号 τ_l 是第 l 条路径的延迟； $\alpha_l(t)$ 为第 l 条路径的复强度； $g(\tau)$ 为接收机和发射机之间的冲激响应。假设每条路径都有相同的归一化相关函数 $r_t(\Delta t)$，那么得到

$$r_{\alpha_l}(\Delta t)=\mathbb{E}\left\{\alpha_l(t+\Delta t)\alpha_l^*(t)\right\}=\sigma_l^2 r_t(\Delta t) \tag{3-2}$$

其中，σ_l^2 为第 l 条路径的功率。同时，t 时刻的信道频域响应(channel frequency response，CFR)为

$$H(t,f)=G(f)\sum_{l}\alpha_l(t)\mathrm{e}^{\mathrm{j}2\pi f\tau t} \tag{3-3}$$

其中，$G(f)$ 为接收机和发射机之间的频率响应，对于广义平稳不相关散射(wide-sense stationary uncorrelated scattering，WSSUS)信道，时变频域信道响应的相关性可以表示为时域相关函数与频域相关函数的乘积，即[1]

$$\begin{aligned}r_H(\Delta t,\Delta f)&=\mathbb{E}\{H(t+\Delta t,f+\Delta f)H^*(t,f)\}\\&=r_t(\Delta t)r_f(\Delta f)\end{aligned} \tag{3-4}$$

$$r_f(\Delta f)=\sum_{l}\sigma_l^2\mathrm{e}^{-\mathrm{j}2\pi\Delta f\tau_l} \tag{3-5}$$

在 OFDM 系统中，设 T 为符号持续时间，则根据正交要求，$1/T$ 为子载波间距。从式(3-3)开始，第 n 个 OFDM 符号第 k 个子载波的 CFR 为

$$H_{n,k} = H(nT, k/T) \tag{3-6}$$

不同符号和子载波的信道相关函数可以写成：

$$r_H[n,k] = r_t[n] r_f[k] \tag{3-7}$$

其中，$r_t[n] = r(nT)$；$r_f[k] = r_f(k/T)$。由无线信道的时间变化导致的载波间干扰(ICI)对于大多数实际的车辆速度来说是很小的，因此，信道可以假定在一个 OFDM 符号的范围内保持不变，此时子载波间干扰(inter-carrier interference)可以忽略不计。在此假设下，接收到的频域信号在去除循环前缀(cyclic prefix，CP)并进行离散傅里叶逆变换(IDFT)后，可以表示为[1]

$$Y_{n,k} = H_{n,k} X_{n,k} + W_{n,k} \tag{3-8}$$

其中，$X_{n,k}$ 和 $W_{n,k}$ 分别表示零均值、方差为 σ_ω^2 的加性高斯噪声，第 n 个符号的第 k 个子载波处的传输频域信号。注意，频域发射信号 $X_{n,k}$ 可以是调制的数据符号或已知的导频符号。

3.2 OFDM 传输下的信道估计方案

本节将带来各种信道估计方案的介绍，其中包括基于导频的信道估计方案，以及结合软译码的迭代信道估计方案。

3.2.1 基于频域信道响应的信道估计方案

对于基于频域信道响应的信道估计，根据信道的统计知识是否可用，可以使用两种估计算法。

如果没有统计知识，频域信道响应可以视为确定性但未知的。在这种情况下，可以使用最小二乘(least square，LS)估计，因为它不需要关于信道的统计信息。LS 信道估计表示为[2]

$$\hat{\boldsymbol{H}}_{\text{LS}} = \arg\min_{\{\boldsymbol{H}\}} \| \boldsymbol{Y} - \boldsymbol{X}\boldsymbol{H} \|^2 \tag{3-9}$$

其中，$\boldsymbol{Y}$ 和 $\boldsymbol{H}$ 为矢量形式的接收到的信号矢量和 CFR，具体表示为

$$\boldsymbol{Y} = [Y_0, Y_1, \cdots, Y_{K-1}]^T \tag{3-10}$$

$$\boldsymbol{H} = [H_0, H_1, \cdots, H_{K-1}]^T \tag{3-11}$$

其中，K 为子载波数量；$\boldsymbol{X}$ 为对角阵，对角线元素为 X_k，且为已知的导频符号。由于 LS 估计不需要了解信道统计信息，估计性能通常不够好。此外，当信道矩阵条件数较大时，LS 估计会放大噪声的影响。

如果频域信道响应被认为是具有已知统计量的随机变量，利用这些统计信息可以大

大提高估计性能。在这种情况下，线性最小均方误差(LMMSE)估计器是最优线性估计器，它被设计为最小化 $\mathbb{E}\|\hat{\boldsymbol{H}}-\boldsymbol{H}\|^2$ [7]：

$$\hat{\boldsymbol{H}}_{\mathrm{LMMSE}}=\boldsymbol{R}_H\left(\boldsymbol{R}_H+\frac{1}{\gamma}\boldsymbol{I}\right)^{-1}\hat{\boldsymbol{H}}_{\mathrm{LS}} \tag{3-12}$$

其中，$\boldsymbol{R}_H=\mathbb{E}[\boldsymbol{H}\boldsymbol{H}^H]$ 表示信道的自相关矩阵；$\gamma=\sigma_x^2/\sigma_\omega^2$ 为信噪比。虽然 LMMSE 估计器显著提高了性能，但由于需要进行矩阵求逆，复杂度也增加了。OFDM 信道估计的两种基本策略是判决辅助信道估计(dicision directed channel estimation，DD-CE)和导频辅助信道估计(pilot aided channel estimation，PA-CE)。除了以上两种方法，信道估计还可以基于叠加导频，称为基于叠加导频的信道估计(superimposed pilot channel estimation，SP-CE)。

判决辅助信道估计(DD-CE)特别适用于信道响应通常是静态或准静态的突发传输。在训练模式中，初始传输是靠训练符号进行的。在数据模式下，利用判决反馈信道估计(DD-CE)对估计信道进行跟踪。由于判决结果被用作已知的训练符号，判决辅助信道估计(DD-CE)可以在准静态信道中提供较高的频谱效率。但是，当信道随时间快速变化时，错误传播可能会导致严重的性能下降。

当信道随时间快速变化时，导频在时频平面上分布更均匀，能够有效匹配信道的变化。同时为了提高信道估计的精度，需要使用多个导频才能达到满意的性能。因此，与可以将判决结果作为训练符号的判决辅助信道估计(DD-CE)相比，导频辅助信道估计(PA-CE)降低了频谱效率。该问题可以通过迭代信道估计来解决，即利用导频信道估计下的判决结果对信道重新进行估计。

基于叠加导频的信道估计(SP-CE)的主要优点是不会造成频谱效率的损失，因此，这种方法特别适用于带宽受限的系统。但由于部分功率分配给导频，因此 SP-CE 不适用于功率受限的系统。换句话说，使用显式导频还是叠加导频取决于系统是功率受限还是带宽受限。

3.2.2　变换域信道估计

通常情况下，有效信道响应抽头的数量远小于子载波的数量。这种特性通过变换域技术在判决辅助信道估计(DD-CE)和导频辅助信道估计(PA-CE)中得到了广泛的应用。通过将信道频域响应转换为信道冲激响应，只考虑较大的几个 CIR 抽头，就可以降低 LMMSE 估计器的计算复杂度。使用 SVD 将信道频域响应转换为特征值域也可以达到类似的效果。除了降低复杂度，变换域技术也可以用于降噪，例如，利用 DFT 降噪来提高信道估计的精度；然而，频谱边缘的不连续可能会导致吉布斯现象，从而降低性能。因此，其他一些工作采用离散余弦变换(DCT)来降噪，因为它可以保持频谱边缘的连续性。对于导频辅助信道估计，可以使用基于 DFT 的变换域技术进行插值。

图 3-1 比较了使用全部信道冲激响应抽头的 LS、LMMSE 性能与使用部分高强度抽头的 LS、LMMSE 的性能。在仿真中，考虑一个操作带宽为 500kHz 的系统，分为 64 个载波，总符号周期为 138μs，其中 10μs 是一个循环前缀，而采样的频率为 500kHz。

首先 LMMSE 的性能好于 LS，这符合前面对于两种算法的论述；而简化方法也相应地差于全抽头方法[2]，且伴随着使用抽头数量的增多，性能逐渐改善，完全符合先前对其折中效果的预期。

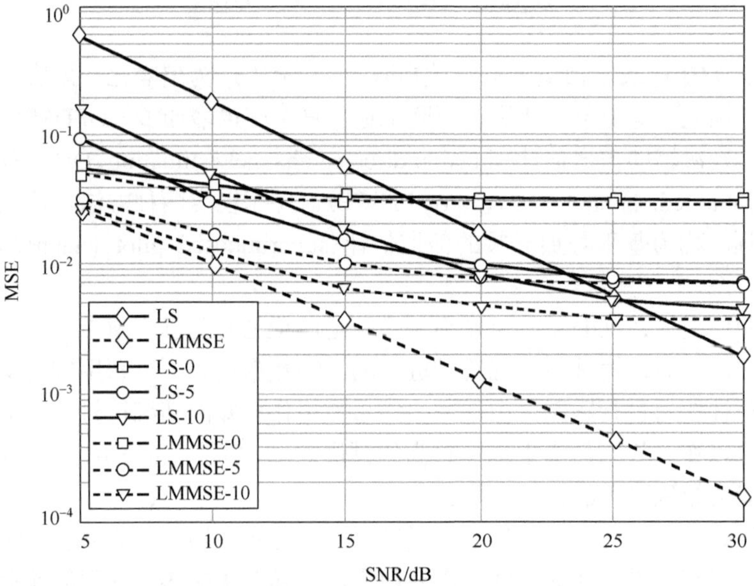

图 3-1 CIR 估计方法的 MSE 性能比较[2]

3.2.3 基于参数模型的信道估计

在基于参数模型(parameter model，PM)的信道估计中，其目的是估计表征信道响应的参数，如式(3-3)中的路径数量、路径延迟和路径增益。如果基于参数模型构造信道相关矩阵，则可以大大降低信道相关矩阵的维数，从而在信道参数模型有效的情况下显著提高信道估计性能。

为了确定多径数量，现有文献中给出了不同的模型。对于多径延迟估计，使用频域导频估计多径延迟等同于使用天线阵列估计到达角。因此，可以采用著名的信号处理技术，如旋转不变性技术[3](ESPRIT)估计信号参数。通过对多径延迟的估计，利用典型的线性估计器可以得到多径增益。基于参数模型的方法的关键任务是使用 ESPRIT 算法估计多径延迟。如 3.1 节所述，第 n 个 OFDM 符号第 k 个子载波的信道频域响应应为

$$H[n,k]=\sum_{l}\alpha_l(nT)\mathrm{e}^{-\mathrm{j}\frac{2\pi\tau_l k}{T}} \tag{3-13}$$

它的矢量形式表示为

$$\boldsymbol{H}[n]=\begin{bmatrix} H[n,0] \\ H[n,1] \\ \vdots \\ H[n,K-1] \end{bmatrix} \tag{3-14}$$

频域信道相关性可以写成：

$$\boldsymbol{R}_f = \mathbb{E}\{\boldsymbol{H}[n]\boldsymbol{H}^H[n]\} = \boldsymbol{V\Sigma V}^H \tag{3-15}$$

其中，$\boldsymbol{\Sigma}$ 是 σ_l^2 组成的对角阵；$\boldsymbol{V}$ 是由阵列矢量 $\boldsymbol{v} = [1, \mathrm{e}^{-\mathrm{j}(2\pi\tau l/T)}, \cdots, \mathrm{e}^{-\mathrm{j}(2\pi\tau(K-1)/T)}]$ 组成的酉矩阵。注意 $\boldsymbol{R}_f$ 与 WSSUS 信道时间 n 无关，它通过时间平均法估计为

$$\boldsymbol{R}_f \approx \frac{1}{N}\sum_{n=0}^{N-1}\hat{\boldsymbol{H}}[n]\cdot\hat{\boldsymbol{H}}^H[n] \tag{3-16}$$

$\hat{\boldsymbol{H}}[n]$ 为 CFR 的 LS 估计，$\boldsymbol{R}_f$ 的奇异值分解表示为

$$\boldsymbol{R}_f = [\boldsymbol{U}_{\mathrm{s}}, \boldsymbol{U}_{\mathrm{w}}]\begin{bmatrix}\boldsymbol{\Lambda}_{\mathrm{s}} & 0 \\ 0 & \boldsymbol{\Lambda}_{\mathrm{w}}\end{bmatrix}\begin{bmatrix}\boldsymbol{U}_{\mathrm{s}}^H \\ \boldsymbol{U}_{\mathrm{w}}^H\end{bmatrix} \tag{3-17}$$

其中，$\boldsymbol{U}_{\mathrm{s}}$ 和 $\boldsymbol{\Lambda}_{\mathrm{s}}$ 为信号子空间对应的特征向量矩阵和特征值矩阵；$\boldsymbol{U}_{\mathrm{w}}$ 和 $\boldsymbol{\Lambda}_{\mathrm{w}}$ 对应噪声子空间。由于 LS 估计引入了噪声，因此存在噪声子空间。

如果定义 $\boldsymbol{V}_1$ 和 $\boldsymbol{V}_2$ 为 $(K-1)\times L$ 矩阵，分别由 $\boldsymbol{V}$ 的前 $K-1$ 行和后 $K-1$ 行构造，便发现：

$$\boldsymbol{V}_2 = \boldsymbol{V}_1\boldsymbol{\Phi} \tag{3-18}$$

$\boldsymbol{\Phi}$ 是一个对角阵，且对角元素表示恒模旋转。定义 $\boldsymbol{U}_1$ 和 $\boldsymbol{U}_2$ 为 $(K-1)\times L$ 矩阵，分别为 $\boldsymbol{U}_{\mathrm{s}}$ 的前 $K-1$ 行和后 $K-1$ 行，且满足：

$$\boldsymbol{V}_1 = \boldsymbol{U}_1\boldsymbol{Q}, \quad \boldsymbol{V}_2 = \boldsymbol{U}_2\boldsymbol{Q} \tag{3-19}$$

从式(3-18)和式(3-19)可以得出结论：

$$\boldsymbol{U}_2 = \boldsymbol{U}_1\boldsymbol{\Psi}, \quad \boldsymbol{\Psi} = \boldsymbol{Q\Phi Q}^{-1} \tag{3-20}$$

而 $\boldsymbol{\Psi}$ 的估计值可以写作：

$$\hat{\boldsymbol{\Psi}} = (\boldsymbol{U}_1^H\boldsymbol{U}_1)^{-1}\boldsymbol{U}_1^H\boldsymbol{U}_2 \tag{3-21}$$

最终，时延的估计值为

$$\hat{\tau}_l = -\frac{T}{2\pi}\angle\{(\boldsymbol{\Phi})_{(l,l)}\} \tag{3-22}$$

其中，$\angle(\cdot)$ 表示复变量的幅角。

图 3-2 考虑了一个带有 1024 子载波的 16QAM-OFDM 系统，使用 901 个子载波进行传输。系统运行在 2.4GHz 频段，占用 5MHz 带宽，且 OFDM 符号与 OFDM 采样周期之间有一个跨度为 16 样点的保护间隔。首先，对于延后的第二条路径初始位置，即 1.55 采样时间间隔(T)，ESPRIT 更高的多普勒频率一般可以获得更好的性能，这是由于在 100Hz 下，可以估计出更精确的频域信道相关性矩阵；而在相同多普勒频率下，第二条路径时延缩短到 $0.5T$ 时，由于路径位置分辨度的问题，性能有所衰减。

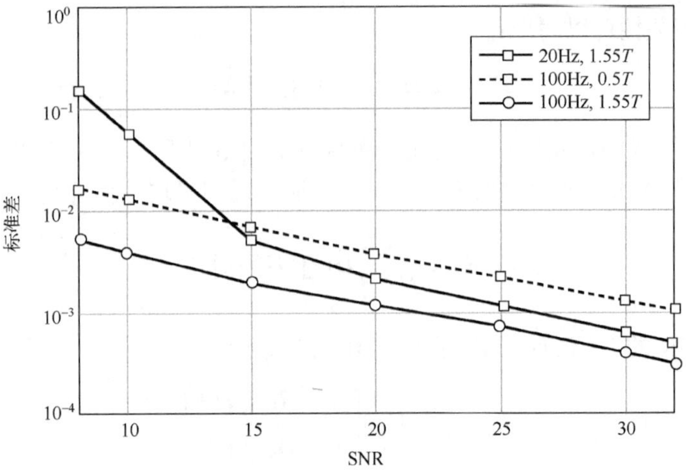

图 3-2　利用 ESPRIT 方法得到第二条路径初始路径时延估计误差的标准差[4]

3.2.4　迭代信道估计

迭代信道估计的初衷是利用数据符号的软信息来提高信道估计的准确性。尽管可以使用上述基于参数模型(PM)的方法实现这一点，但对于平均或子空间跟踪的长符号序列的要求使得基于参数模型(PM)的方法只适合连续传输，如数字广播。因此，迭代信道估计更适用于蜂窝系统。信道频域响应估计所需的软信息可以根据接收端结构通过译码器反馈或消息传递获得。

图 3-3 所示为典型的 Turbo 接收机。Turbo 接收机中的软输入输出解映射器为每个传入符号计算其 bit 级的对数似然比(软信息)。软信息由先验部分和后验部分组成。以正交相移键控(QPSK)解映射为例，bit $c_{n,k}^{(i)}$（$i=0,1$ 表示 QPSK 符号的第 i 个 bit）的软信息为

$$L_M[c_{n,k}^{(i)}]=\ln\frac{P\{c_{n,k}^{(i)}=1\mid Y_{n,k},H_{n,k}\}}{P\{c_{n,k}^{(i)}=0\mid Y_{n,k},H_{n,k}\}}=L_{M,a}[c_{n,k}^{(i)}]+L_{M,p}[c_{n,k}^{(i)}]\tag{3-23}$$

式(3-23)表示译码器反馈提供的先验信息，而

$$L_{M,a}[c_{n,k}^{(i)}]=\ln\frac{P\{c_{n,k}^{(i)}=1\}}{P\{c_{n,k}^{(i)}=0\}}\tag{3-24}$$

表示软输入软输出解映射器提供的后验信息。在减去 $L_{M,a}$ 得到 $L_{M,p}$ 并解交织之后，输出作为先验信息输入信道软译码器，如图 3-3(a)所示。

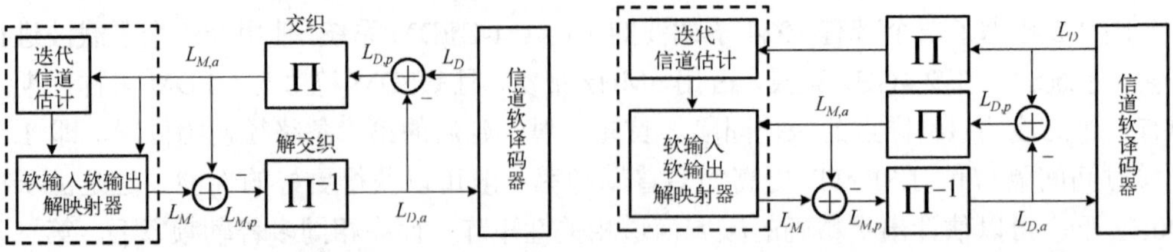

(a) 典型的turbo接收机，外信息在软解映射器和软译码器之间交换

(b) 具有两种反馈信息的Turbo接收机，一种用于信道估计，另一种用于软解映器

图 3-3　Turbo 接收机结构图

如果在式(3-23)中信道频域响应不是完美的，就必须使用迭代信道估计进行估计。与传统的仅利用导频或训练符号的信道估计不同，迭代信道估计具有译码器反馈提供的数据符号的先验信息。这一领域的大部分工作都集中在如何使用这些信息上。

图 3-4 中显示了各种信道估计技术中相对于 E_b/N_0 的信道均方误差(mean squared error，MSE)。独立衰落抽头使用 Jakes 模型生成，其归一化最大多普勒频率为 0.0135，对应于 5GHz 载波频率下 50km/h 的速度。信道编码器是一个速率为 1/2 的卷积码，八进制形式的生成器多项式为(133,171)。系统带宽为 20MHz，包含 1024 个子载波和 100 个循环前缀样点。通过 16QAM 调制，优化后的迭代信道估计技术在 E_b/N_0=8dB 的 2 次 Turbo 迭代后性能优于导频辅助信道估计(PA-CE)，而传统技术只能在 9dB 达到这一点。64QAM 也观察到类似的性能差距，其中优化的迭代信道估计技术提供了更好的信道估计。

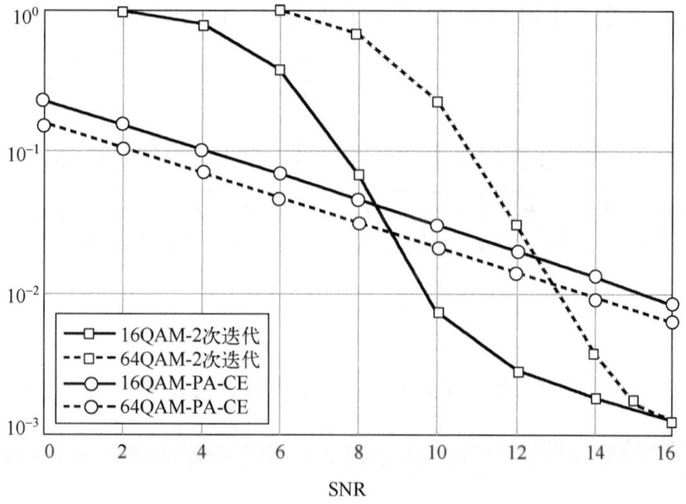

图 3-4　基于图 3-3(a)中结构的性能曲线[5]

1. 信道估计的先验信息

由于译码器反馈的数据符号有一些先验信息，因此很自然地要首先确定反馈的信息包含什么。如果只反馈软信息式(3-23)的后半部分，则符合图 3-3(a)所示的情况，检测器的后验概率 $L_{D,a}$ 从反馈路径中抵消。在我们看来，该工作或多或少可以认为是 Turbo 编码的扩展，或更一般的“Turbo 原理”的应用。根据“Turbo 原理”，只有外信息被允许在模块之间交换，而先验部分不包括在交换循环中。因此，只反馈后验部分是一个自然的选择。

此外，还存在着先验和后验都反馈的情况。在这种情况下，只反馈软信息进行信道估计，而解映射器不需要任何先验信息。为了给解映射器提供软信息，可以分别反馈不同类型的软信息，如文献[6]所做的。在文献[6]中，全局软信息(包括先验和后验)和仅后验的部分分别在不同的路径上反馈，如图 3-3(b)所示。利用全局软信息进行信道估计，利用后验部分进行软解映射。在文献[7]中，反馈是通过硬判决和重新编码产生的，没有软信息反馈。

2. 软解映射与硬解映射

Turbo 接收机信道估计的关键是如何利用先验信息；一般来说，先验信息可以产生软符号或硬符号。

软符号是被传输符号的期望。以 QPSK 调制为例，再生的软符号可以表示为

$$\tilde{X}_{n,k} = \sum_{i,j} P_{ij} Z_{ij} \quad i,j = 0,1 \tag{3-25}$$

其中，$P_{ij} = P(c^{(0)} = i, c^{(1)} = j)$ 是译码器反馈的先验概率，而 Z_{ij} 是对应 $c^{(0)} = i, c^{(1)} = j$ 的星座点。注意，当没有先验信息时，即对于所有 i,j，$P_{ij} = 0.25$，生成的软符号为零。先验信息提供了一个与等概率不同的再生软符号，因此可以用于信道估计。

利用再生软符号，在第 (n,k) 个数据子载波处的信道估计为

$$\tilde{H}_{n,k} = \frac{Y_{n,k}}{\tilde{X}_{n,k}} \tag{3-26}$$

如果在式(3-26)中直接使用再生的数据符号，由于数据符号恢复不完善或噪声增强[8]，信道估计性能会下降。通过将再生软符号的平均功率归一化，可以克服有偏估计的问题。

若不构造数据符号的均值，而是采用估计的 CFR 的均值，即

$$\tilde{H}_{n,k} = \sum_{i,j} P_{ij} \frac{Y_{n,k}}{Z_{ij}} \tag{3-27}$$

式(3-27)中的估计可以避免噪声增强，因为无论先验概率是多少，星座中的任何 Z_{ij} 点都有显著的振幅。

而硬符号则是从星座中选择概率最大的点生成，即

$$\tilde{X}_{n,k} = \arg\max_{\{Z_{ij}\}} \{P_{ij}\} \tag{3-28}$$

这确保了恢复的符号 $\hat{X}_{n,k}$ 对于 M-QAM 具有显著的幅值，对于 M-ary 相移键控(MPSK)具有恒定的幅值，从而可以避免噪声增强。这种硬的映射的主要缺点是，当译码器输出的可靠性较低时，判决中的错误可能会从一个迭代传播到下一个迭代。这个问题可以通过应用阈值测试来解决。为此，指定了一个代价函数，用于评估第 i 次迭代是使用再生符号还是使用导频辅助的信道估计，即

$$\hat{H}_{n,k} = \begin{cases} Y_{n,k} / \hat{X}_{n,k}, & \epsilon(Y_{n,k} / \hat{X}_{n,k}) \leqslant \epsilon(\hat{H}_{n,k}^{(0)}) \\ \hat{H}_{n,k}^{(0)}, & \epsilon(Y_{n,k} / \hat{X}_{n,k}) > \epsilon(\hat{H}_{n,k}^{(0)}) \end{cases} \tag{3-29}$$

其中，$\hat{H}_{n,k}^{(0)}$ 为初始信道估计，该结果是基于导频符号得到的；$\epsilon(Y_{n,k} / \hat{X}_{n,k})$ 为期望的反馈质量指标，可以使用数据符号的软信息计算得到。文献[9]和文献[10]也采用了类似的技术。在文献[9]中，当对数似然比小于某些预定阈值时，使用擦除符号。可以用最近的导频符号来替换擦除符号。在文献[10]中，当译码后的符号没有足够的置信度时，在对应的符号位置插入零。

3. 实现多次迭代

在迭代方法中，每一次迭代都有一个临时的估计[7,8]。应当注意到，在迭代过程中，信道估计的结果需要进行相应的更新。

在文献[8]中提出的硬频率替换和软频率替换利用了其他迭代的信道估计。硬频率替换是一种低复杂度算法，最初是为了缓解式(3-26)中的噪声增强而提出的。通过使用阈值λ，得到当前迭代的信道估计：

$$\tilde{H}_{n,k}^{(i)} = \begin{cases} Y_{n,k} / \tilde{X}_{n,k}^{(i)}, & \left|\tilde{X}_{n,k}\right| \geqslant \lambda \\ \tilde{H}_{n,k}^{(i-1)}, & \left|\tilde{X}_{n,k}\right| < \lambda \end{cases} \tag{3-30}$$

在式(3-30)中，确定阈值至关重要。在文献[8]中，阈值是使用解析导出的 MSE 最优确定的。文献[7]描述了一种类似于硬频率替换的技术，其中阈值是通过仿真确定的。软频率替换是文献[8]提出的另一种技术。在式(3-30)中，软频率替换不是在这两项之间进行选择，而是使用两者的加权和，其加权系数为β，有

$$\tilde{H}_{n,k}^{(i)} = \beta Y_{n,k} / \tilde{X}_{n,k}^{(i)} + (1-\beta)\tilde{H}_{n,k}^{(i-1)} \tag{3-31}$$

再利用来自其他迭代的估计，计算：

$$\hat{H}_{n,k} = \max_{P(Z_{ij})}\left[P(Z_{ij})\frac{Y_{n,k}}{Z_{ij}}\right] + \left[1-P(Z_{ij})\right]\hat{H}_{n,k}^{(0)} \tag{3-32}$$

在这种方法中，随着迭代过程中软信息的不断改善，来自译码器的软信息的影响逐渐增大，第一轮导频辅助信道估计的影响逐渐减小[6]。

3.2.5　MIMO-OFDM 信道估计

多天线 MIMO 传输大大提高了无线通信的容量。由于 OFDM 可以将频率选择信道转换成并行的平坦衰落信道，因此，在频率选择性信道上，学者很自然地将 MIMO 和 OFDM 结合起来以实现高速数据传输。然而，由于多个发送天线的存在，MIMO-OFDM 系统中的信道估计是一项具有挑战性的任务。考虑发送天线数量为N_{T}，接收天线数量为N_{R}的 MIMO-OFDM 系统，第j个接收天线处的信号为

$$Y_{n,k}^{(j)} = \sum_{i=1}^{N_{\mathrm{T}}} H_{n,k}^{(j,i)} X_{n,k}^{(i)} + W_{n,k}^{(j)} \tag{3-33}$$

其中，$H_{n,k}^{(j,i)}$是从第i个发送天线到第j个接收天线的 CFR；$X_{n,k}^{(i)}$是第i个发送天线发送的符号。由于目前接收信号是多个发送天线信号的叠加，因此不能直接用单发单收 OFDM 系统的信道估计方法。因此，需要重新考虑 MIMO-OFDM 系统中的信道估计问题。本节将讨论 MIMO-OFDM 系统的信道估计方法。

1. 基于 CFR 的 MIMO-OFDM 信道估计方案

在 MIMO-OFDM 系统中，根据使用的是判决辅助信道估计(DD-CE)还是导频辅助

信道估计(PA-CE)，采用的信道估计策略是不同的。在判决辅助信道估计(DD-CE)中，初始信道估计是利用训练符号完成的。一种直接的方法是在给定的时间间隔内仅从一个发送天线发送训练符号，同时使其余发送天线保持静默。因此，式(3-33)中的接收信号减少到式(3-8)中的单天线情况，并且可以使用单发单收-OFDM 系统的方法估计每个发送天线对应的信道响应。假设在传输过程中每个天线信道都是准静态的，在训练阶段发送多个训练符号可以提高信道估计性能。在这种情况下，对第一个训练符号中的导频子载波进行循环平移来产生第二个训练符号。这相当于在几个不同的点对 CFR 进行采样。由于至少有一个子载波位于可用频带的边缘，这种导频安排还可以改善边缘子载波的信道估计性能。

虽然上面的方法很简单，但是它们也有一些缺点。首先，对不同天线上的 CFR 进行了逐一估计。这延长了训练阶段，从而降低了频谱效率。其次，保持静默会提高 OFDM 发射机设计的关键参数——峰值平均功率比(PAPR)。因此，同时传输训练符号更可取。

当同时传输训练符号时，总共有 $N_{\mathrm{T}}K$ 个未知数，而每个接收天线只有 K 个方程可用。因此，接收机不直接估计信道频域响应(CFR)，而是估计信道冲激响应(CIR)，因为此时的多径数量 L 通常远小于子载波数 K 。假设信道冲激响应包含 L 条路径，则未知数总数减至 $N_{\mathrm{T}}L$ 。给定式(3-33)中的接收信号，通过最小化以下代价函数，可以得到从第 i 个发送天线到第 j 个接收天线的 CIR 估计:

$$\sum_{k=0}^{K-1}\left|Y_{n,k}^{(j)}-\sum_{i=0}^{N_{\mathrm{T}}}\sum_{l=0}^{L-1}X_{n,k}^{(i)}h_{n,l}^{(j,i)}\mathrm{e}^{-\mathrm{j}\frac{2\pi kl}{K}}\right|^2 \tag{3-34}$$

由于对每个接收天线的处理是相同的，可去掉接收天线的索引。直接计算式(3-34)得到

$$\boldsymbol{h}_n=\boldsymbol{Q}_n^{-1}\boldsymbol{p}_n \tag{3-35}$$

其中

$$\begin{gathered}\boldsymbol{h}_n=[h_{n,0}^{(i)},h_{n,1}^{(i)},\cdots,h_{n,L-1}^{(i)}]^T,\quad \boldsymbol{p}_n=[p_{n,0}^{(i)},p_{n,1}^{(i)},\cdots,p_{n,L-1}^{(i)}]^T\\ \boldsymbol{Q}_n=\begin{bmatrix}\boldsymbol{Q}_{11} & \cdots & \boldsymbol{Q}_{1N_{\mathrm{T}}}\\ \vdots & & \vdots\\ \boldsymbol{Q}_{N_{\mathrm{T}}1} & \cdots & \boldsymbol{Q}_{N_{\mathrm{T}}N_{\mathrm{T}}}\end{bmatrix},\quad \boldsymbol{Q}_{(ij)}=\begin{bmatrix}q_{n,0}^{(ij)} & \cdots & q_{n,-L+1}^{(ij)}\\ \vdots & & \vdots\\ q_{n,L-1}^{(ij)} & \cdots & q_{n,0}^{(ij)}\end{bmatrix}\\ q_{n,l}^{(ij)}=\sum_{k=0}^{K-1}X_{n,k}^{(j)}X_{n,k}^{(i)*}\mathrm{e}^{\mathrm{j}\frac{2\pi kl}{K}},\quad p_{n,l}^{(i)}=\sum_{k=0}^{K-1}Y_{n,k}X_{n,k}^{(i)*}\mathrm{e}^{\mathrm{j}\frac{2\pi kl}{K}}\end{gathered} \tag{3-36}$$

注意，训练符号没有特别的设计；因此，该方法也适用于使用译码后数据符号生成训练符号的情况。

2. 基于参数模型的 MIMO-OFDM 信道估计方案

基于参数模型(PM)的信道估计也可用于 MIMO-OFDM 系统。通过由多个发送天线使用静态导频，文献[3]中提出的方法可以直接用于 MIMO-OFDM 系统，通过插入稀疏

梳状导频，估计路径延迟。在文献[11]中发现，相位正交序列可以将多天线情况转化为单天线情况，因此，可以使用前面介绍的 ESPRIT 算法估计路径延迟[3]。另一种近似 ML 路径延迟估计方法在文献[11]中提出，类似于文献[12]中提出的交替最大化。交替最大化是以迭代的方式进行的：在每次迭代中，对单个参数进行最大化，而其他参数保持不变。在文献[13]中，通过假设实际的路径延迟从给定的集合中取值，将对路径延迟的初始位置估计转化为对路径位置的检测。概率数据关联(probability data association，PDA)是在文献[14]中首次提出的用于码分多址(CDMA)系统中多用户检测的方法，在文献[13]中用于检测路径延迟。由于预定的延迟与实际的路径延迟是不同的，所以文献[13]采用判决反馈的方法，以迭代的方式细化路径延迟估计。

在采样间隔的信道冲激响应(CIR)中也可以利用信道的稀疏性。在文献[15]中，使用匹配追踪(MP)法来确定最重要抽头(MST)的位置。在文献[16]中，MST 的位置是通过利用接收信号的二阶统计来确定的。注意，二阶统计量也可以用于 MIMO-OFDM 系统的盲信道估计。

3. 基于迭代的 MIMO-OFDM 信道估计方案

迭代信道估计在 MIMO-OFDM 中也有应用。根据接收机结构的框架，改进了迭代信道估计，以适应 MIMO-OFDM 传输。对于 Turbo 接收机，MIMO-OFDM 与 SISO-OFDM 的迭代信道估计有两个不同之处。首先，在迭代循环中需要一个软 MIMO 检测器。构造软 MIMO 检测器的一种方法是使用传统的 LS 或 LMMSE 检测器，然后为每个检测流使用一组软解映射器。虽然这种方法很简单，但当天线之间存在相关性时，线性检测器的性能会显著下降。相反，可以使用列表球译码器(LSD)来获得低复杂度的软 MIMO 检测器。LSD 可以看作球译码检测器的软输出版本。当另一个发送天线发送时，导频符号可以是不产生影响的，而数据符号的同时传输是会产生影响的。在这种情况下，即使已知这些数据符号，SISO-OFDM 中使用的迭代信道频域响应(CFR)估计也不适用。克服这个问题的一种方法是估计 CIR 而不是 CFR，并且通过将数据符号作为已知的训练符号处理，可以用于估计每个接收天线的 CIR。

3.3　导频污染对信道估计的影响

时分双工(time division duplex, TDD)被认为是在大规模 MIMO 系统中获取及时 CSI 的较好的模式。在时分双工架构中，进行信道估计的关键是信道互易性和上行链路中的导频。在理论研究中，利用互易性的概念，常常假设前向信道等于反向信道的转置。因此可以利用基站的导频，对所需的信道信息进行估计。

为了提高无线通信中的频谱效率，需要采用适当的频率/时间/导频复用因子，以最大限度地提高系统吞吐量。虽然重复使用频率可以更有效地利用有限的可用频谱，但也会引入不可避免的同频干扰。在大规模 MIMO-TDD 系统中，由于在多小区系统中重用非正交导频信号，用于估计信道的导频信号可能受到污染。这种现象导致小区间干扰与基站天线的数量成比例，会降低网络的可实现速率，并影响频谱效率，还会降低信道估计的准确率。此外，硬件非理想特性和非互易收发器也可能导致导频污染。

本节介绍导频污染对大规模 MIMO 信道估计和网络可实现速率的影响，以及两大类缓解导频污染的技术：基于导频的方法和基于子空间的方法。

3.3.1 导频污染的来源

本节重点介绍导频污染的可能原因和基本理论。首先，考虑在多小区大规模 MIMO 系统中，由于相干时间有限，在小区间重复使用非正交训练序列导致的导频污染，其次是硬件非理想特性和非互易收发器导致的导频污染。

1. 非正交导频方案

在所有 L 小区共享相同频率的多小区系统中，由于假设同小区内各用户发送的导频相互正交，因此可以忽略小区内干扰。当使用的频率复用因子为 1 时，导频信号会受到小区间干扰的影响，从而导致相邻小区的导频污染[17]。假设所有用户终端(UT)在每个相干间隔的开始处发送长度为 τ 码元的同步导频序列。在所有小区内，使用相同导频时的 UL 传输影响第 l 个基站(base station，BS)处的接收信号，接收信号可以表示为

$$\boldsymbol{Y}_l = \sqrt{p_u}\sum_{j=1}^{L}\boldsymbol{G}_{l,j}\boldsymbol{S}_j^T + \boldsymbol{N}_l,\quad j=1,2,\cdots,L \tag{3-37}$$

所有小区发送的训练向量为 $\tau \times N_{\mathrm{T}}$ 正交矩阵 $\boldsymbol{S}_j$， p_u 是每个用户的平均发射功率。其中，$\boldsymbol{G}_{l,j}$ 是从第 j 个小区内的所有用户到第 l 个基站的信道矩阵； $\boldsymbol{N}_l \in \mathbb{C}^{N_{\mathrm{R}}\times\tau}$ 是在导频传输阶段第 l 个基站处的噪声矩阵。基站(BS)将其接收的导频信号 $\boldsymbol{Y}_l$ 与小区内彼此正交的用户导频 $\boldsymbol{S}_j$ 做相关，而 $\boldsymbol{Y}_l$ 中其他小区中终端对应的项在与 $\boldsymbol{S}_j$ 做相关后将导致导频污染。在第 l 个基站(BS)处得到的估计信道矩阵是

$$\hat{\boldsymbol{G}}_{l,l} = \sqrt{p_u}\boldsymbol{G}_{l,l} + \sqrt{p_u}\sum_{j\neq l}\boldsymbol{G}_{l,j}\boldsymbol{S}_j^T\boldsymbol{S}_j^* + \boldsymbol{N}_l \tag{3-38}$$

2. 硬件非理想特性

射频链路中的硬件容易受到如相位噪声、放大器非线性、正交不平衡(I/Q)和量化误差等非理想特性的影响。与大多数假设理想收发器硬件的论文的观点相反，Bjornson 等[18]考虑了硬件非理想特性对理想发送信号和实际发送信号之间误差的影响，以及接收信号在接收过程中的误差。这种非理想特性已经被证明会影响信道估计的准确性，这必然会导致导频污染，并影响大规模 MIMO 系统的性能。

为了克服这一挑战，学术界对各器件的非理想状态进行了建模，并设计了补偿算法。此外，总体收发器非理想残差的建模被认为比单个器件的建模更重要。

对于使用下行信道进行数据传输和基于导频的信道估计的理想系统模型，在用户处接收到的信号表示为

$$z = \boldsymbol{g}^T\boldsymbol{s} + n \tag{3-39}$$

其中， $\boldsymbol{s} \in \mathbb{C}^{N\times 1}$ 表示导频信号； n 是具有遍历特性的综合噪声， $n = n_{\text{noise}} + n_{\text{interf}}$ ， n_{noise} 表

示独立的高斯随机噪声，n_{interf} 表示由其他 UT 同步发送的干扰信号，也假设其具有高斯分布特性。数据的协方差矩阵为 $\boldsymbol{W}=\mathbb{E}\{\boldsymbol{s}\boldsymbol{s}^H\}$，其中功率为 $p^{\text{BS}}=\text{tr}(\boldsymbol{W})$。从而提出了考虑失真噪声的非理想硬件下行系统模型:

$$z=\boldsymbol{g}^T(\boldsymbol{s}+\boldsymbol{\eta}_t^{\text{BS}})+\eta_r^{\text{UT}}+n \tag{3-40}$$

其中，$\boldsymbol{\eta}_t^{\text{BS}}\in\mathbb{C}^{N\times 1}$ 和 $\eta_r^{\text{UT}}\in\mathbb{C}$ 是加性失真噪声项，它们分别是描述基站(BS)发射机硬件和用户终端(UE)接收机硬件非理想特性的随机过程。假设失真噪声不依赖于传输信号 $\boldsymbol{s}$，而依赖于信道实现 $\mathcal{H}$。$\mathcal{H}$ 表示所有有用且干扰信道(即 $\boldsymbol{g}\in\mathcal{H}$)的信道实现集合。给定信道实现 $\mathcal{H}$ 的条件分布分别为 $\boldsymbol{\eta}_t^{\text{BS}}\sim\mathbb{C}\mathcal{N}(0,\boldsymbol{Y}_t^{\text{BS}})$ 和 $\eta_r^{\text{UT}}\sim\mathbb{C}\mathcal{N}(0,v_r^{\text{UT}})$。天线处产生的噪声与天线处的信号功率成正比，故 $\boldsymbol{Y}_t^{\text{BS}}$ 和 v_r^{UT} 表示为

$$\boldsymbol{Y}_t^{\text{BS}}=k_t^{\text{BS}}\text{diag}(W_{11},\cdots,W_{MM}),\quad v_r^{\text{UT}}=k_r^{\text{UT}}\boldsymbol{g}^T\boldsymbol{W}\boldsymbol{g}^* \tag{3-41}$$

其中，W_{ii} 是矩阵 $\boldsymbol{W}$ 的第 i 个对角元素，$k_t^{\text{BS}},k_r^{\text{UT}}\geqslant 0$ 是比例系数，它们表征了由自动增益控制模数转换中的量化误差、相位噪声引起的载波间干扰、I/Q 不平衡下镜像子载波的泄漏以及功率放大器[18]中的振幅非线性所造成的非理想特性。同理，接收信号 $\boldsymbol{y}\in\mathbb{C}^N$ 在基站(BS)处考虑失真噪声的上行非理想设备的系统模型表示为

$$\boldsymbol{y}=\boldsymbol{g}(d+\eta_t^{\text{UT}})+\boldsymbol{\eta}_r^{\text{BS}}+\boldsymbol{v} \tag{3-42}$$

其中，$d\in\mathbb{C}$ 要么是用于信道估计的确定性导频信号，要么是随机数据信号。平均功率 $p^{\text{UT}}=E\{|d|^2\}$。$\boldsymbol{v}$ 是一种遍历随机过程，$\boldsymbol{v}=\boldsymbol{v}_{\text{noise}}+\boldsymbol{v}_{\text{interf}}\in\mathbb{C}^{N_{\text{R}}\times 1}$，$\boldsymbol{v}_{\text{noise}}\in\mathcal{CN}(0,\sigma_{\text{BS}}^2\boldsymbol{I})$ 表示独立的高斯随机噪声，n_{interf} 来自其他的同步传送。$\eta_t^{\text{UT}}\in\mathbb{C}$ 和 $\boldsymbol{\eta}_r^{\text{BS}}\in\mathbb{C}^{N\times 1}$ 是加性失真噪声项，它们分别是描述用户终端(UE)处发射机硬件和基站(BS)处接收机硬件的残差收发器非理想特性的随机过程。

根据 Bjornson 等的研究，各态历经随机过程独立于 d，但依赖于信道实现 $\mathcal{H}$，其中给定信道实现 $\mathcal{H}$ 的条件分布是 $\boldsymbol{\eta}_r^{\text{BS}}\sim\mathbb{C}\mathcal{N}(0,\boldsymbol{Y}_r^{\text{BS}})$ 和 $\eta_t^{\text{UT}}\sim\mathbb{C}\mathcal{N}(0,v_t^{\text{UT}})$。条件协方差矩阵的模型为

$$v_t^{\text{UT}}=k_t^{\text{UT}}p^{\text{UT}},\quad \boldsymbol{Y}_r^{\text{BS}}=k_r^{\text{BS}}p^{\text{UT}}\text{diag}(|g_1|^2,|g_2|^2,\cdots,|g_{N_{\text{R}}}|^2) \tag{3-43}$$

其中，硬件质量在基站(BS)处由 $k_t^{\text{BS}}k_r^{\text{BS}}$ 表征，在 UT 处由 $k_t^{\text{UT}}k_r^{\text{UT}}$ 表征。到目前为止，文献[18]的研究表明，随着 N 的增大，只有用户终端(UE)的硬件非理想特性限制了大规模 MIMO 系统的容量，而 BS 天线阵列的硬件非理想特性的影响可以忽略不计。因此，该领域还需要开展更多的研究工作来探究硬件非理想特性对导频的影响，以及它如何影响大规模 MIMO 系统。

3. 非互易收发器

在 TDD 系统中，物理前向和后向信道被认为是互易的，因为它们工作在相同的载波频率上。图 3-5 给出了具有点对点互易模型的两个设备的 TDD 传输。

在理想情况下，功率放大器(T_1 和 T_2)、低噪声放大器(R_1 和 R_2)和有效无线电信道($C(t)$)被认为是相同的。在非理想情况下，在文献[19]中已经表明，剩余偏移频率会影响信道互易性。几赫兹的最小偏移量将在几秒内累积，使得上行链路和下行链路信道变

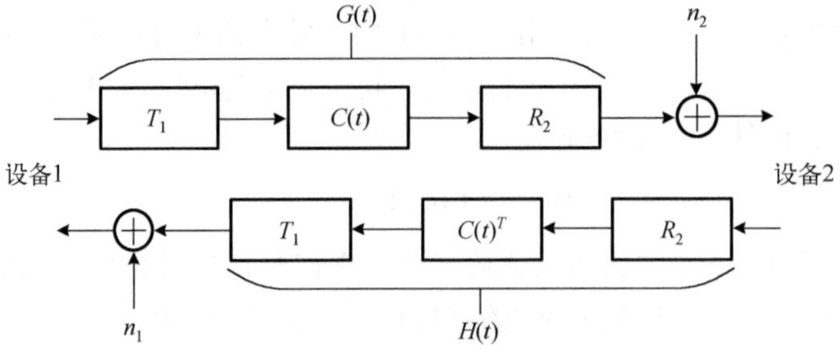

图 3-5 点对点链路下的信道互易性

得非互易。将从设备 1 到设备 2 的冲激响应建模为

$$G(t,\iota) = R_2(\iota) * C(t,\iota) * T_1(\iota) \tag{3-44}$$

在从设备 2 到设备 1 的反向链路上为

$$H(t,\iota) = R_1(\iota) * C(t,\iota) * T_2(\iota) \tag{3-45}$$

G 和 H 之间的关系被建模为

$$G(t,\iota) = H(t,\iota) * R(\iota) \tag{3-46}$$

因此，需要稳健的校准技术来根据信道测量提供 $R(\iota)$ 的准确估计，其中，可变 ι 是延迟域。在存在剩余偏移频率的情况下，发射机缺乏准确的基于互易的 CSI 校准方案，这可能是信道估计期间导频污染的一个来源。

3.3.2 导频污染的影响

在本节中将详细论述导频污染带来的影响。

1. 导频污染分析

在分析导频污染的影响时，假设所有传输和接收都是同步的，在基站(BS)处具有统一的 UT 阵列。随着基站(BS)端天线 M 的数量无限增长，接收机噪声、快衰落和小区内干扰的影响都会消失，只有由重复使用相同的导频序列导致的小区间干扰会影响接收信号。

文献[20]通过建立信干扰比(SIR)表达式分析导频污染的影响。然后，基于不同的建模参数，如对数正态阴影衰落标准差、路径损耗指数、将终端排除在小区半径之外的半径、频率重用因子和导频开销，将该 SIR 转换为可实现的速率(每个小区的吞吐量和每个终端的平均吞吐量)。在没有导频污染的情况下，SINR 随 M 线性增加，而不随 M 增大到无穷大而饱和。然而，在存在导频污染的情况下，由于干扰用户对信道估计的破坏，SINR 会趋于饱和不再增加。

当小区间干扰因子 β (考虑路径损耗和阴影衰落)增加时，导频污染会显著降低系统性能。由于导频污染随着 β 的增加而增加，并且考虑到来自 UT 的相同平均发射功率，频谱效率和能量效率会显著降低。

图 3-6 和图 3-7 分别说明了使用不同的导频复用因子 1、2、4 的区域吞吐量和能量效率(EE)。

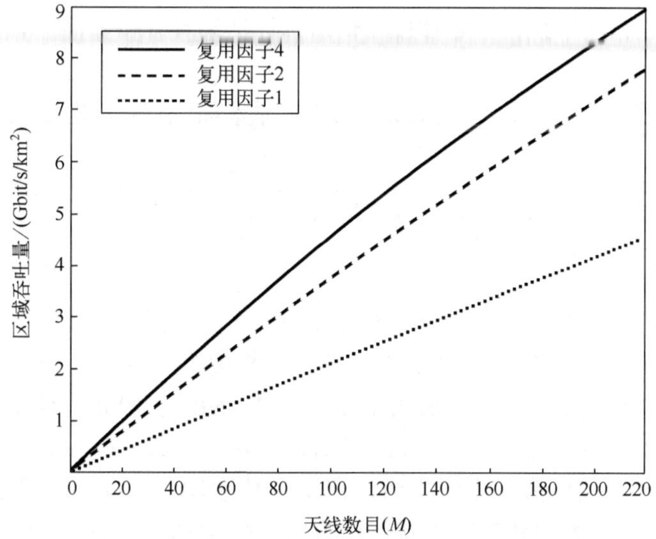

图 3-6　使用不同的导频复用因子对区域吞吐量的影响

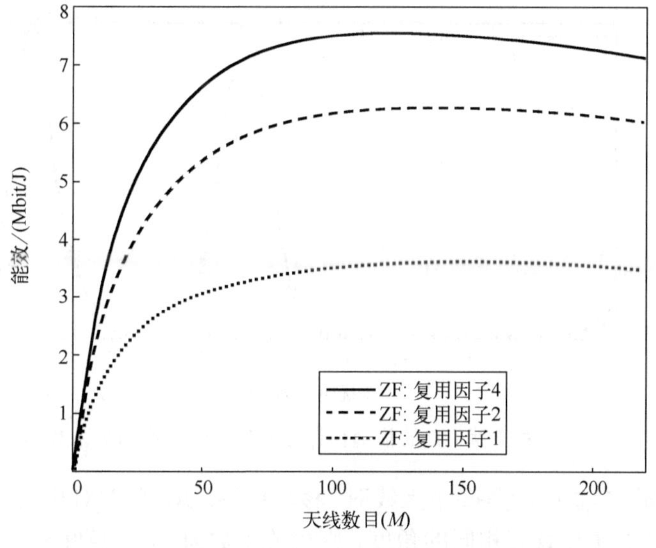

图 3-7　不同的导频复用因子下导频污染对能效的影响

在图 3-6 中，由于来自所有相邻小区的干扰，与复用因子 2 和 4 相比，导频复用因子 1 的使用使区域吞吐量显著损失。此外，当使用导频复用因子 1 时，与复用因子 2 和 4 相比，对于具有不完美 CSI 的多小区场景，若采用迫零接收方法(ZF)，通过图 3-7 中可以看到，增大复用因子能够实现能效的提升。因此，必须尽量减轻多小区系统中导频污染的影响。

2. 信道相关性导频污染的影响

本节将考虑不同小区中的两个使用相同导频序列的移动终端(UE)来说明导频污染对信道估计的影响。基站(BS) j 估计本小区中的移动终端(UE) k 的信道，而邻小区基站(BS) l 中的移动终端(UE) i 发送与移动终端(UE) k 相同的导频。这些移动终端(UE)在导频传输期间会造成相互干扰，主要体现在信道估计结果具有相关性[21]，信道估计准确率降低[21]。

首先分析信道估计的相关性，天线平均相关系数如式(3-47)中定义：

$$\frac{\mathbb{E}\{(\hat{\boldsymbol{h}}_{li}^{j})^{H}\hat{\boldsymbol{h}}_{jk}^{j}\}}{\sqrt{\mathbb{E}\{\|\hat{\boldsymbol{h}}_{jk}^{j}\|^2\}\mathbb{E}\{\|\hat{\boldsymbol{h}}_{li}^{j}\|^2\}}}=\begin{cases}\dfrac{\mathrm{tr}(\boldsymbol{R}_{li}^{j}\boldsymbol{R}_{jk}^{j}\boldsymbol{\Psi}_{li}^{j})}{\sqrt{\mathrm{tr}(\boldsymbol{R}_{jk}^{j}\boldsymbol{R}_{jk}^{j}\boldsymbol{\Psi}_{li}^{j})\mathrm{tr}(\boldsymbol{R}_{li}^{j}\boldsymbol{R}_{li}^{j}\boldsymbol{\Psi}_{li}^{j})}}, & (l,i)\notin\mathcal{P}_{jk}\\ 0, & (l,i)\in\mathcal{P}_{jk}\end{cases} \tag{3-47}$$

其中，$\mathcal{P}_{jk}$是使用与小区j中的移动终端(UE) k相同导频序列的所有UE的索引集合；$(\bullet)^H$表示向量的共轭转置；矩阵$\boldsymbol{\Psi}_{li}^{j}$为接收信号归一化相关矩阵的逆，$\boldsymbol{R}_{li}^{j}$是空间待估计信道的相关矩阵。图3-8展示了当来自所需UE的有效SNR为10dB，而干扰信号比该值弱10dB时，基站(BS) j处信道估计的天线平均相关系数。两个相关矩阵均使用高斯角分布的ASD $\sigma_\varphi=10°$的局部散射模型生成，但是在基站(BS) j处使用不同的标称角度。所求的UE具有30°的固定角度，干扰UE的角度在−180°～180°变化。M是基站侧的天线数量。

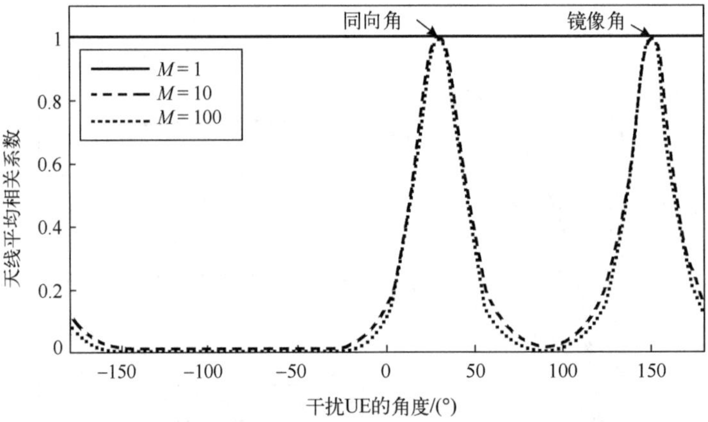

图3-8 期望UE和干扰UE的信道估计之间的天线平均相关系数的绝对值

由图3-8可知，当基站配备多个天线时，移动终端(UE)角度对相关系数的影响很大。如果期望UE和干扰UE具有相同的角度，则相关系数为1，这意味着基站完全无法分离干扰UE。反之，如果希望UE角度被很好地分离，则相关系数几乎为0。这表明，导频污染的影响不仅取决于平均信道增益，还取决于空间相关矩阵的特征结构。这与单天线情况(以及具有不相关衰落的多天线情况)不同，在这种情况下，相关系数始终为1，与UE角度无关。根据阵列几何结构，在多天线情况下，可能会有某些角度对产生共振行为。由于本次模拟采用了水平均匀线性阵列(uniform linear array，ULA)，阵列无法分离来自30°的信号和从镜面反射的180°−30°=150°的信号。

导频污染的第二个重要影响是信道估计准确率降低。下面将在与上述相同的场景中研究这种影响。图3-9显示了在$M=100$和不相关衰落ASD $\sigma_\varphi=10°$的局部散射模型中，采用NMSE对期望UE信道进行估计的结果。所需UE的有效SNR为10dB，而干扰信号分别是与该值相等、比该值弱10dB以及比该值弱20dB。

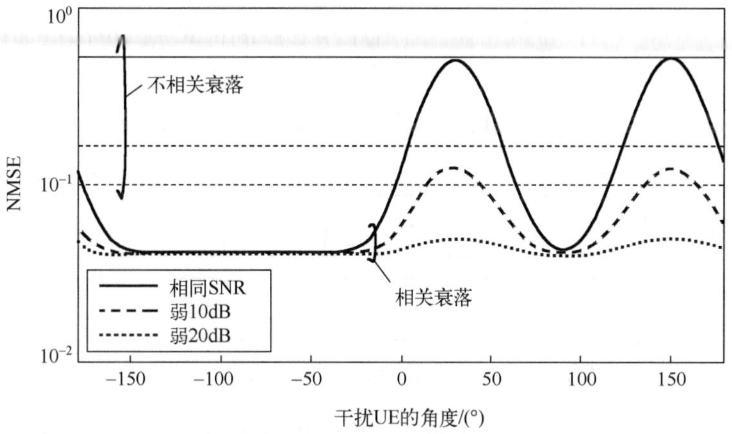

图 3-9　不同衰落下导频污染对 NMSE 的影响

在空间相关情况下，当移动终端(UE)角度能被很好地分离时，无论干扰导频信号有多强，NMSE 大约为 0.04。这意味着当移动终端(UE)具有几乎正交的相关特征空间时，导频污染对估计准确率的影响可以忽略不计。当干扰 UE 与期望 UE 具有相似的角度时，尤其是 SNR 也相同时，NMSE 增加。

相反，如果移动终端(UE)的信道表现出不相关衰落，则归一化均方误差(NMSE)始终大于空间相关性下的结果，并且与角度无关。因此，空间信道相关性在实际应用中有助于提高导频污染下的估计准确率。

在极端情况下 $\boldsymbol{R}_{jk}^{j}\boldsymbol{R}_{li}^{j}=\boldsymbol{0}_{M_j\times M_j}$，UE 信道具有正交的相关特征空间。即如式(3-47)中定义的信道估计之间的天线平均相关系数为零。估计误差 $\tilde{\boldsymbol{h}}_{li}^{j}=\boldsymbol{h}_{li}^{j}-\hat{\boldsymbol{h}}_{li}^{j}$ 的相关矩阵可以简化为

$$
\begin{aligned}
\boldsymbol{C}_{jk}^{j}&=\boldsymbol{R}_{jk}^{j}-p_{jk}\tau_p\boldsymbol{R}_{jk}^{j}(p_{jk}\tau_p\boldsymbol{R}_{jk}^{j}+p_{li}\tau_p\boldsymbol{R}_{li}^{j}+\sigma_{\mathrm{UL}}^{2}\boldsymbol{I}_{M_j})^{-1}\boldsymbol{R}_{jk}^{j}\\
&=\boldsymbol{R}_{jk}^{j}-p_{jk}\tau_p\boldsymbol{R}_{jk}^{j}(p_{jk}\tau_p\boldsymbol{R}_{jk}^{j}+\sigma_{\mathrm{UL}}^{2}\boldsymbol{I}_{M_j})^{-1}\boldsymbol{R}_{jk}^{j}
\end{aligned}
\tag{3-48}
$$

其不依赖于干扰用户终端。因此，理论上可能让两个 UE 共享导频序列，而不会造成导频污染，只需要保证它们的空间相关矩阵满足正交性条件。另外，当干扰用户终端具有非常弱的信道时，也可能有 $\boldsymbol{R}_{jk}^{j}\boldsymbol{R}_{li}^{j}=\boldsymbol{0}_{M_j\times M_j}$。上述原理经常用于指导大规模 MIMO 中的导频分配和 UE 调度。

3.3.3　缓解导频污染的方法

本节将介绍在导频复用因子为 1 的情况下消除或减少多小区 TDD 系统中导频污染影响的方法。所提出的方法分为两类，即基于导频的估计方法和基于子空间的估计方法。在基于导频的方法中，使用小区内的正交导频和小区间的非正交导频来估计 UT 的信道，而在基于子空间的估计方法中，在是否具备有限导频的情况下估计 UT 的信道。

1. 基于导频的估计方法

在文献[22]中考虑了用于导频传输的时移协议，以减少多用户 TDD 系统中的导频污

染。每个小区中导频信号的传输是通过在帧中错开导频位置来完成的，使得不同小区中的用户在不重叠的时间进行传输，如图 3-10 所示。

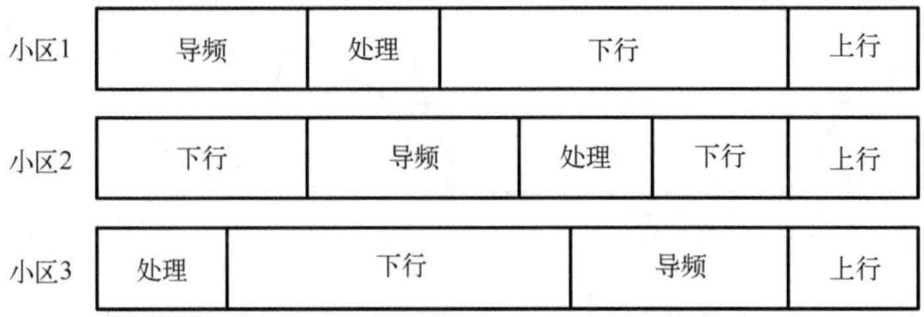

图 3-10　TDD 系统中用于导频传输的时移协议

结果表明，只要导频在时间上不重叠，就可以利用所提出的方案消除导频污染。将功率分配算法与文献[22]中的时移协议相结合，能够获得显著的增益。尽管该方法看起来很有希望，但在实践中的一个主要挑战将是控制机制，该机制需要跨多个小区动态同步导频，以便它们不会重叠。

需要注意的是，由于多层异构蜂窝网络的出现和小蜂窝的动态放置，网络中的某个位置在时间和频率上总是存在重叠。文献[23]中提出了一种协方差辅助的方法，该方法利用了期望和干扰用户信道的协方差信息。结果表明，在理想情况下，当期望和干扰协方差跨越不同的子空间时，在大天线阵列情况下，导频污染效应趋于消失。因此，具有互不重叠到达角(AoA)的用户几乎不会相互污染。基于这一发现，提出了一种协调导频分配策略，该策略将用户分组，之后分配给相同的导频序列。尽管该方法使得小区间干扰显著减少，且上行链路和下行链路的信干噪比相应增加，但在实际中可能很难实现，因为它需要所有上行链路信道的二阶统计量。

Wang 等[24]提出了一种基于空域的方法，其主要思想是不同 UT 信道系数的空间和时间特征是可区分的，如 AoA 或 DoA。此外，选择 UL 路径最强的信道系数作为 DL 波束成形器。基于 UT 的 AoA 不重叠的类似假设，使用角度可调的预定方案或离线生成的码本来匹配 UL 路径，然后用作 DL 波束向量，目的是避免向相邻小区中的 UT 泄漏信号。然而，在该方法中，在搜索用于 DL 波束形成的最佳方向向量时，需要考虑相干间隔。

由于受到文献[23]的限制，Wang 等提出了一种导频污染消除方案[25]，该方案依赖两个处理阶段，即下行链路和预定的下行训练。在下行链路阶段，每个基站支持的 UT 估计来自 BS 的下行导频的频域信道传递函数；在预定的下行训练阶段，UT 使用估计的所有小区的下行导频的频域信道传递函数，对其自身发送的 UL 导频信号进行预失真处理，其中未污染的下行导频频域信道传递函数被“封装”在 UL 导频符号中以供 BS 使用。此后，BS 通过从所有其他小区中消除 UT 的 UL 导频信号来从接收的 UL 信号中提取其 UT 的所有下行导频频域信道传递函数，从而消除导频污染。然而这一方案的一个主要缺点是用于训练的开销可能会无限增加。

在文献[26]中，作者开发了一种基于多小区 NMSE 的预编码方案，该方案考虑了分配给所有 UT 的训练序列，以缓解导频污染问题。此时，每个 BS 处的预编码矩阵的优化目标为最小化本小区中的用户终端接收信号的均方误差，以及对邻小区中的用户终端均方干扰的总和。结果表明，与传统的单小区预编码方法相比，该方法具有显著的性能增益，并减少了小区间和小区内干扰。然而，所提出的方法假设所有 UT 都是相同的，而不根据信道进行区分。

Ashikhmin 和 Marzetta[27]提出了一种导频污染预编码方法，该方法涉及 BS 之间的有限协作。在这种方法中，第 1 个 BS 与其他 BS 或网络集线器共享慢衰落系数估计，网络集线器计算导频污染预编码矩阵。然后，将计算出的第 1 个预编码矩阵转发给每个相应的 BS，以计算通过其 M 个天线的发射信号向量。该过程在 UL 和 DL 中执行。该方法的有效性取决于各基站共享信息的准确性和网络集线器对导频污染预编码的计算。

2. 基于子空间的估计方法

已有研究中研究了基于子空间的信道估计技术，它被视为提高频谱效率的一种有效方法，因为它可以通过较少的频谱资源实现信道估计。在这种方法中，信号特性(如有限星座表结构、固定符号速率、常数模、独立性和高阶统计特性)可用于信道估计。该方法已扩展到多小区 TDD 系统的信道估计中，目的是消除导频污染。

在文献[28]中，通过应用子空间估计技术，使用特征值分解(EVD)对接收到的样本协方差矩阵进行计算，获得 CSI。在所有 L 个小区中引入了短的正交训练导频。基于 EVD 的方法容易出错，因为假设当 BS 天线的数量 M 趋于无穷大时，用户和 BS 之间的信道向量成对正交。然而，实际上 M 并不是无穷大的。为了减少这些误差，将 EVD 算法与迭代最小二乘投影算法相结合。结果表明，EVD 方法不受导频污染的影响，性能优于传统的基于导频的方法，但其精度取决于 BS 天线的大规模和相干时间内增加的采样数据。

文献[29]进一步提出了一种在具有功率控制和功率控制切换的蜂窝系统中进行信道估计的盲方法。其主要思想是找到接收信号矩阵的奇异值分解，并利用随机矩阵理论中的近似分析确定期望信号子空间中的哪些系统参数可以被盲识别。该算法的结果表明，只要知道期望信道向量所在的子空间，就足以获得预测信道的准确信道估计。然而，这种方法在实践中的局限性在于，所有期望信道都强于干扰信道的假设并不总是成立的。

文献[30]中提出了基于对角线夹套的迭代最小二乘投影估计方法，用于快速信道估计和减少导频污染问题。基站将接收到的包含导频污染的信号进行相关，以产生其信道估计。结果表明，随着相邻小区几何衰减的增加，传统导频系统的系统性能因导频污染而下降，而对角线夹套矩阵不受影响。

3.4 本章小结

本章结合时下已经提出的信道估计结构与导频污染问题，对通信系统的信道估计环节进行了详细的介绍。

首先 3.2 节以 OFDM 传输制式为例，介绍了 LS、LMMSE、变换域信道估计方法以及迭代信道估计方法。其目的在于以通用的方法引出 MIMO-OFDM 的信道估计方法。在 MIMO 相干检测中，信道估计也是接收机设计的关键。信道估计对于本书重点关注的

MIMO 分集合并或干扰抑制也是必要的。因此 SISO 与 MIMO 的 OFDM 信道估计方法之间存在着千丝万缕的联系。

3.3 节讨论的导频污染问题同样是现代通信系统中不可回避的问题。在大规模 MIMO 的 TDD 系统中，需要利用导频来进行信道估计，主要是由于频率复用造成了不可避免的同频干扰。本节描述了导频污染的来源，系统地介绍了导频污染在现代通信系统中的影响以及对大规模 MIMO 信道估计的影响。介绍了两大类缓解导频污染的技术：基于导频的方法和基于子空间的方法。利用这些方法可以有效地消除或缓解导频污染的影响。

习 题

3.1 请通过蒙特卡罗仿真验证最小二乘(LS)信道估计技术。天线配置为单发单收，采用频域信道估计方法，基于 OFDM 配置，子载波数为 256，时域信道响应为 4 径信道，每径功率分布相同，多径时延为 1～4 个符号间隔。导频数分别为 8、16、32。

3.2 请通过蒙特卡罗仿真验证最小均方误差(MMSE)信道估计技术。采用频域信道估计方法，系统配置与习题 3.1 相同。

3.3 请通过蒙特卡罗仿真验证变换域信道估计技术，系统配置与习题 3.1 相同。

参 考 文 献

[1] LIU Y, TAN Z, HU H, et al. Channel estimation for OFDM[J]. IEEE communications surveys & tutorials, 2014, 16(4): 1891-1908.

[2] VAN DE BEEK J J, EDFORS O, SANDELL M, et al. On channel estimation in OFDM systems[C]. 1995 IEEE 45th vehicular technology conference. Chicago, 1995: 815-819.

[3] ROY R ,KAILATH T. ESPRIT - Estimation of signal parameters via rotational invariance techniques[J]. IEEE transactions on acoustics, speech, and signal processing,1989, 37(7): 984-995.

[4] YANG B, LETAIEF K B, CHENG R S, et al. Channel estimation for OFDM transmission in multipath fading channels based on parametric channel modeling[J]. IEEE transactions on communications, 2001, 49(3): 467-479.

[5] BONNET J, AUER G. Optimized iterative channel estimation for OFDM[C]. IEEE vehicular technology conference. Montreal, 2006: 1-5.

[6] HUANG Y, RITCEY J A. Joint iterative channel estimation and decoding for bit-interleaved coded modulation over correlated fading channels[J]. IEEE transactions on wireless communications, 2005, 4(5): 2549-2558.

[7] LAM C T, FALCONER D D, LEMOINE F D. Iterative frequency domain channel estimation for DFT-precoded OFDM systems using in-band pilots[J]. IEEE journal of selected areas in communications, 2008, 26(2): 348-358.

[8] KIM D, KIM H M, IM G H. Iterative channel estimation with frequency replacement for SC-FDMA systems[J]. IEEE transactions on communications, 2012, 60(7): 1877-1888.

[9] VALENTI M C, WOERNER B D. Refined channel estimation for coherent detection of turbo codes over flat-fading channels[J]. Electronic letters, 1998, 34(17): 1648-1649.

[10] NIU H, RITCEY J A. Iterative channel estimation and decoding of pilot symbol assisted LDPC coded QAM over flat fading channels[C]. The 37th Asilomar conference on signals, systems & computers. Pacific Grove, 2003: 2265-2269.

[11] THOMAS T A, VOOK F W. Broadband MIMO-OFDM channel estimation via near-maximum likelihood time of arrival estimation[C]. 2002 IEEE international conference on acoustics, speech, and signal processing. Orlando, 2002: 2569-2572.

[12] ZISKIND I, WAX M. Maximum likelihood localization of multiple sources by alternating projection[J]. IEEE transaction on acoustic and speech signal processing, 1988, 36(10): 1553-1560.

[13] WANG Z J, HAN Z, LIU K J R. A MIMO-OFDM channel estimation approach using time of arrivals[J]. IEEE transactions on wireless communications, 2005, 4(3): 1207-1213.

[14] LUO J, PATTIPATI K R, WILLETT P K, et al. Near-optimal multiuser detection in synchronous CDMA using probabilistic data association[J]. IEEE communications letters, 2001, 5(9): 361-363.

[15] WANG D, HAN B, ZHAO J, et al. Channel estimation algorithms for broadband MIMO-OFDM sparse channel[C]. 14th IEEE proceedings on personal, indoor and mobile radio communications. Beijing, 2003: 1929-1933.

[16] WAN F, ZHU W P, SWAMY M N S. Semiblind sparse channel estimation for MIMO-OFDM systems[J]. IEEE transactions on vehicular technology, 2011, 60(6): 2569-2581.

[17] ELIJAH O, LEOW C Y, RAHMAN T A, et al. A comprehensive survey of pilot contamination in massive MIMO—5G system[J]. IEEE communications surveys & tutorials, 2016, 18(2): 905-923.

[18] BJORNSON E, HOYDIS J, KOUNTOURIS M, et al. Massive MIMO systems with non-ideal hardware: energy efficiency, estimation, and capacity limits[J]. IEEE transactions on information theory, 2014, 60(11): 7112-7139.

[19] KALTENBERGER F, JIANG H, GUILLAUD M, et al. Relative channel reciprocity calibration in MIMO/TDD systems[C]. Future network mobile summit. Florence, 2010: 1-10.

[20] BJORNSON E, SANGUINETTI L, HOYDIS J, et al. Optimal design of energy-efficient multi-user MIMO systems: is massive MIMO the answer?[J]. IEEE transactions on wireless communication, 2015, 14(6): 3059-3075.

[21] BJORNSON E, HOYDIS J, SANGUINETTI L. Massive MIMO networks: spectral, energy, and hardware efficiency[J]. Foundations and trends in signal processing, 2017, 11(3-4): 154-655.

[22] FERNANDES F, ASHIKHMIN A, MARZETTA T. Inter-cell interference in noncooperative TDD large scale antenna systems[J]. IEEE journal on selected areas in communications, 2013, 31(2): 192-201.

[23] YIN H, GESBERT D, FILIPPOU M C, et al. Decontaminating pilots in massive MIMO systems[C]. 2013 IEEE international conference on communications. Budapest, 2013: 3170-3175.

[24] WANG H, PAN Z, NI J. A spatial domain based method against pilot contamination for multi-cell massive MIMO systems[C]. 2013 8th international conference on communications and networking in China (CHINACOM). Guilin, 2013: 218-222.

[25] ZHANG J, ZHANG B, CHEN S, et al. Pilot contamination elimination for large-scale multiple-antenna aided OFDM systems[J]. IEEE journal of selected topics in signal processing, 2014, 8(5): 759-772.

[26] JOSE J, ASHIKHMIN A, MARZETTA T, et al. Pilot contamination and precoding in multi-cell TDD systems[J]. IEEE transactions on wireless communications, 2011, 10(8): 2640-2651.

[27] ASHIKHMIN A, MARZETTA T. Pilot contamination precoding in multi-cell large scale antenna systems[C]. IEEE international symposium on information theory proceedings. Cambridge, 2012: 1137-1141.

[28] NGO H Q, LARSSON E G. EVD-based channel estimation in multicell multiuser MIMO systems with very large antenna arrays[C]. International conference on acoustics, speech, and signal processing (ICASSP). Kyoto, 2012: 3249-3252.

[29] MÜLLER R R, VEHKAPERÄ M, COTTATELLUCCI L. Blind pilot decontamination[C]. 17th international ITG workshop on smart antennas (WSA). Stuttgart, 2013: 1-6.

[30] SARKER M L, LEE M H. A fast channel estimation and the reduction of pilot contamination problem for massive MIMO based on a diagonal jacket matrix[C]. 4th international workshop on fiber optics in Access network (FOAN). Almaty, 2013: 26-30.

第 4 章　MIMO 检测技术

M-MIMO 技术通过在基站端部署大规模天线可以获得丰富的空间分辨率和天线增益，从而显著地提升系统吞吐量和频谱效率。随着窄带物联网（narrow band internet of things，NB-IoT）、mMTC、车联网、智慧城市等新兴应用场景的不断涌现，海量终端将接入无线网络中，相比于 LTE 系统，节点密度将增加 10～100 倍。随着节点密度的增加，频谱资源受限，将导致系统出现过载现象。

与未过载时相比，过载系统的预编码和信号检测方法差异化明显。在过载系统中采用传统的线性信号检测，例如，最大比合并、迫零检测、最小均方误差检测等方案性能较差且运算复杂度极高，所需的矩阵求逆和发送天线数的三次方成正比。为此提出了一些避免矩阵求逆运算的方法来降低天线数量过大时的运算复杂度，例如，Neumann 算法和线性迭代算法等。基于 Neumann 算法的检测方案复杂度低、易于硬件实现，但是 Neumann 算法的收敛性能严重依赖于 M-MIMO 的系统维度，在某些情况下会因为不具备收敛条件而导致失效，不能满足 5G 移动通信系统多样化场景的差异化需求。线性迭代算法包括 Richardson、Jacobi、Gauss-Seidel 等，具有较低的迭代成本，然而这些算法具有静态迭代特征收敛性能，还有进一步提升的空间。

对于性能最优的非线性 ML 信号检测方案，在实现过程中引入了极高的复杂度，在过载系统中尤为突出。为了降低复杂度，同时在保证接近最优 ML 接收机性能的基础上，衍生出一系列非线性信号检测算法，例如，似然上升搜索、固定复杂度球形译码和禁忌搜索等算法。然而，这些非线性检测算法在天线维度较大或调制阶数较高时，计算复杂度依然较高。

另一类非线性信号检测算法主要基于消息传递思想，如消息传递算法、置信传播、期望传播等。消息传递起源于机器学习领域中的贝叶斯推断问题，即在已知数据观测集合的前提下，根据后验概率分布来推断未知变量的某些特征。在该类检测中，利用了在图模型中不断传递信息来计算发送符号的概率信息。这类算法的缺点是其性能受限于空间信道相关性，在某些范围内会出现不收敛的情况，但在大多数情况下，计算复杂度相对较低，在大规模 MIMO 检测中展现了较大的潜力。

利用机器学习的检测器同样也可以应用在大规模 MIMO 中。机器学习基于 MIMO 检测原理建立多层网络模型，辅助该网络从数据中学习。在 MIMO 检测中，数据驱动即利用深度学习的技术训练来自发送信号和接收信号的样本，从而获得可用的检测网络。模型驱动即利用深度学习网络添加可学习的参数，以优化原有的检测算法。在条件恶劣的信道中，利用深度学习优化的网络也能达到较高的精度和较低的复杂度。

为了进一步提高检测准确率，除了在检测器内部进行迭代之外，还可以在检测器和译码器之间进行迭代，利用译码器反馈的信息提高检测的准确性。利用译码的复杂度，可以获得巨大的检测性能提升。

在 5G 移动通信系统的实际处理中，需要考虑将 MIMO 信道检测同多用户调度相结合。在传统的调度方法中，每个用户都占据一个复信号维度，当接入用户数较多时，MIMO 接收机的分集增益受限。在本章中，考虑打破传统的复信号结构，引入实信号与复信号混合的多用户接入方法，通过细化调度中的信道维度颗粒，实现上行用户调度与信道的精确匹配。

在多小区蜂窝结构中，相邻小区采用的相同频段会导致小区间干扰。针对小区间干扰的处理通常分为三个层次，分别是干扰避让、干扰抑制和干扰协调。其中干扰抑制是在物理层进行信号处理，通过接收机算法优化实现信号的可靠检测。对干扰的有效处理可以显著提高通信链路的可靠性，本章将利用 MIMO 多天线技术对邻小区干扰进行有效抑制。

4.1 线性 MIMO 检测算法

本节首先给出大规模 MIMO 系统模型的一般定义，所有 MIMO 检测将以此模型为基础。

假设大规模多用户 MIMO 基站(BS)服务于 N_T 个单天线用户。BS 侧共有 N_R 个天线，且满足 $N_T \leqslant N_R$。假设在频率平坦信道的条件下，N_T 个单天线用户和 N_R 个 BS 天线之间的信道衰落系数形成一个信道矩阵($\boldsymbol{H}$)，该矩阵可以表示为包含大尺度衰落因子的复信号模型，写成如下形式：

$$\boldsymbol{H}=\begin{bmatrix} h_{11} & h_{12} & \cdots & h_{1N_T} \\ h_{21} & h_{22} & \cdots & h_{2N_T} \\ \vdots & \vdots & & \vdots \\ h_{N_R 1} & h_{N_R 2} & \cdots & h_{N_R N_T} \end{bmatrix} \tag{4-1}$$

其中，第 m 行、第 n 列的元素 $h_{m,n}$ 为第 n 个接收天线和第 m 个发送天线间的衰落系数。信道模型示意图如图 4-1 所示。

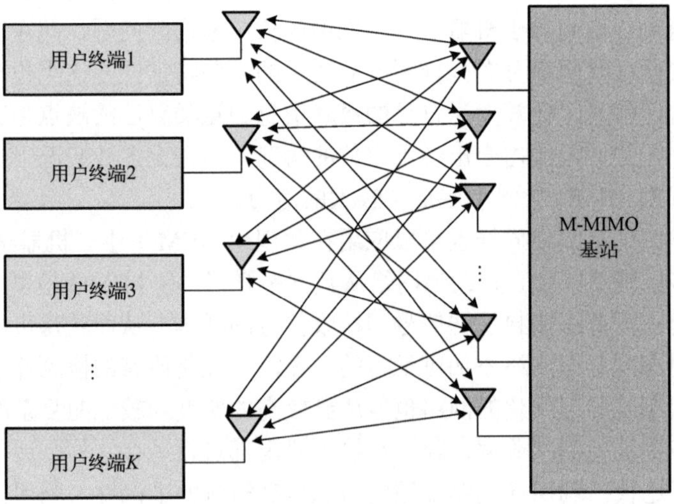

图 4-1 MIMO 信道模型

$\boldsymbol{H}$ 中的每个元素都假定为独立同分布(i.i.d)且具有零均值和单位方差的高斯随机变量。N_{T} 个用户的发送符号形成矢量 $\boldsymbol{x}=[x_1,x_2,\cdots,x_{N_{\mathrm{T}}}]^T$ 在上行链路传输。基站侧接收向量 $\boldsymbol{y}=[y_1,y_2,\cdots,y_{N_{\mathrm{R}}}]^T$ 受到信道衰落和噪声的影响，因此 $\boldsymbol{x}$ 和 $\boldsymbol{y}$ 的关系可以写作：

$$\boldsymbol{y}=\boldsymbol{Hx}+\boldsymbol{n} \tag{4-2}$$

其中，$\boldsymbol{n}$ 表示 $N_{\mathrm{R}}\times 1$ 维的加性高斯白噪声(AWGN)，同样满足独立同分布特性。通常采用该模型来推导检测算法，并假设在 BS 处能够实现理想同步，且信道状态信息完全已知。

MIMO 检测器的任务是根据接收到的向量 $\boldsymbol{y}$ 确定发送向量 $\boldsymbol{x}$，最大似然序列检测(MLSD)是解决 MIMO 检测问题的最佳算法。它搜索所有可能的发送符号：

$$\hat{\boldsymbol{x}}_{\mathrm{ML}}=\underset{\boldsymbol{x}\in O^{N_{\mathrm{T}}}}{\arg\min}\|\boldsymbol{y}-\boldsymbol{Hx}\|_2^2 \tag{4-3}$$

其中，$\hat{\boldsymbol{x}}$ 是信号检测结果。最大似然问题本质上是组合问题，ML 的复杂度在指数量级。即使对于小规模的 MIMO 检测，如对支持 64QAM 的四天线的发射机进行检测，仍需要 16.7×10^6 次比较。

而线性检测器可以表示为将接收信号 $\boldsymbol{y}$ 乘以均衡矩阵 $\boldsymbol{A}^H$ 得到估计信号 $\hat{\boldsymbol{x}}=S(\boldsymbol{A}^H\boldsymbol{y})$，$S(\cdot)$ 表示将估计信号判决至最近的星座点上。接下来介绍常用的低复杂度线性检测器，包括 MF、ZF、MMSE 和线性迭代算法。

4.1.1　线性检测算法

1. 匹配滤波器(matched filter, MF)

MF 通过 $\boldsymbol{A}=\boldsymbol{H}$ 将来自其他子流的干扰全部处理为噪声。使用 MF 估计的接收信号由式(4-4)给出：

$$\hat{\boldsymbol{x}}_{\mathrm{MF}}=S(\boldsymbol{H}^H\boldsymbol{y}) \tag{4-4}$$

当 N_{T} 远小于 N_{R} 时，其工作正常，但与更复杂的检测器相比，其性能较差。MF 也被称为最大比合并(MRC)，其目的是通过忽略多用户干扰的影响来最大化每个流的接收信噪比。

2. 迫零(zero-forcing，ZF)检测

ZF 的性能优于 MF，其目标是最大化接收信干噪比。ZF 基于对信道矩阵 $\boldsymbol{H}$ 求逆，从而消除信道干扰的影响。ZF 检测器的均衡矩阵由式(4-5)给出：

$$\boldsymbol{A}_{\mathrm{ZF}}^H=(\boldsymbol{H}^H\boldsymbol{H})^{-1}\boldsymbol{H}^H=\boldsymbol{H}^+ \tag{4-5}$$

其中，$\boldsymbol{H}^+$ 表示 $\boldsymbol{H}$ 的 Moore-Penrose 伪逆。由于 $\boldsymbol{H}$ 并不总是方阵，即用户数量并不等于天线数量，伪逆比逆矩阵适用性更强。因此，使用 ZF 估计的接收信号为

$$\hat{\boldsymbol{x}}_{\mathrm{ZF}}=S(\boldsymbol{A}_{\mathrm{ZF}}^H\boldsymbol{y}) \tag{4-6}$$

ZF 检测无法消除噪声的影响，但在干扰受限的情况下，工作正常，但计算复杂度较

高。然而，在信道矩阵衰落系数较小的情况下，ZF 和 MF 可能使噪声扩大。因此，引入最小均方误差(MMSE)检测器能够进一步抑制噪声。

3. 最小均方误差(minimum mean square error, MMSE)检测

MMSE 检测器的主要思想是最小化传输 $\boldsymbol{x}$ 和估计信号 $\boldsymbol{H}^H\boldsymbol{y}$ 之间的均方误差(MSE)：

$$\boldsymbol{A}_{\text{MMSE}}^H=\arg\min_{\boldsymbol{H}\in\mathbb{C}^{N_{\text{R}}\times N_{\text{T}}}} E\left\|\boldsymbol{x}-\boldsymbol{H}^H\boldsymbol{y}\right\|^2 \tag{4-7}$$

MMSE 检测对噪声的抑制体现在：

$$\boldsymbol{A}_{\text{MMSE}}^H=\left(\boldsymbol{H}^H\boldsymbol{H}+\frac{N_{\text{T}}}{\text{SNR}}\boldsymbol{I}\right)^{-1}\boldsymbol{H}^H \tag{4-8}$$

其中，$\boldsymbol{I}$ 是单位矩阵。最终 MMSE 检测的输出可以表示为

$$\hat{\boldsymbol{x}}_{\text{MMSE}}=S(\boldsymbol{A}_{\text{MMSE}}^H\boldsymbol{y}) \tag{4-9}$$

与 ZF 检测不同，MMSE 在已知噪声方差的基础上，能够抑制噪声的影响。因此，当噪声功率较大时，MMSE 检测器能够获得比 ZF 检测器明显更好的性能。

本节介绍的 MF 检测、ZF 检测和 MMSE 检测中，ZF 检测和 MMSE 检测的误码性能具有较强适用性，且复杂度较低，因此常应用于实际场景中。在图 4-2 中，对 ZF 检测和 MMSE 检测算法进行仿真分析，并与 ML 检测算法做简单对比。信道选用瑞利衰落信道，调制方式选择 4QAM。仿真结果表明，在发送天线数与接收天线数相同时，MMSE 检测性能优于 ZF 检测性能，但两者都弱于 ML 检测。

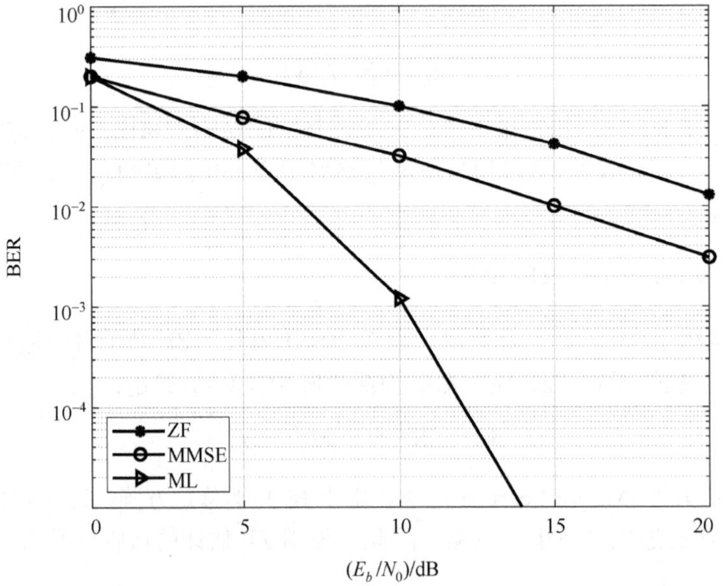

图 4-2　6×6 4QAM MIMO 系统线性与非线性检测算法硬判决性能比较

4.1.2　线性检测的迭代近似算法

上述线性检测算法在计算均衡矩阵时，都需要用到求逆操作。需要求逆的矩阵维度与发送天线的数目一致，因此求逆所需的计算复杂度(复乘)为$\mathcal{O}(N_{\mathrm{T}}^3)$，当天线数目巨大时，仅求逆就给检测器带来巨大的负担。2013 年，文献[1]提出了一种基于上行链路检测器的近似求逆方法，为大规模 MIMO 检测器的研究提供了一个新的思路。这类大规模 MIMO 检测器只在特定配置下适用，即当接收机天线数量与用户数量相比较高时。对于这种配置，信道硬化程度更高，近似方法可以实现更好的性能。

信道硬化具体体现为：在发送天线数量较多的情况下，可以抵消小尺度衰落特性。当服务的用户数远低于接收天线数时，信道硬化现象更加明显。具体体现在 Gram 矩阵 $\boldsymbol{G}=\boldsymbol{H}^H\boldsymbol{H}$ 的对角化，其中非对角线元素趋向于零，而对角线元素趋向于 N_{R}。一般的检测操作需要对 Gram 矩阵或其变式进行求逆操作，这往往是线性检测中复杂度最高的部分，且这一复杂度与天线规模的三次方成正比。利用信道硬化特性，可以利用近似方法来取代求逆操作，获得较为准确的近似值。

基于近似矩阵求逆的检测器自提出以来，引起了人们的广泛关注，有大量文献通过级数展开和矩阵分解等操作把矩阵求逆操作转化成线性运算，从而降低计算复杂度，提高了大规模 MIMO 检测的可行性。本节将对这些文献中提出的检测方法进行简要介绍。

1. 诺伊曼级数法

诺伊曼级数(Neumann series，NS)是一种对矩阵求逆进行近似的方法。当需要求解矩阵 $\boldsymbol{G}$ 的逆时，$\boldsymbol{G}$ 可以被分解为 $\boldsymbol{G}=\boldsymbol{D}+\boldsymbol{E}$，其中，$\boldsymbol{D}$ 是 $\boldsymbol{G}$ 的主对角线元素，而 $\boldsymbol{E}$ 是非对角线元素。$\boldsymbol{G}$ 的 NS 展开式可以写成：

$$\boldsymbol{G}^{-1}=\sum_{n=0}^{\infty}(-\boldsymbol{D}^{-1}\boldsymbol{E})^n\boldsymbol{D}^{-1} \tag{4-10}$$

式(4-10)中的多项式展开式收敛于矩阵的逆，当且仅当

$$\lim_{n\to\infty}(-\boldsymbol{D}^{-1}\boldsymbol{E})^n=0 \tag{4-11}$$

在实际中，使用有限次的级数，即式(4-11)执行固定次数的迭代。随着迭代次数 n 的增加，近似矩阵求逆的精度变高。当迭代次数 $n\leqslant 2$ 时，基于 NS 的算法将计算复杂度从 $\mathcal{O}(N_{\mathrm{T}}^3)$ 降低到 $\mathcal{O}(N_{\mathrm{T}}^2)$。然而，NS 方法的收敛速度较慢，因此可以使用 Schulz 递归的高阶递归方法来加速 NS 收敛，但代价是额外的计算复杂度。

NS 可以对已有的线性检测进行扩展。文献[2]提出了一种基于最小均方误差的并行干扰抵消(MMSE-PIC)算法，该算法利用 NS 展开将 $\boldsymbol{G}$ 中的矩阵-矩阵乘法替换为矩阵-向量乘法，从而降低了计算复杂度。当 MIMO 规模为 16×128 时，只需要使 $n\leqslant 3$。需要注意的是，当 BS 天线数与用户天线数之比 β 趋于 1 时，基于 NS 方法的检测会有相当大的性能损失。

2. 牛顿迭代法

牛顿迭代(Newton iteration，NI)也称为牛顿-拉弗森方法，它是一种求矩阵逆的近似

的迭代方法。对于 $\boldsymbol{G}$，第 n 次迭代的矩阵求逆估计由式(4-12)给出：

$$\boldsymbol{G}_n^{-1} = \boldsymbol{G}_{n-1}^{-1}(2\boldsymbol{I} - \boldsymbol{G}\boldsymbol{G}_{n-1}^{-1}) \tag{4-12}$$

二次收敛到矩阵的逆，当且仅当

$$\left\| \boldsymbol{I} - \boldsymbol{G}\boldsymbol{G}_0^{-1} \right\| < 1 \tag{4-13}$$

其中，$\boldsymbol{G}_0^{-1}$ 为迭代初始值，可以用诺伊曼级数的一阶展开形式近似估计迭代初始值 $\boldsymbol{G}_0^{-1} \approx \boldsymbol{D}^{-1}$。使用具有二次收敛的 NI 方法可以获得高精度。与 NS 方法相比，虽然 NI 方法在每一步中需要多计算一个矩阵乘法，但近似的收敛速度更快。在文献[3]中，采用了混合检测器的设计，使用了 NI 方法和 NS 方法来实现快速收敛。该混合检测器已应用于 32×256 MIMO 系统中，与传统的 NI 和 NS 相比，具有更快的收敛速度，当迭代次数大于或等于 2 时，其复杂度与 NI 和 NS 几乎相同。

3. 雅可比方法

前面介绍了逆矩阵近似的算法：诺伊曼级数法和牛顿迭代法。从雅可比方法(Jacobi method)开始，之后介绍的算法则是将检测过程转化为一个线性方程组求解的等效方程。MIMO 检测的线性方法的一般矩阵形式可以写作 $\boldsymbol{x} = \boldsymbol{G}^{-1}\boldsymbol{H}^H\boldsymbol{y}$，其中，$\boldsymbol{G}^{-1}$ 为线性滤波矩阵，在不同的检测方法中的表达式也不同。线性检测的变式可以写作 $\boldsymbol{G}\boldsymbol{x} = \boldsymbol{H}^H\boldsymbol{y} = \overline{\boldsymbol{y}}$。基于迭代的检测算法取得良好检测效果的前提是：①迭代必须满足收敛条件；②构造迭代公式选择合适的初始向量。

当矩阵 $\boldsymbol{G}$ 分解为 $\boldsymbol{G} = \boldsymbol{M} - \boldsymbol{J}$ 时，此类迭代法可以简记为 $\hat{\boldsymbol{x}}^{(n)} = \boldsymbol{B}\hat{\boldsymbol{x}}^{(n-1)} + \boldsymbol{f}, n = 1,2,\cdots$，其中，$\hat{\boldsymbol{x}}^{(n-1)}$ 称为迭代序列；$\boldsymbol{B} = \boldsymbol{M}^{-1}\boldsymbol{J}$ 称为迭代矩阵；$\boldsymbol{f} = \boldsymbol{M}^{-1}$ 称为逼近矩阵。$\boldsymbol{G}$ 通常按照如下形式进行分解：①$\boldsymbol{G} = \boldsymbol{I} - (\boldsymbol{I} - \boldsymbol{G})$；②$\boldsymbol{G} = \boldsymbol{D} + (\boldsymbol{L} + \boldsymbol{U})$；③$\boldsymbol{G} = \boldsymbol{D} + \boldsymbol{L} + \boldsymbol{U}$。其中，$\boldsymbol{I}$ 是单位矩阵；$\boldsymbol{D}$ 是 $\boldsymbol{G}$ 的对角线元素；$\boldsymbol{L}$ 是 $\boldsymbol{D}$ 中的下三角分量；$\boldsymbol{U}$ 是 $\boldsymbol{D}$ 中的上三角分量。这三种分解方法分别对应下面介绍的 Richardson、Jacobi、Gauss-Seidel 三种线性迭代算法。

一般而言，此类矩阵收敛的条件是 $\rho(\boldsymbol{B}) < 1$，而与迭代的初始值和线性方程右边的值无关。对于特殊的矩阵，如严格对角占优矩阵，即 $\boldsymbol{G}$ 满足每一行非对角元素的和远小于对角元素，这类迭代方法总是收敛的。

而此类迭代法的实际操作是通过方程组进行的，记 $\overline{\boldsymbol{y}} = (y_1, y_2, \cdots, y_{N_{\mathrm{T}}})^T$，同时，$g_{i,j}$ 为矩阵 $\boldsymbol{G}$ 的第 i 行和第 j 列：

$$\begin{cases} x_1^n = \left(y_1 - \sum\limits_{j=2}^{N_{\mathrm{T}}} g_{1,j} x_j^{n-1} \right) \Big/ g_{1,1} \\ x_2^n = \left(y_2 - \sum\limits_{j=1, j\neq 2}^{N_{\mathrm{T}}} g_{2,j} x_j^{n-1} \right) \Big/ g_{2,2} \\ \quad \vdots \\ x_{N_{\mathrm{T}}}^n = \left(y_{N_{\mathrm{T}}} - \sum\limits_{j=1}^{N_{\mathrm{T}}-1} g_{N_{\mathrm{T}},j} x_j^{n-1} \right) \Big/ g_{N_{\mathrm{T}},N_{\mathrm{T}}} \end{cases} \tag{4-14}$$

将式(4-14)表示成矩阵形式：

$$\begin{aligned}\hat{\boldsymbol{x}}^{(n)} &= \hat{\boldsymbol{x}}^{(n-1)} + \boldsymbol{D}^{-1}(\overline{\boldsymbol{y}} - \boldsymbol{G}\hat{\boldsymbol{x}}^{(n-1)}) \\ &= (\boldsymbol{I} - \boldsymbol{D}^{-1}\boldsymbol{G})\hat{\boldsymbol{x}}^{(n-1)} + \boldsymbol{D}^{-1}\overline{\boldsymbol{y}}, \quad n = 1,2,\cdots\end{aligned} \tag{4-15}$$

该式成立当且仅当

$$\lim_{n\to\infty}(\boldsymbol{I} - \boldsymbol{D}^{-1}\boldsymbol{G})^n = 0 \tag{4-16}$$

选择合适的初始条件能够有效地减少迭代的次数，加速迭代的收敛速度。在大规模 MIMO 系统中，由于信道硬化现象，式(4-16)总是成立的。因此估计的初值可以写作：

$$\hat{\boldsymbol{x}}^{(0)} = \boldsymbol{D}^{-1}\overline{\boldsymbol{y}} \tag{4-17}$$

使用雅可比方法的检测器的计算复杂度低于接下来介绍的 SOR 方法和 NS 方法所需的计算复杂度。对于较少的迭代次数(最多 2 次)，计算复杂度为 $\mathcal{O}(N_{\mathrm{T}}^2)$，而对于较高的迭代次数，计算复杂度将增加到 $\mathcal{O}(N_{\mathrm{T}}^3)$。

4. 高斯-赛德尔方法

高斯-赛德尔(Gauss-Seidel，GS)方法也称为逐次位移法。在式(4-15)的基础上，GS 方法增加了串行迭代的思想，即对于第 n 次迭代中的 x_{i+1}^n，利用已经迭代过的 $x_1^n \sim x_i^n$。

$$x_i^n = x_i^{n-1} + \left(y_i - \sum_{j=1}^{i-1} g_{i,j}x_j^n - \sum_{j=i}^{N_{\mathrm{T}}} g_{i,j}x_j^{n-1} \right) \Big/ g_{2,2} \tag{4-18}$$

矩阵 $\boldsymbol{G}$ 可以被分解成 $\boldsymbol{G} = \boldsymbol{D} + \boldsymbol{L} + \boldsymbol{U}$。GS 方法[4]可用于估计发射信号向量 $\hat{\boldsymbol{x}}$：

$$\begin{aligned}\hat{\boldsymbol{x}}^{(n)} &= \hat{\boldsymbol{x}}^{(n-1)} + (\boldsymbol{D} + \boldsymbol{L})^{-1}(\overline{\boldsymbol{y}} - \boldsymbol{G}\hat{\boldsymbol{x}}^{(n-1)}) \\ &= (\boldsymbol{D} + \boldsymbol{L})^{-1}(\overline{\boldsymbol{y}} - \boldsymbol{U}\hat{\boldsymbol{x}}^{(n-1)}), \quad n = 1,2,\cdots\end{aligned} \tag{4-19}$$

其中，n 表示迭代次数。如果没有检测的先验信息，可以认为第一次迭代的结果 $\hat{\boldsymbol{x}}^{(0)}$ 为 0。GS 方法的复杂度低于 NS。在文献[4]中，提出了一种基于 GS 方法的检测器，其初始解是基于二项 NS 展开的，复杂度低于 MF 初值。基于 GS 方法的检测器可以将复杂度降低到 $\mathcal{O}(N_{\mathrm{T}}^2)$。然而，由于 GS 内部的顺序迭代结构，该方法不适合并行实现。

5. 超松弛迭代法

与 GS 方法类似，使用超松弛迭代(successive over-relaxation，SOR)法进行迭代的第 n 次检测信号可以写作：

$$x_i^n = (1-\omega)x_i^{n-1} + \omega\left(y_i - \sum_{j=1}^{i-1} g_{i,j}x_j^n - \sum_{j=i}^{N_{\mathrm{T}}} g_{i,j}x_j^{n-1} \right) \Big/ g_{2,2} \tag{4-20}$$

将表达式写成矩阵形式：

$$\hat{\boldsymbol{x}}^{(n)} = (\boldsymbol{D} + \omega\boldsymbol{L})^{-1}(\omega\overline{\boldsymbol{y}} + ((1-\omega)\boldsymbol{D} - \omega\boldsymbol{U})\hat{\boldsymbol{x}}^{(n-1)}), \quad n = 1,2,\cdots \tag{4-21}$$

ω代表松弛参数，对收敛速度起着至关重要的作用。由式(4-21)可得 $\boldsymbol{B}_{\text{SOR}}=(\boldsymbol{D}+\omega\boldsymbol{L})^{-1}\cdot((1-\omega)\boldsymbol{D}-\omega\boldsymbol{U})$，则 SOR 迭代收敛的条件是 $\rho(\boldsymbol{B}_{\text{SOR}})<1$。作如下证明：

$$\left|\boldsymbol{B}_{\text{SOR}}\right|=\prod_{i=1}^{N_{\text{T}}}\lambda_i\leqslant(\rho(\boldsymbol{B}_{\text{SOR}}))^{N_{\text{T}}} \tag{4-22}$$

式(4-22)表示 $\boldsymbol{B}_{\text{SOR}}$ 的行列式小于 N_{T} 个谱半径之积。而 $\boldsymbol{B}_{\text{SOR}}$ 的行列式可以从式(4-23)得出：

$$\begin{aligned}|\boldsymbol{B}_{\text{SOR}}|&=|(\boldsymbol{D}+\omega\boldsymbol{L})^{-1}||(1-\omega)\boldsymbol{D}-\omega\boldsymbol{U}|\\&=\left(\prod_{i=1}^{N_{\text{T}}}\boldsymbol{G}_{i,i}\right)^{-1}\left(\prod_{i=1}^{N_{\text{T}}}(1-\omega)\boldsymbol{G}_{i,i}\right)\\&=|1-\omega|^{N_{\text{T}}}\end{aligned} \tag{4-23}$$

根据不等式的传递性，有 $\left|\boldsymbol{B}_{\text{SOR}}\right|\leqslant(\rho(\boldsymbol{B}_{\text{SOR}}))^{N_{\text{T}}}<1$，即 $|1-\omega|<1$，所以对于上行链路大规模多输入多输出系统，当松弛参数 ω 满足 $0<\omega<2$ 时，SOR 收敛。GS 方法是 SOR 方法的特例，当 $\omega=1$ 时，SOR 方法等价于 GS。当 $\omega<1$ 时，称为低松弛；当 $\omega>1$ 时，称为超松弛。

SOR 方法在性能和复杂度方面均优于 NS 近似方法，所需的计算复杂度为 $\mathcal{O}(N_{\text{T}}^2)$。当 BS 天线数与用户终端天线数之比 β 较大时，所提出的检测器性能更好。M-P(Marchenko-Pastur)定律定义了天线数之比 $\beta=N_{\text{R}}/N_{\text{T}}$ 与最佳松弛参数之间的数学关系，实验证明在此条件下可以达到最优的检测性能。最佳的松弛参数可以写成：

$$\omega_{\text{opt}}=\frac{2}{1+\sqrt{1-\rho^2(\boldsymbol{B}_{\text{SOR}})}} \tag{4-24}$$

上述表达式可以简化为和 β 有关的近似表达式：

$$\omega_{\text{opt}}=\frac{2}{1+\sqrt{1-(1-(1-\sqrt{\beta})^2)^2}} \tag{4-25}$$

6. 理查森方法

理查森方法(Richardson method)的原理是将估计信号与信道矩阵 $\boldsymbol{H}$ 相乘，并且要求 $\boldsymbol{H}$ 是对称且正定的。为了达到快速收敛的效果，在迭代过程中引入了一个松弛参数 ω，它满足 $0<\omega<\dfrac{2}{\lambda}$，其中，$\lambda$ 是对称正定矩阵 $\boldsymbol{H}$ 的最大特征值。理查森迭代可以用式(4-26)来描述：

$$\boldsymbol{x}^{(n+1)}=\boldsymbol{x}^{(n)}+\omega(\overline{\boldsymbol{y}}-\boldsymbol{G}\boldsymbol{x}^{(n)}),\quad n=1,2,\cdots \tag{4-26}$$

在没有先验信息的条件下，一般可以将初始解 $\boldsymbol{x}^{(0)}$ 设置为 $2N_{\text{T}}\times1$ 维的零向量。理查森方法实现了接近 ML 的性能，但它需要大量迭代。理查森方法是一种硬件友好的方法，即使在 n 较大时，它也可以将计算复杂度从 $\mathcal{O}(N_{\text{T}}^3)$ 降低到 $\mathcal{O}(N_{\text{T}}^2)$。

7. 共轭梯度法

共轭梯度(conjugate gradients，CG)法是求解线性方程组的另一种有效方法。可以使用以下公式获得估计信号($\hat{\boldsymbol{x}}$)：

$$\hat{\boldsymbol{x}}^{(n+1)} = \hat{\boldsymbol{x}}^{(n)} + \alpha^{(n)} \boldsymbol{p}^{(n)}, \quad n = 1, 2, \cdots \tag{4-27}$$

其中，$\boldsymbol{p}^{(n)}$ 表示与 $\boldsymbol{A}$ 有关的共轭方向；α 是一个标量参数。

$$(\boldsymbol{p}^{(n)})^H \boldsymbol{G} \boldsymbol{p}^{(j)} = 0, \quad \text{for } n \neq j \tag{4-28}$$

基于 CG 的检测算法在性能和复杂度方面优于基于 NS 的检测算法。文献[5]中提出了一种基于 CG 法和 Jacobi 方法的混合检测器，以加快收敛速度和改善性能。

8. 兰乔斯法

兰乔斯(Lanczos)法是求解大型稀疏线性方程组的克雷洛夫子空间方法(Krylov subspace method)之一。它通常生成系数矩阵的正交基，并找到其残差与 Krylov 子空间正交的解。Lanczos 法可以解释为精确解的子空间近似。当基数较大时，这种近似很快收敛到精确解。Lanczos 法的步骤可以分为初始化和迭代。迭代过程[6]如式(4-29)所示：

$$\hat{\boldsymbol{x}} = \boldsymbol{Q}^{(n)} \boldsymbol{F}^{(n)-1} \boldsymbol{Q}^{(n)H} \boldsymbol{H}^H \boldsymbol{H} \boldsymbol{x} + \boldsymbol{Q}^{(n)} \boldsymbol{F}^{(n)-1} \boldsymbol{Q}^{(n)H} \boldsymbol{H}^H \boldsymbol{n}, \quad n = 1, 2, \cdots \tag{4-29}$$

其中，$\boldsymbol{Q}$ 和 $\boldsymbol{F}$ 分别是由正交基形成的矩阵和三对角矩阵。

对于所有的迭代方法，即 GS 方法、SOR 方法、雅可比方法、Richardson 方法和 Lanczos 法，初始解 $\hat{\boldsymbol{x}}^{(0)}$ 对其收敛性起主要作用。初始解也可以按照式(4-30)计算：

$$\hat{\boldsymbol{x}}^{(0)} = \boldsymbol{D}^{-1} \hat{\boldsymbol{y}} \tag{4-30}$$

其中，$\boldsymbol{D}$ 表示 Gram 矩阵 $\boldsymbol{H}^H \boldsymbol{H}$ 的对角线元素，并且 $\hat{\boldsymbol{y}} = \boldsymbol{H}^{-1} \boldsymbol{y}$ 。

在文献[6]中提出了使用 Lanczos 法的低复杂度软输出检测。它的性能优于现有的基于 NS 近似的检测器，使用 Lanczos 法在几次迭代内就能达到最小均方误差(MMSE)。然而，在时变信道下，Lanczos 法性能较差，通常需要很高的计算复杂度。

9. 残差法

残差法(residual method)是一种迭代方法，它的目的是最小化残差范数，而不是近似精确解。在文献[7]中，广义最小残差(generalized minimal residual，GMRES)方法被用于符号检测，无须矩阵求逆即可计算 MMSE 滤波器。在 GMRES 方法中，精确解 $\boldsymbol{y} = \boldsymbol{H}\boldsymbol{x}$ 可以近似为 $\boldsymbol{x}_s \in \tau_s$，其中，$\boldsymbol{x}_s$ 使得残差向量的范数最小，τ_s 由式(4-31)给出：

$$\tau_s = \mathrm{span}\{\boldsymbol{y}, \boldsymbol{H}\boldsymbol{y}, \cdots, \boldsymbol{H}^{s-1}\boldsymbol{y}\} \tag{4-31}$$

其中，$\boldsymbol{y}, \boldsymbol{H}\boldsymbol{y}, \cdots, \boldsymbol{H}^{s-1}\boldsymbol{y}$ 是几乎线性无关的向量；span{} 表示包含这些向量的所有线性组合的集合。

10. 坐标下降法

坐标下降(coordinate descent，CD)法是一种以较低复杂度求逆高维线性系统的迭代方法。它通过一系列简单的坐标方向更新得到大量凸优化问题的近似解。在 $\boldsymbol{y}=\boldsymbol{H}\boldsymbol{x}$ 中，估计的解决方案可以总结为

$$\hat{\boldsymbol{x}}_k=(\|\boldsymbol{h}_k\|^2+N_0)^{-1}\boldsymbol{h}_k^H\left(\boldsymbol{y}-\sum\nolimits_{j\neq k}\boldsymbol{h}_j\boldsymbol{x}_j\right) \tag{4-32}$$

其中，N_0 是噪声方差。式(4-32)按照贯序对每个用户 $k=1,2,\cdots,K$ 进行计算，前面用户的计算结果将在后续步骤中立即用于第 k 个用户，因此共进行 K 次迭代。在文献[8]中，已经提出了针对大规模 MIMO 系统的低复杂度优化 CD 以及相应的高吞吐量 FPGA 设计。提出的 FPGA 参考设计在硬件效率和误码率性能方面优于现有的近似线性检测器。

对于 4.1 节介绍的几种检测算法，给出在理论上的最佳收敛因子 ω_{opt} 时的仿真结果。采用瑞利信道，天线收发配置为 128×16，基带信号通过 16QAM 调制，解调器判决准则采用基于最小欧氏距离的硬判决。除了牛顿迭代，迭代类算法的迭代初始值都取一阶诺伊曼级数展开得到的近似解，而牛顿迭代的初始值直接取一阶诺伊曼级数展开近似逆矩阵。诺伊曼级数算法取 3 次展开，而其他迭代算法都取 2 次迭代结果进行仿真。最终的仿真结果如图 4-3 所示。GS 算法和 SOR 算法的性能比其他算法性能更加优越。SOR 迭代是在 GS 迭代上引入收敛因子得到的，收敛因子取 1 时，SOR 迭代退化成 GS 迭代。而 Jacobi 作为一种迭代算法的性能与诺伊曼级数性能相近。Richardson 迭代与牛顿迭代的检测效果相近，但牛顿迭代复杂度较高。

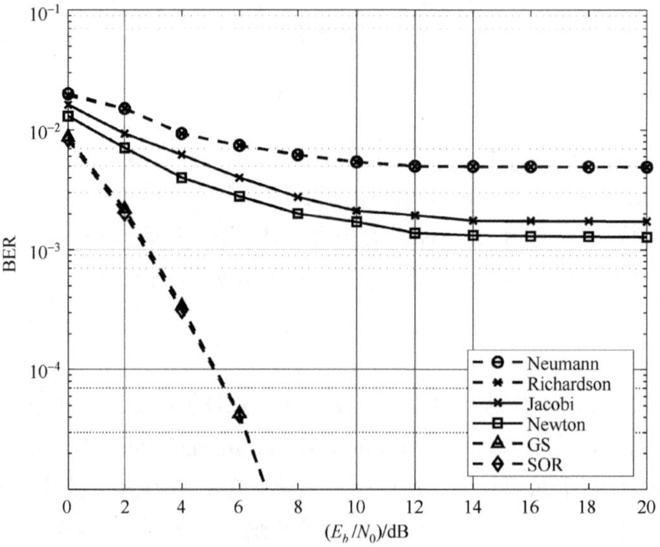

图 4-3　128×16 16QAM MIMO 线性算法硬判决性能比较

如前所述，可以利用这些近似算法来避免直接的矩阵求逆，从而使复杂度降低。在这些算法中，初始值、迭代次数和松弛参数都会影响算法的复杂度和性能。表 4-1 对上述算法的优缺点进行了总结。

表 4.1　大规模 MIMO 系统中线性检测的优缺点对比

函数	优点	缺点
MF	低复杂度；当 $\boldsymbol{H}$ 的列近似正交时，就能正常工作	信道条件恶劣时，其性能较差
ZF	低复杂度；在干扰有限的环境中具有良好的性能；性能优于 MF	信道条件恶劣时，其性能较差；信道满秩时，无法提供分集增益
MMSE	低复杂度；降低了噪声影响。在中、高信噪比条件下，其性能优于 ZF 算法	信道条件恶劣时，其性能较差；信道满秩时，无法提供分集增益
诺伊曼级数法	低复杂度	当 BS 天线与用户天线的比值较大(接近 1)时，会出现相当大的性能损失；与牛顿迭代法相比，近似法收敛速度较慢
牛顿迭代法	收敛速度较快	初始计算的复杂度高
雅可比方法	当 BS 天线与用户天线的比例较小时，该算法的性能接近最优；可以以并行方式实现	收敛缓慢，延迟较高；当用户终端与 BS 天线的比例接近 1 时，性能不会在迭代过程中得到改善
高斯-赛德尔方法	当BS天线与用户天线的比例接近1时，该算法仍能获得接近最优的性能	由于其内部贯序迭代结构，无法并行执行
超松弛迭代法	当 BS 天线和用户天线的比例很大时，它也能获得接近最优的性能	需要对 Gram 矩阵进行预处理，增加了计算复杂度；具有不确定的松弛参数 $0<\omega<2$
理查森方法	是一种硬件友好的方法	需要大量迭代才能收敛；要求矩阵的谱半径小于 1；具有不确定的松弛参数 $0<\omega<\dfrac{2}{\lambda}$
共轭梯度法	当 BS 天线与用户天线的比例较大时，其性能接近最优	需要大量的迭代；需要大量除法操作
兰乔斯法	在几次迭代内就收敛到 MMSE 方法的性能；适合并行硬件架构	在时变信道下，误码率性能较低，计算复杂度较高
残差法	在 BS 天线与用户天线比例较大时，仍能获得较优的性能	需要预处理算法
坐标下降法	在 BS 天线与用户天线比例较大时，仍能获得较优的性能	估计解具有求逆操作，复杂度高

4.2　非线性 MIMO 检测算法

本节中的非线性检测技术指的是在检测过程中使用了非线性操作来完成检测工作，如抵消、判决等都属于非线性操作的范畴。检测过程中使用的非线性检测技术在大多数情况下是以更高的复杂度换取更可靠的传输质量。

本节将介绍已有的非线性检测的相关技术，将会按照干扰抵消技术、近似最大似然搜索技术，以及非线性的预处理与后处理技术的思路展开来介绍。

4.2.1　干扰抵消技术

线性检测结合干扰抵消技术的优势在于接收机可以先检测出信道条件好的用户，再检测信道条件差的用户，越差的用户会获得越高的接收机分集增益，以达到更好的整体误码率性能。

1. 无序干扰抵消

本节首先介绍的算法为无序的 ZF-SIC[9]，流程图如图 4-4 所示。不同于一般的连续干扰抵消(SIC)技术，图 4-4 的 SIC 技术是不进行排序的。发射机对基带的用户信息比特流进行 CRC 编码(由此检测的时候可进行并行处理，提高效率)，在接收机处进行 CRC 校验，判断对接收信号的检测是否正确。而 ZF 部分即普通 ZF 形式，基于已有的 MIMO 信号接收模型，线性 ZF 检测矩阵可以写成如下形式：

$$\boldsymbol{D}_{\mathrm{ZF}} = (\boldsymbol{H}^H \boldsymbol{H})^{-1} \boldsymbol{H}^H \tag{4-33}$$

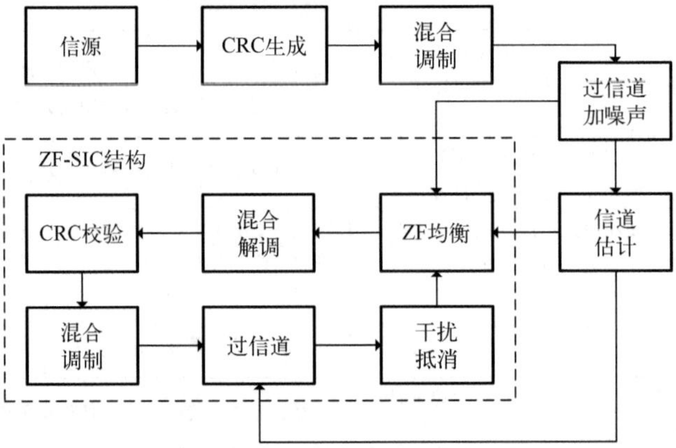

图 4-4　ZF-SIC 结构示意图[9]

需要注意，这是第一次迭代的原始信道矩阵。连续干扰抵消的过程中，用户的成功检测(CRC 校验通过)导致构成这一矩阵的列的数量不断减少。在矩阵列维度逐渐变“瘦(thin)”的同时，成功检测的比特流会重新按照发送端的生成顺序，生成 CRC、调制、过 SIMO 信道，并最终从接收矢量 $\boldsymbol{y}$ 中抵消掉(减法)。即如果索引为 k 的用户成功得到检测，首先要从完整的信道矩阵(而非 $\boldsymbol{H}$)中拿出索引为 k 的列 $\boldsymbol{h}_k$ ，则 t 时隙的抵消公式为

$$\boldsymbol{y} - \boldsymbol{h}_k x_k \tag{4-34}$$

相较于一般意义上的 SIC，ZF-SIC 与之不同的地方是不对用户进行强度的排序，而是在整个块解调之后进行并行 CRC 校验，从时间角度上实现了时间的“复用”，提高了检测效率，且在一般的硬件条件下均支持如此的并行检测。ZF-SIC 的算法复杂度为

$$\sum_{i=0}^{I} \mathcal{O}(K_i^2 M) \tag{4-35}$$

其中，I 表示检测所需的总迭代次数；K_i 表示第 i 轮迭代的剩余列数量。上述复杂度实际上描述的是所有需要执行的逆矩阵计算的复杂度。

似然比的计算采用 Max-Log 软解调算法：在一系列概率的和事件中找出最大的概率，并将此值从 $\log(\cdot)$ 中取出，对数似然比将大大得到化简；再经过一系列对于概率的拟

合，最终比特级对数似然比将按照如下的递推形式得到

$$D_{I,k}=\begin{cases} y_I[i], & k=1 \\ -\left|D_{I,k-1}\right|+d_{I,k}, & k>1 \end{cases} \tag{4-36}$$

$$\mathrm{LLR}(b_{I,k})=\left|G_{\mathrm{ch}}(i)\right|^2\cdot D_{I,k},\quad k\geqslant 1$$

其中，I 表示实部；i 表示调制符号索引；k 表示该符号下的比特索引；$\left|G_{\mathrm{ch}}(i)\right|^2$ 在 MIMO 检测中可以定义为 i 用户经历的 SIMO 信道矢量的范数；$d_{I,k}$ 表示格雷映射的星座图中，同相方向上 k 索引的比特为 0 和 1 的符号界限最小距离的 1/2。如果采用格雷映射的星座图，那么该结果以及各个 k 级的 $d_{I,k}$ 参数同样适用于虚部。需要注意，如果 i 用户在该时隙发送了复调制符号，实部求对数似然比将由 $\boldsymbol{h}_i^R$ 得到 $\left|G_{\mathrm{ch}}(i)\right|^2$，而虚部将由 $\boldsymbol{h}_{K+i}^R$ 得到 $\left|G_{\mathrm{ch}}(i)\right|^2$，这是将信道细化到实数形式的必然结果。

2. 有序干扰抵消

基于 MMSE 检测的软 SIC 结构[10]下使用 MSE 作为判据进行排序。算法的设置中不存在 CRC 校验，靠后检测的用户直接根据先检测用户的均值方差进行抵消。应用场景的介绍如下。假设检测进行到第 n 轮的时候，需要基于如下模型进行检测：

$$\boldsymbol{r}_n^t=\boldsymbol{h}_n s_n^t+[\boldsymbol{H}_{1:n-1}\quad \boldsymbol{H}_{n+1:N_{\mathrm{R}}}]\begin{bmatrix} s_{n-1}^t-\overline{s}_{n-1}^{t,(f)} \\ s_{n+1}^t-\overline{s}_{n+1}^{t,(p)} \end{bmatrix}+\boldsymbol{n}^t \tag{4-37}$$

在对每个用户进行检测之前，需要抵消掉其他用户发送符号的先验或后验信息，即减去由其他用户的先验信息或后验信息计算得到的符号级数学期望。检测时的操作如下：

$$\hat{s}_n^t=(\boldsymbol{w}_n^t)^H\boldsymbol{r}_n^t=\mu_n^t s_n^t+\eta_n^t \tag{4-38}$$

且 $\mu_n^t=(\boldsymbol{w}_n^t)^H\boldsymbol{h}_n$，$\eta_n^t=(\boldsymbol{w}_n^t)^H\left([\boldsymbol{H}_{1:n-1}\quad \boldsymbol{H}_{n+1:N_{\mathrm{R}}}]\begin{bmatrix} s_{n-1}^t-\overline{s}_{n-1}^{t,(f)} \\ s_{n+1}^t-\overline{s}_{n+1}^{t,(p)} \end{bmatrix}+\boldsymbol{n}^t\right)$。

而用来检测的滤波器的系数为 $\boldsymbol{w}_n^t=(\boldsymbol{H}\boldsymbol{\Sigma}_n^t\boldsymbol{H}^H+N_0\boldsymbol{I}_{N_{\mathrm{R}}})\boldsymbol{h}_n$，其中，

$$\boldsymbol{\Sigma}_n^t=\begin{bmatrix} \boldsymbol{R}_{f,1:n-1}^t & \boldsymbol{0} & \boldsymbol{0} \\ \boldsymbol{0} & 1 & \boldsymbol{0} \\ \boldsymbol{0} & \boldsymbol{0} & \boldsymbol{R}_{p,n+1:N_{\mathrm{T}}}^t \end{bmatrix} \tag{4-39}$$

在排序方案中，本算法在每进行一步后，会重新评估当前结果并找出最适合的用户作为下一次的检测对象。基于当前的已检测用户的结果，可确定下一个被检测用户（以 MSE 为依据）：

$$E\left[\left|s_k^t-\hat{s}_k^t\right|^2\right]=1-\boldsymbol{h}_k^H\left(\boldsymbol{H}_{1:n-1}\boldsymbol{R}_{f,1:n-1}^t\boldsymbol{H}_{1:n-1}^H+\boldsymbol{H}_{n:N_{\mathrm{T}}}\begin{bmatrix} \boldsymbol{R}_{p,n:k-1}^t & \boldsymbol{0} & \boldsymbol{0} \\ \boldsymbol{0} & 1 & \boldsymbol{0} \\ \boldsymbol{0} & \boldsymbol{0} & \boldsymbol{R}_{p,k+1:N_{\mathrm{T}}}^t \end{bmatrix}\boldsymbol{H}_{n:N_{\mathrm{T}}}^H+N_0\boldsymbol{I}_{N_{\mathrm{R}}}\right)^{-1}\boldsymbol{h}_k \tag{4-40}$$

下一次检测 MSE 最小的用户。图 4-5 展示了 16QAM 下译码器级联译码器的误码性能，可见负载趋于过载，性能势必下降，但难得的是性能在过载情况下依然收敛。

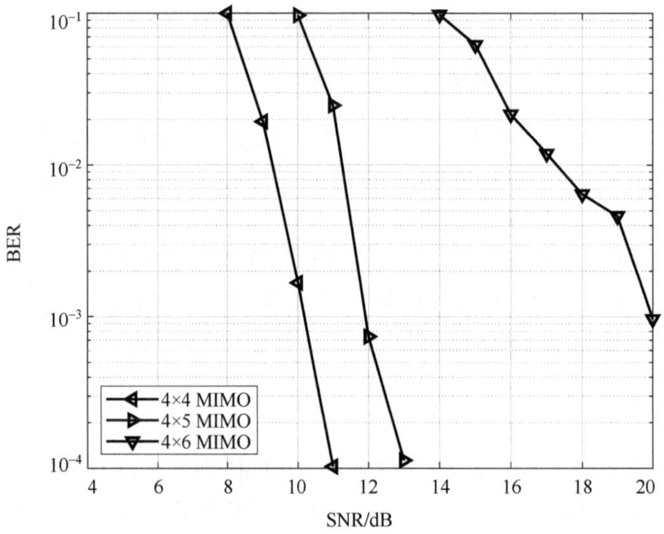

图 4-5　16QAM 调制下从满载到轻度过载再到中度过载的硬判性能变化

该算法引入了符号的先验概率与后验概率，意味着该算法非常适合译码器之间迭代处理：译码器的输出可以反馈给检测器作为先验概率，检测器的输出(后验概率)送入译码器，作为译码器的先验概率。

4.2.2　穷搜枚举检测与其简化变体

1. 最大似然(ML)检测

最大似然(ML)检测是公认的最佳信号检测方式：

$$\lambda_{k,j}=\ln\left(\frac{\exp\left(\sum\limits_{x:b_{k,j}=+1}\exp\left(-\frac{1}{2}(\boldsymbol{y}-\boldsymbol{Hx})^H\boldsymbol{Q}^{-1}(\boldsymbol{y}-\boldsymbol{Hx})\right)\right)}{\exp\left(\sum\limits_{x:b_{k,j}=-1}\exp\left(-\frac{1}{2}(\boldsymbol{y}-\boldsymbol{Hx})^H\boldsymbol{Q}^{-1}(\boldsymbol{y}-\boldsymbol{Hx})\right)\right)}\right) \tag{4-41}$$

其中，k 为符号索引；j 为该符号的比特索引。$\boldsymbol{Q}$ 为干扰空间的协方差矩阵，当干扰只是白噪声的时候，该矩阵为 $N_0\boldsymbol{I}$ 。ML 算法在各种检测算法中往往是复杂度最高且性能最好的，这是因为依靠遍历所有 $\boldsymbol{x}$ 情况的高复杂度，得到了所有可能的似然概率，如果在此时借鉴后面提出的正交三角(QR)分解思想，则 ML 检测可以理解为全分支树上的搜索。

通过一次性遍历所有情况，并根据每个比特在 $\boldsymbol{x}$ 中的极性情况，可以直接得到所有比特的对数似然比。此外，为了更好地兼容硬件开发环境，可以使用 Max-Log 将算法进行简化，得到如下计算公式：

$$\lambda_{k,j}=\min_{x:b_{k,j}=+1}\frac{1}{2}(\boldsymbol{y}-\boldsymbol{Hx})^{H}\boldsymbol{Q}^{-1}(\boldsymbol{y}-\boldsymbol{Hx})-\min_{x:b_{k,j}=-1}\frac{1}{2}(\boldsymbol{y}-\boldsymbol{Hx})^{H}\boldsymbol{Q}^{-1}(\boldsymbol{y}-\boldsymbol{Hx}) \tag{4-42}$$

式(4-42)直接省去了 $\exp(\cdot)$ 计算与 $\ln(\cdot)$ 计算，降低了计算复杂度。然而，即便使用 Max-Log 算法对计算过程进行简化，遍历 $\boldsymbol{x}$ 各种情况所需的二次型计算依然是庞大的，所以学术界提出了各种最大似然近似搜索算法，接下来将进行介绍。

2. 球译码(SD)

1) 深度优先的球译码算法

最佳检测无疑是使用对全局进行的 ML 搜索，但是这种方式需要动用的资源和处理的时延过大。SD(球译码)算法[11]不进行完全的 ML 搜索，而是通过将搜索空间限制在以接收到的向量为中心的半径为 R 的超球中的格点来解决这个问题。SD 的初始半径的选择对于降低复杂度至关重要，因为初始半径过大会导致搜索时间增加，过小会导致解码失败，即深度优先的 SD 的最终结果可以看作图 4-6 上的一条贯穿所有子层的路径。以 $2N_{\mathrm{T}}\times 2N_{\mathrm{R}}$ 的实数形式的 $\bar{\boldsymbol{H}}$ 为例，深度优先的 SD 检测可以表示为

$$\hat{\boldsymbol{x}}=\underset{x\in\Omega\subset Z'^{2N_{\mathrm{T}}}}{\arg\min}\left\|\boldsymbol{y}-\bar{\boldsymbol{H}}\boldsymbol{x}\right\|^{2} \tag{4-43}$$

其中，$Z'^{2N_{\mathrm{T}}}$ 为给定初始半径 R 的搜索范围，Ω 空间的定义为

$$\Omega=\left\{\boldsymbol{x}\mid\boldsymbol{x}\in Z'^{2N_{\mathrm{T}}}\cap\left\|\boldsymbol{y}-\bar{\boldsymbol{H}}\boldsymbol{x}\right\|\leqslant R^{2}\right\} \tag{4-44}$$

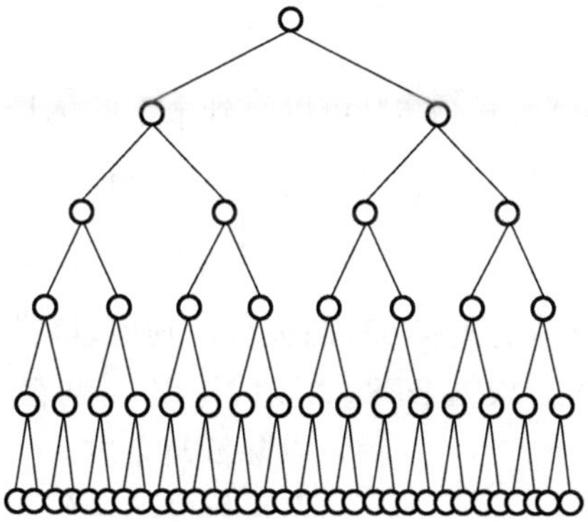

图 4-6　满分支树的 ML 等效搜索

在 $\bar{\boldsymbol{H}}$ 为“细高”矩阵的情况下，$\bar{\boldsymbol{H}}$ 的 QR 分解可以写成：

$$\bar{\boldsymbol{H}}=\boldsymbol{Q}\begin{bmatrix}\boldsymbol{R}\\ \boldsymbol{O}_{(2N_{\mathrm{T}}-2N_{\mathrm{R}})\times 2N_{\mathrm{R}}}\end{bmatrix} \tag{4-45}$$

其中，$\boldsymbol{Q}=[\boldsymbol{Q}_1\mid\boldsymbol{Q}_2]$ 为 $2N_{\mathrm{R}}\times 2N_{\mathrm{R}}$ 的酉矩阵；$\boldsymbol{R}$ 为 $2N_{\mathrm{T}}\times 2N_{\mathrm{T}}$ 的上三角矩阵，将式(4-45)代入式(4-44)可以得到

$$\left\|\boldsymbol{Q}_1^{T}\boldsymbol{y}-\boldsymbol{R}\boldsymbol{x}\right\|^{2}+\left\|\boldsymbol{Q}_2^{T}\boldsymbol{y}\right\|^{2}\leqslant\boldsymbol{R}^{2} \tag{4-46}$$

令 $\boldsymbol{R}'^{2}=\boldsymbol{R}^{2}-\left\|\boldsymbol{Q}_2^{T}\boldsymbol{y}\right\|^{2}$、$\boldsymbol{y}'=\boldsymbol{Q}_1^{T}\boldsymbol{y}$，可以将式(4-46)重写为

$$\left\| \boldsymbol{y}' - \boldsymbol{R}\boldsymbol{x} \right\|^2 \leqslant R'^2 \tag{4-47}$$

将式(4-47)左侧的矩阵乘法展开可以得到

$$\left| y'_{2N_\mathrm{T}} - r_{2N_\mathrm{T},2N_\mathrm{T}} x_{2N_\mathrm{T}} \right|^2 + \cdots + \left| y'_1 - \sum_{i=1}^{2N_\mathrm{T}} r_{1,i} x_i \right|^2 \leqslant R'^2 \tag{4-48}$$

$y'_i, r_{i,j}, x_i (i = 1,2,\cdots,2N_\mathrm{T}; j = 1,2,\cdots,2N_\mathrm{T})$ 分别是 $\boldsymbol{y}'$、$\boldsymbol{R}$、$\boldsymbol{x}$ 的元素，保留式(4-48)左侧第一项：

$$\left| y'_{2N_\mathrm{T}} - r_{2N_\mathrm{T},2N_\mathrm{T}} x_{2N_\mathrm{T}} \right|^2 \leqslant R'^2 \tag{4-49}$$

则位于第 N_T 层的 x_{N_T} 的范围是

$$\left\lceil \frac{y'_{N_\mathrm{T}} - R'}{r_{2N_\mathrm{T},2N_\mathrm{T}}} \right\rceil \leqslant x_{N_\mathrm{T}} \leqslant \left\lfloor \frac{y'_{N_\mathrm{T}} + R'}{r_{2N_\mathrm{T},2N_\mathrm{T}}} \right\rfloor \tag{4-50}$$

其中，$\lceil \cdot \rceil$ 和 $\lfloor \cdot \rfloor$ 分别表示向上取整和向下取整。从 x_{N_T} 中选择一个值 $\overline{x}_{N_\mathrm{T}}$ 之后，定义：

$$R_k'^2 = R'^2 - \sum_{i=k+1}^{N_\mathrm{T}} \left| y'_i - \sum_{j=i}^{N_\mathrm{T}} r_{i,j} \overline{x}_j \right|^2 \tag{4-51}$$

以及

$$\overline{y}'_k = y'_k - \sum_{i=k+1}^{N_\mathrm{T}} r_{k,i} \overline{x}_i \tag{4-52}$$

根据式(4-48)、式(4-51)、式(4-52)可以得到余下的标量 x 的取值范围：

$$\left\lceil \frac{y'_k - R'_k}{r_{k,k}} \right\rceil \leqslant x_k \leqslant \left\lfloor \frac{y'_k + R'_k}{r_{k,k}} \right\rfloor \tag{4-53}$$

如果没有找到所有层都满足式(4-53)的矢量，则可以用较大的半径重新开始搜索。该算法由 Schnorr-Euchner(SE)根据 DFS(深度优先搜索)思想提出，可以自适应地更新半径，以降低复杂度。

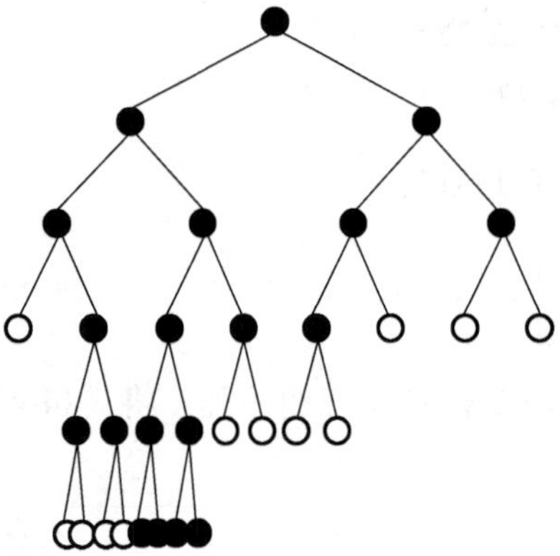

图 4-7　K-best 搜索路径

2) K-best 球译码算法

前面介绍的是深度优先的球译码算法，除此之外以 K-best SD 为代表的宽度优先 SD 算法是另一大类 SD 算法。K-best SD 算法[11]提供了固定的吞吐量，以及均匀的、易于设计成流水线的架构。由于 K-best SD 的多项式计算复杂，实用化中完全可以接受与 ML 性能相比的性能差距。该算法搜索的区域如图 4-7 所示。

该算法同样需要将信道矩阵 $\bar{\boldsymbol{H}}$ 进行 QR 分解，得到等效模型：

$$\tilde{\boldsymbol{y}} = \boldsymbol{R}\boldsymbol{x} + \tilde{\boldsymbol{n}} \tag{4-54}$$

K-best SD 算法作为一种近乎最优的 MIMO 检测技术，其主要思想是在半径为 d 、以 $\tilde{\boldsymbol{y}}$ 为中心的超球内搜索 $\boldsymbol{x}$ 的最佳候选，而不是执行穷举搜索。这个范围将包含欧几里得距离意义上的最佳可能候选对象，因此搜索步骤大大减少。半径 d 同样由人为设定。从数学上讲，上述思想可以通过以下度量来表示：

$$\left\|\tilde{\boldsymbol{y}} - \boldsymbol{R}\boldsymbol{x}\right\|_2^2 \leqslant d^2 \tag{4-55}$$

K-best SD 可以转化为一个特定的树搜索问题。它的结构有以下特点。

(1) 树层对应于属于 $\boldsymbol{x}$ 的符号元素，其中每一个都与 SD 迭代相关。在每次 SD 迭代中，$\boldsymbol{x}$ 的一个符号元素被解码。

(2) 父节点对应于之前 SD 迭代中 $\boldsymbol{x}$ 已经解码的符号元素，而子节点代表当前和未来 SD 迭代，$\boldsymbol{x}$ 中的符号元素将最终被解码。

(3) 为了执行树搜索，每个分支都与一个分支度量(branch-metric)相关联，该度量本质上是一个 L2-范数式(4-55)的迭代形式，计算为

$$\sum_{v=1}^{N_{\mathrm{T}}}\left|\tilde{y}_v - \sum_{k=1}^{N_{\mathrm{T}}} r_{vk} x_k\right|^2 \leqslant d^2 \tag{4-56}$$

由于 QR 分解的存在，算法在式(4-55)形式下反向搜索 $\boldsymbol{x}$ 矢量的元素搭配将一定程度上降低计算复杂度。

(4) 整个树级别的节点序列(路径)包含了属于已解码符号的累积分支度量。$\boldsymbol{x}$ 的解对应于树中累积分支度量最小的路径。

(5) 树搜索是宽度优先搜索方式，并通过分支扩展和剪枝完成。每个树级别，只有 K 个子节点被保留以供进一步的节点扩展。

(6) 式(4-56)中与半径 d 相关的准则被移除，转而考虑累积度量的最小值。只从每 K 个父节点中扩展 q 个子节点，导致在每次 SD 迭代中总有 qK 个子节点被用来作为本层 K 个最终保留节点的候选。

总结上述介绍，K-best SD 算法可以总结为以下步骤。

(1) 给定向量 $\tilde{\boldsymbol{y}}$ 和矩阵 $\boldsymbol{R}$，根据式(4-56)计算树第一层 q 个父节点对应的每条路径的分支度量，计算结果为

$$\left|\tilde{y}_{N_{\mathrm{T}}} - r_{N_{\mathrm{T}}N_{\mathrm{T}}} x_{N_{\mathrm{T}}}\right|^2 \tag{4-57}$$

(2) 选择那些与 K 个最低累积分支度量相关联的路径(节点序列)。

(3) 将这 K 条幸存路径展开到它们下辖的 q 个子节点上。对于 $1 \leqslant p \leqslant N_{\mathrm{T}} - 1$，使用

$$\left|\tilde{y}_{N_{\mathrm{T}}-p} - \sum_{k=N_{\mathrm{T}}-p}^{N_{\mathrm{T}}} r_{N_{\mathrm{T}}-p,k} x_k\right|^2 \tag{4-58}$$

重新计算每个 qK 子节点的分支度量。当到达最后一个树级别时，转到步骤(4)；否则，执行步骤(2)。

(4) 因此，累积分支度量最小值对应的符号矢量赋给 $\boldsymbol{x}$(当$1 \leqslant i \leqslant N_{\mathrm{T}}$ 时，树的第 i 级对应符号元素 $x_{N_{\mathrm{T}}-i+1}$)，则发送符号矢量为 $\boldsymbol{x}=[x_1,\cdots,x_{N_{\mathrm{T}}}]^T$。

16QAM，4×4 MIMO 场景下的硬判决 BER 仿真结果如图 4-8 所示。首先，在该复信道模型下，最大分支数 K 为 16。从图中可以看出，K=8 的时候 K-best SD 的性能无比接近 ML 的性能。此外，该算法的一般规律是，算法的性能随着 K 的增大而提高，较大地保留分支数可以换取更优秀的性能，这是因为越大的 K 参数会导致考虑的情况更有可能囊括正确的发送信号向量，从而使得最终结果更可能是正确的。

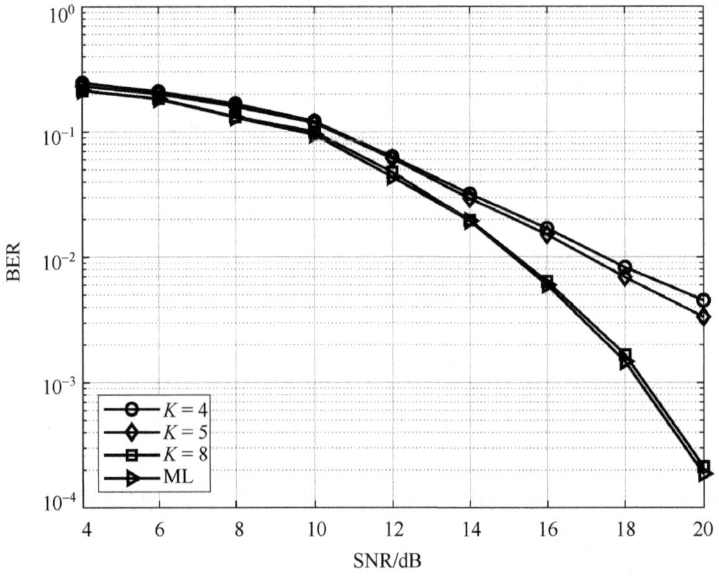

图 4-8　4×4 16QAM MIMO 下 K-best SD 与 ML 的硬判决性能对比

3. 似然上升搜索(LAS)

似然上升搜索(likelihood ascent search，LAS)[12]是一种贪婪算法，在每一轮迭代的过程中，搜索总是朝着当前情况下似然函数梯度下降最快的方向进行。根据每一轮迭代中更新的用户数，可以分为 1-LAS 和 K-LAS，表示一次更新一个用户和一次更新 K 个用户。在此，从避免陷入贪婪算法局部最优的角度考虑，将带来 K-LAS 算法的介绍，它建立在 1-LAS 的基础上且它的梯度计算可以投射到 1-LAS 的局部最优化思想。

以 $2N_{\mathrm{R}} \times 2N_{\mathrm{T}}$ 的实数形式的 $\bar{\boldsymbol{H}}$ 信号模型为例，LAS 算法的代价函数同为

$$\left\|\boldsymbol{y}-\bar{\boldsymbol{H}}\boldsymbol{x}\right\|^2 \tag{4-59}$$

或是展开的形式：

$$f(\boldsymbol{x})=\boldsymbol{x}^T\bar{\boldsymbol{H}}^T\bar{\boldsymbol{H}}\boldsymbol{x}-2\boldsymbol{y}^T\bar{\boldsymbol{H}}\boldsymbol{x} \tag{4-60}$$

在前面所描述实数形式展开的信号模型下，发送方使用 16QAM。在一轮迭代中一次性更新 K 位符号，那么第 k+1 轮迭代的表达式可以写作如下形式：

$$\boldsymbol{x}^{(k+1)}=\boldsymbol{x}^{(k)}+\sum_{j=1}^{K}\lambda_{i_j}^{(k)}\boldsymbol{e}_{i_j} \tag{4-61}$$

其中，$i_1,i_2,\cdots,i_{N_\mathrm{T}}(i_j\in\{1,2,\cdots,2N_\mathrm{T}\},j\in\{1,2,\cdots,K\})$ 为 $\boldsymbol{x}^{(k)}$ 需要更新的索引。$\lambda_n^{(k)}$ 代表当前星座点向其他星座点“跃迁”的不同跨度，该变量就是实现似然上升的关键。$\lambda_n^{(k)}$ 受到调制阶数的影响，实数形式信号模型下使用 16QAM 符号的取值集合为 $\{-3,-1,1,3\}$ 时，$\lambda\in\{-6,-4,-2,0,2,4,6\}$，而 $\boldsymbol{e}_n$ 表示仅有 n 索引一个元素为 1 的单位矢量。相邻两轮迭代的代价差值为

$$\Delta f_S^{(k+1)}(\lambda_{i_1}^{(k)},\lambda_{i_2}^{(k)},\cdots,\lambda_{i_K}^{(k)})\triangleq f(\boldsymbol{x}^{(k+1)})-f(\boldsymbol{x}^{(k)}) \tag{4-62}$$

为了降低 ML 代价函数值，应选取 K 元组 $(\lambda_{i_1}^{(k)},\lambda_{i_2}^{(k)},\cdots,\lambda_{i_K}^{(k)})$，使式(4-62)中的 ML 代价差值为负值。如果有多个 K 元组存在，则选取差值最小的一个。然而，如果采用遍历法来评估所有的值，要得到最佳的 K 元组是不现实的。

定义：

$$\boldsymbol{\lambda}_S^{(k)}\triangleq[\lambda_{i_1}^{(k)},\lambda_{i_2}^{(k)},\cdots,\lambda_{i_K}^{(k)}]^T,\quad \boldsymbol{z}_S^{(k)}\triangleq[z_{i_1}^{(k)},z_{i_2}^{(k)},\cdots,z_{i_K}^{(k)}]^T,\quad (\boldsymbol{F}_S)_{p,q}=G_{i_p,i_q} \tag{4-63}$$

其中，$G_{m,n}$ 为 $\bar{\boldsymbol{H}}^T\bar{\boldsymbol{H}}$ 中的元素，$\boldsymbol{z}_S^{(k)}$ 为 $\boldsymbol{z}^{(k)}=\bar{\boldsymbol{H}}^T(\boldsymbol{y}-\bar{\boldsymbol{H}}\boldsymbol{x}^{(k)})$ 中的元素，它们均按照更新索引 k 进行元素的取用。则式(4-62)可以重写为

$$\Delta f_S^{(k+1)}(\lambda_{i_1}^{(k)},\lambda_{i_2}^{(k)},\cdots,\lambda_{i_K}^{(k)})=(\boldsymbol{\lambda}_S^{(k)})^T\boldsymbol{F}_S\boldsymbol{\lambda}_S^{(k)}-2(\boldsymbol{\lambda}_S^{(k)})^T\boldsymbol{z}_S^{(k)} \tag{4-64}$$

根据 ZF 和 $\boldsymbol{\lambda}_S^{(k)}$ 可得，取最小代价函数差值时，$\boldsymbol{\lambda}_S^{(k)}$ 为

$$\bar{\boldsymbol{\lambda}}_S^{(k)}=\boldsymbol{F}_S^{-1}\boldsymbol{z}_S^{(k)} \tag{4-65}$$

结合式(4-64)会发现式(4-65)明显超出了星座范围，所以将矢量收缩为 $\tilde{\boldsymbol{\lambda}}_S^{(k)}=2(\boldsymbol{F}_S^{-1}\boldsymbol{z}_S^{(k)}/2)$。

在这里提供另一种解释：根据 $\boldsymbol{F}_S$ 和 $\boldsymbol{z}_S^{(k)}$ 在式(4-63)中的定义不难发现，式(4-65)的形式实际上是对 $\boldsymbol{\lambda}_S^{(k)}$ 求梯度得到的最小二乘解。对于更新之后超出星座范围的情况，如

$$x_{i_j}^{(k)}+\tilde{\lambda}_{i_j}^{(k)}>M-1 \quad \text{或} \quad x_{i_j}^{(k)}+\tilde{\lambda}_{i_j}^{(k)}<-(M-1) \tag{4-66}$$

则需要按照如下形式进行完善：

$$\tilde{\lambda}_{i_j}^{(k)}=\begin{cases}(M-1)-x_{i_j}^{(k)}, & M-1<x_{i_j}^{(k)}+\tilde{\lambda}_{i_j}^{(k)}\\(1-M)-x_{i_j}^{(k)}, & 1-M>x_{i_j}^{(k)}+\tilde{\lambda}_{i_j}^{(k)}\end{cases} \tag{4-67}$$

从而本轮迭代的更新结果为

$$\boldsymbol{x}^{(k+1)}=\boldsymbol{x}^{(k)}+\sum_{j=1}^{K}\tilde{\lambda}_{i_j}^{(k)}\boldsymbol{e}_{i_j} \tag{4-68}$$

由于 K-LAS 算法建立在 1-LAS 算法的基础上，因此考虑 1-LAS 的复杂度：依次对每比特处理的 1-LAS 算法的复杂度为 $\mathcal{O}(N_\mathrm{T}N_\mathrm{R})$，它是求 $\boldsymbol{H}^T\boldsymbol{H}$ 的复杂度 $\mathcal{O}(N_\mathrm{T}N_\mathrm{R})$ 和迭代求解平均次数的复杂度 $\mathcal{O}(N_\mathrm{T})$ 的平均结果。实际上，LAS 的性能对于初值的选择十分敏感，此前对于 LAS 的介绍中并没有提及初值的由来，而初值的由来往往是

初步粗检测的结果。上一级粗检测可以结合宽线性方法进行处理，接下来将对引入宽线性(widely linear，WL)处理之后的初值进行检测的性能作评估。WLZF-LAS 检测技术对于初值的求解，使用了 WLZF 的检测结果，相比于 ZF-LAS 中使用 ZF 检测的结果作为初值，误码率已经非常接近最佳性能，尤其在同为 128×128 的 4 阶调制的情况下，在10^{-2}误码率水平上，使用 4ASK 的 WLZF-LAS 比使用 4PSK 的 ZF-LAS 具有大约 11dB 的增益。

图 4-9 对 ZF、ZF-LAS 和 ZF-SIC 的未编码误码率性能进行了比较，仿真条件为 200×200 V-BLAST 系统的平均信噪比的函数。该系统是一个大规模系统，ZF-LAS 比 ZF-SIC 具有巨大的复杂性优势。事实上，尽管仿真结果已经努力展示了 ZF-SIC 在 200 个这样的天线数量下的性能，但必须在几天的仿真时间内获得 ZF-SIC 的这些仿真点，而 ZF-LAS 的相同仿真点只需要几个小时。

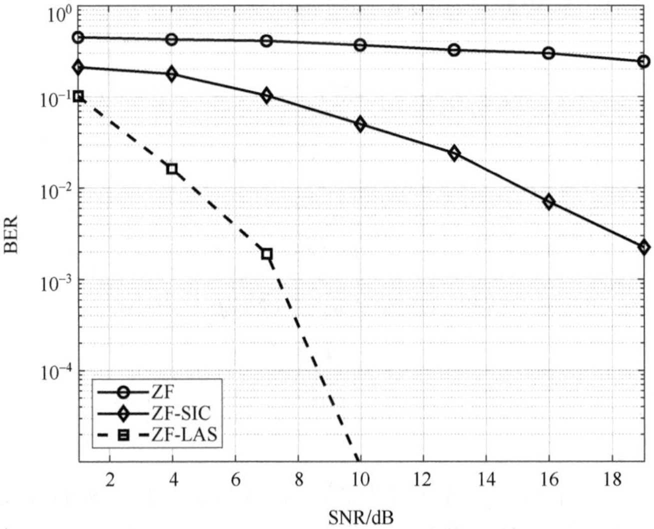

图 4-9　200×200 BPSK V-BLAST 系统中，ZF、ZF-LAS 与 ZF-SIC 的未编码硬判误码率性能

4. SUMIS 检测算法

在参考文献[13]中，提出了一种具有干扰抑制特征的子空间边缘化 MIMO 检测方法。假设发送端有 N_{T} 个发送天线，当检测第 k 个发送天线的发送信号时，找到与之相关性最强的 n_s-1 列信道响应。对于这 n_s 个天线发送信号，采用最大似然检测的方法，生成软检测符号。对于其余的 $N_{\mathrm{T}}-n_s$ 列信号，直接将其看成是高斯分布形式的干扰信号。当第一轮上述检测结束之后，不改变分组的情况下各符号的检测需要抵消干扰空间符号的数学期望，从而进行第二轮检测：基于前一步的软检测符号结果，更新关于 $N_{\mathrm{T}}-n_s$ 个干扰符号的自相关矩阵，从而进一步提升检测性能。

在该算法中，算法的复杂度同 M^{n_s} 次幂成正比，n_s 是一个可变参数，当 $n_s=1$ 时，该算法是软输出 MMSE 算法；当 $n_s>1$ 时，算法的复杂度增大，算法性能得到提高。

SUMIS 检测算法的基本信号模型，仍然是非线性模型；根据信道矩阵的相关性，将信道矩阵按列分成两个子矩阵。当检测第 k 个发送天线的信号时，两个子矩阵分别为 $\boldsymbol{H}_1$ 和 $\boldsymbol{H}_2$，$\boldsymbol{H}_1$ 包含 n_s 列，这 n_s 列包含第 k 个发送天线的信道响应，$\boldsymbol{H}_2$ 包含 $N_{\mathrm{T}}-n_s$ 列。因此，实信号形式下的接收信号表达式可以进一步写成如下形式：

$$\boldsymbol{y}=\underbrace{\boldsymbol{H}_1}_{N_{\mathrm{R}}\times n_s}\underbrace{\boldsymbol{x}_1}_{n_s\times 1}+\underbrace{\boldsymbol{H}_2}_{N_{\mathrm{R}}\times(N_{\mathrm{T}}-n_s)}\underbrace{\boldsymbol{x}_2}_{(N_{\mathrm{T}}-n_s)\times 1}+\boldsymbol{n} \tag{4-69}$$

对于 $\boldsymbol{H}_2\boldsymbol{x}_2+\boldsymbol{n}$，其表示检测 n_s 列信号时，干扰和噪声的叠加，在高斯分布的假设下，其均值为 0；协方差为 $\boldsymbol{Q}=\boldsymbol{H}_2\boldsymbol{\Phi}\boldsymbol{H}_2^H+N_0\boldsymbol{I}_{N_{\mathrm{R}}}$，且该协方差表示 $\boldsymbol{y}-\boldsymbol{H}_1\boldsymbol{x}_1$ 的协方差矩阵。子空间的划分是根据：

$$\bar{\boldsymbol{H}}^T\bar{\boldsymbol{H}}=\begin{bmatrix}\sigma_1^2 & \rho_{1,2} & \cdots\\ \rho_{1,2} & \sigma_2^2 & \\ \vdots & & \ddots\end{bmatrix} \tag{4-70}$$

其中，$\rho_{i,j}$ 是 $\bar{\boldsymbol{H}}$ 的第 i 列和第 j 列的内积，值越大，表示 i 和 j 之间的信道相关性越强。第 t 个检测子空间是用户 t 和其他与 t 信道相关性最强的 n_s-1 个用户组成的，这么做的意义是：分组后，待检测子空间内的用户与干扰空间的用户尽可能正交，这有利于子空间检测的最终效果。

假设第 k 个发送天线符号的 x_k 包含 $M_s=\log_2 M$ 比特，且 x_k 包含的比特序列为 $[b_{k,1},b_{k,2},\cdots,b_{k,M_s}]$。基于最大似然检测，对于第 k 个发送天线符号的 x_k 包含的第 j 比特，第一阶段的对数似然比检测表达式为

$$\lambda_{k,j}=\ln\left(\frac{\exp\left(\sum\limits_{\boldsymbol{x}_1:b_{k,j}=+1}\exp\left(-\frac{1}{2}(\boldsymbol{y}-\boldsymbol{H}_1\boldsymbol{x}_1)^T\boldsymbol{Q}^{-1}(\boldsymbol{y}-\boldsymbol{H}_1\boldsymbol{x}_1)\right)\right)}{\exp\left(\sum\limits_{\boldsymbol{x}_1:b_{k,j}=-1}\exp\left(-\frac{1}{2}(\boldsymbol{y}-\boldsymbol{H}_1\boldsymbol{x}_1)^T\boldsymbol{Q}^{-1}(\boldsymbol{y}-\boldsymbol{H}_1\boldsymbol{x}_1)\right)\right)}\right) \tag{4-71}$$

对每个天线的发信号分别进行以上检测，检测完成之后，能够得到比特的似然比，之后根据调制方式，生成软符号 $\bar{x}_k$，利用软符号结果，进一步更新软检测的结果。

$$\bar{\boldsymbol{y}}=\boldsymbol{y}-\boldsymbol{H}_2\bar{\boldsymbol{x}}_2=\boldsymbol{H}_1\boldsymbol{x}_1+\boldsymbol{H}_2(\boldsymbol{x}_2-\bar{\boldsymbol{x}}_2)+\boldsymbol{n} \tag{4-72}$$

其中，$\bar{\boldsymbol{x}}_2$ 表示用户调制符号的均值。经过软符号干扰抵消之后的残留干扰表示为

$$v_k=E[|x_k|^2]-|\bar{x}_k|^2 \tag{4-73}$$

因此，针对抵消均值后的干扰加噪声的协方差矩阵为

$$\bar{\boldsymbol{Q}}=\boldsymbol{H}_2\boldsymbol{V}_2\boldsymbol{H}_2^H+N_0\boldsymbol{I}_{N_{\mathrm{R}}} \tag{4-74}$$

其中，$\boldsymbol{V}_2=\mathrm{diag}\{v_1,\cdots,v_{N_{\mathrm{T}}-n_s}\}$；$\bar{\boldsymbol{Q}}$ 表示 $\bar{\boldsymbol{y}}-\boldsymbol{H}_1\boldsymbol{x}_1$ 的协方差矩阵。准确的 $\bar{\boldsymbol{Q}}$ 矩阵中 $\boldsymbol{V}_2$ 并非对角阵，而是在主对角线以外有值的矩阵，但是此处取了近似，为的是计算方便。根据以上结果，对于软符号抵消后，即第二阶段的对数似然比结果可以进一步表示为

$$\lambda_{k,j} = \log\left(\frac{\exp\left(\sum_{x_1:b_{k,j}=+1}\exp\left(-\frac{1}{2}(\boldsymbol{y}-\boldsymbol{H}_1\boldsymbol{x}_1)^T\bar{\boldsymbol{Q}}^{-1}(\boldsymbol{y}-\boldsymbol{H}_1\boldsymbol{x}_1)\right)\right)}{\exp\left(\sum_{x_1:b_{k,j}=-1}\exp\left(-\frac{1}{2}(\boldsymbol{y}-\boldsymbol{H}_1\boldsymbol{x}_1)^T\bar{\boldsymbol{Q}}^{-1}(\boldsymbol{y}-\boldsymbol{H}_1\boldsymbol{x}_1)\right)\right)}\right) \tag{4-75}$$

以上的 SUMIS 检测算法能够适用于宽线性信号模型的实信道响应矩阵，且能够适用于高阶调制的场景；采用软抵消的两阶段算法可以让第二阶段采用更加精准的干扰空间符号期望来对干扰空间进行更有效的抑制。在选择参数 n_s 的过程中，可以有效考虑信道矩阵各列的相关性，以及复杂度的约束。因此，SUMIS 检测算法在实复混合调制(将在 4.6 节对于该制式进行详细介绍)的场景下，具有进一步深入研究的价值。图 4-10(未进行发射功率归一化/慢衰落场景)中的结果清楚地表明，SUMIS 检测器性能接近精确 LLR(ML)性能，且复杂度低；同时，它的性能优于深度优先的 SD 方法。

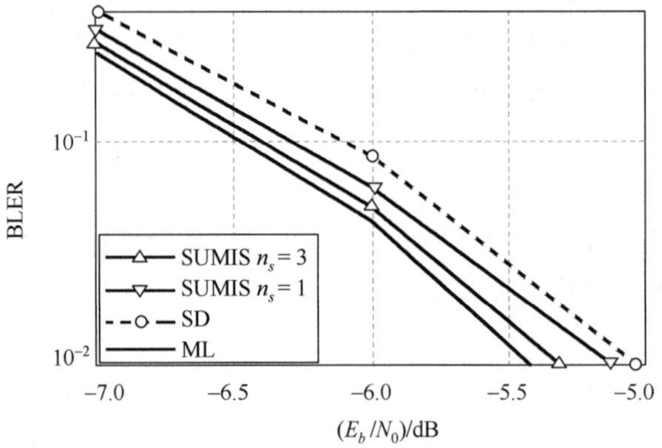

图 4-10　6×6 4QAM MIMO 下 SUMIS 与相关算法的译码误块性能(使用 1/2 码率约 10000 码长 LDPC)

5. 基于 Ungerboeck 观测模型的信号检测

基本上所有的通信系统都是用离散时间模型建模的。白噪声模型是目前模型的主要选择。当使用低复杂度算法时，模型的选择起到重要作用。在某些情况下，完全相同的算法可以实现卓越的性能和/或更低的复杂性，但白噪声模型往往已经被另一个模型取代。对白噪声模型以外的模型的认识对于工程师和研究人员，特别是在信号处理和无线通信领域工作的人来说是很有价值的。

Gottfried Ungerboeck 发表了一篇关于码间干扰(ISI)信道的可选最大似然(ML)检测器的论文，至今已有 40 年的历史。Ungerboeck 使用的 ISI 模型通常被称为 Ungerboeck 模型。Ungerboeck 的 ML 检测器与 Forney 的检测器性能相当，Forney 的检测器在 Ungerboeck 接收模型两年之前发表，但没有引起广泛的关注。也许这方面最好的典范正是 Ungerboeck 模型上运行的 BCJR 算法，它直到 2005 年才衍生出来。然而，Ungerboeck 模型有许多强大的方面，因此在过去几十年里被重新发现。ISI 信道下的 trellis 检测是 Ungerboeck 模型的基本运行框架，在该框架上进行的基于可达信息率的信道缩短正是上述 Ungerboeck 模型强大之处的代表性体现。

首先，实模型下信道的输入输出关系(转移概率)可以表示为

$$p(\boldsymbol{y}\mid\boldsymbol{x})=\exp\left(\frac{1}{N_0}\left\|\boldsymbol{y}-\bar{\boldsymbol{H}}\boldsymbol{x}\right\|^2\right) \tag{4-76}$$

其中，N_0 的系数为 1 正是实模型所致。如果舍弃掉不随 $\boldsymbol{x}$ 的变化而变化的项，可以得到近似形式：

$$p(\boldsymbol{y}\mid\boldsymbol{x})\approx\exp\left(\frac{1}{N_0}(\boldsymbol{x}^T\bar{\boldsymbol{H}}^T\bar{\boldsymbol{H}}\boldsymbol{x}-2\boldsymbol{y}^T\bar{\boldsymbol{H}}\boldsymbol{x})\right) \tag{4-77}$$

基于 Ungerboeck 观测模型，似然函数 $p(\boldsymbol{y}\mid\boldsymbol{x})$ 可以写成如下形式[14]：

$$p(\boldsymbol{y}\mid\boldsymbol{x})=\prod_k\exp\left(\frac{2}{N_0}\mathrm{Re}\left\{x_k y_k-\frac{1}{2}|x_k|^2 G_{k,k}-x_k\sum_{l=1}^{k}G_{l,k}x_l\right\}\right) \tag{4-78}$$

其中，$G_{l,k}$ 表示矩阵 $\boldsymbol{G}=\bar{\boldsymbol{H}}^T\bar{\boldsymbol{H}}$ 的第 l 行第 k 列元素。通过式(4-78)可以看到，基于 Ungerboeck 模型，能够构造信号检测的 trellis 结构，且该 trellis 结构不需要通过 QR 分解的预处理。具体讲，可以用图 4-11 来进行解释。

根据 Ungerboeck 观测模型的原理，可以将 $x_k^*\sum_{l=1}^{k}G_{l,k}x_l$ 转化为二次型 $\boldsymbol{x}^H\bar{\boldsymbol{H}}^H\bar{\boldsymbol{H}}\boldsymbol{x}$ 的形式，且依次将图 4-11 中的反 L 形的部分合并起来，作为一组和，即可得到式(4-78)中求乘和符号下的一项。

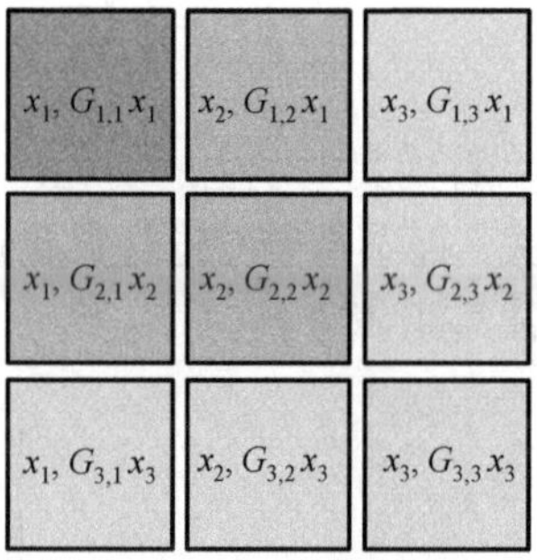

图 4-11　Ungerboeck 观测模型的层级结构

在 trellis 检测中，主要有两个方向：①对原始 trellis 进行处理，为降低复杂度，只对 trellis 的一部分进行搜索；②构造一个简化的 trellis，然后对简化的 trellis 进行全复杂度的处理。第一类的例子包括球译码检测器、固定复杂度球译码检测器、M 算法、软输出 M 算法和软输出序列检测。本书研究的 Ungerboeck 模型的信道缩短技术属于第二类检测器的范畴。我们研究用信道缩短滤波器对接收信号进行滤波的检测器，然后在缩短的模型上应用 trellis 处理。

信道缩短的历史可以追溯到 20 世纪 70 年代初，有时称为组合线性维特比检测。Forney 在 1972 年表明，Viterbi 算法实现了 ISI-channel 的最大似然(ML)检测。在 Forney 的发现后不久，学术界的研究表明，在许多场景中，信道响应的持续时间会使得 Viterbi 算法中记忆长度过长，trellis 图的规模超过接收机的实际处理能力。为了降低维特比算法的计算复杂度，学术界进行了深入的研究。一种有效的方法是对信道记忆长度进行缩短，通过容量等效的方法，将原有模型替换为短记忆模型，然后将 Viterbi 算法或 BCJR 算法应用于较短的信道响应。学术界已经有大量的研究成果以不同的方式实现了信道缩短，其中包括根据最小相位滤波、最小均方误差(MMSE)、最小平均输出能量、可达信

息率最大化等准则设计缩短信道检测器。

Falconer 和 Magee 在 1973 年进行了信道缩短的首次研究。自 Falconer 和 Magee 的工作以来，关于信道缩短的研究不断被发表。简而言之，自 1973 年以来，人们一直在研究信道缩短，但研究的起点一直是 Forney 模型。这是次优的，因为在一般情况下，基于 Ungerboeck 的信道缩短接收机的最佳解决方案不能用 Forney 模型得到。在 Rusek 的信息论优化方法问世之前，所有的信道缩短检测器都从最小均方误差(MMSE)的角度进行了优化。然而，均方误差(MSE)是一个次要测度，这是因为它不直接对应于可由缩短检测器支持的最高传输速率(在香农意义上)。后来，失配检测器的 Shannon 极限被推导得出，人们将其命名为广义互信息。由于信道缩短检测器用更短的信道近似真实信道，因此它属于不匹配检测体系。

Rusek 的信道缩短方案是从信息论的角度进行优化，推导并优化了缩短模型的最大可达信息率。最终推导出了次最优均衡器可达信息率的封闭表达式：基于最大可达信息率的信道缩短率先由 Rusek 引入，其中最大可达信息率在假设传输符号是高斯分布的情况下具有一个封闭的表达式。这使得对信道缩短检测器的分析研究成为可能，而其他信道缩短检测器通常不具备这一特性。

基于 Ungerboeck 观测模型与有限记忆长度 v，似然函数 $p(\boldsymbol{y}\,|\,\boldsymbol{x})$ 可以写成如下形式[14]：

$$p(\boldsymbol{y}\,|\,\boldsymbol{x})=\prod_{k}\exp\left(\frac{2}{N_0}\mathrm{Re}\left\{x_k y_k-\frac{1}{2}|x_k|^2 G_{k,k}-x_k\sum_{l=k-v}^{k-1}G_{l,k}x_l\right\}\right) \tag{4-79}$$

可以看到其中发生的变化：迭代结构中，每个用户的代价函数计算至多与 v 个前向用户相关，而不再是与过往讨论过的所有用户都相关。图 4-12 解释了缩短 1 个记忆长度后的二次型组织方式。

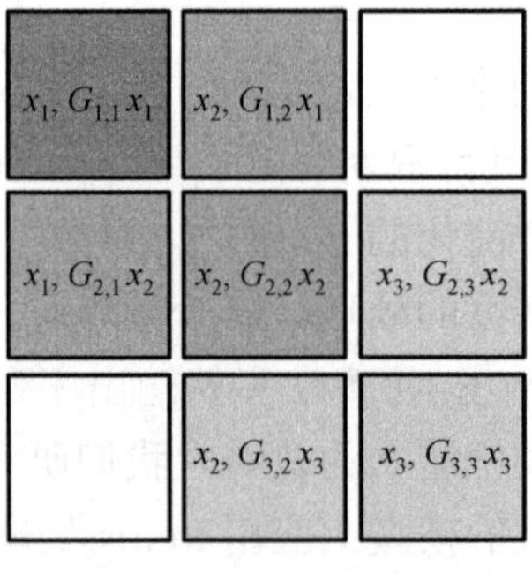

图 4-12 缩短 1 个记忆长度后的 Ungerboeck 观测模型的层级结构

前面所述的基于可达信息量的方法是各类信道缩短方法中的佼佼者，该方法以可达信息率为代价函数，代替了此前一直沿用的 MSE 代价函数。使用可达信息率进行信道缩短后的等效信道输入输出模型变成：

$$p(\boldsymbol{y}\,|\,\boldsymbol{x})\triangleq\exp(2\boldsymbol{y}^T\boldsymbol{H}^r\boldsymbol{x}+\boldsymbol{x}^T\boldsymbol{G}^r\boldsymbol{x}) \tag{4-80}$$

其中

$$\boldsymbol{H}^r=(\bar{\boldsymbol{H}}\bar{\boldsymbol{H}}^T+N_0\boldsymbol{I})^{-1}\bar{\boldsymbol{H}}(\boldsymbol{G}^r+\boldsymbol{I}) \tag{4-81}$$

$$G^r + I = U^T U \tag{4-82}$$

U 是 G^r 的 Cholesky 分解，且由于 G^r 的带状特质，U 也只有主对角线及以外的 v 个对角线有值。U 的计算方法如下。

定义

$$B \triangleq -\bar{H}^T(\bar{H}\bar{H}^T + Q)^{-1}\bar{H} + I \tag{4-83}$$

定义 B_k^v 是 B 的子矩阵：

$$B_k^v = \begin{bmatrix} B_{k+1,k+1} & \cdots & B_{k+1,\min(n_s,k+v)} \\ \vdots & & \vdots \\ B_{\min(n_s,k+v),k+1} & \cdots & B_{\min(n_s,k+v),\min(n_s,k+v)} \end{bmatrix} \tag{4-84}$$

定义 $b_k^v = [B_{k,k+1},\cdots,B_{k,\min(n_s,k+v)}]$ 为 B 的子矩阵的列，且 $u_k^v = [U_{k,k+1},\cdots,U_{k,\min(n_s,k+v)}]$ 为 U 子矩阵的列。定义

$$c_k = B_{k,k} - b_k^v(B_k^v)^{-1}(b_k^v)^T \tag{4-85}$$

最后，定义 $v_{k,k} = (c_k)^{-\frac{1}{2}}$ 为 U 的对角线元素，且

$$u_k^v = -u_{k,k} b_k^v (B_k^v)^{-1} \tag{4-86}$$

结合 $u_{k,k}$ 与 u_k^v 就构成了 U。推导过程中涉及很多矩阵的梯度计算，更具体计算的理论依据请看 Rusek 的文献[14]。

图 4-13 给出了混合调制(4.6 详细介绍)情况下的无编码系统的性能结果；可见，随着 v 的增大，Ungerboeck 观测模型的性能逐渐逼近最大似然检测的性能；而 Ungerboeck 观测模型随着 v 的增长，性能增长的跨度逐渐减小，这是因为当 v 增大到一定程度时，再增大 v 所引入的 G^r 新元素不如之前增大一次引入得多。

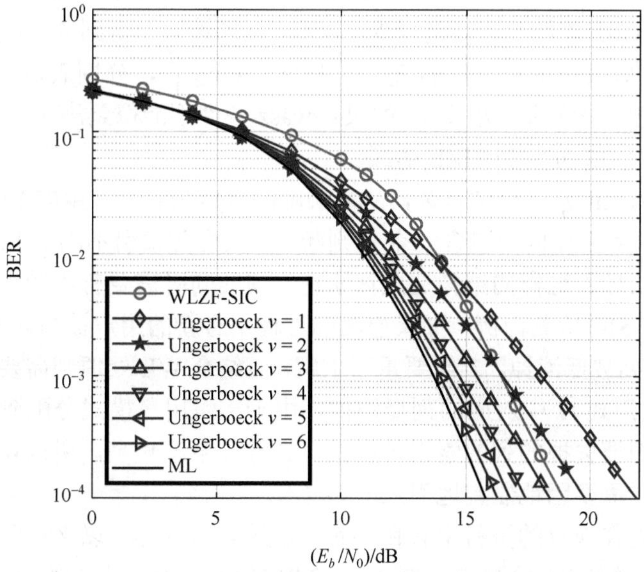

图 4-13　6×6 MIMO 信道上使用混合调制(3bit/symbol – 4ASK/16QAM)无编码硬判误码

4.2.3 非线性预处理与后处理技术

1. 格缩减技术(预处理技术)

LR(lattice reduction)[15]技术并非传统意义上的检测技术，相对于具体的检测技术，可以理解为一种在具体检测之前的预处理手段，该方法的核心目的是求解可逆矩阵 $\boldsymbol{T}$ 来使得原本的信道矩阵 $\boldsymbol{H}$ 的正交性更好，即

$$\begin{aligned} & \boldsymbol{y}=\boldsymbol{H}\boldsymbol{x}+\boldsymbol{n} \\ \Rightarrow\quad & \boldsymbol{y}=\boldsymbol{H}\boldsymbol{T}\boldsymbol{T}^{-1}\boldsymbol{x}+\boldsymbol{n} \\ \Rightarrow\quad & \boldsymbol{y}=(\boldsymbol{H}\boldsymbol{T})(\boldsymbol{T}^{-1}\boldsymbol{x})+\boldsymbol{n} \\ \Rightarrow\quad & \boldsymbol{y}=\tilde{\boldsymbol{H}}\boldsymbol{z}+\boldsymbol{n} \end{aligned} \tag{4-87}$$

LR 方法产生的矩阵 $\tilde{\boldsymbol{H}}$ 相比于原本的矩阵具有更好的正交性，在原本的 $\boldsymbol{H}$ 的基础上通过格缩减算法来生成一组性能更好、更加适合检测的 $\tilde{\boldsymbol{H}}$ [15]。格缩减实际上是由两重意义来定义的，其一是具体算法，其二是判定准则。以著名的 LLL(Lenstra-Lenstra-Lovasz)缩减为例，它的算法在文献[15]中进行了介绍，也提到了 LLL 缩减的判定准则，定义 δ 参数的范围是 $1/4<\delta\leqslant 1$，且定义 $\tilde{\boldsymbol{H}}=\tilde{\boldsymbol{Q}}\tilde{\boldsymbol{R}}$ 为 $\tilde{\boldsymbol{H}}$ 的 QR 分解，则 LLL 缩减判定准则如下：

$$\left|\tilde{r}_{k,l}\right|\leqslant\frac{1}{2}\left|\tilde{r}_{k,k}\right|,\quad \text{for}\quad 1\leqslant k<l\leqslant m \tag{4-88}$$

$$\delta\left|\tilde{r}_{l-1,l-1}\right|^2\leqslant\left|\tilde{r}_{l,l}\right|^2+\left|\tilde{r}_{l-1,l}\right|^2,\quad \text{for}\quad l=2,\cdots,m \tag{4-89}$$

其中，$\tilde{r}_{k,l}$ 表示上三角矩阵 $\tilde{\boldsymbol{R}}$ 中位于第 k 行第 l 列的元素。LLL 判定准则的运转方式是：如果 $\tilde{\boldsymbol{H}}$ 分解后的 $\tilde{\boldsymbol{R}}$ 不满足式(4-88)和式(4-89)所示的两个条件，那么 $\tilde{\boldsymbol{H}}$ 就不是 LLL 缩减产生的最终结果。式(4-88)表示 SIZE 缩减，式(4-89)表示对于二维 Gauss 缩减[15]的高维扩展，称为 Lovász 条件。一般选择 $\delta=3/4$，且 δ 越大，得到的基底性能越好，但是计算复杂度也越高。Lovász 条件的 $\left|\tilde{r}_{l-1,l-1}\right|^2$ 和 $\left|\tilde{r}_{l,l}\right|^2+\left|\tilde{r}_{l-1,l}\right|^2$，分别表示 $\tilde{\boldsymbol{h}}_{l-1}$ 和 $\tilde{\boldsymbol{h}}_l$ 中正交于 $\text{span}\{\tilde{\boldsymbol{h}}_1,\cdots,\tilde{\boldsymbol{h}}_{l-2}\}$ 空间成分的平方长度。如果 Lovász 条件不能得到满足，那么会把 $\tilde{\boldsymbol{h}}_{l-1}$ 和 $\tilde{\boldsymbol{h}}_l$ 进行交换，再进行 QR 分解和 SIZE 缩减。

在检测中引入 LR 方式有利有弊，从复杂度的角度来看，常用的 LLL 算法有着复杂度不稳定的问题：主循环内部包含一个 if 判断，如果当前索引不满足 Lovász 条件，则将增加外层循环的次数。这样的结构造成算法在实现的同时需要有比较大的缓冲区来与之协作[15]。再以 ZF-SIC 检测为例，如果检测的过程中有新的用户被检测成功，就意味着，$\boldsymbol{H}$ 中将会有某个列被抵消掉，$\boldsymbol{T}$ 需要重新求解，而结合 WL 处理则需要将各个时隙虚部为 0 权重的实数形式 $\bar{\boldsymbol{H}}$ 中对应的列抵消掉，由于一组用户模式分配到各个时隙造成区别，导致各个时隙要去掉的列的索引不一致，计算复杂度较高，所以说 LR 的使用还是有一定的局限的，需要因地制宜地引入 LR 技术。

但是它的优势在现有的资料中有目共睹，如图 4-14 所示：以 ZF 检测为例，应用 LR 技术的 ZF 检测与传统 ZF 检测相比将会有 10dB 的增益(10^{-3} 水平的误码条件下)。再如，

考虑文献[15]的改良，使用施密特正交化对于结果进行优化，得到相互之间完全正交的列空间。那么我们设想还是在 ZF 检测的情况下，使用 LR 技术会使得 $\tilde{\boldsymbol{H}}^T\tilde{\boldsymbol{H}}$ 的计算非常简单，这是因为 $\boldsymbol{H}$ 矩阵经过 $\boldsymbol{T}$ 矩阵的线性变换具备正交性，判决域发生了变化，图 4-15 给出了正交与非正交判决域的区别。

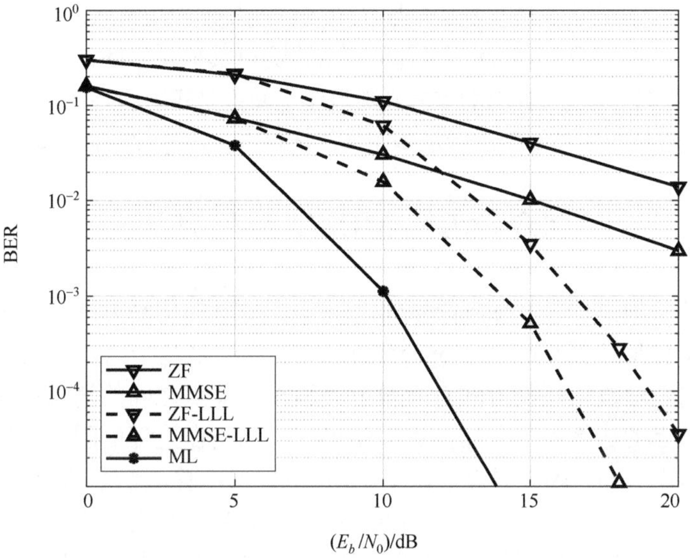

图 4-14　6×6 4QAM MIMO 下 LLL 技术对线性检测的性能提升情况

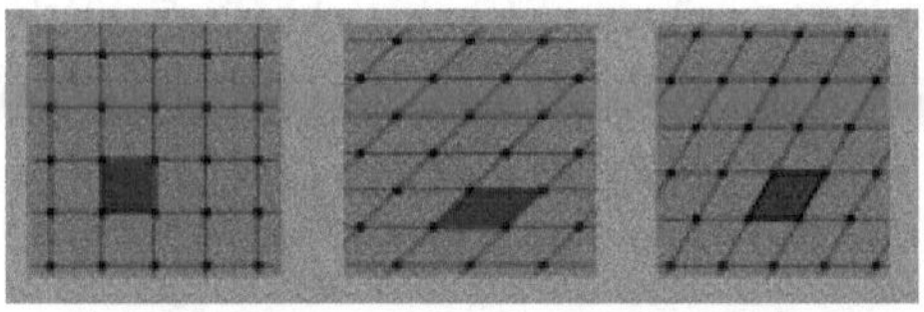

图 4-15　正交判决域(子图 1)与非正交判决域(子图 2、3)[15]

如果信道是正交的，则线性检测判决域与 ML 判决域是一致的，从而导致检测误差的数量较小。$\boldsymbol{H}$ 矩阵经过 $\boldsymbol{T}$ 矩阵的线性变换具备了正交性，也使得 $\tilde{\boldsymbol{H}}^T\tilde{\boldsymbol{H}}$ 成为对角阵，从而使得 $(\tilde{\boldsymbol{H}}^T\tilde{\boldsymbol{H}})^{-1}$ 的求解非常简单。此前提到的 K-LAS 算法最终也要对 $\boldsymbol{F}_S$ 求逆，$\boldsymbol{F}_S$ 是 $\bar{\boldsymbol{H}}^T\bar{\boldsymbol{H}}$ 抽出要更新的索引对应的行列之后的 $K \times K$ 维方阵，由此不难看出，$\boldsymbol{F}_S$ 如果从 LR 处理之后的 $\tilde{\boldsymbol{H}}^T\tilde{\boldsymbol{H}}$ 中取元素生成，那么 $\boldsymbol{F}_S$ 也将会是对角阵，这样造成的正面影响将会同用到 ZF 检测时的简化一样，计算复杂度得到巨大的降低。

2. Box Optimal 算法(后处理技术)

Box Optimal[16]算法是一种辅助检测算法，一般级联在线性检测算法的后面来实现性能的优化。该技术的本质是将星座外的点移动到星座空间内。因此在介绍该技术的具体操作之前需要先介绍一下什么叫“星座空间内”。

星座的分布往往为正方形点阵的形态，令 $\max\chi$ 和 $\min\chi$ 分别代表 QAM 星座的行(列)维度的最大值与最小值。如果某个符号属于星座空间内，将满足：

$$\min \chi \leqslant x \leqslant \max \chi \tag{4-90}$$

然而在线性检测中难免会检测出超出星座范围的情况，这样便需要 Box Optimal 技术来将检测后的符号拉回到星座空间内，具体操作为，将超出星座空间的检测结果重新拉回到星座空间内部。此外，SD 算法同样可以借鉴 Box Optimal 算法[16]来判断是否需要进行下一阶段的检测，即 SD 检测算法在进行到某一层的时候可能找遍该层符号的所有星座点都无法使之落在当前半径以内，所以需要回到过往的位置来尝试其他父层的符号星座；Box Optimal aided SD 算法[16]可以通过边界上的点来判断星座空间内是否有合理的解，从而避免了不必要的尝试：如果两端的星座都无法满足落在当前半径内，则直接跳回之前的步骤。

4.3 迭代 MIMO 检测算法

近年来，基于消息传递(message propagation，MP)的检测方法由于其优异的性能受到了广泛关注。置信传播(belief propagation，BP)算法是基于马尔可夫随机场或因子图结构的近似算法。通过迭代的方式对变量节点和因子节点之间的消息进行更新，从而在收敛后获得对节点的边缘概率分布的近似结果。特别是在无环的因子图中，收敛结果即为精确的边缘概率分布，因此具有广泛的应用前景。BP 算法已成功应用到 MIMO 检测中，且具有优异的性能。但是由于 MIMO 系统因子图含有大量的环结构，其迭代更新收敛速度较慢，并且迭代计算过程更新公式往往较为复杂，这些都导致 MIMO 检测中 BP 算法依然具有很高的计算复杂度。

近似消息传递(approximate message passing，AMP)是利用中心极限定理和泰勒级数对基于因子图的 BP 算法进行近似[17]，把传递的消息近似成复高斯分布，因此只需传递这一分布的均值和方差，不再传递离散的概率值，从而减少了传递的消息量，显著降低了算法的计算复杂度。

而期望传播(expectation propagation，EP)算法将发送符号的概率分布直接近似成高斯分布，信息传递在迭代更新时不再关注分布的具体采样值，而是专注于能够完全表征分布的充分统计量，从而可以简化迭代更新公式和加快迭代收敛速度，最终降低计算复杂度。EP 算法自从被 Minka 博士提出后，就被广泛应用于机器学习领域并取得了显著的成果。通信系统中的信号处理和机器学习类似，都是建立在贝叶斯推理的基础上的，因此 EP 算法最近也被广泛应用于通信系统中，包括信道估计、MIMO 信号检测、信道译码等。

4.3.1 图模型

常用的图模型主要有三种，分别是贝叶斯置信网络(Bayesian belief network)、马尔可夫随机域(Markov random fields)和因子图(factor graph)。本节将对三种图模型的基本知识进行简要介绍。这三种图模型实际上是可以互相转化的。

1. 贝叶斯置信网络图模型

贝叶斯置信网络是一个有向无环图，图中的每个节点代表一个离散随机变量。图中

的有向边表示变量之间的统计相关性。特别地，与有向边的箭头相连的节点在统计上依赖于与有向边的尾端相连的节点，连接节点 x_1 和节点 x_2 的边与条件概率 $p(x_1 | x_2)$ 相对应。图 4-16 表示一个含有五个随机变量的贝叶斯置信网络，可以得到所有随机变量的联合概率密度表示为

$$p(x_1,x_2,x_3,x_4,x_5)=p(x_1)p(x_2 | x_1)p(x_3 | x_1)p(x_4 | x_2)p(x_5 | x_2,x_3) \tag{4-91}$$

更一般的情况下，变量 $x_1,x_2,\cdots,x_N$ 的联合概率密度函数可以表示为

$$p(x_1,x_2,\cdots,x_N)=\prod_{i=1}^{N} p[x_i | \mathcal{P}(x_i)] \tag{4-92}$$

其中，$\mathcal{P}(x_i)$ 表示所有与变量 x_i 相关的父节点组成的集合。任何变量 x_i 的概率密度都可以通过所有其他变量对联合概率密度函数进行边缘求解得到。

$$p(x_k)=\sum_{x_1}\cdots\sum_{x_{k-1}}\sum_{x_{k+1}}\cdots\sum_{x_N} p(x_1,x_2,\cdots,x_N) \tag{4-93}$$

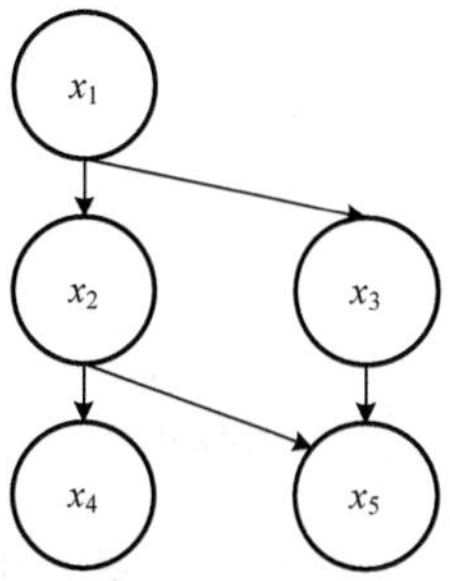

图 4-16　贝叶斯置信网络示意图

2. 马尔可夫随机域图模型

马尔可夫随机域可以由一个无向图表示，图中的顶点表示随机变量。任何一个变量只与其相邻节点有统计关系，与其余变量相互独立。

$$p(x_k | x_1,x_2,\cdots,x_{k-1},x_{k+1},\cdots,x_N)=p[x_k | \mathcal{N}(x_k)] \tag{4-94}$$

其中，$\mathcal{N}(x_k)$ 表示节点 x_k 的相邻节点组成的集合。

通常，马尔可夫随机域中的变量受相容性函数(也称团势函数)的约束。马尔可夫随机域中的一个团是一个全连通子图。设 N_C 表示一个马尔可夫随机域中团的个数，x_j 表示团 j 中的变量。$\psi_j(x_j)$ 表示团 j 的相容性函数，则马尔可夫随机域中变量的联合概率密度函数表示为

$$p(x)=\prod_{j=1}^{N_C}\psi_j(x_j) \tag{4-95}$$

在马尔可夫随机域中用得较多的是成对马尔可夫随机域图，成对马尔可夫随机域图意味着图中所有团的大小都为 2。因此所有的相容性函数都是含有两个变量的函数，可表示为 $\psi_{i,j}(x_i,x_j)$，其中，x_i 和 x_j 表示图中直接相连的两个变量。一个典型的成对马尔可夫随机域如图 4-17 所示。设 x_i 表示隐藏变量节点，y_j 表示观测变量节点，$\phi_i(x_i,y_i)$ 表示隐藏节点与观测节点的联合相容性函数，则图 4-17 表示的隐藏节点与观测节点之间的联合概率密度函数可表示为

$$p(x,y)\propto\prod_{i,j}\psi_{i,j}(x_i,x_j)\prod_{i}\phi_i(x_i,y_i) \tag{4-96}$$

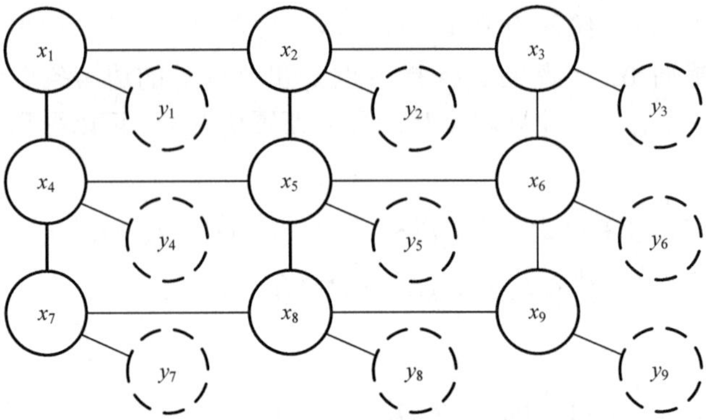

图 4-17　成对马尔可夫随机域示意图

3. 因子图模型

因子图早期主要应用在信道编码领域，后来随着研究的深入，因子图在信号检测和信道均衡方面的应用也越来越广泛。与贝叶斯置信网络和马尔可夫随机域相比，因子图的最大特点是将图中的节点分为两种：变量节点和因子节点(也称函数节点)。其中的变量节点表示一个未知的或已知的变量，在图中用圆圈表示，因子节点表示一个特定的函数，在图中用方形表示。只可以在变量节点和因子节点之间建立边，两个变量节点之间是通过因子节点建立联系的。因子图显式地描述了一个函数的因式分解，典型的应用是将一个概率密度函数分解为几个局部函数的乘积，每个局部函数的自变量为所有变量的一个子集。例如，设 $f(x)$ 为一个函数，则将 $f(x)$ 分解为 N_F 个局部函数可表示为

$$f(x) \propto \prod_{j=1}^{N_F} f_j(x_j) \tag{4-97}$$

其中，f_j 表示局部函数；x_j 表示局部函数 f_j 所依赖的变量。以图 4-16 为例，设各局部函数表示为

$$\begin{gathered} f_1(x_1) = p(x_1), \quad f_2(x_1,x_2) = p(x_2 \mid x_1) \\ f_3(x_1,x_3) = p(x_3 \mid x_1), \quad f_4(x_2,x_4) = p(x_4 \mid x_2) \\ f_5(x_2,x_3,x_5) = p(x_5 \mid x_2,x_3) \end{gathered} \tag{4-98}$$

则图 4-18 用因子图表示了图 4-16 所示的联合概率分解形式。

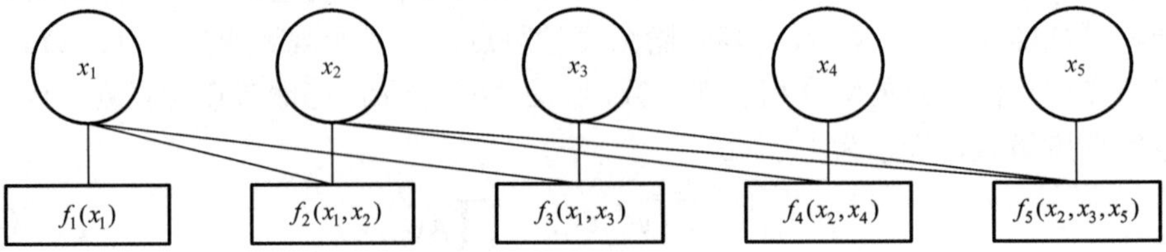

图 4-18　因子图结构示意图

4.3.2　马尔可夫随机场置信传播

使用图模型的置信传播的主要形式有两种，分别是基于马尔可夫随机场(Markov random field，MRF)的 BP 和基于因子图的 BP。它们的消息传递过程不同，本节将分别介绍这两种图模型下的 BP。

1. BPSK 下的 MRF-BP MIMO 检测

置信传播的基本思想是将系统模型建模为相应的图模型，利用观测到的输出检测系统的隐藏输入，检测问题就转换为相应图模型上的概率推断问题。更确切地说，BP 是一种通过在图模型上进行消息传递来计算函数边缘化的算法。BP 算法最早是由 Judea Pearl 提出的，最初的应用是将图模型建模为一个树状结构，结果证明在树结构的图模型上进行 BP 算法可以保证在有限次迭代次数之后，图中的每个变量节点都收敛到准确的边缘概率值，其计算复杂度相比于穷举法大大降低。而当图中存在环路时，BP 算法不能确保变量节点在有限次迭代之后收敛到准确边缘概率值。但是在 MIMO 系统信号检测过程中，待检测的信号是离散分布的，需要通过一定的信息来进行判决，并不需要准确的边缘概率，即只需要边缘概率收敛到一定的范围即可，从而解决了有环图中 BP 算法的收敛性问题。

对于 MIMO 系统，当发送端信息比特等概率出现时，最大似然检测等价于最大后验概率检测，即

$$\hat{\boldsymbol{x}} = \arg\max \Pr(\boldsymbol{x} \mid \boldsymbol{y}, \boldsymbol{H}) \tag{4-99}$$

精确计算式(4-99)需要的计算复杂度随着发送天线数目的增加呈指数级增长，而消息传递类算法就是以较低的计算复杂度得到式(4-99)所示的联合分布的近似边际概率。三种图模型，即贝叶斯置信网络、马尔可夫随机场和因子图之间是可以相互转化的。本节将以马尔可夫随机场为例，详细介绍最常见的一类消息传递算法——置信传播在大规模 MIMO 检测中的应用。

类似于图 4-17，在 MIMO 系统的 MRF 中，每个隐藏节点 x 之间均有边进行连接，是一个有环图。MIMO 系统的后验概率表达式 $p(\boldsymbol{x} \mid \boldsymbol{y}) \propto \exp\left(-\frac{1}{N_0}\|\boldsymbol{Hx}-\boldsymbol{y}\|^2\right)$ 可以分解为二元势和一元势的乘积[18]：

$$p(x_1,\cdots,x_{N_\mathrm{T}} \mid \boldsymbol{y}) \propto \prod_i \left(\phi_i(x_i)\prod_{i<j}\psi_{ij}(x_i,x_j)\right) \tag{4-100}$$

其中，$\phi_i(x_i)=\exp\left(-\frac{1}{N_0}\boldsymbol{y}^T\boldsymbol{h}_i x_i\right)$，$\psi_{ij}(x_i,x_j)=\exp\left(-\frac{2}{N_0}\boldsymbol{h}_i^T\boldsymbol{h}_j x_i x_j\right)$。$\boldsymbol{h}_j$ 表示 $\boldsymbol{H}$ 的第 j 列。按照 BP 算法的消息传递规则，从隐藏节点 x_i 到隐藏节点 x_j 传递的消息为

$$m_{i,j}(x_j)=\sum_{x_i}\phi_i(x_i)\psi_{ij}(x_i,x_j)\prod_{k\in N(i)/j} m_{k,i}(x_i) \tag{4-101}$$

其中，$N(i)/j$ 表示除去 j 节点的所有节点集合。传递的消息实际上是利用观测值 $\boldsymbol{y}$ 得到的发送符号的离散分布情况。每个隐藏节点收到其他隐藏节点传来的消息后，计算自身的后验边缘分布，即 BP 算法中的置信度：

$$b_i(x_i)=\phi_i(x_i)\prod_{j\in N(i)} m_{j,i}(x_i) \tag{4-102}$$

在消息传递经过一定次数后，迭代停止。由于 MIMO 系统的 MRF 是一个有环图，存在许多短环，BP 算法在多环图模型中传递的消息经过一定次数迭代后不一定收敛，导致检测性能变差。基于阻尼因子的 BP 算法改善了消息的收敛性。在每一次迭代过程中，节点所要传递的消息由上一次迭代中的消息和当前迭代的消息加权平均得到。在第 t 次迭代中节点 i 到节点 j 的消息为

$$\begin{aligned}\tilde{m}_{i,j}^{t}(x_j)&=\sum_{x_i}\phi_i(x_i)\psi_{ij}(x_i,x_j)\prod_{k\in N(i)/j} m_{k,i}^{t-1}(x_i)\\ m_{i,j}^{t}(x_j)&=\alpha m_{i,j}^{t-1}(x_j)+(1-\alpha)\tilde{m}_{i,j}^{t}(x_j)\end{aligned} \tag{4-103}$$

其中，α 表示阻尼因子。因此，BPSK 调制下的基于阻尼因子的 MRF-BP 算法步骤如算法 4-1 所示。

算法 4-1　大规模 MIMO 系统中 MRF-BP 检测算法

初始化

1. $m_{i,j}^{0}(x_j)=0.5, p(x_i=1)=p(x_i=-1)=0.5, \forall i,j=1,\cdots,N_{\mathrm{T}}$

2. **for** $i=1:N_{\mathrm{T}}$ **do**

$$\phi_i(x_i)=\exp\left(-\frac{1}{N_0}\boldsymbol{y}^T\boldsymbol{h}_i x_i\right)$$

end for

3. **for** $i=1:N_{\mathrm{T}}$ **do**

　for $j=1:N_{\mathrm{R}}, j\neq i$ **do**

$$\psi_{ij}(x_i,x_j)=\exp\left(-\frac{2}{N_0}\boldsymbol{h}_i^T\boldsymbol{h}_j x_i x_j\right)$$

　end for

end for

消息更新

4. **for** $t=1:T$ (迭代次数) **do**

　for $i=1:N_{\mathrm{T}}$ **do**

　　for $j=1:N_{\mathrm{R}}, j\neq i$ **do**

$$\tilde{m}_{i,j}^{t}(x_j)=\sum_{x_i}\phi_i(x_i)\psi_{ij}(x_i,x_j)\prod_{k\in N(i)/j} m_{k,i}^{t-1}(x_i)$$

$$m_{i,j}^{t}(x_j)=\alpha m_{i,j}^{t-1}(x_j)+(1-\alpha)\tilde{m}_{i,j}^{t}(x_j)$$

　　end for

　end for

end for

置信度计算

5. **for** $i=1:N_{\mathrm{T}}$ **do**

$$b_i(x_i)=\phi_i(x_i)\prod_{j\in N(i)} m_{j,i}(x_i)$$

end for

符号判决检测

6. $\hat{x}_i=\underset{x_i\in\{\pm1\}}{\arg\max} b_i(x_i), \forall i=1,\cdots,N_{\mathrm{T}}$

检测完成

2. GTA 检测

BP 算法为 MIMO 通信系统的检测算法设计提供了一种独特的思路。然而 MIMO 检测问题对应的因子图是一个全连接的因子图，大量短环导致 BP 无法收敛。这是因为在 MIMO 应用中，矩阵 $\boldsymbol{H}$ 是随机选择的，因此 MRF 无向图通常是一个如图 4-19 所示的完全连通图。

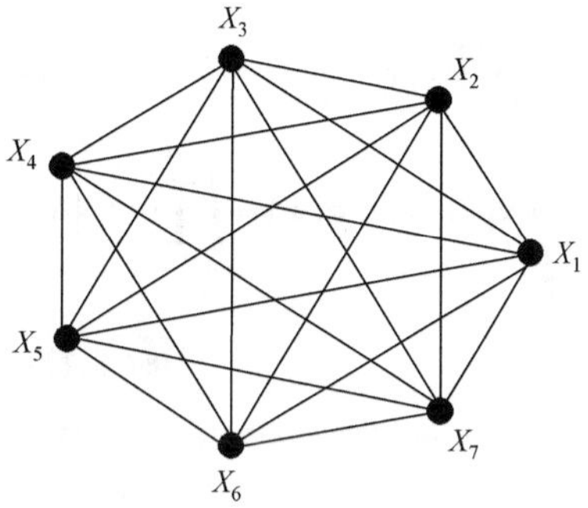

图 4-19　MRF 无向图模型对应于 n=7 的 MIMO 检测模型

图 4-20 显示了 8×8 real MIMO 与 BPSK 配置下的误码性能曲线。可以看出，基于 MRF 的 BP 检测器的结果很差。

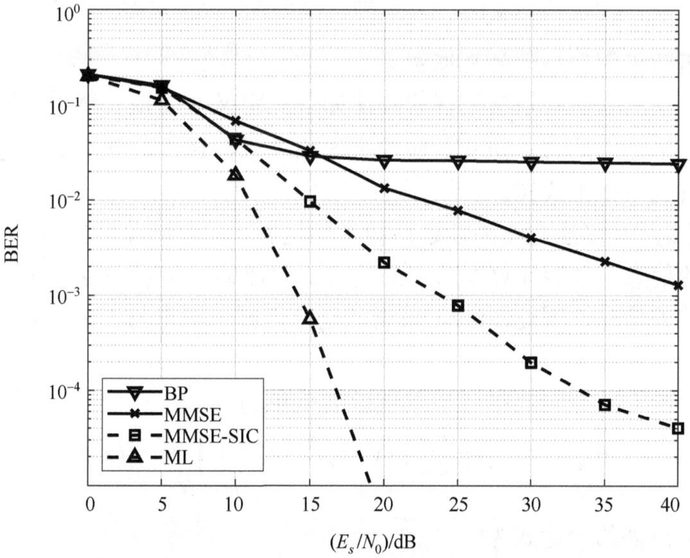

图 4-20　8×8 real MIMO 与 BPSK 配置下的误码性能

为了克服这个障碍，学界提出了高斯树近似(Gaussian-tree-approximation，GTA)算法。GTA 的原理是对无约束线性系统对应的高斯分布应用 Chow-Liu 算法。给定高斯树近似，接下来应用有限集约束和高斯树分布，形成一个无环离散分布逼近 $p(\boldsymbol{x}\mid\boldsymbol{y})$，再使用 BP 算法有效地全局最大化。

GTA 算法在线性检测之后进行。接下来，以 ZF 为例进行介绍。ZF 滤波后的信号为 $\boldsymbol{z}=(\boldsymbol{H}^T\boldsymbol{H})^{-1}\boldsymbol{H}^T\boldsymbol{y}$。接收信号中变量部分的协方差矩阵为 $\boldsymbol{C}=N_0(\boldsymbol{H}^T\boldsymbol{H})^{-1}$。因此，发送信号的后验概率可以写成：

$$p(\boldsymbol{x}\,|\,\boldsymbol{y})\propto f(\boldsymbol{x};\boldsymbol{z},\boldsymbol{C})=\frac{1}{\sqrt{(2\pi)^n|\boldsymbol{C}|}}\times\exp\left(-\frac{1}{2}(\boldsymbol{z}-\boldsymbol{x})^T\boldsymbol{C}^{-1}(\boldsymbol{z}-\boldsymbol{x})\right) \tag{4-104}$$

其中，$f(\boldsymbol{x};\boldsymbol{z},\boldsymbol{C})$ 就是对应于全连接因子图的输入输出关系。GTA 用 $f(\boldsymbol{x};\boldsymbol{z},\boldsymbol{C})$ 的基于树的近似来逼近离散分布 $p(\boldsymbol{x}\,|\,\boldsymbol{y})$，避免了“环”的存在。用来近似的最小生成树记为 $g(\boldsymbol{x})=\prod_{i=1}^{n}g(x_i\,|\,x_{p(i)})$。其中，$g(x_i\,|\,x_{p(i)})$ 代表一对父子节点之间的联合概率，$p(i)$ 是节点 i 的父节点。$g(\boldsymbol{x})=\prod_{i=1}^{n}g(x_i\,|\,x_{p(i)})$ 对 $f(\boldsymbol{x};\boldsymbol{z},\boldsymbol{C})$ 的逼近是依靠 KL 散度进行计算的：

$$\begin{aligned}D(f\,\|\,g)=&\sum_{i=1}^{n}D(f(x_i\,|\,x_{p(i)})\,\|\,g(x_i\,|\,x_{p(i)}))\\&-h(\boldsymbol{x})+\sum_{i=1}^{n}(h(x_i)-I(x_i;x_{p(i)}))\end{aligned} \tag{4-105}$$

其中，I 是互信息；h 是分布 $f(\boldsymbol{x})$ 的微分熵。由于 $h(\boldsymbol{x})$ 不依赖于树的结构，最接近 $f(\boldsymbol{x};\boldsymbol{z},\boldsymbol{C})$ 的树拓扑是使总和 $\sum_{i=1}^{n}I(x_i;x_{p(i)})$ 最大化的树拓扑。因此，最优高斯树就是使相邻节点间相关系数平方和最大的高斯树。

综上所述，找到最佳高斯树近似的算法如下：定义 x_1 为根。然后找到连接树内的一个顶点和树外一个顶点的边，使其对应的平方相关系数最大，并将这条边添加到树中。继续此过程，直到获得生成树。

接下来，讨论 BP 算法在该高斯近似树上的运行。一般情况下的 BP 在每个节点得到其他所有节点的信息，之后计算本节点的信息。同样地，GTA 也保证了每个节点都得到其他所有节点的外信息。因此，GTA 采用了“叶”到“根”与“根”到“叶”的双阶段的传递方式。

首先，从“叶”节点到“根”节点传递的信息为

$$m_{i\to p(i)}(x_{p(i)})=\sum_{x_i\in\chi}f(x_i\,|\,x_{p(i)};\boldsymbol{z},\boldsymbol{C})\prod_{j|p(j)=i}m_{j\to i}(x_i) \tag{4-106}$$

在“叶”节点处的表达式为

$$m_{i\to p(i)}(x_{p(i)})=\sum_{x_i\in\chi}f(x_i\,|\,x_{p(i)};\boldsymbol{z},\boldsymbol{C}) \tag{4-107}$$

从“根”节点到“叶”节点传递的信息为

$$m_{p(i)\to i}(x_i)=\sum_{x_{p(i)}\in\chi}f(x_i\,|\,x_{p(i)};\boldsymbol{z},\boldsymbol{C})m_{p(p(i))\to p(i)}(x_{p(i)})\times\prod_{\{j|j\neq i,p(j)=p(i)\}}m_{j\to p(i)}(x_{p(i)}) \tag{4-108}$$

在“根”节点处的表达式为

$$m_{p(i)\to i}(x_i)=\sum_{x_{p(i)}\in\chi} f(x_i\mid x_{p(i)};\boldsymbol{z},\boldsymbol{C})\times\prod_{\{j\mid j\neq i,p(j)=p(i)\}} m_{j\to p(i)}(x_{p(i)}) \tag{4-109}$$

在“叶”到“根”与“根”到“叶”的消息传递过程完成后，可以计算每个节点的置信度，即所有从该节点的父变量和子变量(如果有)发送到该节点的消息的乘积。

$$\text{belief}_i(x_i)=m_{p(i)\to i}(x_i)\prod_{j\mid p(j)=i} m_{j\to i}(x_i) \tag{4-110}$$

在“根”节点处的置信度为

$$\text{belief}_i(x_i)=f(x_i;\boldsymbol{z},\boldsymbol{C})\prod_{j\mid p(j)=i} m_{j\to i}(x_i) \tag{4-111}$$

图 4-21 显示了使用 16QAM 调制对 12×12 MIMO 系统的硬判检测性能。图 4-21 所示的方法有 MMSE-SIC、GTA 和 SD(深度优先)。在这种情况下，SD 的性能优于 MMSE-SIC 和 GTA 方法。代表 BP 的 GTA 方法已经避免了短环带来的错误平层，且性能优于 MMSE-SIC。

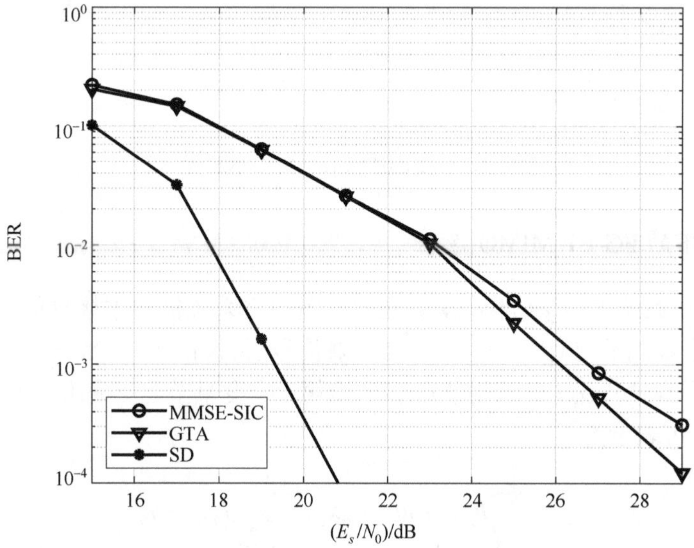

图 4-21　12×12 16QAM MIMO 下硬判仿真结果

4.3.3　因子图置信传播

FG-BP 算法是一种基于因子图模型的消息传递算法，它利用图模型解决概率推断问题。标准的 BP 算法是一个去中心化的消息传递算法，去中心化的意思是图中的每一个节点都相当于一个处理单元，每一个处理单元都可以与其父节点和子节点交换信息，假设在算法开始时每个变量节点都已经知道它的局部环境，即已知它和其他节点的连接关系和关系函数。在因子图中一次 BP 迭代过程可以分为如下两个步骤。

(1) 如图 4-22(a)所示，因子节点 b 从与之直接相连的变量节点获得先验信息 $p_{a_i,b}$，然后根据这些信息计算相应的后验概率信息，更新自己的置信度，并把更新后的外信息 Λ_{b,a_i} 分别传递给与之相连的变量节点。

(2) 如图 4-22(b) 所示，变量节点 a 从与之直接连接的因子节点获得先验信息 $\Lambda_{b_i,a}$，然后根据这些先验信息更新其置信度，同时将更新后的外信息 p_{a,b_i} 传回给相应的因子节点。

经过多次迭代之后，变量节点的概率逐渐收敛到一个比较准确的状态，可以根据检测性能和计算复杂度的折中确定迭代的次数，然后进行离散判决。需要注意的是，在信息更新过程中，传递信息的为外信息，即第 i 个节点传给第 j 个节点的消息中不含第 j 个节点传给第 i 个节点的信息。

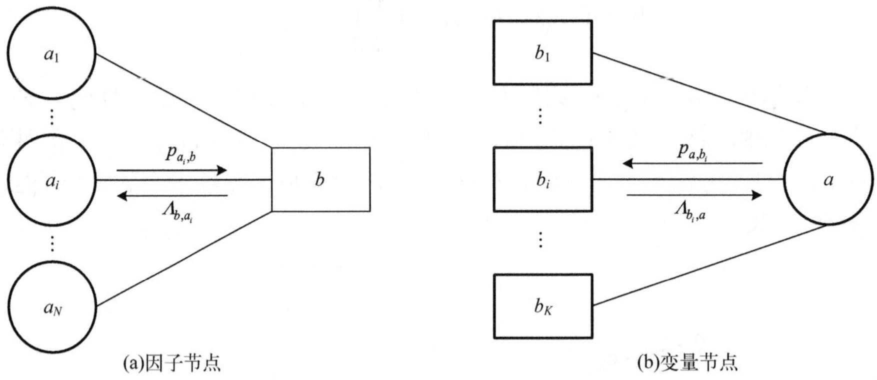

图 4-22　BP 算法信息传递示意图

1. BPSK 下的 FG-BP MIMO 检测

考虑 MIMO 系统模型 $\boldsymbol{y}=\boldsymbol{H}\boldsymbol{x}+\boldsymbol{n}$，在因子图中将系统模型中接收信号向量 $\boldsymbol{y}$ 中的每个元素作为一个观测节点(因子节点)，将发射信号(待检信号)向量 $\boldsymbol{x}$ 中的每个元素作为一个变量节点。当计算第 i 个观测节点 y_i 传给第 k 个变量节点 x_k 的信息时，接收信号向量中第 i 个元素可表示为

$$y_i=\sum_{j=1}^{N_{\mathrm{T}}}h_{ij}x_j+n_i=h_{ik}x_k+\underbrace{\sum_{j=1,j\neq k}^{N_{\mathrm{T}}}h_{ij}x_j}_{\text{干扰}}+n_i \tag{4-112}$$

为了降低式(4-112)的计算复杂度，可以将其中的干扰项近似建模为高斯分布，可表示为

$$y_i=h_{ik}x_k+\underbrace{\sum_{j=1,j\neq k}^{N_{\mathrm{T}}}h_{ij}x_j+n_i}_{\lambda_{ik}}\triangleq h_{ik}x_k+\lambda_{ik} \tag{4-113}$$

其中，λ_{ik} 表示第 k 个变量节点到第 i 个观测节点的干扰叠加噪声项。将 λ_{ik} 建模为 $\mathbb{C}\mathcal{N}(\mu_{\lambda_{ik}},\sigma^2_{\lambda_{ik}})$，其中，均值 $\mu_{\lambda_{ik}}$ 和方差 $\sigma^2_{\lambda_{ik}}$ 可表示为

$$\mu_{\lambda_{ik}} = \sum_{j=1, j\neq k}^{N_{\mathrm{T}}} h_{ij} E(x_j)$$
$$\sigma_{\lambda_{ik}}^2 = \sum_{j=1, j\neq k}^{N_{\mathrm{T}}} \left|h_{ij}\right|^2 \mathrm{Var}(x_j) + \sigma_n^2 \tag{4-114}$$

因此，$y_i - h_{ik}x_k$ 同样服从 $\mathbb{C}\mathcal{N}(\mu_{\lambda_{ik}}, \sigma_{\lambda_{ik}}^2)$ 分布，也就可以利用此分布求出 x_k 的边际概率分布 $p(y_i \mid \boldsymbol{H}, x_k)$。设 $\varLambda_i^k$ 表示在第 i 个观测点处变量节点 x_k 的对数似然比(log-likelihood ratio, LLR)，对于 BPSK 调制信号，$x_k \in \{1, -1\}$，则 $\varLambda_i^k$ 可表示为

$$\varLambda_i^k = \log \frac{p(y_i \mid \boldsymbol{H}, x_k = 1)}{p(y_i \mid \boldsymbol{H}, x_k = -1)} = \frac{4}{\sigma_{\lambda_{ik}}^2} \mathbf{R}(h_{ik}^*(y_i - \mu_{\lambda_{ik}})) \tag{4-115}$$

在观测点计算得到对数似然比 $\varLambda_i^k$ 后会将其传递到其余的变量节点，消息传递过程如图 4-23(a)所示。然而，在这种传递方式下，BP 在 MIMO 检测中的应用性能较差，为了改善检测性能，引入了阻尼跟踪系数对置信传播过程中的迭代信息进行加权修正，即利用系数跟踪的方式对当前计算值和之前的迭代值进行加权相加，保证信息更新的稳定。其中，α 为阻尼跟踪系数，不同的 α 对 MIMO 检测性能影响较大：

$$\varLambda_i^k(t) = \alpha \varLambda_i^k(t-1) + (1-\alpha)\varLambda_i^k(t) \tag{4-116}$$

变量节点在接收到观测节点发送的对数似然比信息后，利用其计算本变量的后验概率，可表示为

$$p_i^{k+} \triangleq p_i(x_k = 1 \mid \boldsymbol{y}) = \frac{\exp\left(\sum_{l=1, l\neq i}^{N_{\mathrm{R}}} \varLambda_l^k\right)}{1 + \exp\left(\sum_{l=1, l\neq i}^{N_{\mathrm{R}}} \varLambda_l^k\right)} \tag{4-117}$$

变量节点得到对数似然比后再将其传递给所有观测节点，消息传递过程如图 4-23 (b)所示。经过一定的迭代次数之后，变量节点的边缘概率收敛到一个值，对第 k 个变量节点的检测可以表示为

$$\hat{x}_k = \mathrm{sgn}\left(\sum_{i=1}^{N_{\mathrm{R}}} \varLambda_i^k\right) \tag{4-118}$$

其中，$\mathrm{sgn}(\cdot)$ 表示符号函数。

式(4-114)中的均值和方差具体表示为

$$\mu_{\lambda_{ik}} = \sum_{j=1, j\neq k}^{N_{\mathrm{T}}} h_{ij} E(x_j) = \sum_{j=1}^{N_{\mathrm{T}}} h_{ij} E(x_j) - h_{ik} E(x_k) \tag{4-119}$$

$$\begin{aligned}\sigma_{\lambda_{ik}}^2 &= \sum_{j=1, j\neq k}^{N_{\mathrm{T}}} \left|h_{ij}\right|^2 \mathrm{Var}(x_j) + \sigma_n^2 \\ &= \sum_{j=1}^{N_{\mathrm{T}}} \left|h_{ij}\right|^2 \mathrm{Var}(x_j) - \left|h_{ik}\right|^2 \mathrm{Var}(x_k) + \sigma_n^2\end{aligned} \tag{4-120}$$

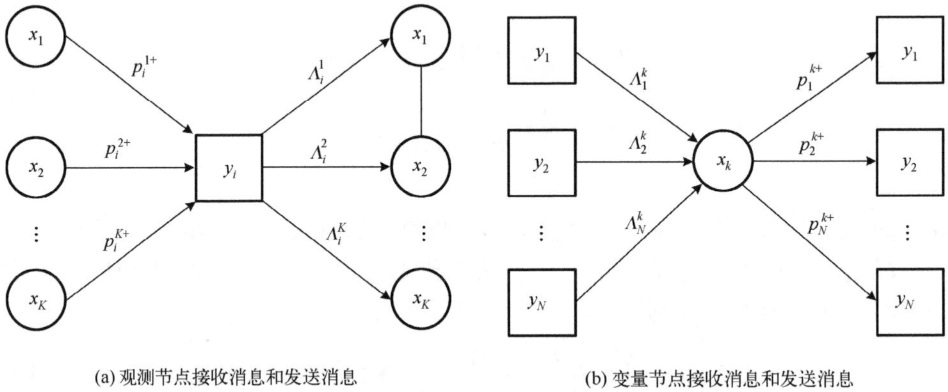

图 4-23　BP 算法中观测节点与变量节点之间信息传递过程

在 BPSK 调制系统中，x_j 的均值方差分别是 $E(x_j)=1\times p_i^{j+}+(-1)\times(1-p_i^{j+})=2p_i^{j+}-1$，$\mathrm{Var}(x_j)=E(x_j^2)-(E(x_j))^2=4p_i^{j+}(1-p_i^{j+})$。

综上所述，可以得到大规模MIMO系统中FG-BP检测算法的伪码描述如算法4-2所示[18]。

算法 4-2　大规模 MIMO 系统中 FG-BP 检测算法

初始化

1. $\Lambda_i^k=0, p_i^{k+}=0.5, s_{\Lambda^k}=0, \mu_{\lambda_{ik}}=\sigma_{\lambda_{ik}}^2=s_{\mu_{\lambda_i}}=s_{\sigma_{\lambda_i}^2}=0$

$\forall i=1,\cdots,N_{\mathrm{R}}, \forall k=1,\cdots,N_{\mathrm{T}}$

消息更新

2. **for** $t=1:T$ (迭代次数) **do**

　计算观测节点处的对数似然比

　for $i=1:N_{\mathrm{R}}$ **do**

$$s_{\mu_{\lambda_i}}=\sum_{j=1}^{N_{\mathrm{T}}}h_{ij}(2p_i^{j+}-1)$$

$$s_{\sigma_{\lambda_i}^2}=4\sum_{j=1}^{N_{\mathrm{T}}}\left|h_{ij}\right|^2 p_i^{j+}(1-p_i^{j+})$$

　for $k=1:N_{\mathrm{R}}$ **do**

$$\mu_{\lambda_{ik}}=s_{\mu_{\lambda_i}}-h_{ik}(2p_i^{k+}-1)$$

$$\sigma_{\lambda_{ik}}^2=s_{\sigma_{\lambda_i}^2}-4\left|h_{ik}\right|^2 p_i^{k+}(1-p_i^{k+})+\sigma_n^2$$

$$\Lambda_i^k=\frac{4}{\sigma_{\lambda_{ik}}^2}\mathcal{R}(h_{ik}^*(y_i-\mu_{\lambda_{ik}}))$$

　end for

end for

　计算变量节点处的边缘概率

$$p_i^{k+}\triangleq p_i(x_k=1\mid \boldsymbol{y})=\frac{\exp\left(\sum_{l=1,l\neq i}^{N_{\mathrm{R}}}\Lambda_l^k\right)}{1+\exp\left(\sum_{l=1,l\neq i}^{N_{\mathrm{R}}}\Lambda_l^k\right)},\forall k=1,\cdots,N_{\mathrm{T}}$$

end for

符号判决检测

3. $\hat{x}_k = \operatorname{sgn}\left(\sum_{i=1}^{N_R} \Lambda_i^k\right), \forall k = 1, \cdots, N_T$

检测完成

对比 BP 检测算法、MMSE 检测算法以及无衰落单发单收(single input single output，SISO)的性能，采用瑞利衰落信道。首先探究阻尼因子的影响。不同阻尼因子下性能仿真对比图如图 4-24 所示。

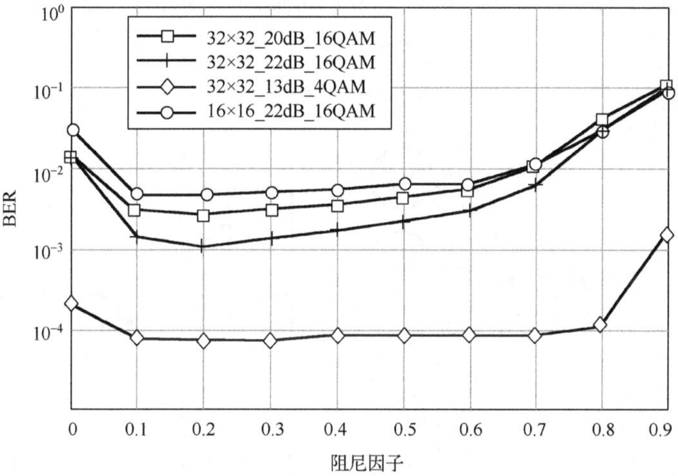

图 4-24　不同阻尼因子下性能仿真对比图

如图 4-24 所示，16QAM 调制下，不同阻尼因子的影响程度要大于 4QAM 调制。阻尼因子为 0，即为不采用信息跟踪处理时的检测性能，远差于阻尼因子在 0.2 附近的检测性能。基于该性能仿真结果，图 4-25 对 BP 算法仿真都采用 0.2 作为阻尼因子。

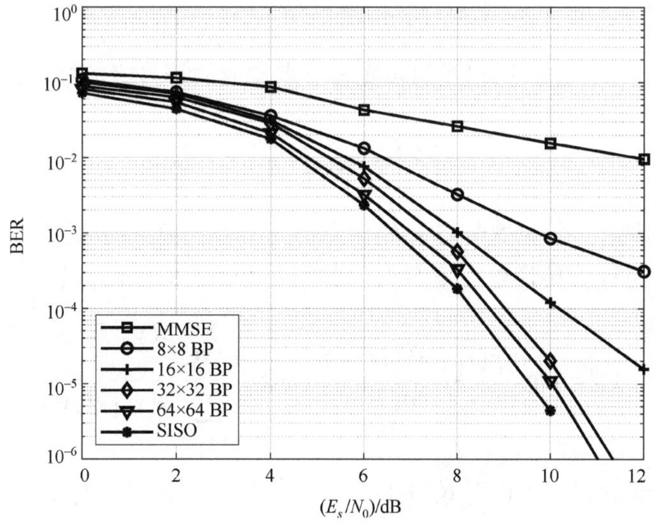

图 4-25　BPSK 调制下不同天线规模检测算法性能对比图

图 4-25 给出了 BPSK 调制下的不同天线规模的检测算法性能对比图。随着收发天线规模的增大，BP 算法的性能几乎可以逼近无衰落 SISO 的检测性能。这是因为随着天线规模的增大，BP 检测算法的假设中的高斯近似原理条件得到了更好地满足，所以算法检测性能也越来越趋于最优。同时在相同规模下，BP 检测算法相对于 MMSE 检测算法具有非常明显的性能优势。

2. 高阶调制下的比特级 FG-BP MIMO 检测

高阶调制下，以 M-QAM 为例介绍 BP 在 MIMO 检测中的应用。假设在包含 Qbit 的 QAM 调制空间集合下，其对应的迭代信息传递因子图如图 4-26 所示。

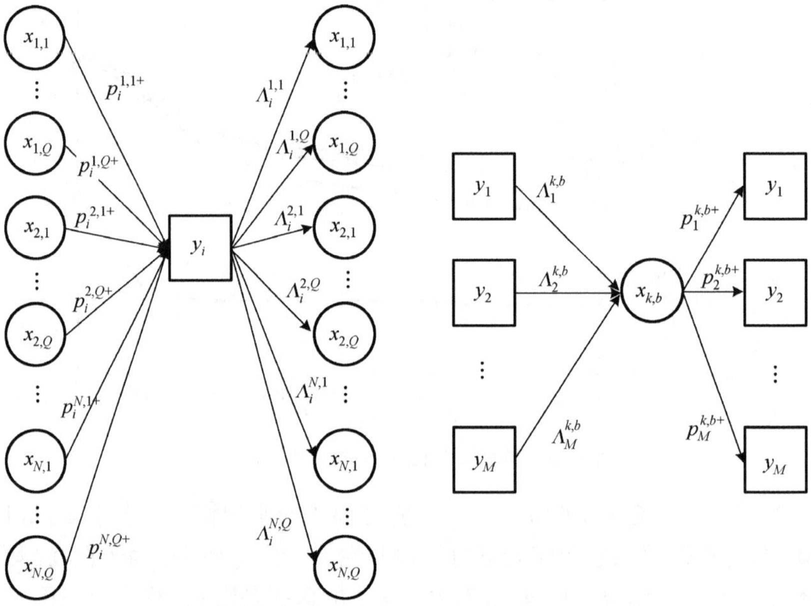

图 4-26　QAM 调制比特级 BP MIMO 检测因子图

对观测节点 y_i，首先计算相连的各变量节点构成的符号级的概率：

$$p_i(x_i)=\prod_{b=1}^{Q}p_i^{i,b+} \tag{4-121}$$

当计算 y_i 传给第 k 个变量节点 x_k 的信息时，高斯分布的干扰项对应的均值方差如式 (4-114) 所示。再计算传递给变量节点 x_k 的第 b 比特的似然比信息 $\Lambda_i^{k,b}$：

$$\Lambda_i^{k,b}=\log_2\frac{p(x_{k,b}=1|\boldsymbol{H},y_i)}{p(x_{k,b}=0|\boldsymbol{H},y_i)}=\log_2\frac{\sum\limits_{x_k:x_{k,b}=1}p(x_k|\boldsymbol{H},y_i)}{\sum\limits_{x_k:x_{k,b}=0}p(x_k|\boldsymbol{H},y_i)} \tag{4-122}$$

利用 Max-Log 近似，可以对式 (4-122) 进行简化，用 φ 表示 QAM 星座集合：

$$\Lambda_i^{k,b} \approx \frac{1}{\sigma_{\lambda_{ik}}^2}\left(\min_{\theta\in\varphi,\theta_b=-1}\left|y_i-\mu_{\lambda_{ik}}-h_{ik}\theta\right|^2-\min_{\theta\in\varphi,\theta_b=+1}\left|y_i-\mu_{\lambda_{ik}}-h_{ik}\theta\right|^2\right) \tag{4-123}$$

对变量节点 $x_{k,b}$，即变量节点 x_k 的第 b 比特，计算传递给 y_i 的后验概率：

$$p_i^{k,b+} \triangleq p_i(x_{k,b}=1\mid \boldsymbol{y})=\frac{\exp\left(\sum_{l=1,l\neq i}^{N_R}\Lambda_l^{k,b}\right)}{1+\exp\left(\sum_{l=1,l\neq i}^{N_R}\Lambda_l^{k,b}\right)} \tag{4-124}$$

采用比特级的置信传播译码算法，相比于 BPSK 调制，只额外增加了一部分“符号-比特”之间的转换处理，计算复杂度仍然较低。然而在高 QAM 调制下，基于比特级的置信传播 MIMO 检测将不再具有良好的收敛性能，检测结果较差。

3. 高阶调制下的符号级 FG-BP MIMO 检测

基于符号级的置信传播检测算法，即直接在变量节点和观测节点之间迭代符号概率信息。符号级 FG-BP MIMO 检测与比特级 FG-BP MIMO 检测核心的根本不同在于：比特级在迭代过程中是将各个发送符号的概率估计细化到比特而不是符号，存在符号-比特之间的转换，导致性能损失；基于符号级的 BP 迭代过程在变量节点和观测节点之间不再传递对应比特的概率信息，而是直接传递发送符号的概率估计信息。检测因子图如图 4-27 所示。

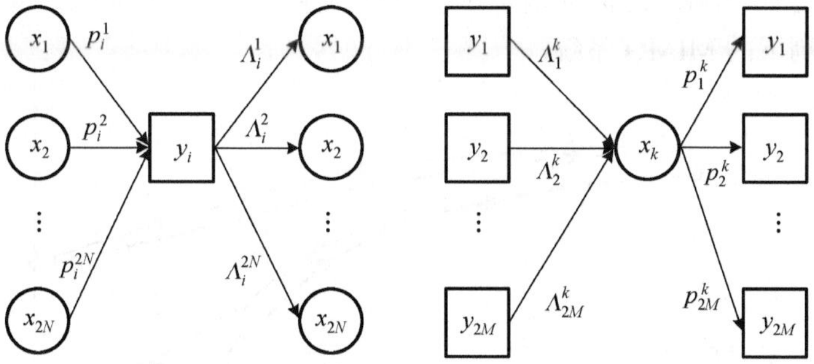

图 4-27　QAM 调制符号级 BP MIMO 检测因子图

假设 QAM 调制星座空间为 φ，图 4-27 中传递的信息 p_i^k 表示第 k 个变量节点 x_k 传递给 y_i 的概率信息向量，其中包含星座调制空间中所有星座符号的后验概率值；Λ_i^k 表示 y_i 传递给 x_k 的概率信息向量，其中同样包含了对调制空间所有星座符号的估计概率值。

对观测节点 y_i，首先计算 y_i 传给 x_k 的信息时，其中高斯分布的干扰项对应的均值方差为

$$E(x_j)=\sum_{m=1}^{2^Q} p_i^j(\theta_m)\theta_m \tag{4-125}$$

$$\text{var}(x_j)=\sum_{m=1}^{2^Q} p_i^j(\theta_m)\left|\theta_m\right|^2 - E(x_j)^2$$

再如式(4-119)、式(4-120)所示计算正态分布。计算传递给变量节点的概率向量 Λ_i^k：

$$\Lambda_i^k(\theta_j)=\frac{1}{\sqrt{2\pi}\sigma_{i,k}}\exp\left(-\frac{(y_i-h_{i,k}\theta_j-\mu_{i,k})^2}{\sigma_{i,k}^2}\right),\quad j=1,2,\cdots,2^Q \tag{4-126}$$

对变量节点 x_k，计算传递给 y_i 的概率：

$$p_i^k=\frac{1}{\Lambda_l^k(\theta_j)}\Pr(x_k=\theta_k\mid \boldsymbol{H},\boldsymbol{y})\propto\prod_{l=1,l\neq i}^{N_R}\Lambda_l^k(\theta_j),\quad j=1,2,\cdots,2^Q \tag{4-127}$$

最终符号判决的依据如下，其中，Z 是归一化因数：

$$\Pr(x_k=\theta_j)=\frac{1}{Z}\prod_{l=1}^{N_R}\Lambda_i^k(\theta_j) \tag{4-128}$$

$$\hat{x}_{k,b}=\sum_{\theta_j:\theta_j=+1}\Pr(x_k=\theta_j) \tag{4-129}$$

与之前的比特级的 BP MIMO 检测算法一致，符号级的 BP 检测算法同样也可以采用阻尼因子对迭代信息进行跟踪，对变量节点传递给观测节点的迭代信息进行跟踪：

$$p_i^{k(t)}(\theta_j)=(1-\alpha)p_i^{k(t)}(\theta_j)+\alpha p_i^{k(t-1)}(\theta_j) \tag{4-130}$$

图 4-28 中给出了在 16QAM 调制情况下符号级和比特级置信传播检测算法的性能仿真，可以明显看到比特级的置信传播算法相比于符号级的置信传播算法具有明显的不足。高阶调制下“符号-比特”之间的信息转换导致的性能损失是巨大的，符号级 BP 检测更适用于高阶调制下的 MIMO 系统。

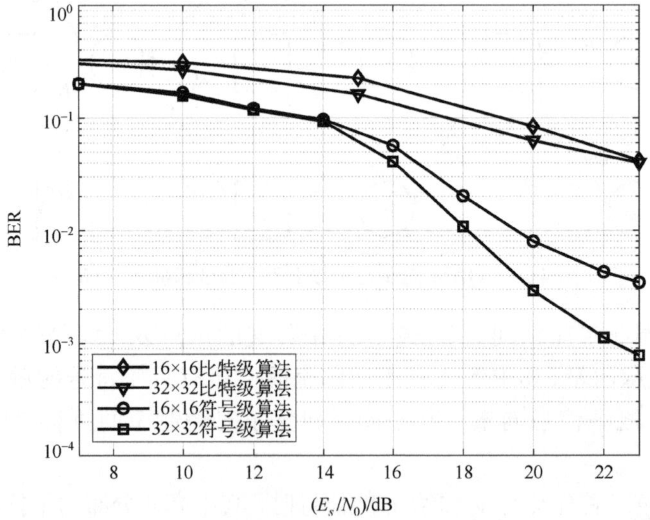

图 4-28　16QAM 调制符号级和比特级置信传播检测算法性能对比图

同时，为了降低计算复杂度，可以将 MIMO 复模型转化到实数域进行检测，这样每次需要遍历的星座点个数将从 2^Q 降为 $\sqrt{2^Q}$ ，在高阶调制的情况下，计算复杂度显著降低。将在 4.5 节详细介绍转化到实数域的操作。

4.3.4 近似消息传递

在天线规模很大的场景下，使用 BP 算法复杂度过高。因此，文献[17]提出了一种基于因子图的近似消息传递检测算法，主要利用中心极限定理和泰勒级数对 FG-BP 算法进行近似，在传递过程只需要传递均值和方差，不再传递概率密度函数，从而减少了传递的消息量，显著降低了算法的计算复杂度。在近似消息传递算法的基础上，文献[19]利用大规模 MIMO 系统中的信道硬化理论，提出了一种消息传递检测(message passing detection，MPD)算法，利用信道硬化理论避免了复杂的矩阵运算，且等效噪声近似为高斯分布，因此在消息传递算法迭代过程中仅需要传递均值和方差。

1. 近似消息传递模型分析

由 4.3.3 节可知，在消息传递类算法中，消息实际上是离散概率密度函数。消息的传递过程是数学运算：从因子节点传递给变量节点的消息是边缘概率密度的积分运算，而从变量节点传递给因子节点的消息是把多个独立的边缘概率密度进行乘积的运算。

直接运用这种消息传递方式进行迭代将存在许多问题。首先在检测性能方面，当原始的和积算法运用到多环图中时，收敛性得不到保证，从而导致检测性能变差；其次在计算复杂度方面，消息计算过程中存在着高维度的积分运算，而一般形式的概率密度函数难以精确地通过表达式得到。因此，在数学上可以用熟知的简单分布去近似复杂的分布来达到化简的目的。通过使用最小 Kullback-Leibler(KL)散度准则将原始离散消息近似为连续的高斯消息，只需要确定均值和方差两个参数就可以近似消息的概率密度，从而降低计算复杂度。

图 4-29 给出了多用户 MIMO 系统的因子图表示。在因子图中，节点 ϕ_i 表示映射约束 $\delta(\varphi(\boldsymbol{d}_i)-x_i)$，其中，$\varphi(\boldsymbol{d}_i)$ 为映射函数，$\delta(\cdot)$ 为 Kronecker 函数，节点“=”表示变量节点的克隆副本节点。类似 4.3.3 节中介绍的 MRF-BP 算法中的消息传递过程：

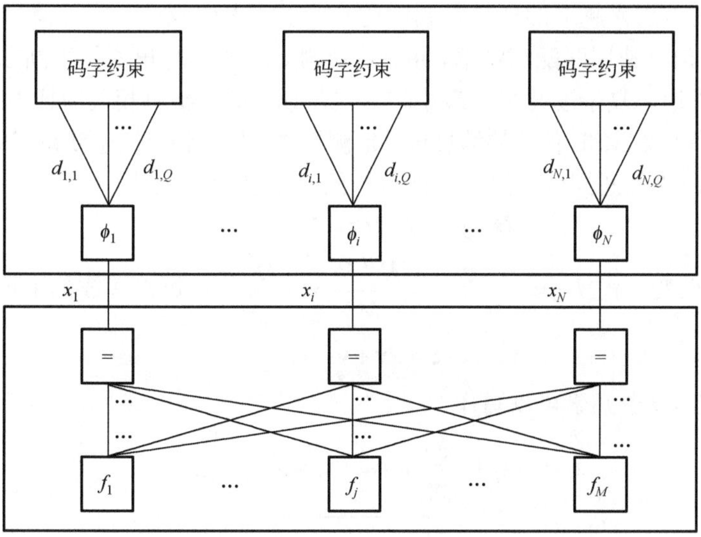

图 4-29 多用户 MIMO 系统的因子图表示

$$\begin{aligned}\mu_{x_i\to f_j}(x_i)&=\mu_{\phi_i\to x_i}(x_i)\prod_{j'\neq j}\mu_{f_{j'}\to x_i}(x_i)\\ \mu_{f_j\to x_i}(x_i)&=\sum_{\boldsymbol{x}\backslash x_i}f_j(y_j\mid\boldsymbol{x})\prod_{i'\neq i}\mu_{x_{i'}\to f_i}(x_{i'})\end{aligned}\tag{4-131}$$

其中，$\mu_{\phi_i\to x_i}(x_i)=\prod_{\log_2 Q}\exp[\boldsymbol{d}_{i,n}L(\boldsymbol{d}_{i,n})]/(1+\exp[\boldsymbol{d}_{i,n}L(\boldsymbol{d}_{i,n})])$ 表示从节点 $\phi_i\to x_i$ 传递的消息。$L(\boldsymbol{d}_{i,n})$ 是 x_i 上第 n 比特的先验 LLR。

把 x_i 的分布看作连续随机变量，可以将消息 $\mu^t_{x_i\to f_j}(x_i)$ 近似为复高斯函数 $\hat{\mu}^t_{x_i\to f_j}(x_i)=\mathcal{N}_{\mathbb{C}}(x_i;\hat{x}^t_{x_i\to f_j},\hat{\tau}^t_{x_i\to f_j})$。进行上述近似之后得到的 AMP-G 算法如文献[17]所示。

之后，人们又提出了几种对消息进行处理的技术，以在低复杂度下获得接近最优的性能：①利用期望传播(expectation propagation)原理计算近似的高斯信息，其中符号置信度用高斯分布近似，然后由高斯近似置信度计算近似信息。此外，近似符号信任度可以通过信道译码反馈的后验概率来计算，大大降低了算法的复杂度。②利用消息的一阶近似(first-order approximation of messages)进一步简化消息更新，得到与 AMP 算法等价的算法。③利用中心极限定理(central-limit theorem)进一步简化消息更新 。这些方法对需要传递的消息进行了不同程度的近似。

此外，由 AMP 衍生出了一系列改进的消息传递类算法，包括通用近似消息传递(generalized approximate message passing，GAMP)[20]、正交近似消息传递(orthogonal approximate message passing，OAMP)算法[21]、向量近似消息传递(vector approximate message passing，VAMP)算法[22]等。这些算法在提出时是从不同的角度推理而得，但是各自之间却在一定条件下等价。

2. 消息传递检测

在大规模 MIMO 中，信道呈现硬化特性，即随信道矩阵的规模增加，矩阵的非对角项与对角项相比变得越来越弱的现象。利用这一性质，人们设计了一种消息传递检测算法。该算法对接收信号使用匹配滤波器，并对格拉姆矩阵的非对角项使用高斯近似。MPD 算法避免了矩阵求逆，复杂度几乎与最小均方误差(MMSE)检测相同或比 MMSE 更低。与 MMSE 和其他使用 MMSE 估计的消息传递检测算法相比，该算法也获得了更好的性能。

首先对式(4-2)进行匹配滤波操作，即两端同时乘以 $\boldsymbol{H}^H$ 得到

$$\boldsymbol{H}^H\boldsymbol{y}=\boldsymbol{H}^H\boldsymbol{H}\boldsymbol{x}+\boldsymbol{H}^H\boldsymbol{n}\tag{4-132}$$

对式(4-132)做变量代换 $\boldsymbol{z}=\dfrac{\boldsymbol{H}^H\boldsymbol{y}}{M},\boldsymbol{J}=\dfrac{\boldsymbol{H}^H\boldsymbol{H}}{M},\boldsymbol{v}=\dfrac{\boldsymbol{H}^H\boldsymbol{n}}{M}$，可以写成如下形式：

$$\boldsymbol{z}=\boldsymbol{J}\boldsymbol{x}+\boldsymbol{v}\tag{4-133}$$

类似地，$\boldsymbol{z}$ 的第 i 个元素可以写作：

$$z_i=J_{ii}x_i+\underbrace{\sum_{j=1,j\neq i}^{N_\mathrm{R}}J_{ij}x_j+v_i}_{g_i}\triangleq J_{ii}x_i+g_i\tag{4-134}$$

同样 g_i 可以近似建模为高斯分布 $\mathcal{N}(\mu_i,\sigma_i^2)$。根据中心极限定理，当收发天线数量

很大的时候，这种近似是准确的，g_i 的均值和方差可类似式(4-114)的计算。其中，$v_i = \sum_{j=1}^{N_\mathrm{R}} (h_{ji} n_j / N_\mathrm{R})$ 的方差可以通过以下方式计算：

$$\mathrm{Var}\left(\frac{h_{ji}n_j}{N_\mathrm{R}}\right) = \mathbb{E}\left(\left(\frac{h_{ji}n_j}{N_\mathrm{R}}\right)^2\right) - \left(\mathbb{E}\left(\frac{h_{ji}n_j}{N_\mathrm{R}}\right)\right)^2 = \frac{\mathbb{E}\left(h_{ji}{}^2\right)\mathbb{E}\left(n_j{}^2\right)}{N_\mathrm{R}^2} = \frac{\sigma_n^2}{N_\mathrm{R}^2} \tag{4-135}$$

当 N_R 较大时，满足中心极限定理，于是有 $\sigma_v^2 = \sigma_n^2 / N_\mathrm{R}$。因此，$x_i$ 取值为 $s \in \mathbb{A}$ 时的后验概率为

$$p_i(s) \propto \exp\left(\frac{-1}{2\sigma_i^2}\left(z_i - J_{ii}s - \mu_i\right)^2\right) \tag{4-136}$$

$p_i(s)$ 与 μ_i、σ_i^2 相互迭代，在因子图上传递。某个特定的变量节点 x_j 传递给任意因子节点的消息是一致的，即 $\mathbb{E}(x_j)$ 和 $\mathrm{Var}(x_j)$，而计算这两个参数又需要 x_j 的后验概率 $p_j(s)$。对于某个特定的因子节点，需要利用 $x_1,\cdots,x_{N_\mathrm{T}}$ 节点传递过来的信息和信道状态 $\boldsymbol{J}$ 及噪声 $\boldsymbol{v}$，计算传递给 x_j 的消息，即干扰加噪声项 g_i 的均值和方差。变量节点 x_j 又根据式(4-136)计算 $p_j(s)$。在消息传递迭代进行多次后，再利用 $p_j(s)$ 硬判决输出检测结果。同样地，为了保证消息传递的收敛，也可以在两次迭代间给 $p_j(s)$ 增加阻尼系数 $\alpha \in [0,1]$。

图 4-30 给出了不同天线配置下 MPD 和 AMP 的性能曲线。调制方式采用 16QAM。两个算法设置的迭代次数都足够大，以保证算法能够收敛。仿真结果表明，在 $N_\mathrm{T} = 16$ 时，AMP 和 MPD 的性能几乎一致。而在 $N_\mathrm{T} = 32$ 和 $N_\mathrm{T} = 64$ 时，MPD 性能优于 AMP。

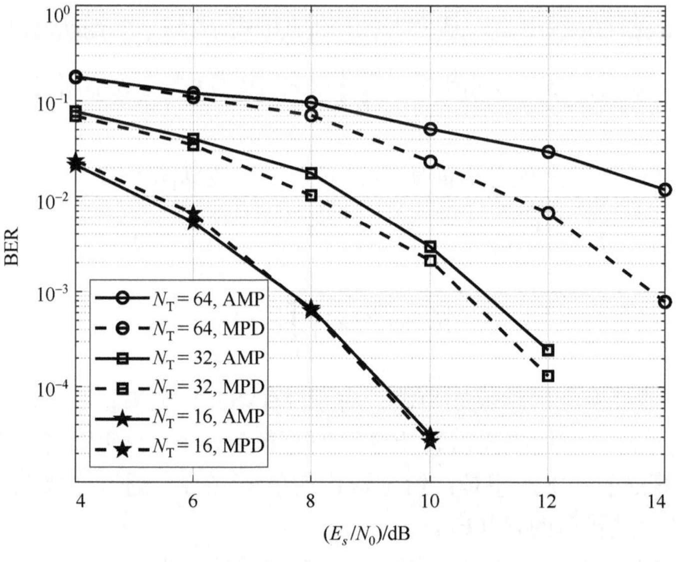

图 4-30　固定 $N_\mathrm{R} = 128$，N_T 分别是 16、32、64 时，MPD 和 AMP 的性能曲线

4.3.5　期望传播

实际的发送符号是离散的调制符号，期望传播算法就是利用调制符号的离散统计特

性，进一步提取其在迭代过程中的特征信息，实现高可靠性的接收机。在MIMO系统中，发送信号的后验概率可以写作：

$$p(\boldsymbol{x}\,|\,\boldsymbol{y})=\frac{p(\boldsymbol{y}\,|\,\boldsymbol{x})p(\boldsymbol{x})}{p(\boldsymbol{y})}\propto\mathcal{N}(\boldsymbol{y}:\boldsymbol{H}\boldsymbol{x},\sigma_{\omega}^{2}\boldsymbol{I})\prod_{i=1}^{N_{\mathrm{T}}}\mathbb{I}_{x_i\in\mathbb{A}} \tag{4-137}$$

其中，$\mathbb{I}_{x_i\in\mathbb{A}}$ 是指示函数，在 $x_i\in\mathbb{A}$ 处为1，否则为0，表示 x_i 在各个星座点的分布情况。EP算法是一种依靠指数族分布的函数来逼近上述后验概率的方法。

在EP架构中，假设检测符号的真实概率密度函数为

$$p(\boldsymbol{x})=f(\boldsymbol{x})\prod_{i=1}^{N_{\mathrm{T}}}t_i(\boldsymbol{x}) \tag{4-138}$$

其中，$f(\boldsymbol{x})$ 是指数族概率密度函数，统计量可以写作 $\Phi(\boldsymbol{x})=\{\phi_1(\boldsymbol{x}),\phi_2(\boldsymbol{x}),\cdots\}$，表示 $f(\boldsymbol{x})$ 的一阶统计量、二阶统计量…… $t_i(\boldsymbol{x})$ 是非负的指示因子，不属于指数族函数。在实际的信号处理过程中，是无法知道真实的 $p(\boldsymbol{x})$ 的，需要靠一个随机分布函数去逼近它。$q(\boldsymbol{x})$ 和 $p(\boldsymbol{x})$ 的相似性由以下函数构造：

$$E_{p(\boldsymbol{x})}[\phi_j(\boldsymbol{x})]=E_{q(\boldsymbol{x})}[\phi_j(\boldsymbol{x})],\quad j=1,2,\cdots \tag{4-139}$$

式(4-139)也称为矩匹配条件，等价于在指数族函数中寻找 $q(\boldsymbol{x})$，使之与 $p(\boldsymbol{x})$ 之间的Kullback-Leibler度量最小化。

$$q(\boldsymbol{x})=\arg\min_{q'(\boldsymbol{x})}D_{\mathrm{KL}}(p(\boldsymbol{x})\,\|\,q'(\boldsymbol{x})) \tag{4-140}$$

为了解决这一问题，提出了一种以多项式时间复杂度迭代逼近 $q(\boldsymbol{x})$ 的顺序EP算法。顺序EP算法的主要思想是，非指数族的 $\prod_{i=1}^{N_{\mathrm{T}}}t_i(\boldsymbol{x})$ 中的每个函数都用指数族函数来近似。非指数族的 $\prod_{i=1}^{N_{\mathrm{T}}}t_i(\boldsymbol{x})$ 实际上就是前面所述的消息传递类算法中节点之间传递的消息。所以 $q(\boldsymbol{x})$ 可以写成如下形式：

$$q(\boldsymbol{x})=f(\boldsymbol{x})\prod_{i=1}^{N_{\mathrm{T}}}\tilde{t}_i(\boldsymbol{x}) \tag{4-141}$$

其中，$\tilde{t}_i(\boldsymbol{x})$ 已经被替换成了指数族函数。对于MIMO检测来说，一般用高斯分布做近似，因此可以认为 $\tilde{t}_i(\boldsymbol{x})$ 即用先验信息计算得到的高斯分布，只需要考虑其一阶矩和二阶矩。因此，EP算法的基本思想是：给定迭代初值 $q^{(0)}(\boldsymbol{x})$，通过迭代独立更新每个维度上的 $\tilde{t}_i(\boldsymbol{x})$，再计算迭代后的 $q^{(l)}(\boldsymbol{x})$。

假设EP检测共包含 S 次迭代，在第 l 次EP迭代里，基于以上表达式，EP算法的基本流程包括以下三个步骤。

第一个步骤是根据 $q(\boldsymbol{x})$ 计算腔分布(cavity distribution)，该分布也是指数分布，其表达式为

$$q^{(l)\backslash i}(\boldsymbol{x})=\frac{q^{(l)}(\boldsymbol{x})}{\tilde{t}^{i,(l)}(\boldsymbol{x})} \tag{4-142}$$

$q^{(l)\backslash i}(\boldsymbol{x})$ 表征的是基于第 l 次迭代中的先验高斯分布 $\tilde{t}^{i,(l)}(\boldsymbol{x})$ 得到的外信息，该腔函数的计算过程实际对应的就是迭代均衡的计算过程。

第二个步骤是根据先验的离散分布信息计算第 l 次迭代的近似分布 $\hat{p}_i^{(l)}(\boldsymbol{x})$，其表达式可以写成

$$\hat{p}_i^{(l)}(\boldsymbol{x})\propto q^{(l)\backslash i}(\boldsymbol{x})t^{i,(l)}(\boldsymbol{x}) \tag{4-143}$$

其中，$t^{i,(l)}(\boldsymbol{x})$ 表示第 l 次迭代中的先验离散分布，一般情况下，先验概率都是等概的。然后根据近似分布计算其一阶矩和二阶矩，即

$$m_{i,1}^{(l)}(\boldsymbol{x})=E_{\hat{p}_i^{(l)}(\boldsymbol{x})}\left[\phi_1(\boldsymbol{x})\right],\quad m_{i,2}^{(l)}(\boldsymbol{x})=E_{\hat{p}_i^{(l)}(\boldsymbol{x})}\left[\phi_2(\boldsymbol{x})\right] \tag{4-144}$$

在第三个步骤中，需要利用第一个步骤计算的结果 $q^{(l)\backslash i}(\boldsymbol{x})$ 和第二个步骤计算的结果 $m_{i,1}^{(l)}(\boldsymbol{x}),m_{i,2}^{(l)}(\boldsymbol{x})$，令以下等式成立：

$$E_{\tilde{t}^{i,(l+1)}q^{(l)\backslash i}(\boldsymbol{x})}\left[\phi_1(\boldsymbol{x})\right]=m_{i,1}^{(l)}(\boldsymbol{x}),\quad E_{\tilde{t}^{i,(l+1)}q^{(l)\backslash i}(\boldsymbol{x})}\left[\phi_2(\boldsymbol{x})\right]=m_{i,2}^{(l)}(\boldsymbol{x}) \tag{4-145}$$

基于该等式就能得到用于下一次迭代，即第 l+1 次迭代所需的指数族分布 $\tilde{t}^{i,(l+1)}$，由于该分布是高斯分布，则只需要一阶矩和二阶矩就能够获得 $\tilde{t}^{i,(l+1)}$ 的全部统计特征信息。

在最后一次迭代完成后，$q^{(l)\backslash i}(\boldsymbol{x})$ 即计算出的发送符号的后验概率分布。计算 $q^{(l)\backslash i}(\boldsymbol{x})$ 的均值和方差，即可用于后续的判决解调。

图 4-31 对收发天线数均为 32 时的场景进行仿真，采用 16QAM 调制。仿真结果表明，过多的迭代次数并不会带来性能增益，一般配置下，EP 迭代 10 次左右就基本能够达到收敛。EP 检测显著优于 MMSE、GTA 等检测方式。

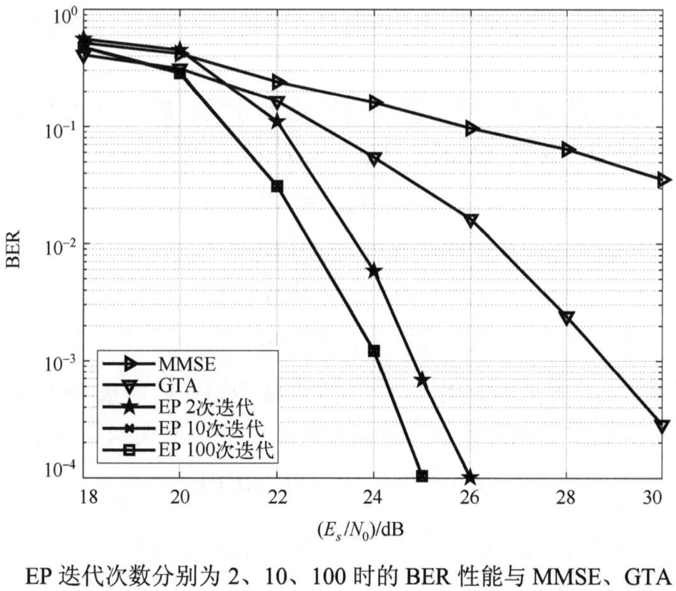

图 4-31　EP 迭代次数分别为 2、10、100 时的 BER 性能与 MMSE、GTA 的对比

4.4　深度学习 MIMO 检测算法

利用机器学习的检测器同样也可以应用在大规模 MIMO 中。机器学习类算法建立了分析模型，帮助计算机从数据中学习。在过去的十年里，机器学习在大数据、语音识别、自然语言处理、计算机视觉等方面都有成功的案例。机器学习在通信系统中有许多重要的应用，例如，针对 MIMO 的检测器设计、基于大规模 MIMO 的信道估计、针对大规模 MIMO 的导频分配等。在机器学习中，“学习”算法是计算量较大的阶段，它可以离线完成。一旦找到最优的规则算法，就可以以较低的计算复杂度在实时系统中实现该算法。

深度学习可以分为数据驱动的深度学习和模型驱动的深度学习。在 MIMO 检测中，数据驱动，即利用深度学习的技术训练来自发送和接收信号的样本，从而获得可用的检测网络。模型驱动，即利用深度学习网络添加可学习的参数，以优化原有的检测算法。结果表明，即使在条件恶劣的信道中，利用深度学习优化的网络也能达到较高的精度和较低的复杂度。

4.4.1　数据驱动的 MIMO 检测

针对传统的 MIMO 发射机，数据驱动是一种基于深度学习的 MIMO 信号检测的简单实现方法。基于深度学习的检测算法只需要发送和接收信号来进行监督学习，而不需要任何信道信息就可以训练深度学习参数，建立最优的检测模型。常见的全连接神经网络、卷积神经网络、深度神经网络、循环神经网络等，都可以用来进行有监督学习的 MIMO 检测。本节将以标准的全连接多层网络和专为 MIMO 检测设计的检测网络(detection network，etNet)为例进行介绍。深度学习一般不直接处理复值信号和复数字星座，因此本节默认所有信号向量均为实值向量。将复模型转为实模型的方法将在 4.6 节中进行介绍。

为了便于神经网络的训练，将检测问题转化为分类问题，首先需要对发送信号 $\boldsymbol{x}$ 进行映射。假设在实模型下传输 4ASK，映射 $\boldsymbol{x}=f_{\text{oh}}(\boldsymbol{x}_{\text{oh}})$ 可以写作：

$$
\begin{aligned}
x_1 = -3 &\Leftrightarrow x_{\text{oh},1}=[1,0,0,0]\\
x_2 = -1 &\Leftrightarrow x_{\text{oh},2}=[0,1,0,0]\\
x_3 = 1 &\Leftrightarrow x_{\text{oh},3}=[0,0,1,0]\\
x_4 = 3 &\Leftrightarrow x_{\text{oh},4}=[0,0,0,1]
\end{aligned}
\tag{4-146}
$$

定义损失函数 $l(\boldsymbol{x}_{\text{oh}};\hat{\boldsymbol{x}}_{\text{oh}}(\boldsymbol{H},\boldsymbol{y};\theta))$，用以估计真实的发送向量和估计值之间的距离。其中，θ 是神经网络中被优化的参数。然后，通过最小化损失函数来求出网络的参数 θ：

$$
\min_{\theta} E\{l(\boldsymbol{x}_{\text{oh}};\hat{\boldsymbol{x}}_{\text{oh}}(\boldsymbol{H},\boldsymbol{y};\theta))\} \tag{4-147}
$$

假设完美的信道状态信息(CSI)，即信道 $\boldsymbol{H}$ 是精确已知的。在平衰落信道中，$\boldsymbol{H}$ 是恒定的，也就是在训练阶段，已知接收信号对应的信道；在快衰落信道中，$\boldsymbol{H}$ 是随机的，具有已知的连续分布，尽管对收端仍然已知，但在训练时网络必须尽可能对信道的整个分布进行泛化。

1. 全连接多层网络

全连接(fully connection，FC)多层网络[23]是一种广为人知的体系结构，被认为是深度神经网络的基本体系结构。它由 L 层组成，每层的输出是下一层的输入。每一层都可以用以下方程式来描述：

$$\begin{aligned}&\boldsymbol{q}_1=\boldsymbol{y}\\&\boldsymbol{q}_{k+1}=\rho(\boldsymbol{W}_k\boldsymbol{q}_k+\boldsymbol{b}_k)\\&\hat{\boldsymbol{x}}_{\text{oh}}=\boldsymbol{W}_L\boldsymbol{q}_L+\boldsymbol{b}_L\\&\hat{\boldsymbol{x}}=f_{\text{oh}}(\hat{\boldsymbol{x}}_{\text{oh}})\end{aligned}\tag{4-148}$$

图 4-32 显示了全连接网络的单层结构图。在训练阶段优化的网络参数是

$$\theta=\{\boldsymbol{W}_k,\boldsymbol{b}_k\}_{k=1}^{L}\tag{4-149}$$

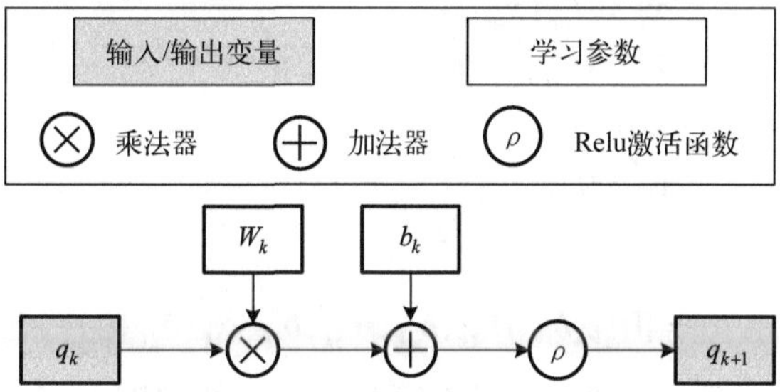

图 4-32　全连接网络的单层结构图

使用的损失函数是估计信号和真实信号之间的 L2-范数：

$$l(\boldsymbol{x}_{\text{oh}};\hat{\boldsymbol{x}}_{\text{oh}}(\boldsymbol{H},\boldsymbol{y};\theta))=\|\boldsymbol{x}_{\text{oh}}-\hat{\boldsymbol{x}}_{\text{oh}}\|^2\tag{4-150}$$

全连接网络是简单且通用的。它需要优化的参数相对较少，只使用输入 $\boldsymbol{y}$，而不使用 $\boldsymbol{H}$。在平衰落信道下，全连接网络能以较低的复杂性实现极高的准确率。然而，在快衰落信道下，全连接网络性能较差。

2. DetNet

全连接网络难以使用信道矩阵 $\boldsymbol{H}$，因此无法捕捉到信道变化的相关性，训练好的网络不适用于快衰落信道。为此，学术界提出了 DetNet[23]，一个专门为 MIMO 检测设计的体系结构。DetNet 也将 $\boldsymbol{H}$ 作为输入，通过将投影梯度下降算法迭代展开到网络中。它能够通过一次训练过程在不同的信道中使用，并且这种网络可以产生软输出。

首先对接收信号进行匹配滤波，使其维度变成与发送天线相同：

$$\boldsymbol{H}^H\boldsymbol{y}=\boldsymbol{H}^H\boldsymbol{H}\boldsymbol{x}+\boldsymbol{H}^H\boldsymbol{w}\tag{4-151}$$

因此，实际网络中使用的是 $\boldsymbol{H}^H\boldsymbol{y}$ 和 $\boldsymbol{H}^H\boldsymbol{H}\boldsymbol{x}$ 。然后基于最大似然优化的投影梯度下降，可以将算法表示成如下形式的迭代：

$$\begin{aligned}\hat{\boldsymbol{x}}_{k+1} &= \prod\left[\hat{\boldsymbol{x}}_k - \delta_k \frac{\partial\|\boldsymbol{y}-\boldsymbol{H}\boldsymbol{x}\|^2}{\partial \boldsymbol{x}}\Big|_{\boldsymbol{x}=\hat{\boldsymbol{x}}_k}\right] \\ &= \prod[\hat{\boldsymbol{x}}_k - \delta_k\boldsymbol{H}^H\boldsymbol{y} + \delta_k\boldsymbol{H}^H\boldsymbol{H}\hat{\boldsymbol{x}}_k]\end{aligned} \tag{4-152}$$

其中，$\hat{\boldsymbol{x}}_k$ 是第 k 次迭代的估计值；$\prod[\cdot]$ 是一种非线性投影算子；δ_k 是步长。每次迭代(DetNet 中的一层)都是 $\hat{\boldsymbol{x}}_k$ 、$\boldsymbol{H}^H\boldsymbol{y}$ 、$\boldsymbol{H}^H\boldsymbol{H}\hat{\boldsymbol{x}}_k$ 通过非线性投影之后的线性组合。为了进一步提高性能，将每一步的梯度步长 δ_k 作为学习参数，并在训练阶段对其进行优化。因此有以下的架构：

$$\begin{aligned}\boldsymbol{q}_k &= \hat{\boldsymbol{x}}_{k-1} - \delta_{1k}\boldsymbol{H}^H\boldsymbol{y} + \delta_{2k}\boldsymbol{H}^H\boldsymbol{H}\hat{\boldsymbol{x}}_{k-1} \\ \boldsymbol{z}_k &= \rho\left(\boldsymbol{W}_{1k}\begin{bmatrix}\boldsymbol{q}_k \\ \boldsymbol{v}_{k-1}\end{bmatrix} + \boldsymbol{b}_{1k}\right) \\ \hat{\boldsymbol{x}}_{\text{oh},k} &= \boldsymbol{W}_{2k}\boldsymbol{z}_k + \boldsymbol{b}_{2k} \\ \hat{\boldsymbol{x}}_k &= f_{\text{oh}}(\hat{\boldsymbol{x}}_{\text{oh},k}) \\ \hat{\boldsymbol{v}}_k &= \boldsymbol{W}_{3k}\boldsymbol{z}_k + \boldsymbol{b}_{3k} \\ \hat{\boldsymbol{x}}_0 &= 0 \\ \hat{\boldsymbol{v}}_0 &= 0\end{aligned} \tag{4-153}$$

训练的参数是

$$\theta = \{\boldsymbol{W}_{1k}, \boldsymbol{b}_{1k}, \boldsymbol{W}_{2k}, \boldsymbol{b}_{2k}, \boldsymbol{W}_{3k}, \boldsymbol{b}_{3k}, \delta_{1k}, \delta_{2k}\}_{k=1}^{L} \tag{4-154}$$

当在每一层计算 $\boldsymbol{q}_k$ 时，需要计算具有可学习步长的梯度下降。采用宽神经网络，即参数 $\boldsymbol{W}_{1k}$ 是 $m\times n$ 的矩阵，其中，$m>n$ 。DetNet 的结构如图 4-33 所示。

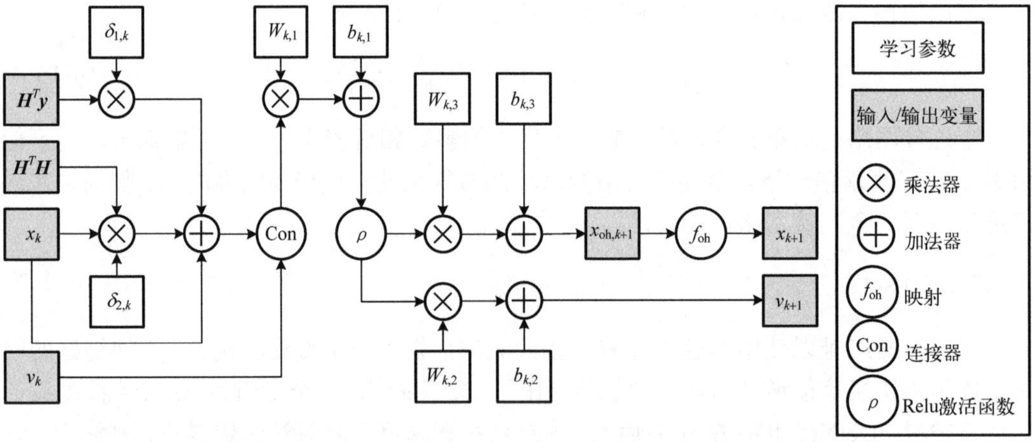

图 4-33　单层 DetNet 的流程图(网络由 L 层组成，每一层的输出就是下一层的输入)

由于梯度消失、激活函数饱和、对初始化敏感等原因，损失函数需要考虑所有层的输出：

$$l(\boldsymbol{x}_{\text{oh}};\boldsymbol{x}_{\text{oh}}(\boldsymbol{H},\boldsymbol{y};\theta))=\sum_{l=1}^{L}\log(l)\left\|\boldsymbol{x}_{\text{oh}}-\boldsymbol{x}_{\text{oh},l}\right\|^2 \tag{4-155}$$

该损失函数的缺点是它迫使每一层 $\hat{\boldsymbol{x}}_{\text{oh},k}$ 的输出接近 $\boldsymbol{x}_{\text{oh}}$，以便使损失函数最小化。这意味着从一层传递到下一层的唯一信息是估计的 $\hat{\boldsymbol{x}}_{\text{oh},k}$。这也意味着，在实际应用中失去了深度网络使用多层来计算复杂特征的能力。为了解决这个问题，在式(4-153)中添加了 $\hat{\boldsymbol{v}}_k$，它允许网络将不受约束的信息从一层传递到另一层。

最后，为了进一步提高 DetNet 的性能，在残差网络中添加了一个残差特征，其中每一层的输出都是上一层的输出的加权平均：

$$\hat{\boldsymbol{x}}_k=\alpha\hat{\boldsymbol{x}}_{k-1}+(1-\alpha)\hat{\boldsymbol{x}}_k \tag{4-156}$$

当 MIMO 检测器需要提供软输出时，可以利用映射后 $\boldsymbol{x}_{\text{oh}}$ 的损失函数表示出任意星座点的概率。任一个标量 x 在各个星座点 $\boldsymbol{s}$ 处的概率是

$$\arg\min_{\hat{\boldsymbol{x}}_{\text{oh}}}\mathbb{E}[\left\|\boldsymbol{x}_{\text{oh}}-\hat{\boldsymbol{x}}_{\text{oh}}\right\|^2\mid\boldsymbol{y}]=\mathbb{E}[\boldsymbol{x}_{\text{oh}}\mid\boldsymbol{y}]=\boldsymbol{P} \tag{4-157}$$

$\boldsymbol{P}$ 是一个向量，维度等于星座点的阶数，表示标量 x 在各个星座点上的后验概率。因此对应第 i 个星座点 $x=s_i$ 的概率为

$$\boldsymbol{P}_i=p(\boldsymbol{x}_{\text{oh},i}=1\mid\boldsymbol{y})=p(x=s_i\mid\boldsymbol{y}) \tag{4-158}$$

假设网络性能足够好，$\hat{\boldsymbol{x}}$ 将提供准确的后验概率，可以用来近似真实的后验概率。

在平坦衰落信道中，采用 0.55-Toeplitz 信道，并假设在深度学习训练过程中信道保持不变。接收天线数为 60，发送天线数为 30，仿真结果如图 4-34 所示，全连接网络(full connection net，FC Net)和 DetNet 的性能与 SD 算法相近，但所需的复杂度远低于 SD 算法。

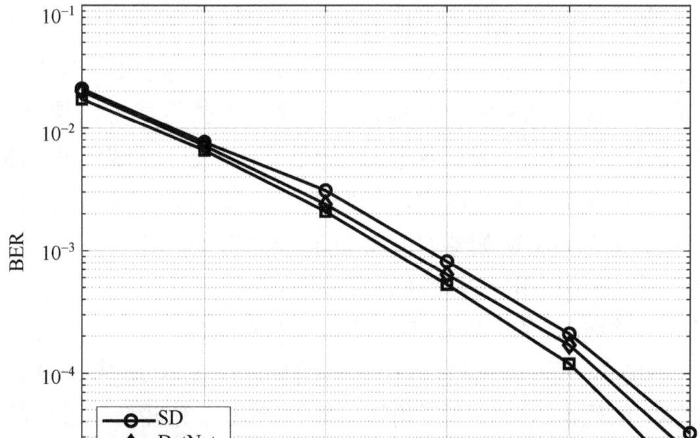

图 4-34　平坦衰落信道中采用 BPSK 调制的性能比较

如图 4-35 所示，在快衰落信道中，采用瑞利信道进行仿真，信道采用 60×30 的实信

道，采用 BPSK 调制。全连接网络的性能很差，几乎无法进行检测。而 DetNet 几乎与 SD 的准确率相当，但计算复杂度远低于 SD。

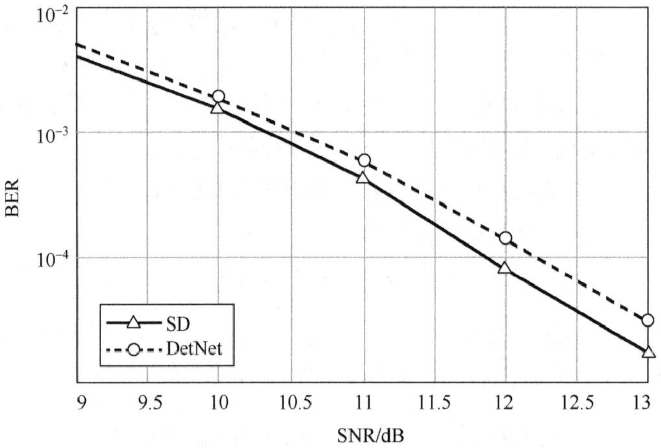

图 4-35　快衰落信道中 BPSK 调制性能

4.4.2　模型驱动的 MIMO 检测

模型驱动的深度学习在 MIMO 检测中的一般做法是，展开迭代 MIMO 检测算法并添加一些可训练参数。每一次检测器内部迭代可以作为神经网络的一层。由于训练参数的数量远远少于基于数据驱动的深度学习信号检测器，基于模型驱动的 MIMO 检测器可以用小得多的数据集快速训练。已经有文献表明，基于模型驱动的 MIMO 检测器显著改善了传统迭代检测器的性能，往往在某一天线、星座配置下训练的结果可以适用于其他配置，并且对各种失配表现出更好的鲁棒性。

因此，两大类基于迭代的 MIMO 检测算法更容易展开成深度学习方法。一大类是 4.1.2 节介绍的迭代线性检测方法，如高斯-赛德尔迭代法、超松弛迭代等。另一类是 4.3 节介绍的迭代检测，如 BP、AMP、EP 检测。但这两大类迭代方法展开成深度学习网络的方式是类似的。因此本节仅以高斯-赛德尔迭代法为例进行介绍，提出的检测器通过展开 GS 检测方法，并加入了一些可以学习的参数 α 、β 和 δ 来提高检测性能。仿真结果表明，该检测器比传统的 GS 检测器具有更好的检测性能。由于深度学习网络经常是在实数域上进行的，因此采用 MIMO 检测的实模型。

基于 4.1.2 节中已经介绍的 GS 方法，设计了 GS-Net。

GS-Net 由 L 层组成，每一层都具有相同的结构。在图 4-36 中，$\boldsymbol{D}$ 、$\boldsymbol{L}$ 和 $\boldsymbol{L}^H$ 分别表示 GS 算法提到的对角矩阵、严格下三角矩阵和严格上三角矩阵。$\hat{\boldsymbol{s}}^{(i)}$ 表示第 i 层的输入信号，$\boldsymbol{H}$ 和 $\boldsymbol{y}$ 分别表示信道矩阵和接收信号。α 和 β 是可学习和优化的标量。CONCAT 将输入向量转化成一维向量。Sys(·) 表示系统的输出函数。第 i 层 $\hat{\boldsymbol{s}}^{(i+1)}$ 的输出信号可以表示为

$$\boldsymbol{z}^{(i)} = \mathrm{Relu}\left(\boldsymbol{w}_i \begin{bmatrix} \alpha(\boldsymbol{D}+\boldsymbol{L})^{-1}\boldsymbol{H}^T\boldsymbol{y} \\ \beta(\boldsymbol{D}+\boldsymbol{L})^{-1}\boldsymbol{L}^H\hat{\boldsymbol{s}}^{(i)} \end{bmatrix} + \boldsymbol{b}_i \right)$$

$$\hat{\boldsymbol{s}}^{(i+1)} = \mathrm{Sys}(\boldsymbol{z}^{(i)}) \tag{4-159}$$

其中，$\mathrm{Sys}(x)=\tanh(\delta;x)=\dfrac{\mathrm{e}^{\delta x}-\mathrm{e}^{-\delta x}}{\mathrm{e}^{\delta x}+\mathrm{e}^{-\delta x}}$。图 4-37 显示了 δ 对函数的影响。随着 δ 的逐渐增加，输出函数将变得更接近符号函数 $\mathrm{sign}(\cdot)$。δ 是一个标量参数，可以随着 GS-Net 的训练次数而优化。

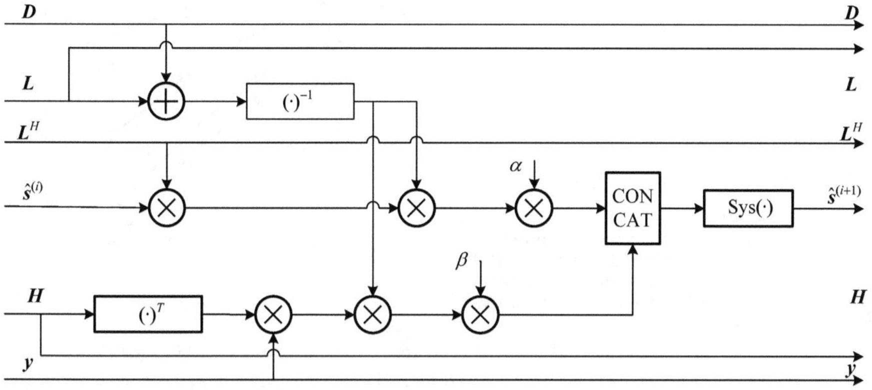

图 4-36　GS-Net 第 i 层网络结构

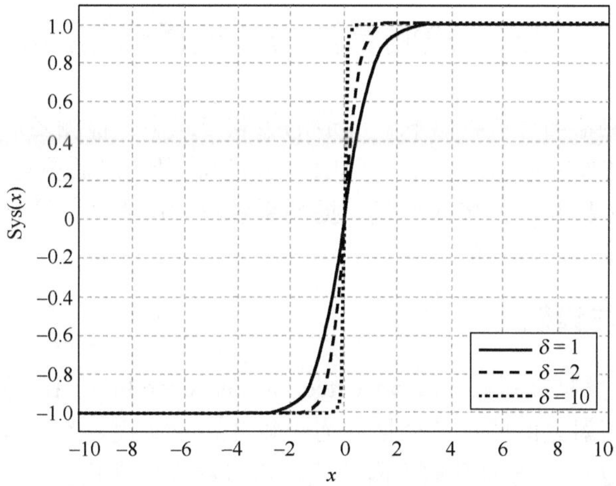

图 4-37　不同 δ 值对应的 $\mathrm{Sys}(x)$ 的图像

因此，在 GS-Net 中，需要训练的参数集是 $\Theta^{(i)}=\{\boldsymbol{w}_i,\boldsymbol{b}_i,\alpha,\beta,\delta\}$。其中，$i$ 表示 GS-Net 的第 i 层。将 Loss 函数设置为

$$\mathrm{Loss}=\frac{1}{M}\sum_{m=1}^{M}\left\{\left\|\boldsymbol{s}_m-\hat{\boldsymbol{s}}_m^{(L)}(\boldsymbol{y};\Theta_m^{(L)})\right\|^2\right\} \tag{4-160}$$

其中，L 是 GS-Net 的层数；M 是训练轮次(epochs)数目；$\boldsymbol{s}_m$ 表示第 m 个轮次的发送信号；$\hat{\boldsymbol{s}}_m^{(L)}(\boldsymbol{y};\Theta_m^{(L)})$ 表示相应的估计发送信号。

图 4-38 显示了传统的 Gauss-Seidel 检测方法和 GS-Net 的误码率性能比较，GS-Net 比传统的 Gauss-Seidel 具有更好的误码率性能。

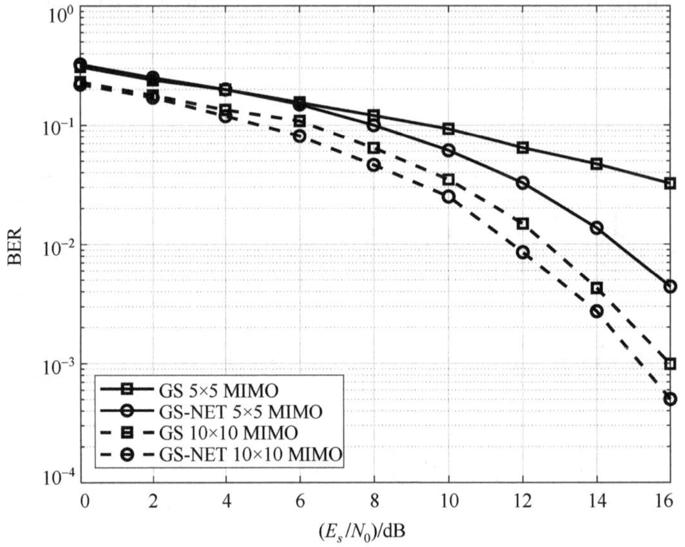

图 4-38 传统 Gauss-Seidel 检测和 GS-Net 的误码率性能比较，$(N_T, N_R) = (4,4)$ 和 $(N_T, N_R) = (5,5)$

4.5 MIMO 检测算法与信道译码器的级联

本节考虑将检测器与译码器级联。一般的级联方式中，检测之后得到的软信息送到译码器，得到译码结果后输出。此外，译码器还可以将译码之后更可靠的 LLR 反馈给检测器，形成译码器和检测器的多次迭代，提高系统整体可靠性，这种方式称为 Turbo 迭代。本节将介绍这种多次迭代的方案。

4.5.1 迭代检测与译码

在已有的迭代检测与译码(iterative detection and decoding，IDD)框架下，一般把一次检测器与信道译码器之间的信息交换称为一轮 Turbo 迭代。为了区分迭代检测算法和 IDD(Turbo)处理的迭代，将前者称为内迭代，后者称为外迭代。

在一轮 Turbo 迭代中，检测器得到发送符号的后验概率分布，然后转化为比特级的对数似然比(LLR)传给信道，进行信道译码，获得译码后软信息。将信道译码器的软信息反馈到检测器前端，能够实现软信息辅助的信号检测。这样增加了整个系统的可靠性，降低了系统的误码率。

迭代过程如图 4-39 所示。其中，$\{L_n^{(p)}\}$，$\{L_n^{(a)}\}$ 和 $\{L_n^{(e)}\}$ 分别表示先验 LLR、后验 LLR 和外部 LLR；$\prod$ 和 $\prod^{-1}$ 分别表示交织和解交织操作。定义发送信号 x_k 对应的比特 $d_{k,n}$ 的先验 LLR 为 $L_{k,n}^{(p1)} = \ln P(d_{k,n}=1) - \ln P(d_{k,n}=0)$。类似地，定义检测后的后验 LLR 为 $L_{k,n}^{(a1)} = \ln P(d_{k,n}=1 \mid \boldsymbol{y}) - \ln P(d_{k,n}=0 \mid \boldsymbol{y})$。利用 $d_{k,n}$ 上的后验信息和先验信息，可以计算出该比特对应的外部 LLR：

$$L_{k,n}^{(e1)} = L_{k,n}^{(a1)} - L_{k,n}^{(p1)} \tag{4-161}$$

通过减去先验信息的 LLR，消除了先验信息的影响，避免错误的先验在迭代过程中的累加。所有编码比特的外部 LLR 送往交织器，被变换成信道译码器的先验 LLR，记为 $L_{k,n}^{(p2)}$。

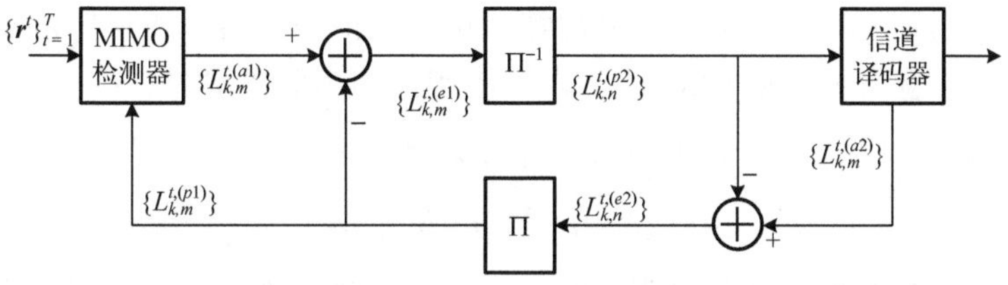

图 4-39　迭代检测与译码信息传递图

在信息经过译码器处理之后，同样可以得到后验信息 $L_{k,n}^{(a2)}$。与先验信息做差可以得到译码器输出的外信息 $L_{k,n}^{(e2)}$，它被送往检测器进行下一轮迭代。

本节以线性检测方式——MMSE 检测为例，介绍一般的检测算法与译码器级联所需要进行的转化。为了方便地进行原理性的说明，省略交织的步骤，即检测器和信道译码器直接相连。

第一次 Turbo 迭代中，利用 MMSE 检测之后的发送信号的估计值可以写作 $\tilde{\boldsymbol{x}} = \boldsymbol{H}^H (\boldsymbol{H}\boldsymbol{H}^H + \sigma_n^2 \boldsymbol{I}_N)^{-1} \boldsymbol{y}$。检测之后有效信号的系数可以表示为 $\boldsymbol{c} = \boldsymbol{H}^H (\boldsymbol{H}\boldsymbol{H}^H + \sigma_n^2 \boldsymbol{I}_N)^{-1} \boldsymbol{H}$，因此检测后各流的信干噪比可以写作：

$$\mathrm{SINR} = \frac{\mathrm{diag}(\boldsymbol{c})}{1 - \mathrm{diag}(\boldsymbol{c})} \tag{4-162}$$

经过归一化之后的检测结果为

$$\hat{\boldsymbol{x}} = 1 / \mathrm{diag}(\boldsymbol{c}) \times \tilde{\boldsymbol{x}} \tag{4-163}$$

在 MMSE 中，上述归一化的检测结果即外信息。根据发送信号采用的调制方式，能够得到检测结果对应的软符号概率信息：

$$p_k(q) = \frac{\exp\left(-\dfrac{\left| \hat{x}_k - x(q) \right|^2}{I} \right)}{\sum_{s=1}^{Q} \exp\left(-\dfrac{\left| \hat{x}_k - x(s) \right|^2}{I} \right)} \tag{4-164}$$

其中，$\hat{x}_k$ 表示向量 $\hat{\boldsymbol{x}}$ 中的第 k 个元素；Q 表示发送信号的调制阶数；q、s 都表示发送符号星座点的序号；$I = 1/\mathrm{SINR}$，在发送符号能量归一化的条件下，等于干扰加噪声的方差，也即发送符号后验概率的方差。然后按照星座图中比特到符号的映射准则，根据式(4-164)中的软符号概率计算信号各比特的对数似然比，符号 $\hat{x}_k$ 的第 n 比特的 LLR 可以表示为

$$\mathrm{LLR}(d_{k,n}) = \ln \frac{\sum_{b_{q,n}=0} p_k(q)}{\sum_{b_{q,n}=1} p_k(q)} \tag{4-165}$$

其中，$b_{q,n} = \{0,1\}$ 表示在可能取值的第 q 个星座点上，第 n 比特对应的分别是 0 或 1。将比特似然比信息送入后续的信道译码器，能够进行信道译码，完成通信传输。

经过译码器之后，得到了每个信息比特上更可靠的外信息 $\mathrm{LLR}(d'_{k,n})$。这些 LLR 将作为先验信息送至检测器。将 LLR 转化成每比特上的离散概率分布：

$$\begin{aligned} p(d'_{k,n}=1) &= 1\Big/\left(1+\mathrm{e}^{\mathrm{LLR}(d'_{k,n})}\right) \\ p(d'_{k,n}=0) &= 1-p(d'_{k,n}=1) \end{aligned} \tag{4-166}$$

通过对比特概率连乘，可以把连续的 $\log_2 Q$ 比特映射成 x_k 对应的符号概率：

$$p'_k(q) = \prod_{n}^{\log_2 Q} p(d'_{k,n}) \tag{4-167}$$

$p(d'_{k,n})$ 的选取是根据星座映射规则确定的。当第 q 个星座点上的第 n 比特是 0 时，$p(d'_{k,n}) = p(d'_{k,n}=0)$；反之，$p(d'_{k,n}) = p(d'_{k,n}=1)$。对于 x_k，$p'_k(q)$ 就是译码器反馈的先验信息，可以用于下一轮检测。但一般需要计算出 x_k 所有可能的星座点取值 $p'_k(q)$ 的均值和方差用于检测，x_k 处的先验均值为 $\theta = \frac{1}{Q}\sum_{q}^{Q} p'_k(q)$，先验方差为 $\vartheta = \frac{1}{Q}\sum_{q}^{Q}(p'_k(q)-\theta)^2$。

4.5.2　Turbo 迭代的应用

本节介绍一些 Turbo 迭代的应用。

1. MMSE 检测与译码器迭代

译码器反馈的软信息是以符号均值和方差的形式应用到检测器中的。在第 l 次 Turbo 迭代中，利用译码器反馈的 LLR 可以计算出第 k 个符号 x_k 的取值为 $x(q)$ 的先验概率 $p_k^l(q)$。发送符号 x_k 的先验均值和方差的表达式可以写成如下形式：

$$\overline{x}_k^l = \sum_{q=1}^{Q} p_k^l(q)x(q) \tag{4-168}$$

$$v_k^l = \sum_{q=1}^{Q} p_k^l(q)\left|x(q)-\overline{x}_k^l\right|^2 \tag{4-169}$$

其中，$\overline{x}_k^l$ 表示第 l 次迭代均衡中 x_k 的先验均值；v_k^l 表示第 l 次迭代均衡中 x_k 的方差。

基于以上符号先验均值和方差的结果，进行新一轮的线性检测。需要注意的是，对 x_k 的检测不能直接使用先验信息，以防止自相关的累积引入偏差。因此，需要对 x_k 进行软干扰抵消：

$$\overline{\boldsymbol{y}}_k^l = \boldsymbol{y} - \boldsymbol{H}\overline{\boldsymbol{x}}^l + \boldsymbol{h}_k\overline{x}_k^l$$

$$
\begin{aligned}
&= \bar{\boldsymbol{y}}^l + \boldsymbol{h}_k \bar{x}_k^l \\
&= \boldsymbol{h}_k x_k + \sum_{j=1, j\neq k}^{N_{\mathrm{T}}} \boldsymbol{h}_j (x_j - \bar{x}_j^l) + \boldsymbol{n}
\end{aligned} \tag{4-170}
$$

令 $\bar{\boldsymbol{y}}^l = \boldsymbol{y} - \boldsymbol{H}\bar{\boldsymbol{x}}^l$。反馈方差的均值为 $\bar{v}^l = \dfrac{1}{N_{\mathrm{T}}}\sum_{k=1}^{N_{\mathrm{T}}} \bar{v}_k^l$，$\bar{\boldsymbol{V}}^l \approx \bar{v}^l \boldsymbol{I}_N$ 是一个对角线元素相同的对角矩阵。根据最小均方误差准则，在反馈符号辅助下的检测结果可以写成如下形式：

$$
\begin{aligned}
\tilde{x}_k^l &= \boldsymbol{h}_k^H (\boldsymbol{H}\boldsymbol{V}^l \boldsymbol{H}^H + \sigma_n^2 \boldsymbol{I} + (1-\bar{v}^l)\boldsymbol{h}_k \boldsymbol{h}_k^H)^{-1} \bar{\boldsymbol{y}}_k^l \\
&= \boldsymbol{h}_k^H (\boldsymbol{H}\boldsymbol{V}^l \boldsymbol{H}^H + \sigma_n^2 \boldsymbol{I} + (1-\bar{v}^l)\boldsymbol{h}_k \boldsymbol{h}_k^H)^{-1} (\bar{\boldsymbol{y}}^l + \boldsymbol{h}_k \bar{x}_k^l)
\end{aligned} \tag{4-171}
$$

在式(4-171)中包含了矩阵求逆的过程，根据矩阵求逆公式，可以将其进行简化。首先令 $\boldsymbol{R}_v^l = \boldsymbol{H}\boldsymbol{V}^l \boldsymbol{H}^H + \sigma_n^2 \boldsymbol{I}_N$，则有

$$
\begin{aligned}
&(\boldsymbol{R}_v^l + (1-\bar{v}^l)\boldsymbol{h}_k \boldsymbol{h}_k^H)^{-1} \\
&= \boldsymbol{R}_v^{l,-1} - \frac{(1-\bar{v}^l)\boldsymbol{R}_v^{l,-1}\boldsymbol{h}_k \boldsymbol{h}_k^H \boldsymbol{R}_v^{l,-1}}{1+(1-\bar{v}^l)\boldsymbol{h}_k^H \boldsymbol{R}_v^{l,-1}\boldsymbol{h}_k}
\end{aligned} \tag{4-172}
$$

最终，式(4-171)可以写成如下形式：

$$
\tilde{x}_k^l = \frac{1}{1+(1-\bar{v}^l)\boldsymbol{h}_k^H \boldsymbol{R}_v^{l,-1}\boldsymbol{h}_k} (\boldsymbol{h}_k^H \boldsymbol{R}_v^{l,-1} \bar{\boldsymbol{y}} + \boldsymbol{h}_k^H \boldsymbol{R}_v^{l,-1} \boldsymbol{h}_k \bar{x}_k^l) \tag{4-173}
$$

第 l 次检测之后，有效信号系数的表达式为

$$
\begin{aligned}
\tilde{c}^l &= \boldsymbol{h}_k^H \left(\boldsymbol{R}_v^{l,-1} - \frac{(1-\bar{v}^l)\boldsymbol{R}_v^{l,-1}\boldsymbol{h}_k \boldsymbol{h}_k^H \boldsymbol{R}_v^{l,-1}}{1+(1-\bar{v}^l)\boldsymbol{h}_k^H \boldsymbol{R}_v^{l,-1}\boldsymbol{h}_k} \right) \boldsymbol{h}_k \\
&= \boldsymbol{h}_k^H \boldsymbol{R}_v^{l,-1} \boldsymbol{h}_k - \frac{(1-\bar{v}^l)\boldsymbol{h}_k^H \boldsymbol{R}_v^{l,-1}\boldsymbol{h}_k}{1+(1-\bar{v}^l)\boldsymbol{h}_k^H \boldsymbol{R}_v^{l,-1}\boldsymbol{h}_k} \boldsymbol{h}_k^H \boldsymbol{R}_v^{l,-1} \boldsymbol{h}_k \\
&= \frac{\boldsymbol{h}_k^H \boldsymbol{R}_v^{l,-1} \boldsymbol{h}_k}{1+(1-\bar{v}^l)\boldsymbol{h}_k^H \boldsymbol{R}_v^{l,-1}\boldsymbol{h}_k}
\end{aligned} \tag{4-174}
$$

因此，第 l 次检测后的无偏估计的结果应当为

$$
\hat{x}_k^l = 1/\tilde{c}_k^l \times \tilde{x}_k^l \tag{4-175}
$$

无偏估计结果对应的噪声和干扰叠加结果的方差为

$$
I^l = (1-\tilde{c}^l)/\tilde{c}^l \tag{4-176}
$$

类似式(4-164)得到第 l 次迭代的软符号检测概率结果，并进一步获得似然比结果，送入信道译码器，进入下一次循环。

2. EP 检测与译码器迭代

在 4.3.5 节中提到，基于 EP 准则的迭代过程包括三个步骤。进一步，考虑在有信道译码器反馈条件下的 EP 算法处理框架。有译码反馈的 EP 检测利用信道译码器提供的先验信息，具有更优的性能潜力。

如图 4-40 所示，在有信道译码反馈的条件下，在第 l 次外迭代中，由信道译码器反馈可知 x_k 在各个星座点上的先验分布 $p_k^{l(p)}(q)$，从而实现非负分布 $t^{i,(j)}(\boldsymbol{x})$。本节中为了简便表示，省略 $p_k^{l(p)}(q)$ 的上标 $l(p)$。S 是 EP 内迭代次数。

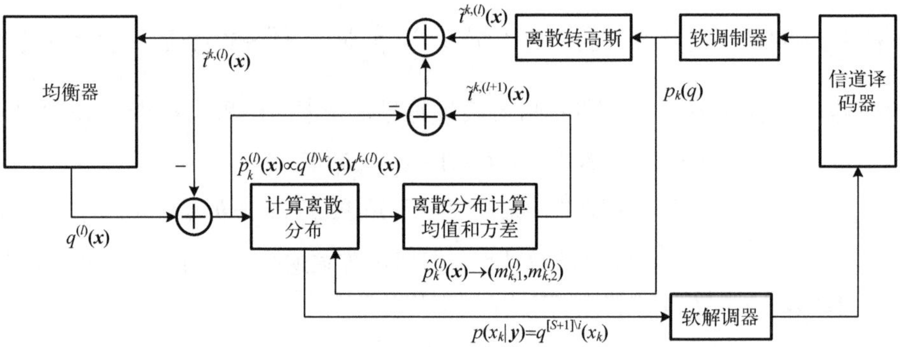

图 4-40　有信道译码反馈下的 EP 内迭代处理框图

译码器反馈的先验信息在 EP 内迭代需要用到两次：①对应 MMSE 检测与译码器迭代的方法，式(4-163)对应的就是 EP 算法的第一个步骤中得到的 $q^{(l)\backslash k}(\boldsymbol{x})$ 对应的统计量，在高斯分布的假设下，即 $q^{(l)\backslash k}(\boldsymbol{x})$ 的一阶矩(均值)和二阶矩(方差)，此时内迭代次数的序号 $l=1$。在计算 $q^{(1)\backslash k}(\boldsymbol{x})$ 的过程中，用到了高斯分布假设下的先验信息 $\tilde{t}^{k,(1)}(\boldsymbol{x})$，当先验等概时，$\tilde{t}^{i,(1)}(\boldsymbol{x})$ 对应的均值为 0，方差为 1；当有信道译码器反馈信息辅助时，$\tilde{t}^{i,(1)}(\boldsymbol{x})$ 的均值和方差通过信道译码反馈的似然比软信息计算获得，计算方式类似式 (4-168) 和式(4-169)。

②在 EP 迭代的第二步，需要利用非高斯的先验信息 $t^{k,(l)}(\boldsymbol{x})$ 计算第 l 次迭代中的近似分布 $\hat{p}_k^{(l)}(\boldsymbol{x})$。先验信息 $t^{i,(j)}(\boldsymbol{x})$ 应当是离散分布。对于没有信道译码器辅助的内迭代来说，$t^{i,(j)}(\boldsymbol{x})$ 一般假设为均匀分布；对于有信道译码器反馈信息辅助的内迭代来说，$t^{i,(j)}(\boldsymbol{x}) = p_k(q)$。

简要回顾以上 EP 算法的前两个步骤中先验信息的应用。应当注意到，当有信道译码器反馈输入时，第一步中计算初始输入 $\tilde{t}^{i,(1)}(\boldsymbol{x})$ 是利用软信息计算其均值和方差，把 $\tilde{t}^{i,(1)}(\boldsymbol{x})$ 当成高斯随机变量来处理；而第二步计算离散先验分布 $t^{i,(j)}(\boldsymbol{x})$，是利用软信息直接计算调制符号 $\boldsymbol{x}$ 在星座点上的分布概率。

在第三步中，矩匹配之后，得到一个新的高斯分布 $\tilde{t}^{i,(j+1)}(\boldsymbol{x})$，将用于下一次 EP 自迭代中。在进行 S 次 EP 自迭代之后，利用 $q^{[S+1]\backslash i}(x_k)$ 的均值和方差，类似式(4-164)得到第 l 次外迭代的软符号检测概率结果，并进一步获得似然比结果，送入信道译码器，进入下一次循环。

对 Turbo 迭代下的 MMSE 检测和 EP 检测进行仿真。采用平衰落瑞利信道和 16QAM 调制。信道编码采用 1/2 码率 1536bit 的(3, 6)-LDPC 码，译码采用分层 BP 译码。收发天线数均为 128。

结果如图 4-41 所示，纵坐标表示译码器输出的 BER。$T=1$ 表示外迭代次数为 1，检测器直接与译码器级联，且译码器不再进行反馈；$T=2$ 表示外迭代次数为 2，译码器向检测器反馈一次信息，EP 进行 4 次内迭代。仿真结果表明，经过译码反馈，MMSE 和 EP 的误比特率都显著下降。实际上，EP 的初值就是 MMSE，EP 是在 MMSE 的基础上进行内迭代的，所以 EP 性能优于 MMSE。而经过一次译码反馈之后的 MMSE 要优于 $T=1$ 时的 EP，这也说明译码反馈使系统可靠性显著提高，作用超过检测器内部的迭代。

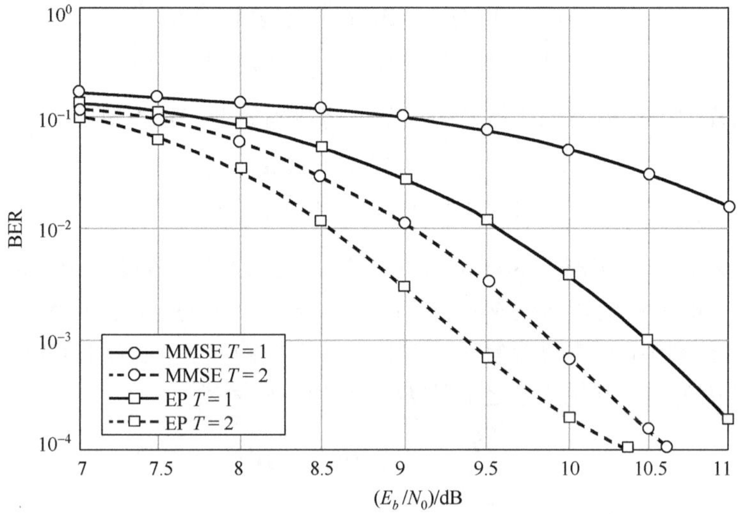

图 4-41　Turbo 迭代的 MMSE 和 EP 对比

4.6　实复混合调制

通过前面的介绍，我们已经对线性检测与非线性检测有了一定的认识；虽然线性检测的性能并不完美，但是复杂度是最低的。目前的实用化产品中的主流依然是线性检测算法。而线性检测算法的性能非常依赖自由度(分集增益)与信道矢量之间的正交程度。混合调制技术正是注意到了上述两点。首先介绍混合调制一般化的模式构成，并介绍增益的来源和中断概率的表达形式来研究性能最佳的实复混合调制框架。针对单小区下多用户模型，提出了使小区和容量最大化的用户调度与配对算法。

4.6.1　实复混合调制模型

混合调制是一种上行场景中复调制和实调制进行联合调制的技术。即在各个时隙中，上行各用户按照基站预先的安排来发送实调制符号(ASK)和复调制符号(QAM)。

理想情况下，基站会按照最大化本小区和容量的原则来综合考量每个用户在该时隙下的调制方式。然而这种方式需要遍历大量的信道矢量组合，具有非常好的计算复杂度。相对简单的方式是 MU-MIMO，即一半用户采用复调制，另一半用户采用实调制，且每个用户在相邻时隙上采用的调制方式不同，即每个用户的调制方式在各个时隙上呈现乒乓排列。在用户侧，上行用户在发送符号之前，会接收到基站给出的一位“模式选择信令”来确定本次发送将使用 ASK 调制符号还是 QAM 调制符号。原则上这种设计方案只需要 1bit 的额外信令来指示模式选择，虽然增加了 1bit 额外开销，但对整个小区而言，获得了更高的系统容量和频谱效率，这种增益正是来自接下来所介绍的分集增益。

1. 系统模型和增益原理

在混合调制条件下，信道模型可以根据式(4-177)展开成实形式：

$$\begin{bmatrix}\Re(\boldsymbol{y})\\ \Im(\boldsymbol{y})\end{bmatrix}=\begin{bmatrix}\Re(\boldsymbol{H}) & -\Im(\boldsymbol{H})\\ \Im(\boldsymbol{H}) & \Re(\boldsymbol{H})\end{bmatrix}\begin{bmatrix}\Re(\boldsymbol{x})\\ \Im(\boldsymbol{x})\end{bmatrix}+\begin{bmatrix}\Re(\boldsymbol{v})\\ \Im(\boldsymbol{v})\end{bmatrix} \tag{4-177}$$

如果在此模型上去掉不承载信号的虚部，将得到如下的紧凑型接收模型表达式：

$$\breve{\boldsymbol{y}}=\begin{bmatrix}\Re(\boldsymbol{H}) & -\Im(\breve{\boldsymbol{H}})\\ \Im(\boldsymbol{H}) & \Re(\breve{\boldsymbol{H}})\end{bmatrix}\begin{bmatrix}\Re(\boldsymbol{x})\\ \bar{\Im}(\boldsymbol{x})\end{bmatrix}+\breve{\boldsymbol{v}} \tag{4-178}$$

其中，$\Re(\bullet)$ 表示矩阵的实部；$\Im(\bullet)$ 表示矩阵的虚部；$\breve{\boldsymbol{H}}$ 表示在原信道矩阵 $\boldsymbol{H}$ 中去掉对应 $\boldsymbol{x}$ 中虚部为 0 的列后剩余列组成的矩阵；$\bar{\Im}(\boldsymbol{x})$ 表示在 $\boldsymbol{x}$ 的虚部只保留非零元素。

在 MIMO 检测中，通常进行复杂度较低的线性检测算法。以针对 QPSK 和 2ASK 进行迫零(ZF)均衡为例。利用等效之后的 $\bar{\boldsymbol{H}}$ 进行如下检测操作：

$$\breve{\boldsymbol{z}}=\begin{bmatrix}\Re(\boldsymbol{x})\\ \bar{\Im}(\boldsymbol{x})\end{bmatrix}+(\bar{\boldsymbol{H}}^H\bar{\boldsymbol{H}})^{-1}\bar{\boldsymbol{H}}^H\breve{\boldsymbol{v}} \tag{4-179}$$

通过文献[9]推导得到，在混合调制中，假设有 N_{T} 个用户，其中，K_{C} 个用户发送复调制符号，$N_{\mathrm{T}}-K_{\mathrm{C}}$ 个用户发送实调制符号。发送实调制符号时的信噪比服从自由度为 $2N_{\mathrm{R}}-(N_{\mathrm{T}}+K_{\mathrm{C}}-1)$ 的 χ^2 分布，发送复调制符号时的信噪比服从自由度为 $2N_{\mathrm{R}}-(N_{\mathrm{T}}+K_{\mathrm{C}}-2)$ 的 χ^2 分布。因此，总的混合调制的分集增益满足 $L^{(\mathrm{RCHM})}=(2N_{\mathrm{R}}-(N_{\mathrm{T}}+K_{\mathrm{C}}-1))/2$。总计 N_{R} 维自由度中，实复混合调制占用 $(N_{\mathrm{T}}+K_{\mathrm{C}})/2$ 维自由度，从而得到上述的分集阶数。它意味着接收机对于单个发射天线所发射的总计 M 维接收样本中，有 $L^{(\mathrm{RCHM})}$ 个子信道会被有效合并。

在非混合调制时，根据文献[24]，当发送信号为复调制符号时，分集阶数 L 满足：

$$L^{(\mathrm{comp})}=N_{\mathrm{R}}-N_{\mathrm{T}}+1 \tag{4-180}$$

这个参数可以理解为 MIMO 系统最终被利用起来的每个用户的副本数量：MIMO 系统中，每个用户的发送信息(即调制符号)会经历 N_{R} 个子信道到达基站的接收天线阵面，理想情况下的最优算法可以达到 N_{R} 重分集增益(即收集全部 N_{R} 个副本)，然而难以通过线性检测算法获得 N_{R} 重分集增益。以往追求高分集增益的方式是轻载的复调制 MIMO，而混合调制的问世为线性检测算法追求高分集增益提供了新的思路。

当发送信号为实信号并进行宽线性检测处理时，分集阶数 L 满足：

$$L^{(\mathrm{real})}=N_{\mathrm{R}}-\frac{N_{\mathrm{T}}}{2}+\frac{1}{2} \tag{4-181}$$

在相同发射天线数目和接收天线数目的情况下，分集增益满足 $L^{(\mathrm{comp})}<L^{(\mathrm{RCHM})}<L^{(\mathrm{real})}$。

根据文献[24]对于分集-复用的折中分析，在复调制符号中穿插发送实调制符号，通过浪费一部分空间自由度来换取分集增益。即如果参与空间复用的自由度少了，那么用户所占用的总自由度维度数也随之减少，空间中各个自由度会受到更少的来自其他自由度的干扰，有助于接收机对信号的检测和恢复，即提高了空间分集增益。

文献[24]中对于分集增益和复用增益的意义进行了描述：如果定义复用增益 r 和分集增益 d，那么系统的和速率将扩展到 $r\log(\mathrm{SNR})$，而误码率将会按照 $1/\mathrm{SNR}^d$ 的梯度衰减。

除此之外，文献[9]对于实调制、复调制和实复混合调制的分集-复用折中情况进行了分场景的分析。首先根据文献[24]推导出了如下的分集增益 G_{DIV} 与复用增益 G_{MUX} 的线性关系：

$$G_{\mathrm{DIV}} = D_{\mathrm{RCHM}}\left(1-\frac{G_{\mathrm{MUX}}}{(N_{\mathrm{T}}+K_{\mathrm{C}})/2}\right) \tag{4-182}$$

由此给出了折中方案的图形描述，如图 4-42 所示。

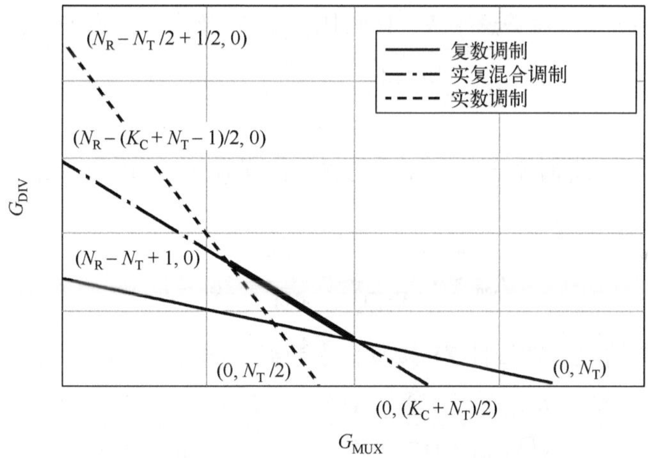

图 4-42　实数、复数、实复混合调制的分集-复用折中[9]

按照斜率的陡峭程度，三条直线依次代表纯实数调制、实复混合调制及复数调制。图 4-42 上的横纵截距对应的分别是用户逼近满载和用户接近空载的极端情况，而这两点所确定的直线上的其他点正是分集阶数随着复用阶数的变化而变化的情况，而这种负线性变化规律恰恰印证了“折中”的理念。值得注意的是这幅图中粗实线的部分，它代表了实复混合调制的体制下分集阶数和复用阶数均高于纯粹实数调制和复数调制的区间。

如果要设计一种全局最优的发射方案，结合图 4-42 的规律，既需要调节系统中总的用户数量，又需要不断调节每个时隙中发送实信号和发送复信号的用户比例，使得系统工作在实复混合调制优于实数调制和复数调制的部分。

2. 误比特率和中断概率

如果针对快衰落场景进行分析，噪声变化带来的信噪比变化可能导致接收机正确率下降。具体来说：当信噪比低于某一阈值时，会使得当前分集增益下的瞬时容量不足以支持 2ASK 和 QPSK 信号的平均频谱效率，导致调制符号的检测出现错误。

对 MIMO 瑞利快衰落信道，在发送 2ASK 和 QPSK 信号且使用迫零(ZF)检测时，误比特率 $P_b^{(B)}$ 与分集阶数 L 具备一定的函数关系：

$$P_b^{(B)}=\frac{1}{2}-\sqrt{\frac{\gamma_{\mathrm{O}}}{\pi}}\frac{\Gamma(L+0.5)}{\Gamma(L)}\times {}_2F_1\left(\frac{1}{2},L+\frac{1}{2};\frac{3}{2};-\gamma_{\mathrm{O}}\right) \tag{4-183}$$

其中，$\Gamma(L)$ 为 Gamma 函数；${}_2F_1(a,b;c;z)$ 为超几何函数，超几何函数的幂级数定义如下：

$${}_2F_1(a,b;c;z)=\sum_{n=0}^{\infty}\frac{a^{(n)}b^{(n)}}{c^{(n)}}\times\frac{z^n}{n!} \tag{4-184}$$

当 L 位于合理范围(大于零)且信噪比固定时，$P_b^{(B)}$ 随 L 变大单调递减。即分集阶数 L 越大，出现误码的概率越低，误码率越逼近 0。

在大规模 MIMO 的上行链路场景下，我们往往更关注数据峰值速率(亦称作吞吐量)。可以使用中断概率的概念来描述极端情况下的数据传输速率。根据文献[9]，复调制情况下中断概率 P_{out}、数据速率 R、信噪比 γ_{O}，以及分集阶数 D_{CPLX} 的关系如下：

$$P_{\mathrm{out}}\approx\frac{N_{\mathrm{T}}(2^{R/N_{\mathrm{T}}}-1)^{D_{\mathrm{CPLX}}}}{D_{\mathrm{CPLX}}!}{\gamma_{\mathrm{O}}}^{-D_{\mathrm{CPLX}}} \tag{4-185}$$

实调制情况下中断概率 P_{out}、数据速 R、信噪比 γ_{O}，以及分集阶数 D_{REAL} 的关系如下：

$$P_{\mathrm{out}}\approx\frac{N_{\mathrm{T}}(2^{2R/N_{\mathrm{T}}}-1)^{D_{\mathrm{REAL}}}}{\Gamma(D_{\mathrm{REAL}}+1)}{\gamma_{\mathrm{O}}}^{-D_{\mathrm{REAL}}} \tag{4-186}$$

实复混合调制情况下宽线性 ZF 接收机中断概率的近似表达式为

$$P_{\mathrm{out}}=\frac{(N_{\mathrm{T}}-K_{\mathrm{C}})(2^{2R/(N_{\mathrm{T}}+K_{\mathrm{C}})}-1)^{D_{\mathrm{RCHM}}}}{\Gamma(D_{\mathrm{RCHM}}+1){\gamma_{\mathrm{O}}}^{D_{\mathrm{RCHM}}}}+\frac{K_{\mathrm{C}}(2^{2R/(N_{\mathrm{T}}+K_{\mathrm{C}})}-1)^{D_{\mathrm{RCHM}}+0.5}}{\Gamma(D_{\mathrm{RCHM}}+1.5){\gamma_{\mathrm{O}}}^{D_{\mathrm{RCHM}}+0.5}} \tag{4-187}$$

以上表达式是在平衰落条件下推导得出的。从式(4-187)中可以看出加号左边可以看作实调制部分的中断概率，加号右边近似看作复调制对应的中断概率，其中，“近似”的说法是因为复调制的符号本身不是严格服从 χ^2 分布的，但是和 χ^2 分布比较相似，又由于在一个复调制符号内，实部和虚部可以交换位置，增加了一定的自由度，这样一来就近似看作复调制符号的信噪比同样服从 χ^2 分布，且自由度为 $2N_{\mathrm{R}}-(N_{\mathrm{T}}+K_{\mathrm{C}}-2)$。

3. 系统优化

我们所寻求的最优化解决方案可以看作：在给定某一可容忍的最大中断概率情况下，结合已知的基站天线总数以及移动终端总数，通过设计一定的用户模式来使得临界情况的信噪比最低。

文献[9]对于模式设计的框架给出了两个角度的研究，分别是实复功率分配以及每个时隙中的实复符号比重，对应的恰恰就是前面所述的信噪比和模式设计，因为在噪声一定的情况下，影响均衡后信噪比的因素为发射功率，实复符号之间的功率如何分配直接影响实复混合调制中断概率表达式加号左、右两侧这两项的概率值。

1) 实复功率分配

4.1.2 节最后提出的中断概率表达式隐含地假设实复符号的信噪比相等，换言之，复数符号的发射概率等于实数符号的两倍。假如要详细研究这一问题，需要把加号左、右两边的 γ_{O} 换成实数、复数符号的各自实际的信噪比 γ_{R} 和 γ_{C}，得到

$$P_{\mathrm{out}}=\frac{(N_{\mathrm{T}}-K_{\mathrm{C}})(2^{2R/(N_{\mathrm{T}}+K_{\mathrm{C}})}-1)^{D_{\mathrm{RCHM}}}}{\Gamma(D_{\mathrm{RCHM}}+1)\gamma_{\mathrm{O}}^{D_{\mathrm{RCHM}}}}+\frac{K_{\mathrm{C}}(2^{2R/(N_{\mathrm{T}}+K_{\mathrm{C}})}-1)^{D_{\mathrm{RCHM}}+0.5}}{\Gamma(D_{\mathrm{RCHM}}+1.5)\gamma_{\mathrm{O}}^{D_{\mathrm{RCHM}}+0.5}} \tag{4-188}$$

且这一表达式的优化具有限制条件：$(N_{\mathrm{T}}-K_{\mathrm{C}})\gamma_{\mathrm{R}}+(2K_{\mathrm{C}})\gamma_{\mathrm{C}}=(N_{\mathrm{T}}+K_{\mathrm{C}})\gamma_{\mathrm{O}}$。其限制了实数、复数信噪比与平均信噪比的对应关系。

这样一来可以将问题退化为单一自变量 γ_{R} 对于目标函数 P_{out} 影响的优化问题。可以将这一问题的表达式写成如下的(类似于最大似然)形式：

$$\gamma_{\mathrm{R}}^{*}=\arg\min_{\gamma_{\mathrm{R}}} P_{\mathrm{out}},\quad \text{s.t. } (N_{\mathrm{T}}-K_{\mathrm{C}})\gamma_{\mathrm{R}}+(2K_{\mathrm{C}})\gamma_{\mathrm{C}}=(N_{\mathrm{T}}+K_{\mathrm{C}})\gamma_{\mathrm{O}} \tag{4-189}$$

此后作者根据目标函数 P_{out} 是自变量 γ_{R} 的凸函数的性质进行梯度计算，即 $\partial(P_{\mathrm{out}})/\partial(\gamma_{\mathrm{R}})=0$，对于 Gamma 函数的近似以及对于下列极限的近似：

$$\frac{\gamma_{\mathrm{C}}}{\gamma_{\mathrm{R}}}=\lim_{D_{\mathrm{RCHM}}\to\infty}\left(\frac{1}{2\eta\sqrt{D_{\mathrm{RCHM}}+1}}\right)^{\frac{1}{D_{\mathrm{RCHM}}+1}}=1 \tag{4-190}$$

其中，$\eta=\sqrt{\gamma_{\mathrm{C}}}/\sqrt{2^{2R/(K+K_{\mathrm{C}})}-1}$。假设和速率(频谱效率)为 40bit/s/Hz，且基站接收天线总数为 64 的情况下，通过仿真可以得到在 D_{RCHM} 为 5 的情况下，信噪比已经达到了 0.9725 的水平，因此可以认为分集增益大于 5 的情况下式(4-190)成立。

对于 $N_{\mathrm{T}}+K_{\mathrm{C}}$ 使用了如下形式的代换：

$$\frac{N_{\mathrm{T}}+K_{\mathrm{C}}}{2}=N_{\mathrm{R}}+1-D_{\mathrm{RCHM}} \tag{4-191}$$

正如文献[9]所述：在 D_{RCHM} 大于 5 的时候就可以看作近似逼近正无穷。此时的 $\gamma_{\mathrm{R}}=\gamma_{\mathrm{C}}$ 并且利用上述的“约束关系”可以将平均信噪比和实数、复数信噪比建立关系，即

$$\gamma_{\mathrm{O}}=\gamma_{\mathrm{R}}=\gamma_{\mathrm{C}} \tag{4-192}$$

实际上这个结果客观上证明了之前对于中断概率的推导过程中忽略的实复符号信噪比区分是可容忍的。此外，上述近似的等价条件是假设工作状态具有较高的分集增益，这一假设是合理的。因为基站的天线阵列作为上行阵列的接收端时，同样因为紧凑的排列密度带来的强相关性制约了性能，对于哪怕纯实调制，也远远到达不了传统方案中所探讨的满载乃至超载的工作状态；而是一般只能服务小于接收天线量的小区用户，即数量较少的小区用户。所以就上述这些实际情况来看确实可以满足该近似的前提条件。

2) 实复符号比重

文献[9]中对于实复符号比重的推导是基于高分集增益，即一般的大规模多天线上行链路工作场景进行探讨的。所以本节在 $D_{\mathrm{RCHM}} > 5$ 时的 $\gamma_{\mathrm{R}} = \gamma_{\mathrm{C}} = \gamma_{\mathrm{O}}$ 条件下展开。这样一来中断概率的表达式得到进一步化简：

$$P_{\mathrm{out}} \approx \frac{(N_{\mathrm{T}} - K_{\mathrm{C}})\sqrt{D_{\mathrm{RCHM}}+1} + K_{\mathrm{C}}}{\eta\sqrt{D_{\mathrm{RCHM}}+1}\cdot\Gamma(D_{\mathrm{RCHM}}+1)} \times \left(\frac{2^{2R/(N_{\mathrm{T}}+K_{\mathrm{C}})}-1}{\gamma_{\mathrm{O}}}\right)^{D_{\mathrm{RCHM}}} \tag{4-193}$$

或者写为

$$\gamma_{\mathrm{O}} \approx (2^{2R/(N_{\mathrm{T}}+K_{\mathrm{C}})}-1) \times \left(\frac{(N_{\mathrm{T}} - K_{\mathrm{C}})\sqrt{D_{\mathrm{RCHM}}+1} + K_{\mathrm{C}}}{P_{\mathrm{out}}(\eta\sqrt{D_{\mathrm{RCHM}}+1})\Gamma(D_{\mathrm{RCHM}}+1)}\right)^{\frac{1}{D_{\mathrm{RCHM}}}} \tag{4-194}$$

在这里更加提倡使用中断概率的显式表达式，因为这是一个真正意义上的显式表达式。反观信噪比的表达式，在约等于号的右侧实际上还残留着含有 γ_{O} 的元素 η，而 $\gamma_{\mathrm{R}} / \gamma_{\mathrm{C}}$ 的极限值中虽然有 $\eta\sqrt{D_{\mathrm{RCHM}}+1}$，但是没有外面的指数时并不能直接说它就是 1，所以说建议在分析时仍然使用中断概率来进行定量分析。文献[9]的定理 2 中解决如何确定最佳 K_{C} 这一问题时使用了与描述最佳功率分配时相同的表达形式(同样类似于最大似然)：

$$K_{\mathrm{C}}^{*} = \arg\min_{K_{\mathrm{C}}} \gamma_{\mathrm{O}}, \quad \text{Given}: P_{\mathrm{out}}, N_{\mathrm{R}}, N_{\mathrm{T}} \tag{4-195}$$

但是再看文献[9]中的图 2，实现某一中断概率时的最小信噪比并不只是和 K_{C} 有关，而是由和速率 R 与最佳复数符号量 K_{C} 一起决定的。所以综合该作者的分析不难看出，最终的最优信噪比求解方案应当按照如下式来搜索：

$$K_{\mathrm{C}}^{*} = \arg\min_{K_{\mathrm{C}}} \gamma_{\mathrm{O}}, \quad \text{Given}: P_{\mathrm{out}}, N_{\mathrm{R}}, N_{\mathrm{T}}, R \tag{4-196}$$

实际上确定这一表达式最优解的过程也是求解凸函数最优解的过程：当固定信噪比的时候，若逐渐增大实符号比例，则会经历理论容量先增加后降低的过程，该容量的变化对于线性检测均是适用的，因为随着复用程度的提高，线性检测已经处理不了如此高的复用带来的用户间干扰，所以容量峰值之后会有所下降。图 4-43 从另一个角度描述了实复符号比例对于系统的容量的影响。

本实验旨在证明使用不同的实复比(定义为 α)对 RCHM-MIMO 性能的影响。该系统为 24×24 RCHM-MIMO。调制方案为 16ASK 和 256QAM 的混合，实复比 $\alpha = 2/1, 1/1, 1/2, 1/3$。图 4-43 显示了吞吐量与 E_b/N_0 的关系。观察到峰值容量与 α 成反比。另外，α 较大的情况下，在相对较低的信噪比下，提供了更好的吞吐量，这得益于分集增益。而对于 α 较小的情况下，往往需要较高的信噪比来实现峰值容量，此时的容量得益于复用增益。

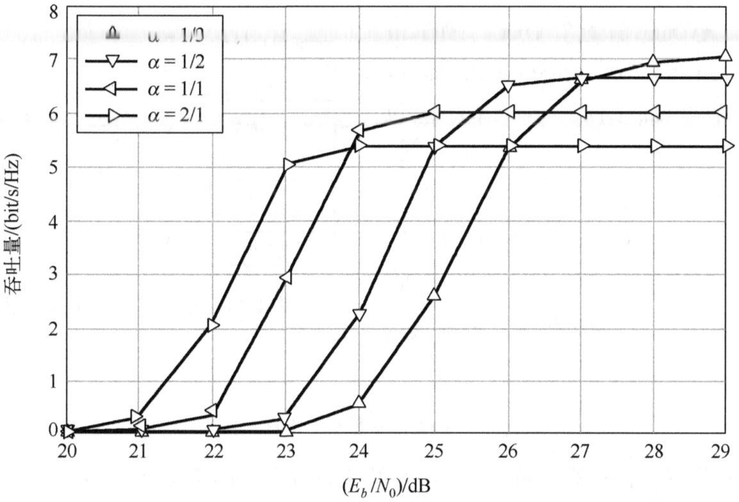

图 4-43　不同实复比的 24×24 混合调制-MIMO 的用户的吞吐量

4.6.2　上行多用户配对算法

MIMO 技术是一种多发多收的天线传输技术，将单个用户的数据流变换成多路并行的数据流，在多根发射天线和接收天线之间传输，充分利用空间复用和空间分集提升系统性能。

尽管 MIMO 技术在系统容量和频谱利用率方面有显著的优势，但对在体积、功耗等方面受到限制的移动终端来说，配置多根天线一方面会导致天线间距过小，无法满足天线阵列间隔大于信道的相干距离的要求，另一方面会带来高复杂度和高功耗。这就使得 MIMO 技术在 LTE 上行链路中受到限制。针对这个问题，LTE 上行采用了一种虚拟 MIMO(virtual MIMO，VMIMO)技术。该技术将两个或者多个终端进行虚拟配对，组成虚拟 MIMO 系统，占用相同的时频资源传输数据，可以利用空间分集和空间复用显著提升系统容量。虚拟 MIMO 技术的关键是选择配对用户的策略，即用户配对算法。

1. 多用户配对概述

经典用户配对算法有随机配对(random pairing scheduling，RPS)算法[25]、正交配对(orthogonal pairing scheduling，OPS)算法[25]、行列式配对(determine pairing scheduling，DPS)算法[25]和比例公平(proportional fair，PF)配对算法[26]等。RPS 算法随机选择配对用户，运算复杂度低；OPS 算法选择正交性能最好的用户进行配对，利于接收信号的提取；DPS 算法选择能使行列式度量因子最大化的用户进行配对，体现了用户的信道容量；PF 配对算法是在 PF 准则的基础上提出来的，兼顾了系统吞吐量和用户公平性。按照出发点的不同，用户配对算法可以分为以下几类：以用户之间的相关性为出发点、以 PF 准则为出发点、以用户 SNR、SINR 为出发点和以系统容量为出发点。不同的准则适用于不同的场景，所以需要视情况而定，并且也要考虑算法的复杂度。

本节以 LTE 上行虚拟 MIMO 系统(图 4-44)为例，介绍用户配对算法的一般场景。

LTE 上行系统包括多个小区，频域带宽被分为 M 个资源块(resource block，RB)，每个 RB 由 S 个子载波组成。一个单小区包括一个基站和 K 个用户，基站有 N_{R} 个天线，每个用户有 1 个天线。用户配对算法从 K 个用户中选择出 $t_1, t_2, \cdots, t_{N_{\mathrm{T}}}$，共 N_{T} 个用户进行配对传输，与基站组成一个 N_{T} 发 N_{R} 收的虚拟 MIMO 信道。在接收端，子载波 s 上的频域接收信号 $\boldsymbol{y}^{(s)}$ 可以表示为

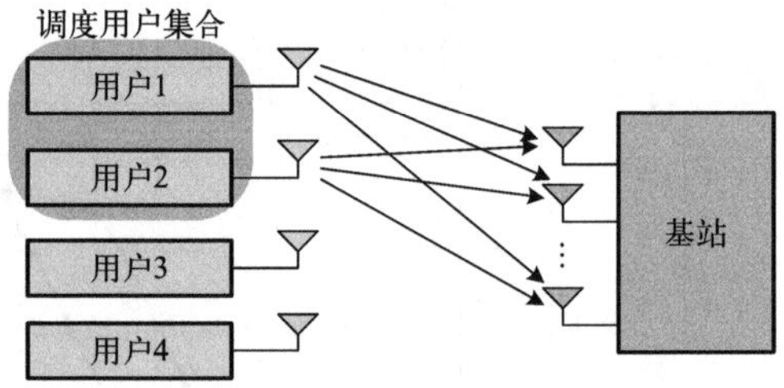

图 4-44　LTE 上行多用户调度示意图

$$\boldsymbol{y}^{(s)} = \boldsymbol{H}^{(s)} \sqrt{\boldsymbol{P}} \boldsymbol{x}^{(s)} + \boldsymbol{n}^{(s)} \tag{4-197}$$

其中，$\boldsymbol{H}^{(s)} = [\boldsymbol{h}_1^{(s)}, \boldsymbol{h}_2^{(s)}, \cdots, \boldsymbol{h}_{N_{\mathrm{T}}}^{(s)}]$ 是一个 $N_{\mathrm{R}} \times N_{\mathrm{T}}$ 的矩阵，$\boldsymbol{h}_i$ 对应用户 i，表示信号在子载波 s 上受到的快衰落的影响；$\boldsymbol{P}$ 是一个对角阵，表示不同用户的发射功率和路径损耗；$\boldsymbol{n}$ 是零均值的加性高斯白噪声向量。

用户配对主要需要考虑的问题有如下几点。

1) 系统吞吐量与频谱利用率

在通信系统中，吞吐量常被用来度量系统的通信能力。系统吞吐量是指在一定时间内，系统成功接收的最大数据量。吞吐量越大，说明系统在一定时间内能够传输的数据越多，系统的频谱利用率越高。无线通信系统中最珍贵的资源是带宽。随着通信技术的发展，移动通信系统的容量需求日益增长，带宽资源也越来越紧张。在用户配对算法的设计过程中必须要考虑如何减少错误链路上的无效传输，增加有效服务的传输机会，在有限的带宽资源上实现更高效的数据传输速率，提高系统容量和频谱利用率。

2) 公平性要求

无线通信系统中的公平性问题十分复杂。在某些情况下，根据特定的公平性规则，一个业务会被调度到某一处于错误状态的无线链路上进行传输。如果该业务的数据继续被传输，则不能被正确接收，浪费了信道资源。此时最合理的选择是推迟该业务的传输，直到链路恢复正常。在这段时间内，该业务的公平性会有一定幅度的减弱，后续的时隙中必须对其进行补偿。此时的公平性包括短期公平性和长期公平性等多个标准，如何补偿并不是一个简单的问题。

在 LTE 上行的用户配对算法中，公平性用来衡量各用户所获得的吞吐量差异，在已有的研究中常常采用公平性因子描述不同用户配对算法对用户在一定时期内的公平性的影响，其计算公式为

$$F(\Delta t) = \frac{\left(\sum_{k=1}^{N_{\mathrm{T}}} R_k(\Delta t) \right)^2}{U \cdot \sum_{k=1}^{N_{\mathrm{T}}} R_k(\Delta t)^2} \tag{4-198}$$

其中，k 为小区内的用户个数；$R_k(\Delta t)$ 为用户 k 在时间段 Δt 内的平均吞吐量。

3) 功率限制和约束

在 LTE 上行系统中，移动终端不能方便地获取到电源，并且电池储备有限，终端与基站之间频繁地传输数据和信令需要消耗大量的功率。一个好的用户配对算法应当减少终端与基站之间的控制信令的数目，同时更好地控制发射功率和接收功率，利用更小的功率获得更多的用户吞吐量，提高终端电池效率。

4) 复杂性和可扩展性

用户调度和配对在每一个环回传输时间内都需要执行一次，因此，算法的复杂度不能太高，必须要能够快速实现。当网络拓扑结构改变、用户状态变化、信道质量变化较快、数据量增大时，用户配对算法要能保证高效率工作。因此，用户配对算法必须具有良好的可扩展性。

对于配对算法的评价主要依靠小区平均吞吐量。在单小区的仿真中，用户吞吐量可以通过香农公式得到。单个小区的吞吐量是指小区内所有的用户的吞吐量之和。小区平均吞吐量是指所有小区吞吐量的平均值。对用户配对算法的仿真常常需要运行成千上万个时隙。每一个时隙都会得到一个小区平均吞吐量，其平均值便可以代表用户配对算法对系统的吞吐量性能的影响。

2. MIMO 中的用户配对算法

在大规模 MIMO 场景下，当天线数趋于无穷大时，用户之间的信道趋于正交，即呈现有利条件。但是，实际系统中的天线数有限，因此用户之间仍然会受到相关性的影响而相互干扰，所以大规模 MIMO 场景下的用户配对应尽量考虑减少用户间干扰，获取相互干扰最小的用户集合以得到最大的小区平均吞吐量。

首先介绍 MIMO 系统的天线数量达到极限情况下，采用 WL-MMSE 检测实现的系统和容量体现出的渐近特性。定义负载率 $\beta = N_T / N_R$，其中 N_T 表示上行实际传输的用户的数目，每个用户有一个发射天线，且用户可以发送实信号流或复信号流；N_R 表示基站接收天线的数目。当使用 MMSE 检测时，在容量上表现出的“峰值特性”如图 4-45 所示。随着负载率的增加，MMSE 检测的和容量先从 0 开始不断上升，达到峰值后开始下降。

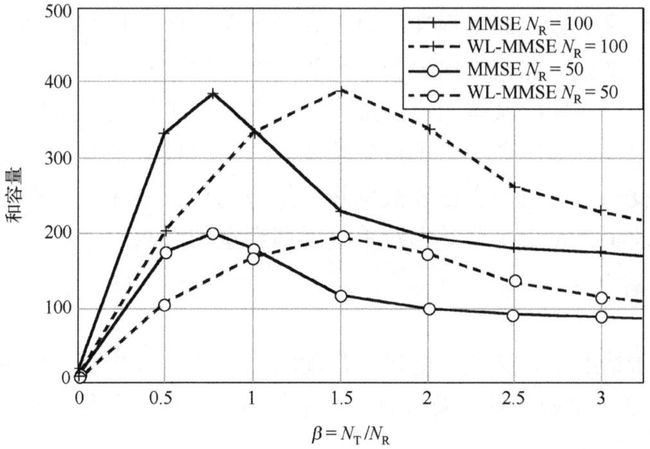

图 4-45　当 SNR=20dB 时，和容量随负载率的变化情况[27]

虽然上述结果描述的是 WL-MMSE 检测的渐近特性，但是根据 WL-MMSE 检测容量上表现出的“峰值特性”可以设计多用户配对算法来逼近某一个特定信道矩阵下的峰值容量。

假设此时上行共有 N_{T} 个用户，在基站侧有 N_{R} 个天线，此次配对中 N_{T} 个用户将全部被服务。按照和容量最大的原则，自适应地剔除一些流，即根据各用户具体的信道情况，删除某些用户的部分流，尽可能将负载率优化到靠近峰值点附近的位置。

“从复维度删流”用户配对算法的核心理念是逐个剔除实部信道或虚部信道来提高容量，容量增长幅度最大情况作为该轮贪婪算法的结果；这需要计算当前服务集合的容量与剔除某个信道后的容量。

步骤一：计算 K 个用户全部服务时的容量。由于此时 K 个用户传输的都是复信号流，容量可以表示为 $C=\log_2(1+\mathrm{SINR})$，其中，SINR 是经过 MMSE 检测之后的结果。和容量可以写作[28]：

$$C=\mathrm{tr}(\log_2(\boldsymbol{I}_{N_{\mathrm{T}}}+\mathrm{diag}(\boldsymbol{H}^H(\boldsymbol{H}\boldsymbol{H}^H+N_0\boldsymbol{I}_{N_{\mathrm{R}}})^{-1}\boldsymbol{H})\cdot(\boldsymbol{I}_{N_{\mathrm{T}}}-\mathrm{diag}(\boldsymbol{H}^H(\boldsymbol{H}\boldsymbol{H}^H+N_0\boldsymbol{I}_{N_{\mathrm{R}}})^{-1}\boldsymbol{H}))^{-1})) \tag{4-199}$$

步骤二：按照“剔除某个流之后容量增加最大原则”，依次遍历服务用户全部流的维度，分别计算剔除后容量的变化量，选择能使容量增加最大的某个用户的“实”或“虚”维度进行剔除，剔除某个流后的和容量可以写作[28]：

$$\begin{aligned}C=\mathrm{tr}\Bigg(&\frac{1}{2}\log_2\Bigg(\boldsymbol{I}_{2N_{\mathrm{T}}-i}+\mathrm{diag}\Bigg(\sqrt{\frac{1}{2}}\boldsymbol{H}_{\mathrm{R}}^H\left(\frac{1}{2}\boldsymbol{H}_{\mathrm{R}}\boldsymbol{H}_{\mathrm{R}}^H+\frac{N_0}{2}\boldsymbol{I}_{2N_{\mathrm{R}}}\right)^{-1}\sqrt{\frac{1}{2}}\boldsymbol{H}_{\mathrm{R}}\Bigg)\\&\cdot\Bigg(\boldsymbol{I}_{2N_{\mathrm{T}}-i}-\mathrm{diag}\Bigg(\sqrt{\frac{1}{2}}\boldsymbol{H}_{\mathrm{R}}^H\left(\frac{1}{2}\boldsymbol{H}_{\mathrm{R}}\boldsymbol{H}_{\mathrm{R}}^H+\frac{N_0}{2}\boldsymbol{I}_{2N_{\mathrm{R}}}\right)^{-1}\sqrt{\frac{1}{2}}\boldsymbol{H}_{\mathrm{R}}\Bigg)\Bigg)^{-1}\Bigg)\Bigg)\end{aligned} \tag{4-200}$$

其中，$\boldsymbol{H}_{\mathrm{R}}$ 表示实形式的剩余矢量信道矩阵；i 表示已经剔除的流的数目。而 $\sqrt{1/2}$ 代表符号的幅度，这意味着该计算公式对应的实调制符号功率为 $1/2$。

一旦在某一轮维度剔除时出现和容量下降的现象，就停止剔除的过程，且以“上一轮”的容量为最终结果；如果未出现和容量的下降，则重复进行步骤二。

需要注意的是，在剔除某些用户的维度时，可能会出现同一用户的实部和虚部都被剔除，此时该用户没有被服务。为了避免某些用户没有被服务到，可以在剔除过程中检测该用户另一维度的数据流是否已经被剔除，如果已经被剔除，将不再剔除该流。在实际仿真中，也涉及了“是否全服务”对单小区和容量的影响。

4.6.3　仿真结果

在单小区窄带情况下，按照前面多用户配对的方法进行仿真。假设上行共有 12 个用户，基站侧有 12 个接收天线，采用瑞利衰落信道，近似认为发送天线和接收天线之间没有相关性。

按照多用户配对的方法，首先，假设 12 个用户全部在系统中，仿真按照最大化和容量的条件剔除一部分用户的实部或虚部得到的性能；并仿真 12 个用户的所有维度都被使用的情况作为参考。仿真结果如图 4-46 所示。

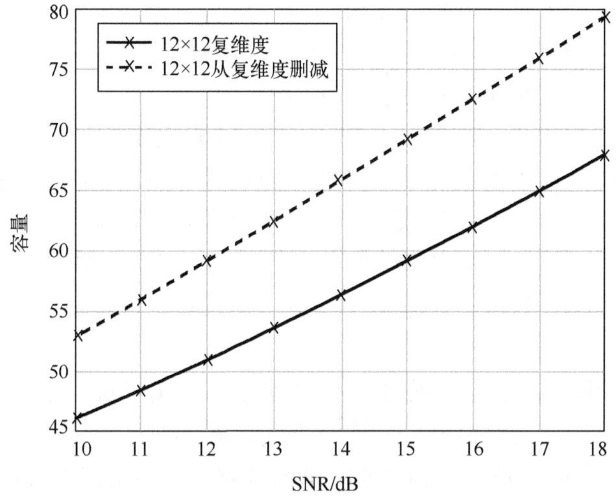

图 4-46　单小区单 RB 多用户配对方案

通过仿真可以得到，在进行维度缩减后，小区和容量提升显著。其原因有两方面：一方面，因为维度缩减使部分用户发送实信号，从整个小区来看，该混合调制下的配对算法以一定的复用增益换取了更高的分集增益，从而提高了整个小区的和容量；另一方面，线性检测非常倚仗信道矢量之间的正交程度，调度过程中被剔除的实部或虚部很可能是与被服务的集合有着较强的相关性。从结果上看，在信噪比较高时（10～18dB），进行维度缩减较纯复调制有 15%～17%的增益，这一增益非常可观，有着非常高的研究价值。

本节首先对实复混合调制进行了系统介绍，并给出了混合调制的误比特率和中断概率，解释了混合调制较普通复数调制的优势。为了进一步优化性能，在一定中断概率的条件下，得到了模式设计时一般化的实复符号功率分配和实复信号数量比例的优化结果。

本节还介绍了上行多用户配对的基本方法。上行用户配对的算法评价准则主要是系统吞吐量、用户公平性以及算法复杂度，还需考虑功率约束、服务质量、信道模型天线相关性的影响等。在单小区单 RB 下，多用户配对主要考虑如何使整个小区的和容量最大，按照该原则决定用户发送流所占的自由度。

仿真结果表明，在单小区单 RB 情况下，假设用户之间相关性较低时，提出的多用户配对方案较复调制有明显的容量增益。

后续章节将在更为复杂的场景下，考虑更多的多用户配对因素，包括在多个 RB 与多个时隙内用户的公平性、RB 和用户的功率约束、最大化频谱效率等因素。

4.7　基于干扰抑制的 MIMO 检测算法

为了满足越来越高的通信速率要求，自 3G 时代开始，基于多小区蜂窝结构的移动通信系统普遍采用频率复用因子为 1 的频率规划方式，此时，相邻小区采用相同频段，在提高频谱利用率的同时，引入了小区间干扰。随着小区的密集化部署，相邻小区之间的距离缩短，小区间的干扰不断增强，给通信链路的可靠性带来了严重影响，需要进行有效消除。针对小区间干扰的处理通常分为三个层次，分别是干扰避让、干扰抑制和干扰协调。其中干扰抑制侧重于物理层信号处理，能够保证物理层数据块在干扰叠加的情况下，通过接收机算法优化实现信号的可靠检测。

干扰抑制的实现依赖于干扰估计。在传统 4G-LTE(第四代移动通信长期演进技术)架构中，干扰估计的先决条件是相邻小区的时隙边界对齐。在时隙对齐的前提下，来自相邻小区的干扰信号同本小区的导频信号相互叠加，通过导频位置的接收信号与导频序列能够实现干扰信号相关矩阵的估计。在此场景下，很多学者提出了有效的方法，其中，基于估计的干扰信号统计特性，实现最小均方误差检测，这是现有小区间干扰抑制常用的实现方案。

在 5G-NR(第五代移动通信系统新型空口)协议中，为了能够支持不同时延与吞吐率需求的多种业务，引入了灵活时隙配置[29]。此时，相邻小区时隙边界对齐的条件不再完全成立。例如，为了能够支持 uRLLC(低时延高可靠传输通信)的实现，5G-NR 协议引入了 Mini-Slot(最小时隙)，它的时域长度最短只有 2 个 OFDM(正交频分复用)符号，这就导致相邻小区的时隙边界在时域上不是完全对齐的，非对齐干扰只与小区内有效用户的数据信号叠加。该类时隙非对齐干扰的分布特性使得干扰与导频不再重叠，因此传统的利用导频进行干扰估计的方法不再适用。图 4-47 给出了时隙非对齐信号结构下，多小区干扰在时隙上的分布图。

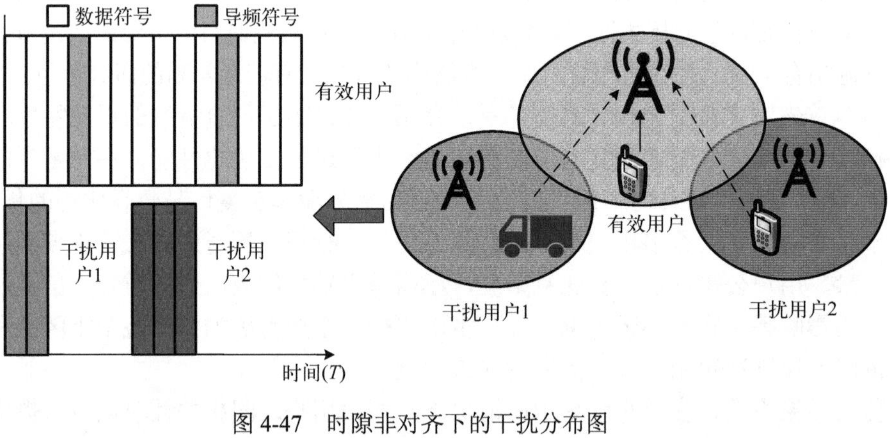

图 4-47 时隙非对齐下的干扰分布图

如图 4-47 所示，在受非对齐干扰影响的数据符号上，由于没有导频辅助，对于干扰统计特征的估计成为难题。此时，一种常用的实现方法是对接收信号进行累积，获得采样相关矩阵，并将该矩阵直接用于接收机中。在实际应用中，该方法的可靠性受到采样长度的严格限制，难以满足高可靠要求。

在移动通信环境下，考虑到信道的频率选择性和 Mini-Slot 的长度，工业界要求累积采样数在频域上不超过 4 个 RB(resource block，资源块)，在时域上不超过 2 个 OFDM

符号，在此限制下，采样相关矩阵中有效信号和干扰信号的互相关性不为零，采样相关矩阵的统计特征不理想，尤其是在有效信号采用高阶调制的场景下，直接利用采样相关矩阵进行求逆，会导致严重的信号畸变，进而使得接收机出现显著的误码平台，现有干扰抑制方法未能满足高可靠传输要求。

4.7.1　干扰下的接收信号模型

在本节中，引入以下的信号模型。假设发送信号的维度为 M_{T}，若发送信号向量表示为 $\boldsymbol{x} \in \mathbb{C}^{M_{\mathrm{T}} \times 1}$，发送信号的相关性满足以下特性：

$$\boldsymbol{R}_x = E[\boldsymbol{x}\boldsymbol{x}^H] = \boldsymbol{I}_{M_{\mathrm{T}}} \tag{4-201}$$

其中，$\boldsymbol{R}_x$ 表示发送信号的协方差矩阵。在基于多天线多流传输的复信号模型下，假设接收机有 N_{R} 个天线，有效用户的发送天线数为 M_{T}，干扰用户的发送天线数为 M_{I}，且有 $n = M_{\mathrm{T}} + M_{\mathrm{I}} \leqslant N_{\mathrm{R}}$。在以上的天线配置下，有效信号和干扰信号总的自由度数目不大于接收天线数，接收端额外的空间自由度能够使接收机获得空间分集增益，提升接收机的可靠性。以编码数据块为单位进行信号建模，假设一个数据块的长度为 N_S 个符号；此时，在第 k 个符号间隔上，接收信号的表达式写成：

$$\boldsymbol{y}_k = \boldsymbol{H}_k \boldsymbol{x}_k + \sqrt{P_G}\boldsymbol{G}_k \boldsymbol{s}_k + \boldsymbol{n}_k, \quad 1 \leqslant k \leqslant N_S \tag{4-202}$$

其中，$\boldsymbol{y}_k \in \mathbb{C}^{N_{\mathrm{R}} \times 1}$ 表示第 k 个符号间隔的接收信号；$\boldsymbol{H}_k \in \mathbb{C}^{N_{\mathrm{R}} \times M_{\mathrm{T}}}$ 表示第 k 个符号间隔的有效信道响应；$\boldsymbol{x}_k \in \mathbb{C}^{M_{\mathrm{T}} \times 1}$ 表示第 k 个符号间隔的有效发送信号；$\boldsymbol{G}_k \in \mathbb{C}^{N_{\mathrm{R}} \times M_{\mathrm{I}}}$ 表示在第 k 个符号间隔的干扰信道响应；$\boldsymbol{s}_k \in \mathbb{C}^{M_{\mathrm{I}} \times 1}$ 表示第 k 个符号间隔上的干扰信号，干扰信号的功率也满足归一化约束条件，即 $E[\boldsymbol{s}_k \boldsymbol{s}_k^H] = \boldsymbol{I}_{M_i}$；$\boldsymbol{n}_k \sim \mathcal{CN}(0, \sigma_n^2 \boldsymbol{I}_{N_{\mathrm{R}}})$ 表示均值为 0、方差为 σ_n^2 的加性高斯白噪声随机变量；P_G 表示干扰信号发送功率，P_G / σ_n^2 表示干噪比。假设有效信号 $\boldsymbol{x}_k$、干扰信号 $\boldsymbol{s}_k$、噪声向量 $\boldsymbol{n}_k$ 是相互独立的。在以上模型中，有效信号、干扰和噪声是线性叠加的关系。

若在长度为 N_S 的数据块上，信道响应基本保持不变，即 $\boldsymbol{H}_k = \boldsymbol{H}$，$\boldsymbol{G}_k = \boldsymbol{G}$，此时式 (4-202) 可以简化为

$$\boldsymbol{y}_k = \boldsymbol{H}\boldsymbol{x}_k + \sqrt{P_G}\boldsymbol{G}\boldsymbol{s}_k + \boldsymbol{n}_k, \quad 1 \leqslant k \leqslant N_S \tag{4-203}$$

对于接收信号的理想相关矩阵，其表达式 $\boldsymbol{R}_y$ 为

$$\begin{aligned}\boldsymbol{R}_y &= \boldsymbol{H}\boldsymbol{H}^H + P_G \boldsymbol{G}\boldsymbol{G}^H + \sigma_n^2 \boldsymbol{I}_{N_{\mathrm{R}}} \\ &= \boldsymbol{H}\boldsymbol{H}^H + \boldsymbol{R}_{\mathrm{I}}\end{aligned} \tag{4-204}$$

从式 (4-204) 可以看到，在理想相关矩阵 $\boldsymbol{R}_y$ 中，有效信号、干扰信号、加性高斯白噪声这三项之间是没有相关性的，$\boldsymbol{R}_{\mathrm{I}}$ 表示干扰和噪声的相关矩阵之和。

基于以上分析，在干扰下 MIMO 信道能够获得的最大信道容量为[28]

$$C_{\mathrm{MIMO}} = \log_2 \det(\boldsymbol{I}_{M_{\mathrm{T}}} + \boldsymbol{H}^H \boldsymbol{R}_{\mathrm{I}}^{-1} \boldsymbol{H}) \tag{4-205}$$

考虑到复杂度的因素，通常在接收机中常采用 MMSE 线性检测。此时，每个数据流

的检测后的信干噪比是利用 $\boldsymbol{R}_y$ 和 $\boldsymbol{H}$ 计算得到的。在 $\boldsymbol{R}_y$ 理想已知的条件下，在接收端进行 MMSE 线性检测，有效信号的系数可以写成以下形式：

$$c_i = \boldsymbol{h}_i^H \boldsymbol{R}_y^{-1} \boldsymbol{h}_i \tag{4-206}$$

其中，$\boldsymbol{h}_i$ 表示有效信号的第 i 个发送天线的信道响应；c_i 为 MMSE 检测后第 i 个数据流有效信号的系数。此时，第 k 个符号间隔上第 i 个发送天线的信号经过 MMSE 检测的无偏估计结果可以表示为

$$r_{k,i} = \frac{1}{c_i} \boldsymbol{h}_i^H \boldsymbol{R}_y^{-1} \boldsymbol{y} = x_{k,i} + I_{k,i} \tag{4-207}$$

此时包含在无偏检测结果 $r_{k,i}$ 中的噪声加干扰分量 $I_{k,i}$ 的功率为

$$q_i = \frac{1-c_i}{c_i} \tag{4-208}$$

根据参考文献[28]中的分析，在接收信号相关矩阵 $\boldsymbol{R}_y$ 理想已知的情况下，c_i 是严格小于 1 的，因此根据式(4-208)可以得到检测后干扰加噪声的功率 q_i。基于以上分析，MMSE 线性检测的信道容量公式为

$$C_{\text{MMSE}} = \sum_{i=1}^{M_{\text{T}}} \log_2\left(1+\frac{c_i}{1-c_i}\right) = \sum_{i=1}^{M_{\text{T}}} \log_2\left(\frac{1}{1-c_i}\right) \tag{4-209}$$

根据式(4-209)，该容量计算方法成立的前提是 MMSE 均衡后有效信号系数 c_i 是小于 1 的。

在实际的场景中，由于不能获得完全理想的 $\boldsymbol{R}_y$，需要根据导频进行估计。在有导频辅助的场景下，接收机通过在导频位置消除导频信号，只保留干扰和噪声的残留信号，构造相关矩阵 $\boldsymbol{R}_{\text{I}} \approx P_G \boldsymbol{G}\boldsymbol{G}^H + \sigma_n^2 \boldsymbol{I}_{N_{\text{R}}}$，然后构造 $\boldsymbol{R}_y = \boldsymbol{H}\boldsymbol{H}^H + \boldsymbol{R}_{\text{I}}$，并将其用于干扰抑制接收机中。在这种情况下，干扰相关矩阵 $\boldsymbol{R}_{\text{I}}$ 是正定的，因此 $\boldsymbol{h}_i^H(\boldsymbol{H}\boldsymbol{H}^H + \boldsymbol{R}_{\text{I}})^{-1}\boldsymbol{h}_i, 1 \leqslant i \leqslant M_{\text{T}}$ 是小于 1 的，这说明在有导频辅助估计干扰的情况下，基于式(4-205)的容量计算仍然是有效的。

然而在时隙不对齐的情况下，导频与干扰信号不重合，不能单独估计干扰相关矩阵 $\boldsymbol{R}_{\text{I}}$。此时，获得 $\boldsymbol{R}_y$ 的唯一方法是直接对 N_S 个符号间隔上的接收信号进行累积，获得采样相关矩阵 $\hat{\boldsymbol{R}}_y$，其表达式可以写成以下形式。

$$\begin{aligned}
\hat{\boldsymbol{R}}_y &= \frac{1}{K}\sum_{k=1}^{K} \boldsymbol{y}_k \boldsymbol{y}_k^H \\
&= \frac{1}{K}\sum_{k=1}^{K} (\boldsymbol{H}\boldsymbol{x}_k + \sqrt{P_G}\boldsymbol{G}\boldsymbol{s}_k + \boldsymbol{n}_k)(\boldsymbol{H}\boldsymbol{x}_k + \sqrt{P_G}\boldsymbol{G}\boldsymbol{s}_k + \boldsymbol{n}_k)^H \\
&= \frac{1}{K}\sum_{k=1}^{K} \boldsymbol{H}\boldsymbol{x}_k\boldsymbol{x}_k^H\boldsymbol{H}^H + P_G\boldsymbol{G}\boldsymbol{s}_k\boldsymbol{s}_k^H\boldsymbol{G}^H + \boldsymbol{n}_k\boldsymbol{n}_k^H \\
&\quad + 2\sqrt{P_G}\,\mathrm{Re}(\boldsymbol{H}\boldsymbol{x}_k\boldsymbol{s}_k^H\boldsymbol{G}^H) + 2\sqrt{P_G}\,\mathrm{Re}(\boldsymbol{G}\boldsymbol{s}_k\boldsymbol{n}_k^H) + 2\,\mathrm{Re}(\boldsymbol{H}\boldsymbol{x}_k\boldsymbol{n}_k^H)
\end{aligned}$$

$$
\begin{aligned}
&= \boldsymbol{H}\hat{\boldsymbol{X}}\boldsymbol{H}^H + P_G\boldsymbol{C}\hat{\boldsymbol{S}}\boldsymbol{G}^H + \hat{\boldsymbol{N}} + 2\sqrt{P_G}\,\mathrm{Re}(\boldsymbol{H}\boldsymbol{C}_{x,s}\boldsymbol{G}^H) \\
&\quad + 2\sqrt{P_G}\,\mathrm{Re}(\boldsymbol{G}\boldsymbol{C}_{s,n}) + 2\,\mathrm{Re}(\boldsymbol{H}\boldsymbol{C}_{x,n})
\end{aligned} \tag{4-210}
$$

在以上的分析中，将累积相关过程中包含的各项展开。式(4-210)中，$\hat{\boldsymbol{X}}$ 表示有效信号的累积自相关矩阵；$\hat{\boldsymbol{S}}$ 表示干扰信号的累积自相关矩阵；$\hat{\boldsymbol{N}}$ 表示噪声向量的累积自相关矩阵；$\boldsymbol{C}_{x,s}$ 表示有效信号与干扰信号的累积互相关矩阵；$\boldsymbol{C}_{s,n}$ 表示干扰信号与噪声向量的累积互相关矩阵；$\boldsymbol{C}_{x,n}$ 表示有效信号与噪声向量的累积互相关矩阵。以上 6 个累积相关矩阵的表达式为

$$
\begin{aligned}
&\hat{\boldsymbol{X}} = \frac{1}{K}\sum_{k=1}^{K}\boldsymbol{x}_k\boldsymbol{x}_k^H, \quad \hat{\boldsymbol{S}} = \frac{1}{K}\sum_{k=1}^{K}\boldsymbol{s}_k\boldsymbol{s}_k^H, \quad \hat{\boldsymbol{N}} = \frac{1}{K}\sum_{k=1}^{K}\boldsymbol{n}_k\boldsymbol{n}_k^H \\
&\boldsymbol{C}_{x,s} = \frac{1}{K}\sum_{k=1}^{K}\boldsymbol{x}_k\boldsymbol{s}_k^H, \quad \boldsymbol{C}_{s,n} = \frac{1}{K}\sum_{k=1}^{K}\boldsymbol{s}_k\boldsymbol{n}_k^H, \quad \boldsymbol{C}_{x,n} = \frac{1}{K}\sum_{k=1}^{K}\boldsymbol{x}_k\boldsymbol{n}_k^H
\end{aligned} \tag{4-211}
$$

对比式(4-210)、式(4-211)能够看到，在采样相关矩阵 $\hat{\boldsymbol{R}}_y$ 中，互相关矩阵 $\boldsymbol{C}_{x,s}$、$\boldsymbol{C}_{s,n}$ 和 $\boldsymbol{C}_{x,n}$ 是不等于 0 的。当数据块的长度 N_S 有限时，互相关矩阵的存在对 $\hat{\boldsymbol{R}}_y$ 的影响不可忽视。尤其是在采用高阶调制的场景下，接收机的信噪比较高，噪声功率相对较小，此时，有效信号与干扰信号的互相关矩阵 $\boldsymbol{C}_{x,s}$ 带来的性能损失较为明显。在该模型中，我们将以上的三个互相关矩阵统一地认为是交叉项，交叉项的存在是采样相关矩阵非理想统计特征因素的集中体现。

4.7.2　干扰抑制接收机算法

在有限采样的约束下，采样相关矩阵 $\hat{\boldsymbol{R}}_y$ 存在误差，需要采用相应的优化方法对 $\hat{\boldsymbol{R}}_y$ 的结构进行整形，以提高接收机的性能。根据最小均方误差准则，基于理想相关矩阵 $\boldsymbol{R}_y$ 的线性干扰抑制接收机矩阵可以表示为

$$
\boldsymbol{W}_{\mathrm{I}} = \boldsymbol{H}^H\boldsymbol{R}_y^{-1} \tag{4-212}
$$

为了提高接收机性能，需要 $\boldsymbol{R}_y$ 的精度足够高。在有限采样的约束下，基于式(4-210)获得的 $\hat{\boldsymbol{R}}_y$ 精度不能满足性能要求，因此需要对接收机进行优化。

根据式(4-212)，影响接收机性能的因素包括两个方面：一是信道响应 $\boldsymbol{H}$，二是采样相关矩阵的求逆 $\hat{\boldsymbol{R}}_y^{-1}$。因此，在本节中引入两种方法，分别对 $\boldsymbol{H}$ 和 $\boldsymbol{R}_y^{-1}$ 进行优化，第一类方法是基于子空间映射的干扰抑制接收机优化，优化对象是 $\boldsymbol{H}$；第二类方法是基于协方差矩阵整形的干扰抑制接收机优化，优化对象是 $\hat{\boldsymbol{R}}_y^{-1}$。

基于以上两种方法的接收机干扰抑制处理流程如图 4-48 所示。

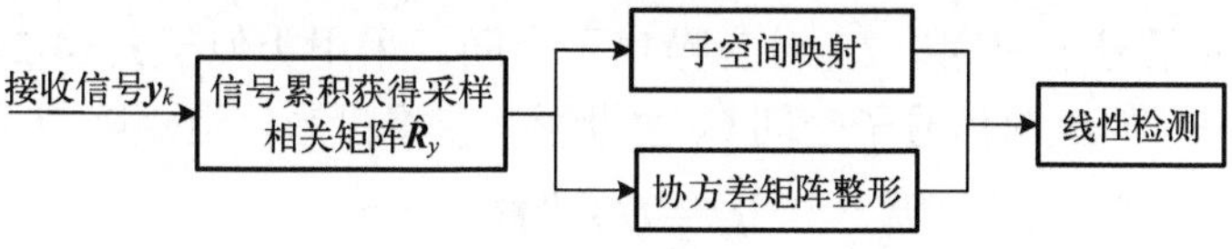

图 4-48　基于采样相关矩阵的接收机处理流程框图

以下分别对两种优化方法进行介绍。

1. 基于子空间映射的干扰抑制接收机优化

该方法重点考虑在已知采样相关矩阵 $\hat{\boldsymbol{R}}_y$ 的前提下，对信道矩阵 $\boldsymbol{H}$ 做优化，因此设计了具有子空间映射特征的线性接收机。子空间映射是在获得 $\hat{\boldsymbol{R}}_y$ 的基础上，根据 $\hat{\boldsymbol{R}}_y$ 的特征向量分布对信道响应 $\boldsymbol{H}$ 进行优化处理，包含信道矩阵映射和信号子空间辨识两部分。

在信道矩阵映射中，为了能够更清楚地阐释设计思想，首先对理想相关矩阵 $\boldsymbol{R}_y$ 进行特征值分解，如下所示：

$$\begin{aligned}\boldsymbol{R}_y &= \boldsymbol{U}\boldsymbol{\Lambda}\boldsymbol{U}^H = [\boldsymbol{U}_1,\boldsymbol{U}_2]\begin{bmatrix}\boldsymbol{\Lambda}_1 & \\ & \boldsymbol{\Lambda}_2\end{bmatrix}\begin{bmatrix}\boldsymbol{U}_1^H \\ \boldsymbol{U}_2^H\end{bmatrix} \\ &= \boldsymbol{U}_1\boldsymbol{\Lambda}_1\boldsymbol{U}_1^H + \boldsymbol{U}_2\boldsymbol{\Lambda}_2\boldsymbol{U}_2^H\end{aligned} \tag{4-213}$$

由于 $\boldsymbol{R}_y$ 是正定的 Hermitian 矩阵，因此对角矩阵 $\boldsymbol{\Lambda}$ 的对角线元素都是大于 0 的实数。式(4-213)中第三个等号将 $\boldsymbol{R}_y$ 分成两个子空间来进行分析，正交矩阵 $\boldsymbol{U}_1 \in \mathbb{C}^{N_{\mathrm{R}}\times m}$ 表示信号子空间；$\boldsymbol{\Lambda}_1 \in \mathbb{R}^{m\times m}$ 是包含信号子空间特征值的对角矩阵，若特征值按从大到小排列，即 $\lambda_1 \geqslant \lambda_2 \geqslant \cdots \geqslant \lambda_m > \sigma_n^2$，能够看到信号子空间的特征值都大于 σ_n^2；正交矩阵 $\boldsymbol{U}_2 \in \mathbb{C}^{N_{\mathrm{R}}\times(N_{\mathrm{R}}-m)}$ 表示噪声子空间；$\boldsymbol{\Lambda}_2 \in \mathbb{R}^{(N_{\mathrm{R}}-m)\times(N_{\mathrm{R}}-m)}$ 是噪声子空间的特征值矩阵，其对角线元素都等于 σ_n^2，即 $\lambda_{m+1} = \cdots = \lambda_{N_{\mathrm{R}}} = \sigma_n^2$。

根据以上的子空间划分，能够看到信道响应 $\boldsymbol{H}$ 是位于信号子空间 $\boldsymbol{U}_1$ 中的，将 $\boldsymbol{H}$ 向 $\boldsymbol{U}_1$ 上做投影，得到以下结果：

$$\boldsymbol{P} = \boldsymbol{U}_1^H\boldsymbol{H} \tag{4-214}$$

其中，$\boldsymbol{P} \in \mathbb{C}^{m\times M_t}$ 表示投影系数矩阵。同时，考虑到信号子空间 $\boldsymbol{U}_1$ 同噪声子空间 $\boldsymbol{U}_2$ 相互正交，可以得到 $\boldsymbol{U}_2^H\boldsymbol{H} = \boldsymbol{0}_{(N_{\mathrm{R}}-m)\times m}$。因此，$\boldsymbol{H}$ 能够用信号子空间 $\boldsymbol{U}_1$ 进行线性表示，即

$$\boldsymbol{H} = \boldsymbol{U}_1\boldsymbol{P} \tag{4-215}$$

以上分析表明，$\boldsymbol{R}_y$ 的特征值分解结果中，隐含着 $\boldsymbol{H}$ 只映射在信号子空间 $\boldsymbol{U}_1$ 中这一特性。

类似地，继续对采样相关矩阵 $\hat{\boldsymbol{R}}_y$ 做特征值分解，得到如下结构：

$$\begin{aligned}\hat{\boldsymbol{R}}_y &= \hat{\boldsymbol{U}}\boldsymbol{L}\hat{\boldsymbol{U}}^H = [\hat{\boldsymbol{U}}_1,\hat{\boldsymbol{U}}_2]\begin{bmatrix}\boldsymbol{L}_1 & \\ & \boldsymbol{L}_2\end{bmatrix}\begin{bmatrix}\hat{\boldsymbol{U}}_1^H \\ \hat{\boldsymbol{U}}_2^H\end{bmatrix} \\ &= \hat{\boldsymbol{U}}_1\boldsymbol{L}_1\hat{\boldsymbol{U}}_1^H + \hat{\boldsymbol{U}}_2\boldsymbol{L}_2\hat{\boldsymbol{U}}_2^H\end{aligned} \tag{4-216}$$

其中，$\boldsymbol{L}_1$ 代表 $\hat{\boldsymbol{R}}_y$ 中信号子空间的特征值对角矩阵；$\boldsymbol{L}_2$ 代表 $\hat{\boldsymbol{R}}_y$ 中噪声子空间的特征值对角矩阵；$\hat{\boldsymbol{U}}_1$ 对应信号子空间；$\hat{\boldsymbol{U}}_2$ 对应噪声子空间。采用类似于式(4-214)、式(4-215)的方法，将信道矩阵 $\boldsymbol{H}$ 向信号子空间 $\hat{\boldsymbol{U}}_1$ 做投影，获得投影信道矩阵 $\hat{\boldsymbol{H}}$ 如下：

$$\hat{\boldsymbol{H}} = \hat{\boldsymbol{U}}_1\hat{\boldsymbol{U}}_1^H\boldsymbol{H} \tag{4-217}$$

经过以上处理，就能够实现对信道响应的有效约束，使 $\hat{\boldsymbol{H}}$ 在空间维度上同 $\hat{\boldsymbol{R}}_y$ 的信号子空间 $\hat{\boldsymbol{U}}_1$ 有效对齐，获得更好的干扰抑制效果。

由于在实际的接收机中，并不知道干扰信号和有效信号叠加后的维度，因此 $\hat{\boldsymbol{R}}_y$ 中信号子空间的维度，即对角矩阵 $\boldsymbol{L}_1$ 的维度并不是一个已知的量。在接收机优化中，需要根据 $\hat{\boldsymbol{R}}_y$ 特征值分布的特性，设置合理的判决门限，用于区分信号和噪声。

以下的辨识方法是对 $\hat{\boldsymbol{R}}_y$ 的特征值进行分析得到的。为了表示方便，这里重新写出对 $\hat{\boldsymbol{R}}_y$ 的特征值分解：

$$\hat{\boldsymbol{R}}_y = \hat{\boldsymbol{U}}\boldsymbol{L}\hat{\boldsymbol{U}}^H \tag{4-218}$$

其中，$\boldsymbol{L} \in \mathbb{R}^{N_R \times N_R}$ 是对角矩阵，对角线元素为 $\hat{\boldsymbol{R}}_y$ 的特征值，考虑到 $\hat{\boldsymbol{R}}_y$ 是半正定的 Hermitian 矩阵，其特征值一定是非负的实数，若特征值按从大到小排列，可以表示为 $l_1 \geqslant l_2 \geqslant \cdots \geqslant l_{N_R}$。考虑到 $\hat{\boldsymbol{R}}_y$ 是理想相关矩阵 $\boldsymbol{R}_y$ 的采样结果，根据参考文献[30]的分析，当接收天线数和采样数的比值 $\gamma = N_R / K$ 是定值，且 N_R 和 K 趋向于无穷大时，$\hat{\boldsymbol{R}}_y$ 的特征值具有如下特性：

$$l_j \to \begin{cases} \lambda_j\left(1+\dfrac{\sigma_n^2\gamma}{\lambda_j-\sigma_n^2}\right), & \lambda_j \geqslant \sigma_n^2(1+\sqrt{\gamma}) \\ \sigma_n^2(1+\sqrt{\gamma})^2, & \lambda_j < \sigma_n^2(1+\sqrt{\gamma}) \end{cases} \tag{4-219}$$

式(4-219)表明：①在有限采样的约束下，采样特征值 l_j 相比于真实特征值 λ_j 会产生数值上的增大；②存在一个门限 $\sigma_n^2(1+\sqrt{\gamma})$，高于该门限的 λ_j 对应的 l_j，其增大的乘性因子等于 $1+\dfrac{\sigma_n^2\gamma}{\lambda_j-\sigma_n^2}$，低于该门限的 λ_j 对应的 l_j，最终会趋向于一个定值 $\sigma_n^2(1+\sqrt{\gamma})^2$。

对于大于门限的特征值，能够看到 l_j 是关于 λ_j 的单调递增函数，通过计算能够得到该表达式的下限为 $\sigma_n^2(1+\sqrt{\gamma})^2$，因此可以将该值定义为门限 T。

该门限 T 能够作为辨识信号子空间的标准，大于该门限的特征值可以认为是信号子空间的特征值，从而能够获得信号子空间矩阵，进一步实现子空间映射。

综合以上分析，在子空间映射(subspace projection，SP)方法中，最终的线性干扰抑制接收机矩阵可以写成如下形式：

$$\boldsymbol{W}_1 = \hat{\boldsymbol{H}}^H \hat{\boldsymbol{R}}_y^{-1} \tag{4-220}$$

2. 基于协方差矩阵整形的干扰抑制接收机优化

前面给出了根据 $\hat{\boldsymbol{R}}_y$ 的信号空间特征向量对信道矩阵 $\boldsymbol{H}$ 进行调整的方法，在接收机实现的过程中，$\hat{\boldsymbol{R}}_y$ 是没有发生变化的。本节将给出另外一种接收机的增强方法，在该方法中，信道矩阵 $\boldsymbol{H}$ 保持不变，根据 $\hat{\boldsymbol{R}}_y$ 的特征值特性对 $\hat{\boldsymbol{R}}_y$ 自身进行修正。

根据式(4-219)的分析，能够看到采样相关矩阵 $\hat{\boldsymbol{R}}_y$ 的特征值相对于 $\boldsymbol{R}_y$ 来说会有增大；且 $\boldsymbol{R}_y$ 的特征值 λ_j 越大，对应的 $\hat{\boldsymbol{R}}_y$ 的特征值 l_j 增大的幅度就越大。这说明特征值 $\hat{\boldsymbol{R}}_y$ 的分布和 $\boldsymbol{R}_y$ 相比，呈现越来越不均衡的特性。根据这一性质，对 $\hat{\boldsymbol{R}}_y$ 进行整形，在保证 $\hat{\boldsymbol{R}}_y$ 特征值之和不变的情况下，降低特征值分布的不均衡特性。

为了实现对 $\hat{\boldsymbol{R}}_y$ 进行整形的目标，这里引入整形矩阵 $\boldsymbol{T}$[30]。该矩阵具有以下特性。

(1)矩阵 $\boldsymbol{T}$ 的对角线元素为 1，且为转置共轭矩阵。

(2)矩阵 $\boldsymbol{T}$ 是 Toeplitz 矩阵，且次对角线元素的数值随着远离主对角线而逐渐减小。

例如，4 维的矩阵 $\boldsymbol{T}$ 可以写成如下形式：

$$\boldsymbol{T}=\begin{bmatrix} 1 & d_1 & d_2 & d_3 \\ d_1 & 1 & d_1 & d_2 \\ d_2 & d_1 & 1 & d_1 \\ d_3 & d_2 & d_1 & 1 \end{bmatrix} \tag{4-221}$$

且次对角线元素满足 $d_1 > d_2 > d_3$，可以采用函数拟合的方法给出次对角线上的数值。例如，将负指数函数用于拟合，即

$$d_k = \exp(-\alpha k) \tag{4-222}$$

其中，α 是负指数函数的调整因子，该因子能够根据矩阵维度和采样数值的大小进行调整，以获取最优的整形效果，该方法称为协方差矩阵整形(covariance matrix tapering，CMT)方法。

满足以上特性的矩阵 $\boldsymbol{T}$，同 $\hat{\boldsymbol{R}}_y$ 做阿达马乘积(即矩阵对应元素相乘)，表示为 $\hat{\boldsymbol{R}}_y \circ \boldsymbol{T}$。根据矩阵论的理论支持，$\hat{\boldsymbol{R}}_y \circ \boldsymbol{T}$ 的特征值 $\lambda_i(\hat{\boldsymbol{R}}_y \circ \boldsymbol{T})$ 满足以下特性(假设矩阵的特征值按从大到小排列，即 $\lambda_1 \geqslant \lambda_2 \geqslant \cdots \geqslant \lambda_{N_\mathrm{R}}$)。

(1) $\sum_{i=1}^{N_\mathrm{R}} \lambda_i(\hat{\boldsymbol{R}}_y \circ \boldsymbol{T}) = \sum_{i=1}^{N_\mathrm{R}} \lambda_i(\hat{\boldsymbol{R}}_y)$，即与矩阵 $\boldsymbol{T}$ 做阿达马乘积后，特征值之和保持不变。

(2) $\sum_{i=1}^{n} \lambda_i(\hat{\boldsymbol{R}}_y \circ \boldsymbol{T}) \leqslant \sum_{i=1}^{n} \lambda_i(\hat{\boldsymbol{R}}_y), n < N_\mathrm{R}$，即与矩阵 $\boldsymbol{T}$ 做阿达马乘积后，较大的特征值所占的比例减小，这就意味着矩阵的特征值的分布更加均衡。

在此基础上，矩阵 $\boldsymbol{T}$ 能够起到对 $\hat{\boldsymbol{R}}_y$ 的特征值进行整形的效果，在实际应用的过程中，可以考虑多种不同的函数拟合方式，例如，线性函数、sinc 函数等，对函数的斜率进行优化，取得最优的整形效果。

为了表示方便，整形矩阵可以表示为

$$\hat{\boldsymbol{R}}_{y,\mathrm{T}} = \hat{\boldsymbol{R}}_y \circ \boldsymbol{T} \tag{4-223}$$

在协方差矩阵整形方法中，接收机线性检测器的结果为

$$\boldsymbol{W}_2 = \boldsymbol{H}^H \hat{\boldsymbol{R}}_{y,\mathrm{T}}^{-1} \tag{4-224}$$

4.7.3　干扰抑制接收机仿真结果

在本节的仿真结果中，我们进一步比较子空间映射方法、协方差矩阵整形方法的仿真性能。对比方案包括协方差理想已知的干扰抑制接收机，以及直接采用采样相关矩阵

结果求逆的干扰抑制接收机，对于理想干扰抑制接收机，其接收机矩阵可以用式(4-212)表示；对于直接采用采样相关矩阵的接收机，其矩阵可以写成如下形式：

$$\boldsymbol{W}_3 = \boldsymbol{H}^H \hat{\boldsymbol{R}}_y^{-1} \tag{4-225}$$

在以上的接收机配置下，分别验证采样长度 $N_S = 48$ 和 $N_S = 72$ 这两种情况，分别对应在 5G-NR 系统中，频域带宽为 4 个 RB 和 6 个 RB，仿真结果如图 4-49 所示。图标 SP 表示子空间映射方法，图标 CMT 表示协方差矩阵整形方法，此时，整形矩阵 $\boldsymbol{T}$ 的表达式如式(4-221)所示，参数 $\alpha = 0.03$，图标 SCM(sampling covariance matrix)表示直接采用采样相关矩阵的方法，图标 IRC Ideal 表示理想干扰抑制接收机方法。

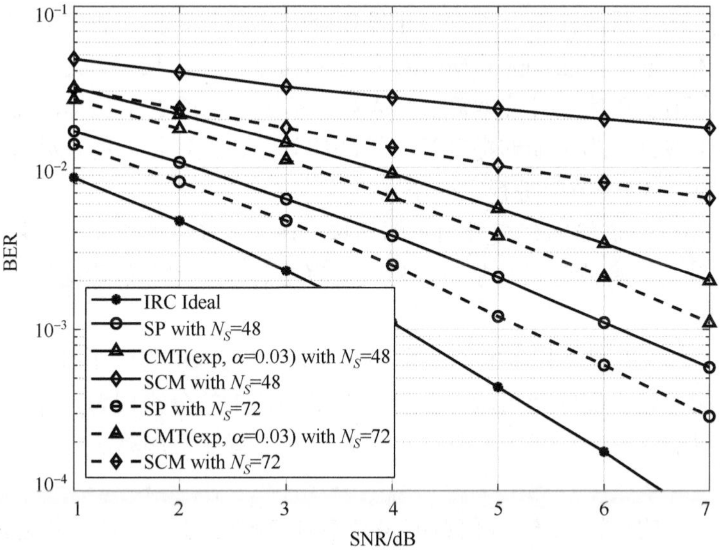

图 4-49　干扰抑制接收机仿真结果图

根据图 4-49 的仿真结果能够看到，在采样长度 $N_S = 48$ 和 $N_S = 72$ 两种配置下，子空间映射(SP)方法的性能要优于协方差矩阵整形(CMT)方法。当 $N_S = 72$ 时，在误比特率 BER 等于 10^{-3} 的情况下，子空间映射(SP)方法相比于协方差矩阵整形(CMT)方法的 SNR 要好近 2dB。这两种改进方法都要显著优于直接采用采样相关矩阵(SCM)方法的性能。当采样长度从 48 增大到 72 时，检测性能虽有提升，但仍然会出现较为显著的误码平台。同时，应当注意到，随着采样长度增加，子空间映射(SP)方法和协方差矩阵整形(CMT)方法都有显著的性能提升。当 $N_S = 72$ 时，子空间映射(SP)方法相比于理想干扰抑制接收机方法，性能损失略大于 1dB，能够基本满足接收机的实用化需求。

4.8 本 章 小 结

本章介绍了 MIMO 多天线下的信号检测技术。在 4.1 节中，首先介绍了经典的迫零(ZF)算法和最小均方误差(MMSE)算法，并比较了两者之间的性能。考虑到迫零算法和最小均方误差算法都需要进行矩阵的求逆操作，当 MIMO 天线数增加时，矩阵求逆的复杂度随矩阵维度呈三次方增长。为了能够降低矩阵求逆的复杂度，在 4.1 节中，进一步介绍了多种矩阵求逆的近似方法，并对这些方法的性能进行了系统比较。

从 MIMO 检测性能提升的角度看，非线性检测的性能要优于线性检测的性能。在 4.2 节中，系统介绍了多种非线性检测的方法。首先是 4.2.1 节中的干扰抵消检测算法，根据多天线的处理顺序，又可以进一步分为非排序干扰抵消和排序干扰抵消。在干扰抵消算法中，差错传播是不可忽视的影响因素，可以通过加入循环奇偶校验(CRC)比特，有效抑制差错传播带来的影响。接下来是 4.2.2 节中的搜索类算法，通过将 MIMO 检测问题建模为树搜索问题，在树上进行简化操作降低计算复杂度，典型的搜索算法包含深度优化和宽度优先搜索算法。除了 MIMO 信道到树结构的直接展开之外，受搜索算法思想的启发，还介绍了似然上升搜索算法(LAS)、基于子空间的干扰抑制(SUMIS)算法、Ungerboeck 模型算法。为了能够提升搜索算法的效果，进行相应的预处理和后处理也是必要的，该内容在 4.2.3 节中进行了介绍。

考虑到 MIMO 信道能够建模成因子图结构，在 4.3 节中重点介绍了基于图模型的迭代 MIMO 检测算法，具体包括马尔可夫随机场算法、因子图置信传播算法、近似消息传递算法和期望传播算法。

同时，近年来人工智能技术的不断发展对 MIMO 检测也起到了推动作用。从原理上看，MIMO 检测问题也能够建模成多层神经网络结构下的分类问题，在此思想指导下，在 4.4 节中介绍了数据驱动和模型驱动这两大类人工智能检测算法，并提供了相应的仿真结果参考。

考虑到在实际的传输系统中，信道编码是不可或缺的，且自 4G 时代之后，对应 Turbo 码和 LDPC 码的软译码迭代算法已经成为接收机编译码算法的主流。在 4.5 节中，重点考虑基于信道译码软信息反馈辅助的检测算法，通过信道译码与前端检测的多次迭代，能够充分发挥信道译码器的纠错能力，提升接收机的整体性能。

在 4.6 节中，从现有 5G 移动通信系统的实际出发，在 MIMO 检测中考虑用户调度的因素，打破传统的复信号结构，引入实信号与复信号混合的多用户接入方法，通过仿真结果表明，该种混合调制方法能够显著提高移动通信系统小区的吞吐率。

在 4.7 节中，则重点从 5G 移动通信系统的多小区结构出发，考虑小区间干扰因素的影响。通过分析 5G 移动通信系统中的灵活配置时隙结构，指明时隙非对齐干扰是影响上行接收机性能的关键因素。在该节，通过分析干扰的分布特性，提出了多种能够实现时隙非对齐干扰抑制的方法，并进行了仿真验证。

综上所述，在本章中，对多种 MIMO 检测算法进行了系统论述与对比。通过本章的叙述，期望能对广大读者关于 MIMO 检测方法的深入了解有所帮助。

习　题

4.1　请通过蒙特卡罗仿真验证在 MIMO 传输信道下线性迫零(ZF)算法、线性最小均方误差(MMSE)算法的性能。典型配置包括 4 发 4 收，8 发 8 收，信道环境可以设置为瑞利衰落信道。

4.2　请评估 ZF 算法、MMSE 算法、最大似然(ML)检测算法、球译码算法的计算复杂度。计算复杂度的计量单位是实数加法或乘法的次数。

4.3　请评估在 Turbo 迭代框架下，MIMO 线性检测算法的计算复杂度。

4.4　请通过蒙特卡罗仿真验证实复混合调制下，8 个实信号用户、8 个复信号用户接入，接收机配置 16 个接收天线，并采用最小均方误差算法的性能。

参 考 文 献

[1] WU M, YIN B, VOSOUGHI A, et al. Approximate matrix inversion for high-throughput data detection in the large-scale MIMO uplink[C]. IEEE international symposium on circuits and systems. Beijing, 2013: 2155-2158.

[2] FANG L, XU L, HUANG D D. Low complexity iterative MMSE-PIC detection for medium-size massive MIMO[J]. IEEE wireless communications letters, 2016, 5(1): 108-111.

[3] YLINEN M, BURIAN A, TAKALA J. Direct versus iterative methods for fixed-point implementation of matrix inversion[J]. Proceedings of the 2004 international symposium on circuits and systems. Vancouver, 2004: 225-228.

[4] WU Z, ZHANG C, XUE Y, et al. Efficient architecture for soft-output massive MIMO detection with Gauss-Seidel method[J]. Proceedings of the 2004 international symposium on circuits and systems. Vancouver, 2016: 1886-1889.

[5] SONG W, CHEN X, WANG L, et al. Joint conjugate gradient and Jacobi iteration based low complexity precoding for massive MIMO systems[C]. IEEE/CIC international conference on communications in China.Chengdu, 2016: 1-5.

[6] XIAO C, SU X, ZENG J, et al. Low-complexity soft-output detection for massive MIMO using SCBiCG and Lanczos methods[J]. China communications, 2015, 12(S1): 9-17.

[7] ABDAOUI A, BERBINEAU M, SNOUSSI H. GMRES interference canceler for doubly iterative MIMO system with a large number of antennas[J]. IEEE international symposium on signal processing & information technology. Giza, 2007: 449-453.

[8] WU M, DICK C, CAVALLARO J R, et al. FPGA design of a coordinate descent data detector for large-scale MU-MIMO[C]. IEEE international symposium on circuits and systems. Montreal, 2016: 1894-1897.

[9] DE LUNA J C, MA Y, YI N, et al. A real-complex hybrid modulation approach for scaling up multiuser MIMO detection[J]. IEEE transactions on communications, 2018, 66(9): 3916-3929.

[10] CHOI J W, SINGER A C, LEE J, et al. Improved linear soft-input soft-output detection via soft feedback successive interference cancellation[J]. IEEE transactions on communications, 2010, 58(3): 986-996.

[11] GUO Z, NILSSON P. Algorithm and implementation of the K-Best sphere decoding for MIMO

detection[J]. IEEE journal on selected areas in communications, 2006, 24(3): 491-503.

[12] VARDHAN K, MOHAMMED S, CHOCKALINGAM A, et al. A low-complexity detector for large MIMO systems and multicarrier CDMA systems[J]. IEEE journal on selected areas in communications, 2008, 26(3): 473-485.

[13] CÎRKIÉ M, LARSSON E G. SUMIS: near-optimal soft-in soft-out MIMO detection with low and fixed complexity[J]. IEEE transactions on signal processing, 2014, 62(12): 3084-3097.

[14] RUSEK F, PRLJA A. Optimal channel shortening for MIMO and ISI channels[J]. IEEE transactions on wireless communications, 2012, 11(2):810-818.

[15] WÜBBEN D, SEETHALER D, JALDÉN J, et al. Lattice reduction[J]. IEEE signal processing magazine, 2011, 28(3): 70-91.

[16] STOJNIC M, VIKALO H, HASSIBI B. Speeding up the sphere decoder with H^{∞} and SDP inspired lower bounds[J]. IEEE transactions on signal processing, 2008, 56(2): 712-726.

[17] WU S, KUANG L, NI Z, et al. Low-complexity iterative detection for large-scale multiuser MIMO-OFDM systems using approximate message passing[J]. IEEE journal of selected topics in signal processing, 2014, 8(5): 902-915.

[18] SOM P, DATTA T, SRINIDHI N, et al. Low-complexity detection in large-dimension MIMO-ISI channels using graphical models[J]. IEEE journal of selected topics in signal processing, 2011, 5(8): 1497-1511.

[19] NARASIMHAN T L, CHOCKALINGAM A. Channel hardening-exploiting message passing (CHEMP) receiver in large-scale MIMO systems[J]. IEEE journal of selected topics in signal processing, 2014, 8(5): 847-860.

[20] RANGAN S. Generalized approximate message passing for estimation with random linear mixing[C]. 2011 IEEE international symposium on information theory proceedings. Petersburg, 2011: 2168-2172.

[21] MA J, PING L. Orthogonal AMP[J]. IEEE access, 2017, 5: 2020-2033.

[22] RANGAN S, SCHNITER P, FLETCHER A K. Vector approximate message passing[J]. IEEE transactions on information theory, 2019, 65(10): 6664-6684.

[23] SAMUEL N, DISKIN T, WIESEL A. Learning to detect[J]. IEEE transactions on signal processing, 2019, 67(10): 2554-2564.

[24] ZHENG L, TSE D N C. Diversity and multiplexing: a fundamental tradeoff in multiple-antenna channels[J]. IEEE transactions on information theory, 2003, 49(5): 1073-1096.

[25] 3RD GENERATION PARTNERSHIP PROJECT (3GPP). R1-051422. UL system level performance evaluation for E-UTRA[S/OL]. [2005-11-02]. http://www.3gpp.org/ftp/TSG_RAN/WG1_RL1/TSGR1_43/Docs/R1-051422.zip.

[26] 3RD GENERATION PARTNERSHIP PROJECT (3GPP). R1-062052. UL system analysis with SDMA[S/OL]. [2006-08-23]. http://www.3gpp.org/ftp/TSG_RAN/WG1_RL1/TSGR1_46/Docs/R1-062052.zip.

[27] DENG Q, GUO L, DONG C, et al. Accelerated widely-linear signal detection by polynomials for over-loaded large-scale MIMO systems[J]. IEICE transactions on communications, 2018, E101-B(1):

185-194.

[28] PALOMAR D P, CIOFFI J M, LAGUNAS M A. Joint Tx-Rx beamforming design for multicarrier MIMO channels: a unified framework for convex optimization[J]. IEEE transactions on signal processing, 2003, 51: 2381-2401.

[29] DAHLMAN E, PARKVALL S, SKOLD J. 5G NR: the next generation wireless access technology[M]. Sweden: Elsevier Press, 2018.

[30] RUGINI L, BANELLI P, CACOPARDI S. A full-rank regularization technique for MMSE detection in multiuser CDMA systems[J]. IEEE communications letters, 2005, 9(1): 34-36.

第 5 章　智能表面辅助的 MIMO 处理技术

随着 5G 的标准化，物理层传输引入的毫米波、Massive MIMO（大规模多输入多输出）、超密集部署等先进技术极大地提高了无线网络的频谱效率，但对于不断更新的用户需求、未来想要实现的全新应用以及以后可能出现的新网络趋势等问题都使得无线通信的进一步发展充满了挑战，其中能量消耗和硬件成本更是制约了这些技术的广泛应用。智能表面作为通信的新兴革命技术则广泛吸引了通信界各人士的目光，而智能表面在无线通信系统中的作用也成为一种研究方向。目前，智能表面研究的辅助无线通信系统的方式主要有两种：一种是作为 LIS（large intelligent surface，大型智能表面）取代传统的大规模天线阵列，在无线通信系统中充当收发结构；另一种则是 RIS（reconfigurable intelligent surface，可重配置智能表面）或者 IRS（intelligent reflected surface，智能反射面）作为一种反射面取代无线通信系统中的传统中继以减少硬件损伤和能量消耗[1]。两种作用方式下的智能表面优势都非常显著，成为近来超越 5G 技术的研究热点。

5.1　智能表面的现有研究

智能表面是一种新兴的辅助无线传输的技术方式，近两年才逐渐有一些成果面世。最开始，智能表面是作为智能反射面纳入研究范围的，因为其易部署、成本低的优势被广泛研究，它在节省成本、提高能效的前提下还能表现出比中继更优的性能。因此，智能表面在无线通信中的应用类似于中继。后来智能表面也作为一种有源发送端，除了无源反射元件，其表面还集成了大量微型天线元件，相比传统天线阵列，连续表面能带来更多的优势。同时，也有将智能表面作为 AP 的研究分析，这种 AP 的作用效果与智能反射面类似。在 5.1.1 节和 5.1.2 节，将介绍主流研究方向——智能反射面和其他研究方向——大型智能表面（有源发端）与智能表面 AP。在 5.1.3 节，将介绍主流研究方向——智能反射面和传统中继的性能对比以及差异。

5.1.1　智能表面

智能表面是一种平面结构，表面分布着大量低成本且无源的元件。智能表面在不同的研究中有不同的代名词，如 RIS（可重配置智能表面）、IRS（智能反射面），还有另外一种不同于 RIS 或 IRS 的有源表面被称为 LIS（大型智能表面），其在无线通信系统中的作用方式为收发结构。从名词中可以看出，应用智能表面的主要作用是重构无线通信环境，而重构原理则是通过其表面的传感器收集周围环境的信息，利用这些信息设计其表面无源元件的反射系数来反射入射信号形成反射的波束，与发端发射的信号相叠加以重构接收端接收到的结构信号。智能表面得益于其平面结构，可以很好地部署在天花板、建筑物表面等地方，因此有部署方便快捷的优势[2]。当智能表面与分布式大规模 MIMO 技术相结合时，能有效地提高无线通信系统的频谱效率。同时应用智能表面可实现新的收发器结构，带来范式转变，减少了硬件损伤和能量消耗，而通过智能重塑电磁波传播环境，使无线传播环境在原则上更可控且可编程，理论上能够有效地提高通信质量[3]。智能表面的结构如图 5-1 所示，主要由顶层贴片层、狭缝负载层和衬底层构成。顶层贴片层的主要作用是接收和辐射能量，而狭缝负载层表面分布着大量无源元件，这些元件能够独立地诱导入射信号的振幅和/或相位变化，从而协同实现精细的三维(3D)反射波束成形。衬底层可抑制反向辐射，避免能量流失和反向能量辐射的干扰[4]。

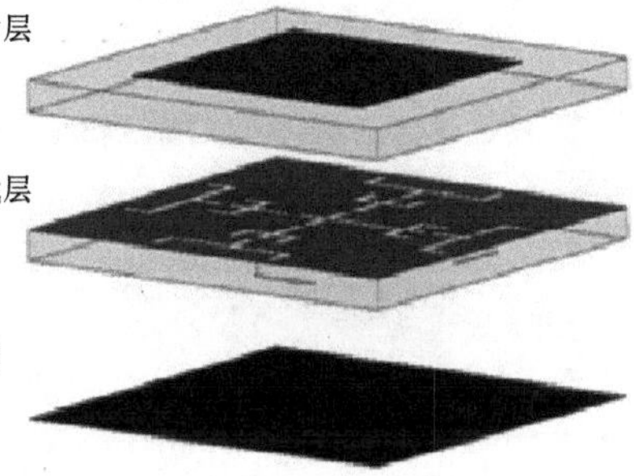

图 5-1　智能表面的结构

考虑在以下场景中，可以部署智能反射面改善无线通信环境。

场景一：图 5-2(a)展示了用户位于阴影区中的场景。在阴影区中，用户与其服务 BS 之间的直接链路被障碍物严重阻塞。在这种情况下，部署与基站和用户有明确联系的 IRS 有助于通过智能信号反射绕过障碍物，从而在它们之间创建视距(LOS)链接。这对于极易受室内阻塞影响的 mmWave 通信中的覆盖范围扩展特别有用。

场景二：图 5-2(b)示出了 IRS 用于改进物理层安全性的场景。当从 BS 到窃听器的链路距离小于到合法用户(如用户 1)的链路距离时，或者窃听器位于与合法用户(如用户 2)相同的方向时，可实现的保密通信速率高度受限(即使在后一种情况下通过在 BS 处采用发射波束成形)。然而，如果 IRS 部署在窃听器附近，则 IRS 反射的信号可以被调谐以抵消来自窃听器处的 BS 的(非 IRS 反射的)信号，从而有效地减少信息泄漏。

场景三：图 5-2(c)示出了用户位于小区边缘的场景。对于同时遭受来自其服务 BS 的高信号衰减和来自相邻 BS 的严重同信道干扰的小区边缘用户，可以在小区边缘部署 IRS，通过适当地设计其反射波束成形，不仅有助于提高期望的信号功率，而且有助于抑制干扰，从而在其附近形成“信号热点”和“无干扰区”。

场景四：图 5-2(d)示出了 IRS 用于实现大规模设备到设备(D2D)通信的场景，其中 IRS 充当信号反射集线器，以支持通过干扰抑制的同时低功率传输。多个装置之间互相通信，相当于多个发送端和多个接收端同时通信，显然互相会有干扰，通过设计智能反射面可以尽可能消除干扰信号，增强正确信号。

场景五：IRS 在物联网(IoT)中能够同时实现对设备的无线信息和功率传输(SWIPT)。其中，IRS 通过形成无源波束，补偿从信源到远端物联网设备传输的功率损耗，以提高接收机可靠性并提升频谱效率[2]。图 5-2(e)给出了 IRS 在物联网(IoT)中，同时对多种设备进行无线信息和功率传输(SWIPT)的示例。

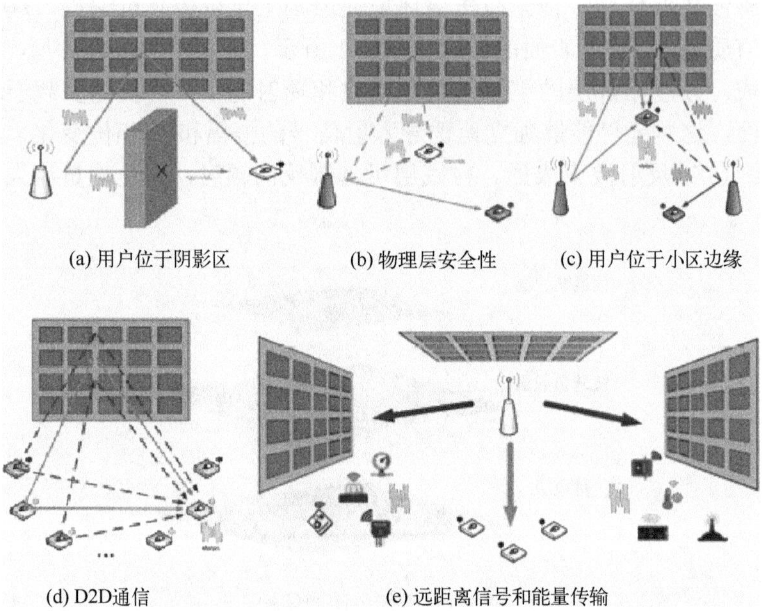

图 5-2　智能反射面(IRS)在不同场景中的应用

虽然 IRS 技术在近两年才逐渐开始有一些研究成果面世，但其研究方向也非常广泛。包括但不限于以下方向。

(1) 主流研究方向基于基站有源和 IRS 无源波束成形的联合优化设计。

(2) IRS、天线等的最佳部署问题。

(3) 不同通信场景下系统速率的优化。

(4) 物理层安全、节能等。

(5) 能量采集性能、遍历信道容量、中断概率等性能的研究。

(6) 与中继等类似作用技术的比较。

(7) 带缺陷硬件对系统的影响(表面无源元件对入射角的敏感程度)。

(8) 可行性的分析等。

Dai 等在文献[5]中将 IRS 应用于具体实现中，在消声室完成了对 IRS 辅助无线通信系统性能的测量。其中 IRS 表面每一个反射阵元都由 5 个 PIN 本征二极管对称构成，能够实现 2bit 的相位变化。通过测量得到的实验结果证实了 IRS 辅助的无线通信系统在性能增益上有很大的改善。在文献[6]中建立了分布式 LIS 辅助大规模天线系统模型，提出了ε-贪心算法，仿真了系统遍历容量的最大值以及调度的 LIS 的最大值，并与蒙特卡罗算法进行了比较，结果表明这种算法在降低复杂度的同时不会损失性能以及调度的公平性。在对 IRS 辅助无线通信系统的研究中，对无源波束成形的联合优化设计则是主流的研究方向。在文献[7]和文献[8]中利用半定松弛(semidefinite relaxation，SDR)和改进之后的 DC(difference of convex)算法对基站的有源波束成形和 IRS 形成的无源反射波束成形进行联合优化设计。仿真结果证实了在下行采用 NOMA 传输场景中，DC 算法比 SDR 算法能获得更好的系统性能，且由于 SDR 算法在高维空间下很可能得不到秩一解，从而带来性能的缺失。在文献[9]中利用 penalty CCP 算法对 IRS 形成的无源反射波束成形进行了设计，与 DC 算法相同的地方是同样引入了一个惩罚参数作为目标优化函数项。文献[10]中介绍了一种具有鲁棒性的波束成形设计，这种设计使得信道状态在一定范围内变化时，IRS 所提供的性能也不会受到较大影响，但这种鲁棒性将在其他方面损失性能。文献[11]和文献[12]的作者考虑到实际情况下 IRS 不能实现理想的连续相移变化，因此考虑了一种相移在有限分辨率情况下的混合波束成形的设计。该波束成形设计算法的核心仍然是交替优化，它与连续相移的不同是，它是一个有限解的求解，因此其获得最优解的方法可以用分支定界等穷搜法。

5.1.2　大型智能表面

当大型智能表面与大量微小的天线阵元和可重配置的处理网络结合在一起时，与智能反射面相比就有了本质上的区别。智能反射面集成了大量的无源元件，其仅作为传输媒介以实现信号的重构和无线环境的重塑，而大型智能表面则由于紧密集成了大量的微小天线阵元和可重配置的处理网络变成了有源的连续表面，应用为无线通信系统中的收发结构。

根据大型智能表面在无线通信系统中的应用可看出，其与传统大规模 MIMO 天线系统有明显的差异。首先，LIS 在其基本形式中使用整个连续表面来发送和接收辐射信号，这是其固定的形态所决定的收发形式。其次，传统的孔径天线，其实际物理结构决定了发送和接收信号的电磁辐射模式，而利用 LIS，可以控制电磁场，并在整个表面上适应传输和接收。再者，相比于传统天线阵列，LIS 由于其连续表面的结构，能对三维空间中的能量进行空前的聚焦，为未来期望实现数十亿设备之间的互连提供了更高的能量效率。在性能上，传统大规模 MIMO 系统中平均每个发送功率下所获得的容量呈对数增长，利用 LIS，每平方米的表面积上所获得的容量呈线性增长。从一些理论分析可以看出，应用 LIS 确实优势显著，能极大地提高了无线通信系统的通信质量并可期望实现更加复杂的通信结构。

目前关于 LIS 的研究仍处于理论分析的阶段(智能反射面的研究已有相关实验数据)。在文献[13]中，研究了利用 LIS 进行定位的潜力。其中建立了 LIS 相关模型，如图 5-3 所示。

建立一个三维坐标系，假设 LIS 的中心在坐标系原点，图 5-3 中 CPL 表示 LIS 平面的中垂线。被定位的终端坐标为 (x_0, y_0, z_0)，LIS 平面接收信号的坐标为 $(x, y, 0)$，定位所需要求得的即终端坐标 (x_0, y_0, z_0)。文献[13]中假设完美的视线传播以及理想的自由空间传播损耗，在点上所接收到的信号模型可表达如下：

$$\hat{s}_{x_0,y_0,z_0}(x,y) = s_{x_0,y_0,z_0}(x,y) + n(x,y) \tag{5-1}$$

其中，$n(x,y)$ 表示均值为 0、方差为 σ^2 的高斯白噪声；无噪声信号 $s_{x_0,y_0,z_0}(x,y)$ 在 t 时刻被 LIS 表面信号接收点 (x,y,z) 表达为下列形式：

$$s_{x_0,y_0,z_0}(x,y)=\sqrt{P_L\cos\phi(x,y)}s(t)\exp\left(-2\pi\mathrm{j}f_c\Delta_t(x,y)\right) \tag{5-2}$$

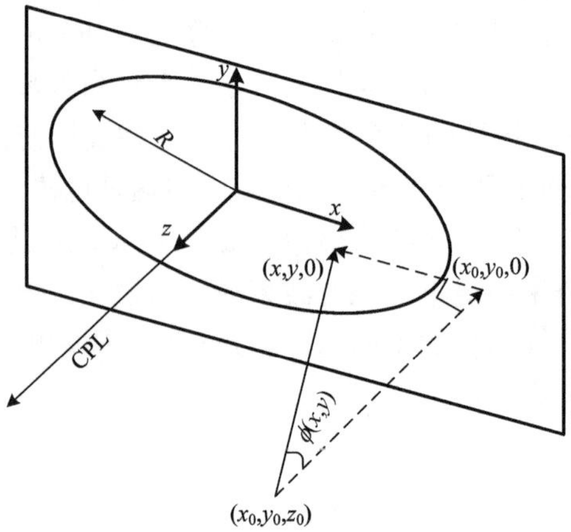

图 5-3　大型智能表面系统建模

其中，P_L 表示自由空间衰减系数；$\phi(x,y)$ 是发送的基带信号 $s(t)$ 到达点 $(x,y,0)$ 的到达角 AOA(angle of arrival)。从终端到信号接收点 $(x,y,0)$ 的传输时间可等效为 $\Delta_t(x,y)=\sqrt{\eta}/c$，$c$ 表示光速。考虑一个窄带系统，则信号 $s(t)$ 到达 LIS 平面上的所有位置都可被假设为一致，则可使 $s(t)=1$。由于 $P_L=1/(4\pi\eta)$ 以及到达角 $\phi(x,y)=z_0/\sqrt{\eta}$，可将式 (5-2) 等效为

$$s_{x_0,y_0,z_0}(x,y)=\frac{\sqrt{z_0}}{2\sqrt{\pi}\eta^{\frac{3}{4}}}\exp\left(-\frac{2\pi\mathrm{j}\sqrt{\eta}}{\lambda}\right) \tag{5-3}$$

其中，λ 表示波长；η 表示终端 (x_0,y_0,z_0) 和 LIS 表面信号接收点 $(x,y,0)$ 之间的距离，即

$$\eta=z_0^2+(y-y_0)^2+(x-x_0)^2 \tag{5-4}$$

在文献[13]中，提到了两种位置下的终端，一种是位于 LIS 表面中垂线的终端，则 $x_0=y_0=0$。在这种情况下分析 CRLB(克拉默-拉奥下界，用于计算无偏估计中能够获得的最佳估计精度)闭式表达式可精确推导出终端在 z 轴的位置 z_0。另一种是终端不在 LIS 中垂线上的情况，文献[13]近似推导出了 CRLB 和 FI(Fisher information，费希尔信息，一种测量可观察随机变量 X 携带的关于 X 的概率所依赖的未知参数 θ 的信息量的方式)的闭式表达式。同时作者也提到了两种传播方式下的场景，一种是纯 LOS 传播下，文献中主要讨论这种传播方式下的定位潜力；另一种是 NLOS 传播下，信号的传播可能会由于终端与 LIS 之间的直接路径上存在障碍物而发生反射、散射等情况，从而导致信号产生多径分量，影响信号的可靠传输。考虑到不管是以上哪种情况，对于 LOS 情况下 CRLB 的获得都是至关重要的，因此文献中主要讨论了完美 LOS 传播下的定位分析。

此外，作者针对集中式 LIS 与分布式 LIS 之间的性能差异也做了讨论分析。理论分析表明，如果将 4 个 LIS(表面积之和与集中式 LIS 相同)分布式地部署在无线通信

系统中，相比于将一个 LIS 集中式地部署在无线通信系统中，能极大地扩展定位范围，且提供更好的平均 CRLB。若进一步将 4 个 LIS 等分为 16 个 LIS 分布式地部署在无线通信系统中，虽然能增加边际收益，但同时 16 个 LIS 之间相互协作的开销也会随之增加，因此 LIS 的尺寸、部署方式也是使整个无线通信系统高效、可靠的关键因素之一。

而在文献[14]中，Alegría 等探究了 LIS 的硬件损伤对无线通信系统性能(系统可达速率)的影响。作者提出了 3 种可能的硬件损伤模型，并通过仿真证明由硬件损伤引起的 LIS 表面点之间的干扰的相关性越大，对系统性能的影响越大，而当这些干扰独立同分布时，几乎不产生影响。

在文献[3]和文献[15]中，提出了使用 LIS 本身作为 AP(access point)的新概念，其关键是利用未调制的载波进行智能反射。在这种方式下，LIS 可通过有线连接或光纤与网络连接，且自身也能传输信息。在 LIS 附近，有 RF 信号发生器，其以一定的载波频率向 LIS 传输未调制的载波信号(由 RF DA 转换器生成)。通常在这种情况下会假设 RF 源距离 LIS 足够近，因此其传输不受衰落的影响。且在该文献中，不考虑基站到用户端之间的路径，用户仅通过智能表面来获得信息。

智能表面应用为 AP 的系统结构图如图 5-4 所示。

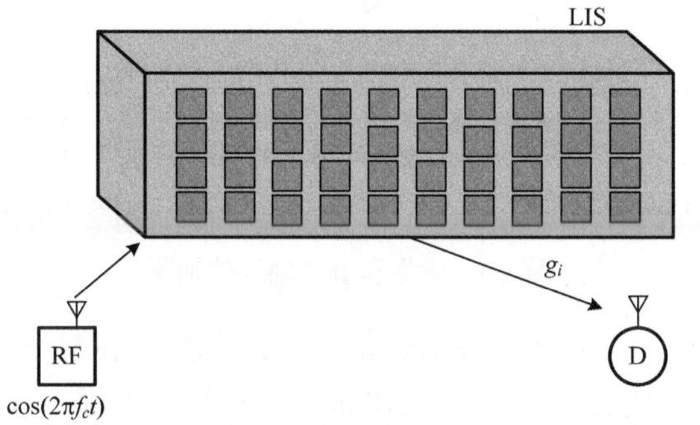

图 5-4　大型智能表面应用为 AP 的系统结构

在这种系统结构中，可以看出只有 LIS 到用户端一条路径，即 g_i。该路径建模为瑞利衰落信道，文献[15]通过理论上对智能表面在智能 AP 和盲 AP 的两种不同作用方式下系统 BER 的分析，得出了 LIS 可以有效地作为 AP 辅助无线通信的结论。

5.1.3　智能表面与中继的差异

作为 5G 和未来移动通信的关键特征，大规模天线系统可以利用空间自由度产生高吞吐量，并且以高阵列增益实现宽小区覆盖。但是由于建筑物、树木、汽车等障碍物的存在，信号的传输仍然存在不容忽视的问题。为了解决这个问题使用户获得流畅的体验，一种典型的方法是添加新的补充链接来维护通信链路。中继节点由此被引入通信信号差的区域以接收弱信号，然后将信号放大并重新发送到下一个中继跳点或终端。但是这要求部署庞大的中继节点数从而产生巨大的功耗。智能反射面在大规模天线系统中的应用类似于中继在传统大规模天线中的作用，智能反射面与传统中继在无线通信系统中的作用是相同的，关键区别在于中继在重新发送、接收信号之前将有源处理信号(经过放大器放大等)[16]，而 IRS 无源反射信号形成波束到目标终端[17]。虽然反射器阵列的入射信号不会在被缩放的情况下进行反射，但是传播环境可以以极低的功耗来改善，而不需要在反射器上引入额外的噪声。此外，使用反射器阵列能够在不引起自干扰的情况下应用全双工模式，因此反射器阵列是比中继更经济且更有效的选择[18, 19]。中继由于两跳传输以对数损失的代价实现了更高的信噪比(SNR)。在文献[20]中 Huang 等将 IRS 与理想的放大转发(AF)中继进行了比较，结果表明，使用 IRS 可以显著提高能效。然而，就可实现的速率而言，解码转发(DF)中继优于 AF 中继[21]，因此是更好的基准。在文献[22]中，Bjornson 等在 IRS 辅助无线传输的性能和重复编码 DF 中继辅助无线传输的性能之间进行了公平的比较，通过仿真结果确定当 IRS 辅助传输表现出的性能优于重复编码 DF 中继时其无源阵元的数目大小。两种设置下的系统如图 5-5 所示。

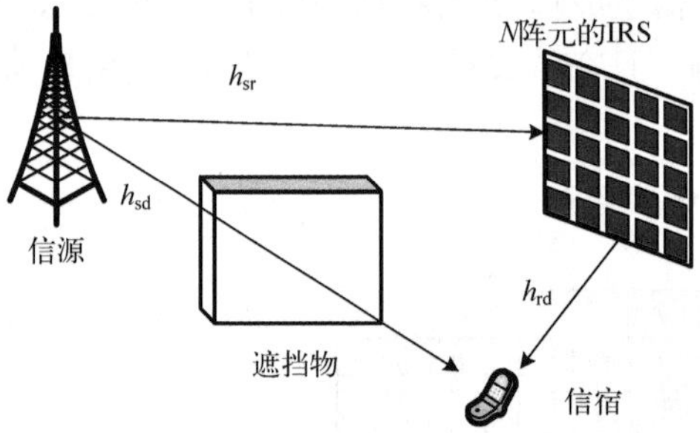

(a) 智能反射面的辅助传输

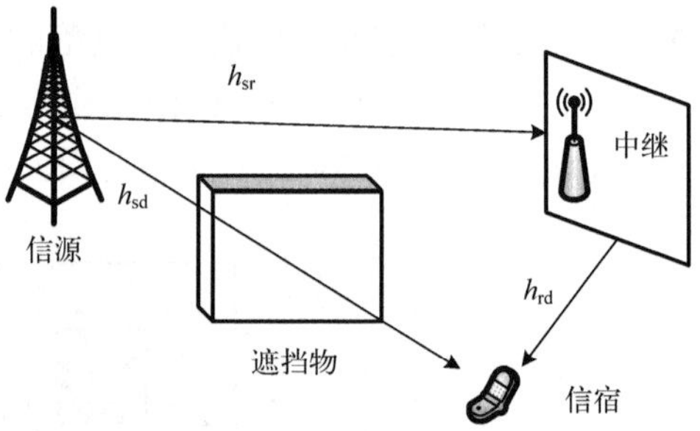

(b) 依靠中继的辅助传输

图 5-5 中继和 IRS 辅助传输图示

在文献[22]中，Bjornson 等假设信道是平坦衰落的且 IRS 具有最佳相移以在终端获得最大的增益。为了比较公平，IRS 和 DF 放置在相同的位置。对于 DF 中继来说，终端接收到的信号是发端发送的信号和中继转发的信号的组合，终端采用最大比合并接收信号。根据对 SISO 系统下接收信号的分析，可分别得到 SISO、IRS 辅助 SISO、DF 中继辅助 SISO 下的信道容量，如下：

$$
\begin{aligned}
R_{\mathrm{SISO}} &= \log_2\left(1+\frac{p\beta_{\mathrm{sd}}}{\sigma^2}\right) \\
R_{\mathrm{IRS}}(N) &= \log_2\left(1+\frac{p(\sqrt{\beta_{\mathrm{sd}}}+N\alpha\sqrt{\beta_{\mathrm{IRS}}})^2}{\sigma^2}\right) \\
R_{\mathrm{DF}} &= \frac{1}{2}\log_2\left(1+\min\left(\frac{p_1\beta_{\mathrm{sr}}}{\sigma^2},\frac{p_1\beta_{\mathrm{sd}}}{\sigma^2}+\frac{p_2\beta_{\mathrm{rd}}}{\sigma^2}\right)\right)
\end{aligned}
\tag{5-5}
$$

下标 sd、sr、rd 分别表示源到目的地、源到 IRS/DF、IRS/DF 到目的地。p、N、α 分别是发端发送功率、IRS 无源阵元的个数和反射系数。

其中，IRS 中的相移已经被理想假设为最佳相移以获得最大的容量，为了分析简便，式中，$|h_{\rm sd}|=\sqrt{\beta_{\rm sd}}$，$|h_{\rm sr}|=\sqrt{\beta_{\rm sr}}$，$|h_{\rm rd}|=\sqrt{\beta_{\rm rd}}$，$\frac{1}{N}\sum_{n=1}^{N}\left|[h_{\rm sr}]_n[h_{\rm rd}]_n\right|=\sqrt{\beta_{\rm IRS}}$。由 $R_{\rm DF}$ 的表达式可以看出，其值取决于 $\beta_{\rm sr}$ 和 $\beta_{\rm sd}$ 的大小，以及功率 p_1 和 DF 转发信号的发送功率 p_2 的功率分配。当 $\beta_{\rm sd}>\beta_{\rm sr}$ 时，min 中的最小值为第一项，此时 $p_2=0$，相当于没有使用中继转发，因此系统将在无中继和有中继两种模式之间切换以在有速率限制的条件下使总功率最小化。图 5-6 给出了文献[22]中的仿真结果图，图中对比了 DF 和 IRS 给系统带来的性能增益，其中 SISO 作为对比。

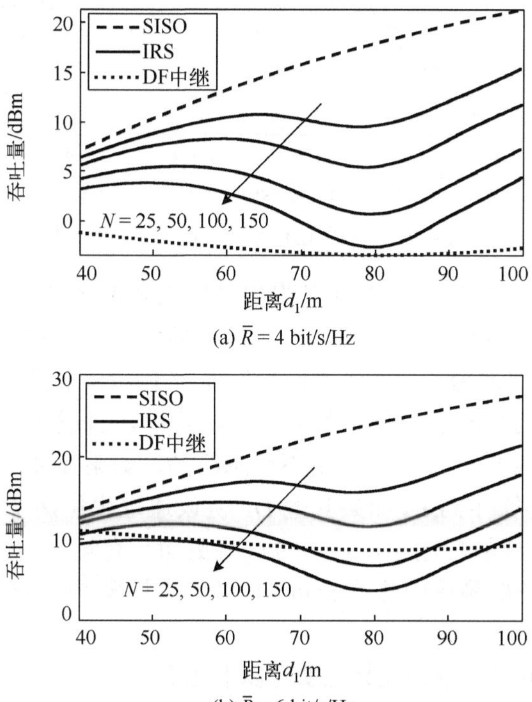

(a) $\bar{R}=4$ bit/s/Hz

(b) $\bar{R}=6$ bit/s/Hz

图 5-6　总功率随终端与发端的距离变化的仿真结果

图 5-6 给出了达到 4bit/s/Hz 或 6bit/s/Hz 的速率所需的发射功率。该图比较了 SISO、DF 中继(无模式选择)和 $N=25, 50, 100, 150$ 的 IRS 的结果。在 $R=4$ bit/s/Hz 的情况下，所有终端位置中 SISO 要求的功率最高，而 DF 中继要求的功率最小。当目标位置靠近源或靠近 IRS 时，IRS 情况下所需的发射功率随 N 的增加而减小，并且与 DF 中继情况的差距最小。在 d_1 =80m 时，IRS 需要超过 164 个无源器件才能胜过 DF。当速率增加到 6bit/s/Hz 时，IRS 逐渐显露出优势。当目标靠近信号源时，它需要的功率最小，而当 $d_1=80$m 时，仅需要 $N>76$ 即可胜过中继。中继失去其某些优势的原因是，中继必须具有比 IRS 情况下更高的 SINR，因此随着中继的运行，所需的功率随着 R 的增长而更快增加。

图 5-7 中的 IRS 无源器件数目已经最优化以获得最大的能源效率(energy

efficiency，EE)，由图可以看出，IRS 的优势并不明显，只有当有高速率要求时，其 EE($\bar{R} \gg 8.48$ bit/s/Hz)才能优于中继转发。因此，在最小化发射功率和最大化能量效率方面，在 SISO 和 DF 中继模式之间切换的系统是优选的，除非需要非常高的速率才可能考虑 IRS。

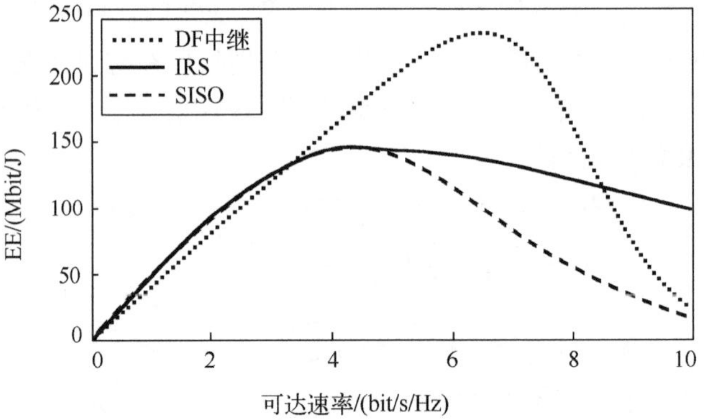

图 5-7　EE 随可达速率变化的仿真结果[22]

在 IRS 辅助传输的情况下，信号源的发射功率通过两个信道到达目的地，导致 IRS 中每个阵元的信道增益非常小，几乎与没有放大的转发中继相同。因此，IRS 需要许多反射阵元来补偿低信道增益。虽然大量的元件对于 IRS 来说是一个弱点，但优点是 IRS 不需要理想形式的功率放大器；然而，在实践中，自适应相移也需要有源元件，即使每个元件的功耗很低，总功率也是不可忽略的。如果需要非常高的速率，则 IRS 只能获得比 DF 中继更高的 EE。如果其他 DF 协议通过优化两个中继的编码实现了更高的速率，与 IRS 支持的传输相比，该协议将更加具有竞争力[23]。目前关于 IRS 和中继的对比一般在 SISO 系统中进行分析，其对于大规模 MIMO 系统的结果可能会不一样。

整体上，智能表面与中继的差异主要有以下几点。

(1) 中继是一个有源中间节点，能耗较大，而智能表面是无源表面，能耗较低且硬件成本低。

(2) 中继在接收到信号后将对信号进行有源处理再转发，将引入噪声，而智能表面直接反射信号，不引入噪声。

(3) 对于中继辅助传输系统，其接收端接收到的信号是中继转发的信号，而对于智能表面辅助传输的系统，其接收端接收到的信号有发端发送的信号和智能表面反射的信号。

(4) 使用智能表面能够在不引起自干扰的情况下应用全双工模式，而中继将引入干扰和噪声。

根据现在有分析，智能表面相较于中继在无线传输性能上具备显著优势。同时，通过智能表面与大规模 MIMO 相结合，并进一步优化天线和智能表面的调度、智能表面的位置部署、智能表面的波束成形和波束赋形算法等技术，可能会给链路质量带来非常显著的提升。

5.2　智能表面辅助传输的频谱效率分析

在 5.1 节提到，目前 IRS 辅助无线通信系统传输的主流方向是其无源波束赋形的设计，这是针对链路级的研究。由于 IRS 的实际应用比较复杂，关于系统层面的性能分析还比较少。而在不同的性能分析中，系统所依靠的背景以及详细的参数都有所不同，例如，在文献[24]中，分析了 IRS 辅助无线通信系统的空间吞吐量，在 SIMO 场景中应用，信道服从瑞利衰落，同时考虑到了 IRS 的位置部署等问题，如图 5-8 所示。

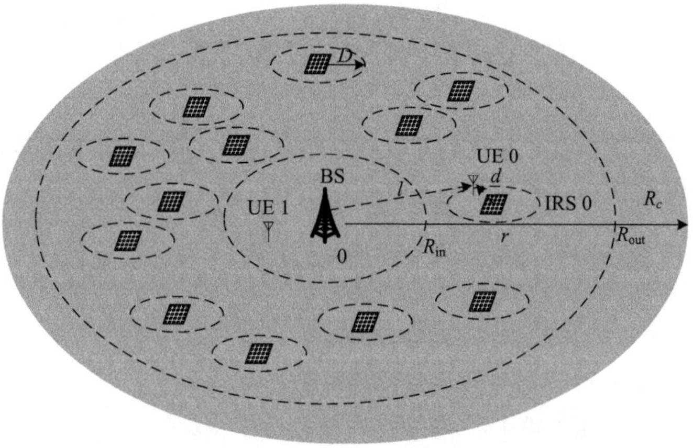

图 5-8　单小区 IRS 分布式部署示意图

而在文献[25]中，理论上分析了 IRS 辅助传输系统中的 SEP(符号错误概率(symbol error probability))。在文献[26]中则主要分析了 IRS 辅助 NOMA 传输系统中的 BER。在实际传输中，考虑到不同的信道有不同的衰落方式，如平坦衰落、Rician 衰落等，作者分析了在 Rician 衰落下 IRS 辅助通信的遍历频谱效率。

在一个单小区无线通信系统中，BS 处配备有 M 个天线阵元的大型均匀线性阵列，同样 IRS 处有 N 个无源反射器件也被安排为均匀线性阵列。由于 BS 和用户之间的视线阻碍，将他们之间的信道建立为瑞利衰落模型，表示为 $\boldsymbol{g}$，其中的每一个分量都是独立同分布的，且服从 0 均值单位方差的复高斯分布。对于 IRS 到 BS 和 IRS 到 UE 之间的信道，由于既有 LOS 分量，又有 NLOS 分量，因此建立为 Rician 衰落模型。BS 到 IRS、IRS 到 UE 之间的信道模型分别表示为 $\boldsymbol{H}_1$、$\boldsymbol{h}_2$，如式(5-6)所示：

$$
\begin{aligned}
\boldsymbol{H}_1 &= \sqrt{\frac{K_1}{K_1+1}}\bar{\boldsymbol{H}}_1 + \sqrt{\frac{1}{K_1+1}}\tilde{\boldsymbol{H}}_1 \\
\boldsymbol{h}_2 &= \sqrt{\frac{K_2}{K_2+1}}\bar{\boldsymbol{h}}_2 + \sqrt{\frac{1}{K_2+1}}\tilde{\boldsymbol{h}}_2
\end{aligned}
\tag{5-6}
$$

其中，$\bar{\boldsymbol{H}}_1$、$\bar{\boldsymbol{h}}_2$ 表示 LOS 分量；$\tilde{\boldsymbol{H}}_1$、$\tilde{\boldsymbol{h}}_2$ 表示 NLOS 分量，其中的分量独立同分布且服从 0 均值单位方差的复高斯分布；K_1、K_2 分别表示两条路径下的 Rician-K 因子。在下行传输中，用户端接收到的信号可以表示为

$$r=\sqrt{P}(\boldsymbol{h}_2\boldsymbol{\Phi}\boldsymbol{H}_1+\boldsymbol{g})\boldsymbol{f}^H s+w \tag{5-7}$$

$\boldsymbol{\Phi}$ 是一个对角矩阵，每个分量代表了每个无源反射器件的反射系数，$\boldsymbol{f}$ 是发端波束成形向量，如果假设完美信道估计使 $\boldsymbol{h}_2\boldsymbol{\Phi}\boldsymbol{H}_1+\boldsymbol{g}$ 在基站处已知，则为了系统性能最优，将 $\boldsymbol{f}$ 设计为

$$\boldsymbol{f}=\frac{\boldsymbol{h}_2\boldsymbol{\Phi}\boldsymbol{H}_1+\boldsymbol{g}}{\|\boldsymbol{h}_2\boldsymbol{\Phi}\boldsymbol{H}_1+\boldsymbol{g}\|} \tag{5-8}$$

由以上可以得出系统的遍历频谱效率为

$$C=\mathbb{E}\left\{\log_2\left(1+\frac{P}{\sigma_w^2}\|\boldsymbol{h}_2\boldsymbol{\Phi}\boldsymbol{H}_1+\boldsymbol{g}\|^2\right)\right\} \tag{5-9}$$

对于该遍历频谱效率进行上界的分析，利用简森不等式及信道分量独立同分布等特点可以得出式(5-9)遍历频谱效率的上界 C^{ub}：

$$C\leqslant C^{\text{ub}}=\log_2\left(1+P\left(\gamma_1\left\|\overline{\boldsymbol{h}}_2\boldsymbol{\Phi}\overline{\boldsymbol{H}}_1\right\|^2+\gamma_2 MN+M\right)\right) \tag{5-10}$$

其中，$\gamma_1=\dfrac{K_1K_2}{(K_1+1)(K_2+1)}$；$\gamma_2=\dfrac{K_1+K_2+1}{(K_1+1)(K_2+1)}$。因此当信道响应已知时，遍历频谱效率由 Rician-K 因子以及 IRS 带来的相移矩阵 $\boldsymbol{\Phi}$ 决定。

在两种信道情况下分别讨论 Rician-K 因子对 C^{ub} 的影响。第一种假设 K_1、K_2 中有一个值为 0，即有一条 IRS 辅助传输的信道由 Rician 衰落信道变成了瑞利衰落信道。此时 C^{ub} 与 M、N 成正比，但和相移矩阵 $\boldsymbol{\Phi}$ 相互独立，如下：

$$C^{\text{ub}}=\log_2(1+PM(N+1)) \tag{5-11}$$

这种现象是由辅助信道上保持的空间各向同性引起的，它对 H_1 和 h_2 之间的波束成形不敏感。在这种情况下，即使 0 位相移也足够，并且相移量可以任意设置。

第二种假设 K_1、$K_2\to\infty$，遍历频谱效率的上界 C^{ub} 接近：

$$C^{\text{ub}}\to\log_2\left(1+P\left(\left\|\overline{\boldsymbol{h}}_2\boldsymbol{\Phi}\overline{\boldsymbol{H}}_1\right\|^2+M\right)\right) \tag{5-12}$$

由 Rician 衰落信道模型可以看到，在极端的 Rician 衰落条件下，仅存在 LOS 分量，辅助信道保持不变。此时遍历频谱效率与 $\left\|\overline{\boldsymbol{h}}_2\boldsymbol{\Phi}\overline{\boldsymbol{H}}_1\right\|^2$ 成正比。也就是说，在空间定向传播环境中，IRS 辅助系统的遍历频谱效率对 IRS 处的波束成形权重很敏感。如果适当设置了相移量，则可以在辅助信道的主瓣上对无线信号进行波束成形。当 $\left\|\overline{\boldsymbol{h}}_2\boldsymbol{\Phi}\overline{\boldsymbol{H}}_1\right\|^2\gg N$ 时，在极端Rician衰落条件下的遍历频谱效率比Rayleigh衰落要高得多。当 $\left\|\overline{\boldsymbol{h}}_2\boldsymbol{\Phi}\overline{\boldsymbol{H}}_1\right\|^2<N$ 时，极端 Rician 衰落条件下的遍历频谱效率甚至不如 Rayleigh 衰落。因此，在 Rician 衰落条件下，应精心设计 $\boldsymbol{\Phi}$，以充分利用 $\overline{\boldsymbol{h}}_2\boldsymbol{\Phi}\overline{\boldsymbol{H}}_1$ 的 LOS 分量。

在 $M = 64$，$K_1 = K_2$ 的配置下，图 5-9 展示了基于蒙特卡罗算法和所分析的上界的 IRS 辅助传输的无线通信系统的遍历频谱效率与 AF 中继辅助传输的系统遍历频谱效率的仿真结果对比。在图 5-9(a)中，LIS 辅助系统采用最佳相移，可以看到蒙特卡罗结果和上限紧密贴合，随着 Rician-K 因子的增加，蒙特卡罗结果和上界之间的差距减小。当 Rician-K 因子增长到无穷大时，遍历频谱效率接近一个常数。此外，考虑到半双工模式以及中继节点处存在噪声，AF 中继系统的遍历频谱效率低于 LIS 辅助系统。图 5-9(b)可以明显看出，最佳相移设计的遍历频谱效率高于使用随机相移量的遍历频谱效率。当无源反射元件的数量增加时，差距进一步扩大。

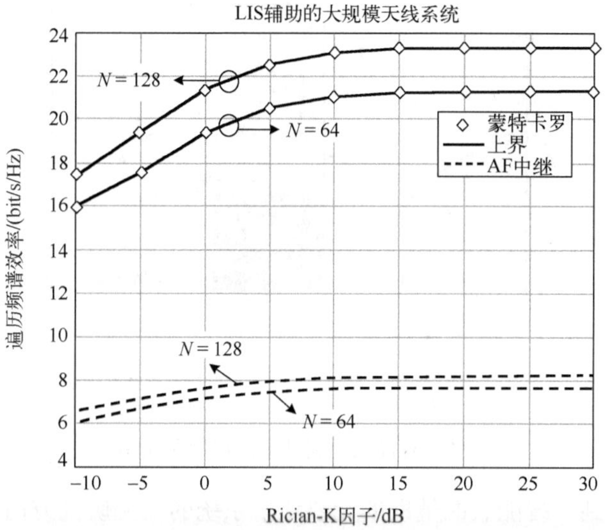

(a) 频谱效率随K因子的变化

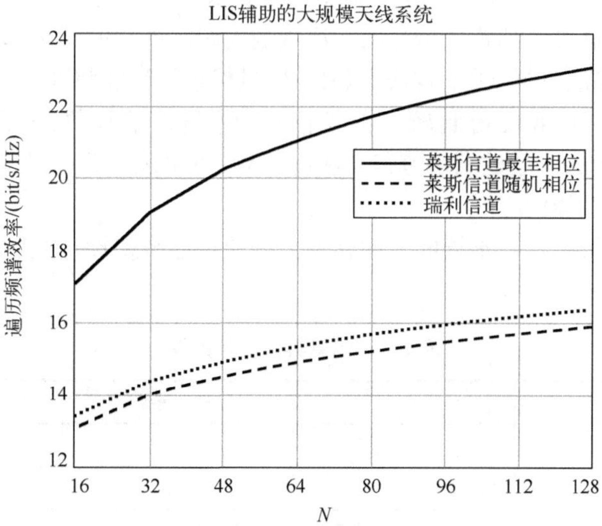

(b) 频谱效率随无源反射器件的变化

图 5-9　频谱效率仿真结果图[1]

5.3 智能表面辅助传输的波束成形设计

智能表面辅助无线通信系统图示如图 5-10 所示。IRS 表面分布有传感器，这些传感器感知外部环境信息如温度、湿度、张力等，并通过有线链路将这些信息发送给基站，基站将其作为依据来设计由 IRS 反射的无源波束成形(无源元件的反射系数、相移数据)。系统同样建立了一条无线链路，IRS 由此获得数据并智能调整每个元件的反射系数(幅度、相位)。此时 IRS 反射的波束成形能够到达目的接收天线。

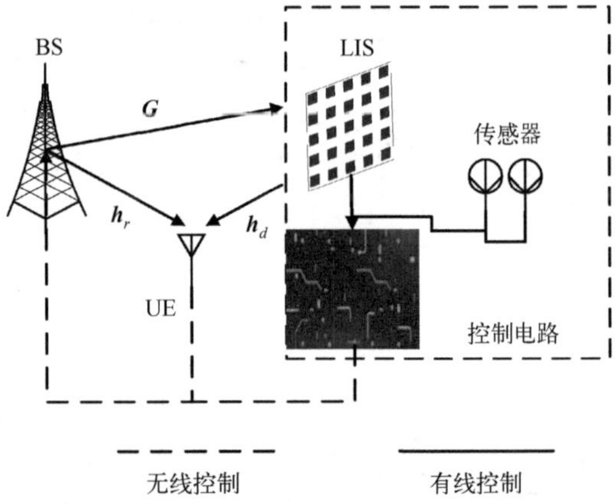

图 5-10　智能表面辅助无线通信系统图示

在 5.1.2 节提到，智能表面辅助的无线通信系统的主流研究方向是其反射行为，也就是对智能表面反射信号所形成的反射波束的设计。有意思的是，现有论文会联合系统中的其他性能共同设计反射波束成形，而现有对于 IRS 无线通信系统中反射 Beamforming 的优化设计最终要解决的都是一个非凸二次规划问题。现有的解决算法的核心是交替优化两个变量，优化算法包括：①半定松弛(SDR)(虽然该算法能将非凸问题转换成凸问题，但是在高维环境中通常会得到较差的性能)；②凸差编程算法(difference-of-convex programming algorithm)(通过利用迹范数和谱范数之间的差，为非凸矩阵提供精确的 DC 表示，达到更好的性能)。

考虑在以下场景中，基于智能表面辅助无线通信系统来设计反射的波束成形。场景具体参数配置如表 5-1 所示。

表 5-1　场景具体参数配置

描述	参数
基站天线数	M，均匀线性排列
RIS 反射阵元个数	N，均匀平面排列
接收天线数	K，特定区域内均匀分布，且 $K \geqslant M$
下行传输	单小区 NOMA 传输
解码方式	NOMA 解码

续表

描述	参数
信道模型	路径损耗模型
设计方向	发送端有源波束成形和 RIS 端反射无源波束成形联合设计
设计准则	发送端总功率最小化，且满足用户 QoS 要求

具体场景如图 5-11 所示。

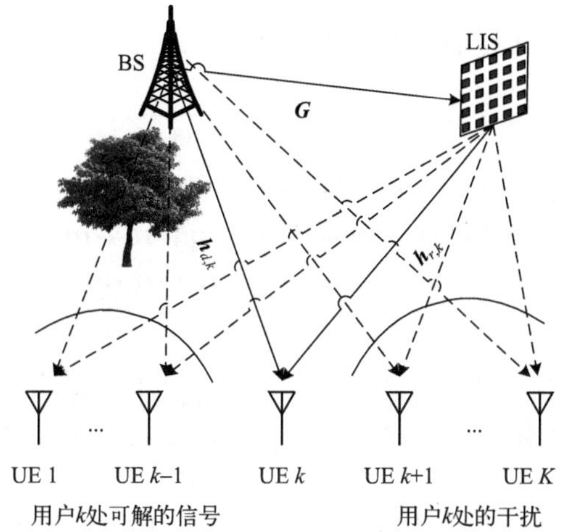

图 5-11　NOMA 场景下的智能表面辅助无线通信系统结构图

如图 5-11 所示，$\boldsymbol{h}_{d,k}$、$\boldsymbol{G}$、$\boldsymbol{h}_{r,k}$ 分别表示第 d 个基站天线到第 k 个用户的信道响应、基站到 IRS 的信道响应、IRS 上第 r 个阵元到第 k 个用户的信道响应。下行采用 NOMA 传输，接收端用 NOMA 解码原理：所有用户到基站的信道质量按从小到大的顺序排列，信道质量最差的用户 UE1 通过将打算发送给其他用户的信号视为噪声来直接解码自己的信号，而其他用户将顺序解码，并删除其他用户的信号直到自身的信号被解码为止，则对于第 k 个用户来说，接收到的信号为

$$y_k = (\boldsymbol{h}_{r,k}^H \boldsymbol{\Theta} \boldsymbol{G} + \boldsymbol{h}_{d,k}^H) \sum_{j=1}^{K} \boldsymbol{w}_j s_j + e_k, \quad \forall k \in \mathcal{K} \tag{5-13}$$

其中，$\boldsymbol{\Theta} = \mathrm{diag}(\mathrm{e}^{\mathrm{j}\theta_1}, \cdots, \mathrm{e}^{\mathrm{j}\theta_N})$ 是由 IRS 表面反射阵元所决定的对角相移矩阵，即目标设计矩阵；$\boldsymbol{w}_j$ 是第 j 个基站端波束成形向量，为发端需要优化设计的向量；s_j 表示发送给第 j 个用户的信号；e_k 表示第 k 个用户接收到的均值为 0、方差为 σ^2 的加性高斯白噪声。

对于第 k 个用户，由 NOMA 解码原理可知，发送给第 k 个用户以后的信号都将视为干扰项，因此第 k 个用户的信干噪比可表示为

$$\mathrm{SINR}_l^k = \frac{\left|(\boldsymbol{h}_{r,l}^H \boldsymbol{\Theta} \boldsymbol{G} + \boldsymbol{h}_{d,l}^H) \boldsymbol{w}_k\right|^2}{\left|(\boldsymbol{h}_{r,l}^H \boldsymbol{\Theta} \boldsymbol{G} + \boldsymbol{h}_{d,l}^H) \sum\limits_{j=k+1}^{K} \boldsymbol{w}_j\right|^2 + \sigma^2} \tag{5-14}$$

根据发端波束成形和 IRS 端反射波束成形的联合设计准则，要求总发射功率最小且满足用户 QoS 需求，因此整体的优化问题可用式(5-15)表示：

$$\begin{aligned}&\underset{\{\boldsymbol{w}_k\},\boldsymbol{\Theta}}{\text{minimize}}\sum_{k=1}^{K}\left\|\boldsymbol{w}_k\right\|^2\\&\text{s.t.}\quad \log_2(1+\min\nolimits_{l\in[k,K]}\text{SINR}_l^k)\geqslant R_k^{\min},\quad \forall k\\&0\leqslant\theta_n\leqslant 2\pi,\quad \forall n\end{aligned}\tag{5-15}$$

其中，$R_k^{\min}$ 表示用户所能接受的最低传输速率。

5.3.1　SDR 算法

在式(5-15)中，表现出的是一个非凸 QCQP(constraint quadratic programming)问题，且两个变量无法同时进行优化设计。现有论文中的算法采用交替优化的思想，将总问题分解为两个子问题对两个不同的待优化变量进行迭代优化，当满足判断条件或已收敛就停止迭代，得到优化结果。

目前所呈现出的非凸问题不能直接进行优化，一个重要的思想是将非凸问题转换为凸问题，则可以利用凸优化数学理论得到最优解。这就是 SDR 算法的核心思想。

具体来说，针对问题(5-15)，引入半正定矩阵 $\boldsymbol{W}_k$，使得 $\boldsymbol{W}_k=\boldsymbol{w}_k\boldsymbol{w}_k^H$，且 $\text{rank}(\boldsymbol{W}_k)=1$。如果固定相移矩阵 $\boldsymbol{\Theta}$，则对发端波束成形向量 $\boldsymbol{w}_k$ 的优化变为对半正定矩阵 $\boldsymbol{W}_k$ 的优化，第一个优化子问题可由式(5-16)表示：

$$\begin{aligned}&\underset{\{\boldsymbol{W}_k\}}{\text{minimize}}\sum_{k=1}^{K}\text{tr}(\boldsymbol{W}_k)\\&\text{s.t.}\quad \gamma_k^{\min}\left(\sum_{j=k+1}^{K}\text{Tr}(\boldsymbol{H}_l\boldsymbol{W}_j)+\sigma^2\right)\leqslant\text{Tr}(\boldsymbol{H}_l\boldsymbol{W}_k)\\&\forall k,l=k,\cdots,K\\&\boldsymbol{W}_k\succeq 0,\quad \text{rank}(\boldsymbol{W}_k)=1,\quad\forall k\end{aligned}\tag{5-16}$$

其中，$\boldsymbol{H}_l=\boldsymbol{h}_l\boldsymbol{h}_l^H$。

另外，如果固定发端波束成形向量，也可以得到关于相移矩阵单一优化的子问题。同时观察到在以上优化问题中，相移矩阵设计的限制在限制条件中，因此相移矩阵的设计实际上可转换为一个可行性检测问题，即所求相移矩阵是否能符合以上限制条件。

对于式(5-15)，引入新的变量，使 $\boldsymbol{v}$ 作为统一优化变量，即代表了相移设计变量。则表达式可重写如下：

$$\begin{aligned}&\text{find }\boldsymbol{v}\\&\text{s.t.}\quad \gamma_k^{\min}\left(\sum_{j=k+1}^{K}\left|\boldsymbol{v}^H\boldsymbol{a}_{l,j}+b_{l,j}\right|^2+\sigma^2\right)\leqslant\left|\boldsymbol{v}^H\boldsymbol{a}_{l,k}+b_{l,k}\right|^2,\quad\forall k,l=k,\cdots,K\\&\left|v_n\right|=1,\quad\forall n=1,\cdots,N\end{aligned}\tag{5-17}$$

其中，$b_{l,k}^H = \boldsymbol{h}_{d,l}^H \boldsymbol{w}_k$，$\forall k, l = k, \cdots, K$，$v_n = \mathrm{e}^{-\mathrm{j}\theta_n}$，$\forall n = 1, \cdots, N$，$\boldsymbol{v} = [\mathrm{e}^{\mathrm{j}\theta_1}, \cdots, \mathrm{e}^{\mathrm{j}\theta_N}]^H$，$\boldsymbol{a}_{l,k} = \mathrm{diag}(\boldsymbol{h}_{r,l}^H)\boldsymbol{G}\boldsymbol{w}_k$，$\boldsymbol{v}^H \boldsymbol{a}_{l,k} = \boldsymbol{h}_{r,l}^H \boldsymbol{\Theta} \boldsymbol{G} \boldsymbol{w}_k$。

观察到上述优化问题是非齐次问题，最后引入一个辅助变量 t，将非齐次问题转换为齐次问题，最终交替优化求最优解即可得两个变量的设计值。式(5-17)可重写为

$$\begin{aligned}
&\text{find} \quad \tilde{\boldsymbol{v}} \\
&\text{s.t.} \quad \gamma\left(\sum \tilde{\boldsymbol{v}}\boldsymbol{R}\tilde{\boldsymbol{v}} + b + \sigma\right) \leqslant \tilde{\boldsymbol{v}}\boldsymbol{R}\tilde{\boldsymbol{v}} + b, \quad \forall k, l = k, \cdots, K \\
&|\tilde{\boldsymbol{v}}| = 1, \quad \forall n = 1, \cdots, N+1
\end{aligned} \tag{5-18}$$

其中，$\boldsymbol{R}_{l,k} = \begin{bmatrix} \boldsymbol{a}_{l,k}\boldsymbol{a}_{l,k}^H & \boldsymbol{a}_{l,k} b_{l,k}^H \\ b_{l,k}^H \boldsymbol{a}_{l,k}^H & 0 \end{bmatrix}$；$\tilde{\boldsymbol{v}} = \begin{bmatrix} \boldsymbol{v} \\ t \end{bmatrix}$。

因此 SDR 算法的核心即引入半正定矩阵，并得到秩一约束的限制条件。经过如上步骤，一个总优化非凸 QCQP 问题转化为两个凸问题，通过利用 CVX 工具箱可快速求解。对于发送端波束成形的优化设计是求最优解，而对于 IRS 端的相移设计是求一个可行解，因此在整个求解过程中，SDR 算法流程如算法 5-1 所示。

算法 5-1　SDR 算法

初始化 $\boldsymbol{\Theta}^1$ 和阈值 $\epsilon \succ 0$
for $t_1 = 1, 2, \cdots$
根据给定 Θ^{t_1}，求子问题(5-16)的最优解 $\{\boldsymbol{W}_k^{t_1}\}$
　for $t = 1, 2, \cdots$
利用 CVX 工具箱求解凸子问题，获得最优解 $\{\boldsymbol{W}_k^{t}\}$
　　if 惩罚项为 0
　　then
　　　break
　　end
　end
通过 Cholesky 分解获得基站波束成形向量 $\{\boldsymbol{w}_k^{t_1}\}$
通过求得的 $\{\boldsymbol{w}_k^{t_1}\}$ 来求解子问题获得可行解 $\tilde{\boldsymbol{v}}$
　for $t = 1, 2, \cdots$
利用 CVX 工具箱求解 k 及凸子问题(5-18)，获得可行解 $\tilde{\boldsymbol{v}}$
　　if 结果可行
　　then
　　　break
　　end
end
通过 Cholesky 分解获得相移向量 $\tilde{\boldsymbol{v}}^{t_1+1}$
if 总传输功率的减少值低于 ϵ 或者相移矩阵优化得不到可行解时
　　then
　　　break

end

end

5.3.2 DC 算法

SDR 算法仍暴露出一些弊端，对于无法返回秩一解的情况，可采用高斯随机化法获得次优解，但若在高维环境中，返回秩一解的可能性极低，使得该算法性能极不稳定。针对这些问题，一种优化改进算法被提出。DC 算法则是在 SDR 引入秩一限制的基础上，将秩一限制表示为迹范数与谱范数的差值作为惩罚项添加到目标优化函数中可求出最优解。

经过证明，秩为 1 的半正定矩阵有如下结论，即 $\mathrm{rank}(\boldsymbol{X})=1 \Leftrightarrow \mathrm{tr}(\boldsymbol{X})-\|\boldsymbol{X}\|_2=0$。观察到在子问题(5-16)中，有 rank 为 1 的限制条件，DC 算法将此限制表示为迹范数与谱范数的差值形式作为惩罚项添加在目标优化函数中，通过强制此项为 0 返回最优解，如下所示：

$$\begin{aligned}&\underset{\{\boldsymbol{W}_k\}}{\text{minimize}}\quad \sum_{k=1}^{K}\mathrm{tr}(\boldsymbol{W}_k)+\rho\sum_{k=1}^{K}(\mathrm{tr}(\boldsymbol{W}_k)-\|\boldsymbol{W}_k\|_2)\\&\text{s.t.}\quad \gamma_k^{\min}\left(\sum_{j=k+1}^{K}\mathrm{tr}(\boldsymbol{H}_l^H\boldsymbol{W}_j)+\sigma^2\right)\leqslant \mathrm{tr}(\boldsymbol{H}_l^H\boldsymbol{W}_k)\\&\forall k,l=k,\cdots,K,\quad \boldsymbol{W}_k\succeq 0,\forall k\end{aligned} \tag{5-19}$$

其中，ρ 为惩罚参数，为已知量。

同样在子问题(5-18)中引入半正定矩阵使 $\boldsymbol{V}=\tilde{\boldsymbol{v}}\tilde{\boldsymbol{v}}^H$，且 $\mathrm{rank}(\boldsymbol{V})=1$，这也是为了实现秩一限制从而可表述为迹范数与谱范数的差值作为惩罚项。为了统一优化变量，使 $\mathrm{tr}(\boldsymbol{R}_{l,k}\boldsymbol{V})=\tilde{\boldsymbol{v}}^H\boldsymbol{R}_{l,k}\boldsymbol{v}$，则子问题(5-18)可重写为以下求最优解表达项：

$$\begin{aligned}&\underset{\boldsymbol{V}}{\text{minimize}}\quad \mathrm{tr}(\boldsymbol{V})-\|\boldsymbol{V}\|_2\\&\text{s.t.}\quad \gamma_k^{\min}\left(\sum_{j=k+1}^{K}\mathrm{tr}(\boldsymbol{R}_{l,j}\boldsymbol{V})+b_{l,j}^2+\sigma^2\right)\leqslant \mathrm{tr}(\boldsymbol{R}_{l,k}\boldsymbol{V})+b_{l,k}^2\\&\forall k,l=k,\cdots,K,\quad \boldsymbol{V}_{n,n}=1,\quad \forall n=1,\cdots,N+1,\quad \boldsymbol{V}\succeq 0\end{aligned} \tag{5-20}$$

可以从两个子问题中观察到，DC 算法的核心思想是将秩一限制重写为迹范数与谱范数的差值形式进行最优化求解，强迫差值为 0 时可得最优解。DC 算法流程如算法 5-2 所示。

算法 5-2 DC 算法

初始化 $\boldsymbol{\Theta}^1$ 和阈值 $\epsilon\succ 0$

for $t_1=1,2,\cdots$

根据给定 $\boldsymbol{\Theta}^{t_1}$，求子问题(5-19)的最优解 $\{\boldsymbol{W}_k^{t_1}\}$

for $t=1,2,\cdots$

求得 $\{\boldsymbol{W}_k^{t_1}\}$ 的一个次梯度

求解凸子问题，获得最优解 $\{\boldsymbol{W}_k^{t}\}$

```
        if 惩罚项为 0
        then
            break
        end
    end
通过 Cholesky 分解获得基站波束成形向量 {w_k^{t_1}}
通过求得的 {w_k^{t_1}} 来求解子问题获得可行解 V^{t_1+1}
  for t = 1, 2,⋯
选择 ∂‖V^{t-1}‖_2 中的一个次梯度
通过求解式(5-20)的凸子问题，获得最优解 V^{t-1}
      If 目标值为 0
        then
            break
        end
通过 Cholesky 分解获得相移向量 ṽ^{t_1+1}
if 总传输功率的减少值低于 ϵ 或者相移矩阵优化得不到可行解时
        then
            break
        end
    end
```

注：$\partial\left\|\boldsymbol{V}^{t-1}\right\|_2$ 和 $\partial\left\|\boldsymbol{W}_k^{t-1}\right\|_2$ 表示矩阵范数的次梯度，次梯度的计算方式为对于半正定矩阵 $\boldsymbol{X}$，次梯度可表示如下

$$\boldsymbol{u}_1\boldsymbol{u}_1^H \in \partial_{\boldsymbol{X}^t}\left\|\boldsymbol{X}\right\|_2 \tag{5-21}$$

其中，$\boldsymbol{u}_1$ 为与 $\left\|\boldsymbol{X}\right\|_2$ 的最大特征值相关的特征向量。

5.3.3 算法性能对比

图 5-12 是关于 SDR 算法和 DC 算法的一些在不同研究方面的仿真结果对比图，图 5-12(a)表现出 DC 算法性能的稳定和更优，SDR 算法在第三次迭代后就没有结果了，说明无法返回秩一解，性能受到了限制。整体上，DC 算法都表现出了更佳的性能。

在以上所提及的波束成形联合优化算法中，虽然能有效求得优化解，仿真结果也证明了 DC 算法相比 SDR 算法能获得更好的系统性能。但在目前对于智能表面辅助大规模无线通信系统的模型来说，仍然存在一些理想化情形，使得这些算法在实际场景中的应用受到限制。值得一提的关键点是 CSI 的反馈问题，算法实现的假设一般都是基于完美 CSI 反馈或者在一个给定范围内波动，因此当信道条件突然发生变化时，算法不一定能求出最优解。从波束成形的联合优化设计来看，如果没有设计限制条件，则无法利用凸优化求解，这是凸优化理论所限制的，还包括其他的一些问题，例如，没有考虑到实际情况下的物理因素：RIS 的大小、近远场的影响、假设理想入射等缺陷。

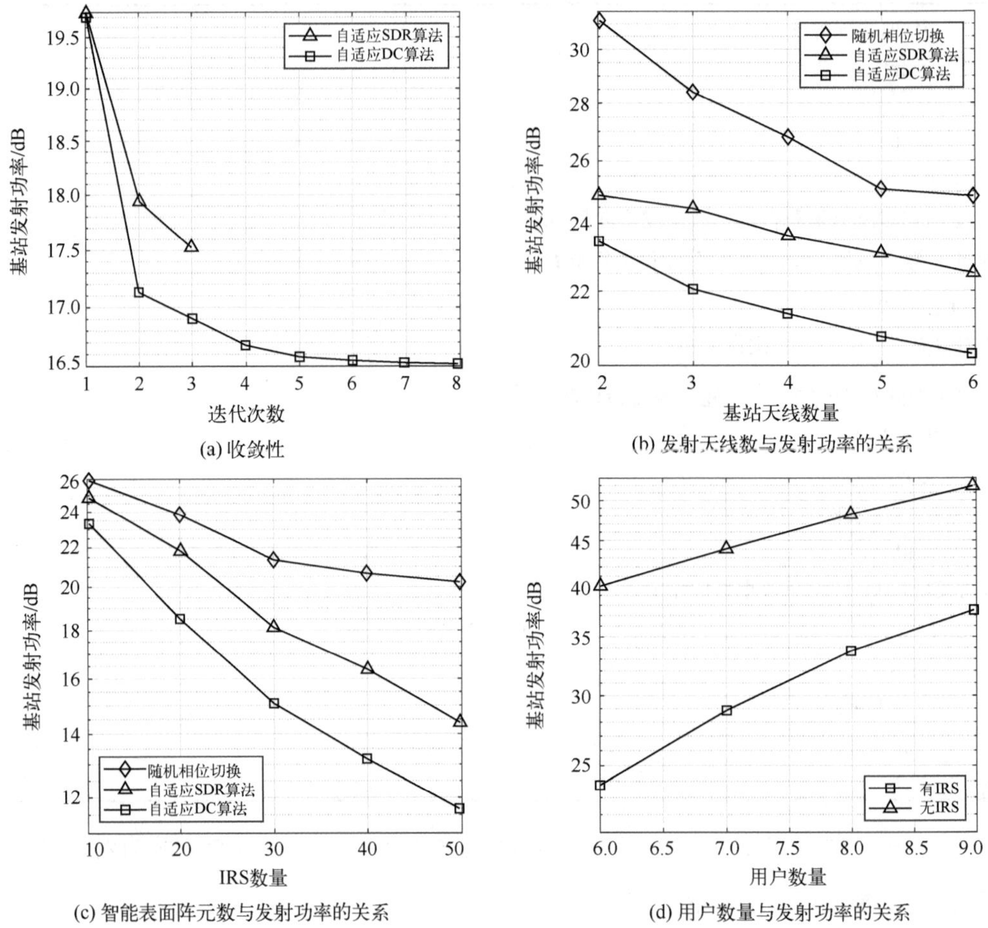

(a) 收敛性　(b) 发射天线数与发射功率的关系

(c) 智能表面阵元数与发射功率的关系　(d) 用户数量与发射功率的关系

图 5-12　不同算法下的发射功率仿真结果图[27]

5.4　信号检测方法

关于 IRS 辅助无线通信的接收机检测技术，是对原始信号的恢复，检测算法性能以误比特率的大小来衡量。目前少部分相关检测算法采用 AMP 技术来恢复原始信号。考虑一个 IRS 辅助无线通信系统，其基站配备有 M 个天线，IRS 配备有 N 个无源反射器件，以单个用户的接收为例，用户端的接收信号可表示为

$$\boldsymbol{Y}=(\beta\boldsymbol{G\Theta S h}_r+\boldsymbol{h}_d)\boldsymbol{x}^T+\boldsymbol{W} \tag{5-22}$$

其中，各参数含义如下。

β：IRS 上无源反射器件的幅度反射系数；

$\boldsymbol{G}$、$\boldsymbol{h}_r$、$\boldsymbol{h}_d$：分别表示 IRS 到 BS、用户到 IRS、用户到 BS 之间的等效信道响应；

$\boldsymbol{\Theta}=\text{diag}\{\theta\}$：IRS 带来的对角相移矩阵；

$\boldsymbol{W}$：均值为 0、方差为 σ^2 的高斯加性白噪声。

$\boldsymbol{S}=\text{diag}\{\boldsymbol{s}\}$ 为实数矩阵，$\boldsymbol{s}=[s_1,s_2,\cdots,s_N]^T$，$\boldsymbol{s}$ 中的每一个元素代表 IRS 上无源反射

器件的状态，取值为“0”表示关闭，取值为“1”表示打开，每个无源反射器件都有一个概率取值为“0”或“1”，这些概率所包含的信息量表示了 IRS 中的传感器从周围环境中所获得的信息，是这些信息引起了 IRS 表面无源反射器件状态的改变。

引入 $\boldsymbol{D}_h = \mathrm{diag}\{\boldsymbol{h}_r\}$，则用户端的接收信息可重写为

$$\boldsymbol{Y} = (\boldsymbol{A}\boldsymbol{s} + \boldsymbol{h}_d)\boldsymbol{x}^T + \boldsymbol{W} = \boldsymbol{z}\boldsymbol{x}^T + \boldsymbol{W} \tag{5-23}$$

其中，$\boldsymbol{A} = \beta\boldsymbol{G}\boldsymbol{\Theta}\boldsymbol{D}_h \in \mathbb{C}^{M\times N}$ 是已知的系数矩阵；$\boldsymbol{z} = [z_1, z_2, \cdots, z_M]$，$z_m = \boldsymbol{a}_m^H \boldsymbol{s} + h_{d,m}$，其中 $\boldsymbol{a}_m^H$ 是 $\boldsymbol{A}$ 中的第 m 行。在相关系统模型中，信号检测就是从接收信号矩阵 $\boldsymbol{Y}$ 中恢复出原始信号 $\boldsymbol{x}$ 和环境信息 $\boldsymbol{s}$。相关检测算法简单地分为两步：第一步从 $\boldsymbol{Y}$ 中恢复 $\boldsymbol{x}$ 和 $\boldsymbol{z}$，第二步从 $\boldsymbol{z}$ 中恢复 $\boldsymbol{s}$。

第一步从 $\boldsymbol{Y}$ 中恢复 $\boldsymbol{x}$ 和 $\boldsymbol{z}$ 可以认为是一个秩一矩阵分解问题，可以用矩阵分解方法，这里主要是 SVD 和 BiG-AMP 算法。在 SVD 分解方法中，分解得到 $\boldsymbol{Y} = \boldsymbol{U}\boldsymbol{\Lambda}\boldsymbol{V}^H$，以 $\boldsymbol{V}$ 的第一列作为 $\boldsymbol{x}$ 的估计值，以 $\boldsymbol{U}$ 的第一列与特征值 λ_1 的乘数作为 $\boldsymbol{z}$ 的估计值。BiG-AMP 算法可以将 $\boldsymbol{Y}$ 表示为 $\boldsymbol{x}$ 和 $\boldsymbol{z}$ 的因式分解形式，但该算法要求知道 $\boldsymbol{x}$ 和 $\boldsymbol{z}$ 的先验分布。一般假设 $\boldsymbol{x}$ 在复数域上独立均匀分布，对 $\forall m$，z_m 近似认为是 CSCG 随机变量。在对 $\boldsymbol{x}$ 和 $\boldsymbol{z}$ 的恢复中得到了一些估计值，这些估计值存在一定的标量偏移，如果在 $\boldsymbol{x}$ 的首位添加已知的参考符号，那么标量偏移可表示为 $\gamma = x_1 / \hat{x}_1$。

第二步是从 $\boldsymbol{z}$ 中恢复 $\boldsymbol{s}$。$\boldsymbol{s}$ 是一个高度结构化的信号，里面的元素仅由“0”和“1”组成，这类信号的恢复算法有 OMP (orthogonal matching pursuit)、CoSaMP (compressive sampling matching pursuit)、GAMP (generalized approximate message passing) 等。

图 5-13 是文献[9]中关于原始信号 $\boldsymbol{x}$ 和环境信息 $\boldsymbol{s}$ 的 BER 仿真结果(QPSK 调制，信道均服从 CSCG 分布 $\mathcal{CN}(0,1)$，$\beta = 0.5$，$M = 32$，$N = 32$，$L = 100$，图中 LB-$\boldsymbol{x}$ 算法以已知 $\boldsymbol{s}$ 来恢复 $\boldsymbol{x}$，LB-$\boldsymbol{s}$ 同理，前缀 Opt 表示算法经过优化)。

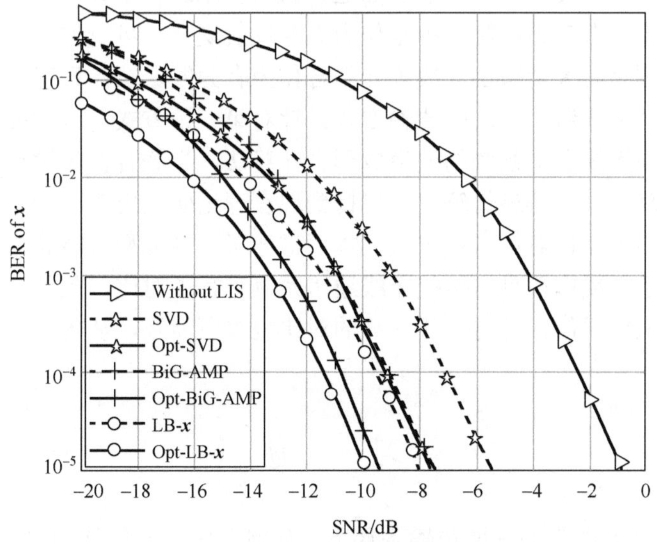

图 5-13　不同算法下 $\boldsymbol{x}$ 误比特率仿真结果[9]

从图 5-13 中可以看出，部署 IRS(LIS)并采用最佳相移后可以在通信质量上有巨大

的提升。对比几种 $\boldsymbol{x}$ 的恢复算法，可以看到经过优化的 BiG-AMP 算法表现出非常好的性能，相比较经过优化的 SVD 算法，SNR 有 2dB 的提升。

从图 5-14 中可看出，恢复 $\boldsymbol{x}$ 算法一致采用 BiG-AMP 时，GAMP 对恢复 $\boldsymbol{s}$ 表现出最佳的性能，在 SNR 逐渐增大时，可逼近 $\boldsymbol{s}$ 的下界。

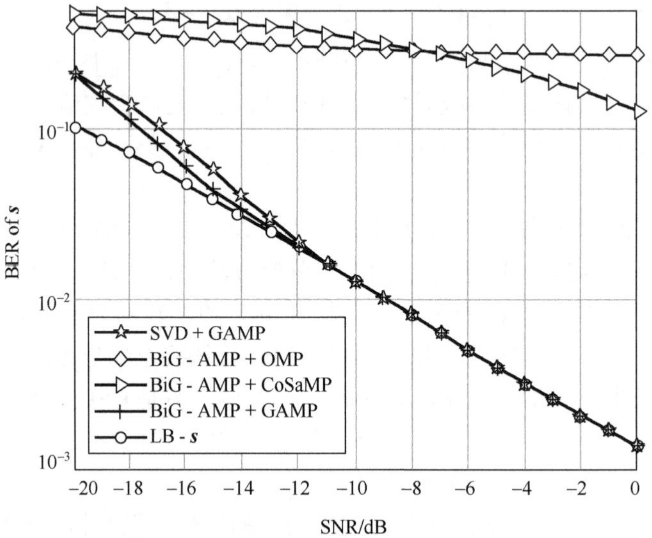

图 5-14 不同算法下 $\boldsymbol{s}$ 的误比特率仿真结果[9]

5.5 本章小结

本章主要根据现有文献针对智能表面这种新兴技术进行了介绍。智能表面辅助无线通信系统的方式主要有三种：第一种是作为无源反射媒介，可重构无线电磁环境提升通信质量；第二种则是与大量微小天线阵元结合作为有源发送端；第三种是最新提出的将 IRS 作为 AP 辅助无线通信系统的传输方式。针对第一种方式，本章描述了新兴技术智能表面辅助大规模无线通信系统的波束成形设计算法，当联合优化设计波束成形时，通常使用交替优化算法来获得最优解，但也提到现有理论研究仍存在一些弊端，使得其应用于实际时受限很大。针对第二种方式，本章描述了一种大型智能表面在无线通信系统中的应用，给出了系统模型且与传统无线通信系统进行了对比。此外，智能表面应用为智能反射面辅助无线通信系统与传统中继的对比也有所涉及，从各个方面体现出了智能反射面的优势。

习　题

5.1 请思考在智能表面辅助传输条件下，如何考虑信道估计的问题？

5.2 请思考在智能表面辅助传输条件下，如何放置智能表面的位置才能最大限度地发挥智能表面的优势？

参 考 文 献

[1] HAN Y, TANG W, JIN S, et al. Large intelligent surface-assisted wireless communication exploiting statistical CSI[J]. IEEE transactions on vehicular technology, 2019, 68(8): 8238-8242.

[2] WU Q, ZHANG R. Towards smart and reconfigurable environment: intelligent reflecting surface aided wireless network[J]. IEEE communications magazine, 2020, 58(1): 106-112.

[3] BASAR E. Reconfigurable intelligent surface-based index modulation: a new beyond MIMO paradigm for 6G[J]. IEEE transactions on communications, 2020, 68(5): 3187-3196.

[4] LI S, DUO B, YUAN X, et al. Reconfigurable intelligent surface assisted UAV communication: joint trajectory design and passive beamforming[J]. IEEE wireless communications letters, 2020, 9(5): 716-720.

[5] DAI L, WANG B, WANG M, et al. Reconfigurable intelligent surface-based wireless communications: antenna design, prototyping, and experimental results[J]. IEEE access, 2020, 8: 45913-45923.

[6] CAO F, HAN Y, LIU Q, et al. Capacity analysis and scheduling for distributed LIS-aided large-scale antenna systems[C]. 2019 IEEE/CIC international conference on communications in china(ICCC). Changchun, 2019: 11-13.

[7] JIANG T, SHI Y. Over-the-air computation via intelligent reflecting surfaces[C]. 2019 IEEE global communications conference (GLOBECOM). Waikoloa, 2019: 9-13.

[8] FU M, ZHOU Y, SHI Y. Intelligent reflecting surface for downlink non-orthogonal multiple access networks[C]. IEEE GLOBECOM workshops (GC Wkshps). Waikoloa, 2019: 1-5.

[9] YAN W, YUAN X, KUAI X. Passive beamforming and information transfer via large intelligent surface[J]. IEEE wireless communications letters, 2020, 9(4): 533-537.

[10] ZHOU G, PAN C, REN H, et al. Robust beamforming design for intelligent reflecting surface aided miso communication systems[J]. IEEE wireless communications letters, 2020, 9(10):1658-1662.

[11] DI B, ZHANG H, SONG L, et al. Hybrid beamforming for reconfigurable intelligent surface based multi-user communications: achievable rates with limited discrete phase shifts[J]. IEEE journal of selected areas in communications, 2020, 38(8):1809-1822.

[12] DI B, ZHANG H, LI L, et al. Practical hybrid beamforming with limited-resolution phase shifters for reconfigurable intelligent surface based multi-user communications[J]. IEEE transactions on vehicular technology, 2020, 69(4): 4565-4570.

[13] HU S, RUSEK F, EDFORS O. Beyond massive MIMO: the potential of positioning with large intelligent surfaces[J]. IEEE transactions on signal processing, 2018, 66(7): 1761-1774.

[14] ALEGRÍA J V, RUSEK F. Achievable rate with correlated hardware impairments in large intelligent surfaces[C]. 2019 IEEE 8th international workshop on computational advances in multi-sensor adaptive processing (CAMSAP). Legosier, 2019:15-18.

[15] BASAR E. Transmission through large intelligent surfaces: a new frontier in wireless communications[C]. 2019 European conference on networks and communications (EuCNC). Valencia,

2019: 18-21.

[16] LANEMAN J N, TSE D, WORNELL G W. Cooperative diversity in wireless networks: efficient protocols and outage behavior[J]. IEEE transactions on information theory, 2004, 50(12): 3062-3080.

[17] BASAR E, RENZO M D, ROSNY J D, et al. Wireless communications through reconfigurable intelligent surfaces[J]. IEEE access, 2019, 7:116753-116773.

[18] BJORNSON E, SANGUINETTI L, WYMEERSCH H, et al. Massive MIMO is a reality—what is next?: five promising research directions for antenna arrays[J]. Digital signal processing, 2019, 94: 3-20.

[19] DI R M, MEROUANE D, DINH-THUY P H, et al. Smart radio environments empowered by reconfigurable AI meta-surfaces: an idea whose time has come[J]. Eurasip journal on wireless communications and networking, 2019, 129(2019): 1-20.

[20] HUANG C, ZAPPONE A, ALEXANDROPOULOS G C, et al. Reconfigurable intelligent surfaces for energy efficiency in wireless communication[J]. IEEE transactions on wireless communications, 2019,18(8): 4157-4170.

[21] FARHADI G, BEAULIEU N C. On the ergodic capacity of multi-hop wireless relaying systems[J]. IEEE transactions on wireless communications, 2009, 8(5): 2286-2291.

[22] BJORNSON E, OZDOGAN O, LARSSON E G. Intelligent reflecting surface versus decode-and-forward: how large surfaces are needed to beat relaying?[J]. IEEE wireless communications letters, 2020, 9(2): 244-248.

[23] KKHORMUJI M N, LARSSON E G. Cooperative transmission based on decode-and-forward relaying with partial repetition coding[J]. IEEE transactions on wireless communications, 2009, 8(4): 1716-1725.

[24] LYU J, ZHANG R. Spatial throughput characterization for intelligent reflecting surface aided multiuser system[J]. IEEE wireless communications letters, 2020, 9(6): 834-838.

[25] ZHAO W, WANG G, ATAPATTU S, et al. Performance analysis of large intelligent surface aided backscatter communication systems[J]. IEEE wireless communications letters, 2020, 9(7): 962-966.

[26] THIRUMAVALAVAN V C, JAYARAMAN T S. BER analysis of reconfigurable intelligent surface assisted downlink power domain NOMA system[C]. 2020 international conference on communication systems & networks (COMSNETS). Bengaluru, 2020:7-11.

[27] FU M, ZHOU Y, SHI Y. Intelligent reflecting surface for downlink non-orthogonal multiple access networks[C]. 2019 IEEE GLOBECOM workshops (GC Wkshps). Waikoloa, 2019:1-5.

第 6 章　空间调制与序号调制技术

在 MIMO 传输中，收发端多个天线的存在能够使得无线传输信道承载多个并行的数据流，从而获得复用增益，提高频谱效率；同时多天线还能够提供空间分集增益，从而改善接收机的性能。在已有的研究中，已经证明多天线信道的复用增益和分集增益之间存在折中关系。在传统的 MIMO 信号传输架构下，收发端多天线的存在是用来构建数据的多入多出信道的，天线本身并不承载信息。随着学术界对 MIMO 信号传输的进一步深入研究和理解，学者发现发送天线的序号同样能够承载信息，它的基本思想是信号在发送端，由发送的信息比特决定激活发送端天线中某一个或某几个进行信号发送，此时承载信息的载体就由发送的调制符号转变为发送天线的序号。除此之外，激活天线还将发送调制符号，因此发送信息就包含了序号信息和调制符号两部分。在接收端通过对发送天线序号的检测实现对序号信息的恢复，对激活天线的发送符号进行检测实现对调制符号的恢复。在序号恢复信息的过程中，学术界进一步发现，恢复天线序号的可靠性实际上依赖于不同天线信道的相关性，这种方法最大的优点是充分发掘了多天线信道自身的特性，而并没有引入更多的时频资源消耗。这种基于天线序号传输的方式称为空间调制(spatial modulation)。受空间调制的启发，学术界进一步将依赖传输媒介的差异传输信息的方法，引入时域、频域、码域，以及多域的结合。随着研究的深入，一般将这种利用传输媒介的发送信号方法统一地称为序号调制(index modulation，IM)。

序号调制的思想对于 B5G 之后的传输链路优化具有重要的意义，通过多域联合的序号调制，能够将信息分散在时域、频域、码域等多个域进行传输，从而能够获得多域联合的分集和复用增益，尤其是对满足 B5G 下高可靠、低时延的传输需要具有重要的推动作用。

本章将深入介绍空间调制，以及衍生出来的序号调制方法，并对不同调制方法的接收算法进行详细阐述，通过仿真结果和相应的分析，对比它们在无线信道当中传输的性能。在本章的末尾，将对不同域的优化思想与方法进行总结。

6.1　天线域的空间调制

本节首先给出空间调制的基本概念和数学模型，以及空间调制的接收算法，之后，将介绍空间调制的多种拓展形式，包括空时编码形式的空间调制、广义空间调制等，并对空间调制的性能进行对比。

6.1.1　空间调制的基本概念与数学模型

在空间调制的模型下，假设发送端有 N_{T} 个天线，接收端有 N_{R} 个天线。为了便于承载信息，进一步规定发端的天线数 N_{T} 为 2 的幂次，即 $N_{\mathrm{T}}=2^{n_{\mathrm{T}}}$。同时，假设激活天线的发送符号的调制阶数为 M，同样服从 2 的幂次约束，即 $M=2^m$ 。在以下的分析中，可以看到，接收天线数一般情况下与发送信号的设计方法无关，因此 N_R 的选取一般不受限制。

为了能够更好地同传统的 MIMO 传输格式相区分，在图 6-1 中对比了 MIMO 空间复用(spatial multiplexing)、MIMO 正交空时编码(orthogonal space-time coding)与空间调制三种格式，本节选取发送天线数 $N_T=2$ ，调制阶数 $M=2$ ，即 BPSK 调制[1]。

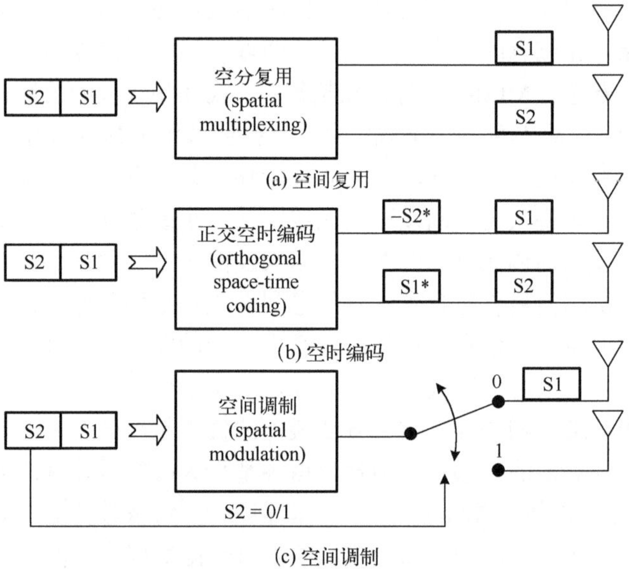

图 6-1　MIMO 的三种典型传输策略

如图 6-1 所示，S1 和 S2 分别表示两个发送符号，都是 BPSK 调制符号。

在空间复用传输策略中，S1 和 S2 在同时、同频的物理资源上分别通过两个发送天线进行发送，此时传输的频谱效率为 2bit/s/Hz；如果用发送天线数和调制阶数进行表示，则发送速率为 $R_T=N_T\log_2 M$ 。

在空时编码传输结构中，S1 和 S2 在连续的两个时隙上发送，采用经典的 Alamouti 空时编码的方法，在两个时隙上通过不同的发送副本实现发送信号在等价空间传输信道上的完全正交，此时传输的频谱效率为 1bit/s/Hz，如果用发送天线数和调制阶数进行表示，则发送速率为 $R_T=\log_2 M$ 。

在空间调制的传输结构中，空间复用与空时编码不同，符号 S2 是用来选择发送天线的序号的，当 S2 为 0 时，选择激活发送天线 1，当 S2 为 1 时，选择激活发送天线 2；符号 S1 则是在被激活的天线上发送的符号，在该例子中，传输的频谱效率为 2bit/s/Hz。如果用符号表示，则发送速率为 $R_T=\log_2 M+\log_2 N_T$ 。

根据以上分析可以看到，在空间调制中，频谱效率是随着发送天线数 N_T 呈对数增长的。

为了能够更好地显示空间调制的星座图结构，在图 6-2 和图 6-3 中给出了当 $N_T=M=4$ 时的 3D 星座图结构，此时总的发送比特速率为 $R_T=\log_2 M+\log_2 N_T=4\text{bit/s/Hz}$ ，每个调制符号块中包含 4bit 信息，空间上激活的天线序号承载 2bit 信息，激活天线发送的调制符号承载 2bit 信息。图 6-2 和图 6-3 给出了连续两个调制符号块上的星座图映射方式。

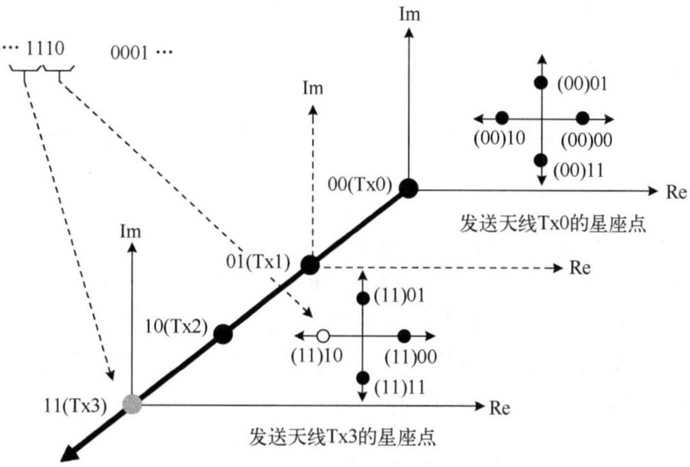

图 6-2　第一个调制符号块“1100”的星座图映射方式示意图

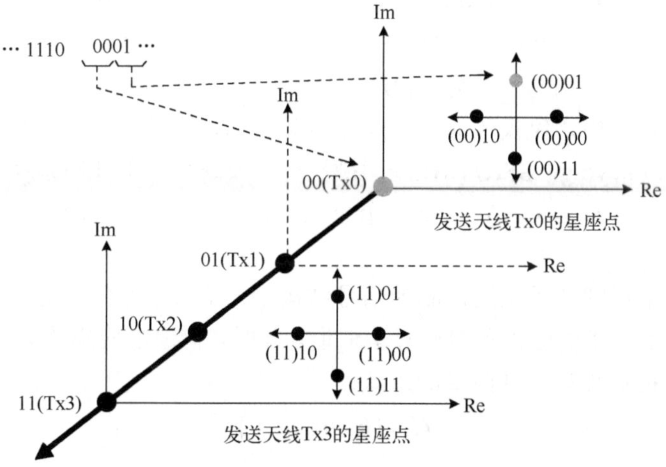

图 6-3　第二个调制符号块“0001”的星座图映射方式示意图

如图 6-2 所示，在第一个调制符号块中，包含的比特为“1100”，前两个发送比特为“11”，表征天线序号，意味着从 Tx0～Tx3 的 4 个发送天线中，由 Tx3 发送信号；后两个发送比特为“00”，由 Tx3 发送的调制符号承载，这里采用的调制方式为 QPSK，从星座图上可以看到，“00”比特映射到相应的 QPSK 符号星座点。

在第二个调制符号块中，发送的比特为“0001”。

如图 6-3 所示，前两个比特为“00”，是空间调制比特，意味着激活天线为 Tx0，后两个比特为“01”，映射成 QPSK 星座图上的星座点，且该符号通过 Tx0 发送。

对比图 6-2 和图 6-3 的空间调制发送星座点，可以看到空间调制具有以下两个特点。

(1) 在连续两个调制符号块上，激活天线的序号有可能发生切换，这就意味着天线序号的切换速度应当和发送符号的速率相同。同时，依赖天线序号的不同，和传统的单天线相比，发送的比特速率实现了提升，从而提高了频谱效率。

(2)同传统的二维星座图相比，在空间调制中，星座图变成了三维结构；除了同相分量和正交分量两个维度之外，还多出了一个维度，一般称为空间星座维度。

1. 空间调制的信号结构

综上所述，本节给出在平坦性衰落信道条件下的收发端信号模型，如下：

$$\boldsymbol{y} = \boldsymbol{H}\boldsymbol{x} + \boldsymbol{n} \tag{6-1}$$

其中，$\boldsymbol{y} \in \mathbb{C}^{N_{\mathrm{R}} \times 1}$ 表示接收端的 N_{R} 维复信号接收向量；$\boldsymbol{H} \in \mathbb{C}^{N_{\mathrm{R}} \times N_{\mathrm{T}}}$ 表示收发端的多天线信道响应；$\boldsymbol{n} \in \mathbb{C}^{N_{\mathrm{R}} \times 1}$ 表示接收机的加性高斯白噪声向量，其服从复高斯分布 $\mathcal{CN}(0, \sigma_n^2 \boldsymbol{I}_{N_{\mathrm{R}}})$；$\boldsymbol{x} = \boldsymbol{e}s$ 表示具有空间调制特征的发送符号向量，其中 $s \in \mathbb{C}^{1\times 1}$ 表示激活天线发送的调制符号，如前所示，调制符号 s 的调制阶数为 M。空间调制信息向量 $\boldsymbol{e} \in \mathbb{C}^{N_{\mathrm{T}} \times 1}$ 包含了激活天线序号的信息，如下所示：

$$\boldsymbol{e}_t = \begin{cases} 1, & \text{如果第 } t \text{ 个天线被激活} \\ 0, & \text{如果第 } t \text{ 个天线不被激活} \end{cases} \tag{6-2}$$

其中，$\boldsymbol{e}_t$ 表示向量 $\boldsymbol{e}$ 中第 t 个元素，$t = 0, \cdots, N_{\mathrm{T}} - 1$。当发送端仅仅有一个天线激活时，空间调制信息向量 $\boldsymbol{e}$ 实际上是 N_{T} 维欧几里得空间上的一个基向量。从发送端空间调制总的星座点来看，空间调制的阶数为 $N_{\mathrm{T}}M$。

如果在空间调制中，仅仅依靠天线序号承载信息，则此种发送信号的方式也称为空间键控(space shift keying，SSK)，在空间键控中，发送信号的比特速率仅仅与发送天线数的对数成正比，即 $R_{\mathrm{T}} = \log_2 N_{\mathrm{T}}$。从这个意义上说，空间调制可以看作空间键控的一种拓展或者推广。

接下来，本节详细分析空间调制的信号结构。为了表示方便，仍然选取 $N_{\mathrm{T}} = M = 4$ 的结构，且假设多天线信道为平坦性衰落信道。此时，信道响应矩阵 $\boldsymbol{H}$ 为 4×4 的复信道矩阵，本节将信道矩阵写成列向量的形式：

$$\boldsymbol{H} = [\boldsymbol{h}_0, \boldsymbol{h}_1, \boldsymbol{h}_2, \boldsymbol{h}_3] \tag{6-3}$$

在图 6-2 的示例中，空间调制比特为“11”，即选取 Tx3 为激活天线，此时承载空间调制信息的星座点为 $\boldsymbol{H}\boldsymbol{e}_3 = \boldsymbol{h}_3$，即空间调制的星座点为 Tx3 到接收天线的信道响应向量 $\boldsymbol{h}_3$；同理，在图 6-3 的示意中，空间调制比特为“00”，选取 Tx0 为激活天线，此时空间调制星座点就对应着 $\boldsymbol{H}$ 矩阵的第一列 $\boldsymbol{h}_0$。由于发送天线之间存在一定的间隔，且在无线传播环境中存在散射、反射等多条传输路径，不同发送天线到接收天线的信道响应一般呈现出不完全相关的特性，依赖信道响应的差异来承载信息就是空间调制信号设计的一个显著特征。不同发送天线信道的差异性越强，接收机对空间调制信号的区分就越可靠。图 6-4 给出了不同发送天线到接收天线的无线信道示意图。

根据图 6-4 可以看到，不同发送天线的信道响应构成了空间调制信号的集合。对于接收机来说，从性能最优的角度，需要采用基于最大似然准则(ML)的检测算法。考虑到空间调制的星座点包含空间维度和信号维度，因此基于 ML 准则的检测算法需要穷举三维星座上的所有调制符号，即需要穷举 $N_T M$ 个星座点。

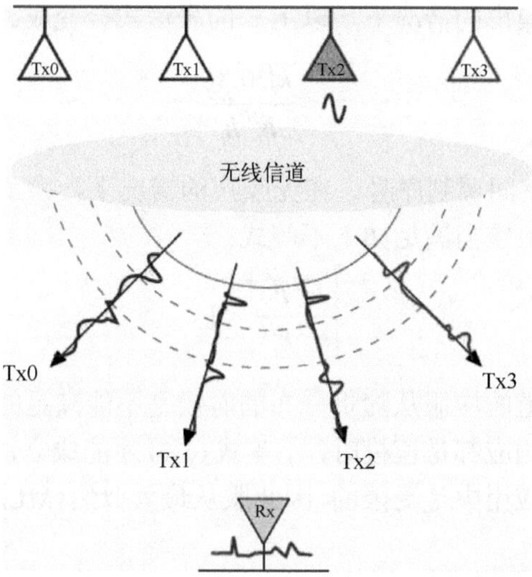

图 6-4　发送端 4 天线条件下的无线信道示意图

2. 空间调制的理论性能分析

在接收机已知信道响应的条件下，基于式(6-1)给出的信号模型，接收信号的条件概率分布函数可以表示为

$$p(\boldsymbol{y} \mid \boldsymbol{H}, \boldsymbol{x}) = -\frac{1}{(\pi \sigma_n^2)^{N_R}} \exp\left(-\frac{\|\boldsymbol{y} - \boldsymbol{H}\boldsymbol{x}\|^2}{\sigma_n^2}\right) \tag{6-4}$$

考虑到空间调制的发送信号向量 $\boldsymbol{x} = \boldsymbol{e}s$ 的形式，本节分别需要穷举 $\boldsymbol{e}$ 的所有可能性和 s 的所有可能性，因此最大似然的检测算法可以写成如下形式：

$$\begin{aligned}(\hat{t}, \hat{q}) &= \arg\max_{t,q}\left(\exp\left(-\frac{\|\boldsymbol{y} - \boldsymbol{h}_t s_q\|^2}{\sigma_n^2}\right)\right), \quad 0 \leqslant t \leqslant N_T - 1, \quad 0 \leqslant q \leqslant M - 1 \\ &= \arg\min_{t,q}\left(\|\boldsymbol{g}_{t,q}\|^2 - 2\operatorname{Re}(\boldsymbol{y}^H \boldsymbol{g}_{t,q})\right)\end{aligned} \tag{6-5}$$

在式(6-5)中可以得到 $\boldsymbol{g}_{t,q} = \boldsymbol{h}_t s_q$，通过以上公式可以看到，最大似然检测需要穷举 $N_T M$ 个空间调制星座点。

为了降低接收机的计算复杂度，还可以采用一种次优的检测方法，即首先检测激活天线的序号，然后检测激活天线上的发送符号，该次优算法的实现方法可以用式(6-6)表示：

$$\hat{t} = \arg\max_t |z_t|, \quad \hat{q} = D(z_{\hat{t}}) \tag{6-6}$$

其中，$D(\cdot)$ 代表激活天线发送调制符号对应的解调函数；z_t 的表达式为

$$z_t = \frac{\boldsymbol{h}_t^H \boldsymbol{y}}{\boldsymbol{h}_t^H \boldsymbol{h}_t} \tag{6-7}$$

应当注意到，在无噪声的情况下，以上 z_t 的表达式会变成：

$$z_t = \frac{\boldsymbol{h}_t^H \boldsymbol{h}_k s_q}{\boldsymbol{h}_t^H \boldsymbol{h}_t} \tag{6-8}$$

其中，k 是实际发送的空间调制序号。在无噪声的情况下，为了能够保证实际的发送天线序号检测正确，实际上应当满足如下不等式：

$$\left| \frac{\boldsymbol{h}_t^H \boldsymbol{h}_k}{\boldsymbol{h}_t^H \boldsymbol{h}_t^H} \right| < 1 \tag{6-9}$$

但这个不等式在信道响应服从随机分布的时候是不能满足的。只有当规定 $\|\boldsymbol{h}_t\|_2 = c$，即每个发送天线的信道响应都是恒模时，不等式(6-9)才能成立，以上分析表明，式(6-6)所示的次优算法在实际应用中是受限的，因此服从最大似然(ML)准则的检测算法在实际应用中具有性能优势。

基于最大似然检测，采用一致界(union bound)分析理论性能[2]是一种有效的方法。根据一致界的特性，平均误比特率的上界能够表示为

$$\begin{aligned} P_{\mathrm{e,bit}} &\leqslant E_{\boldsymbol{x}}\left(\sum_{\hat{t},\hat{q}} N(tq,\hat{t}\hat{q}) P(\boldsymbol{x}_{t,q} \to \boldsymbol{x}_{\hat{t},\hat{q}}) \right) \\ &= \sum_{t=1}^{N_{\mathrm{T}}} \sum_{q=1}^{M} \sum_{\hat{t}=1,\hat{t}\neq t}^{N_{\mathrm{T}}} \sum_{\hat{q}=1,q\neq q}^{M} N(tq,\hat{t}\hat{q}) P(\boldsymbol{x}_{t,q} \to \boldsymbol{x}_{\hat{t},\hat{q}}) \end{aligned} \tag{6-10}$$

一致界分析的对象实际上是成对差错概率，需要遍历所有的星座点之间的两两组合；式(6-10)中的 $N(tq,\hat{t}\hat{q})$ 表示 $\boldsymbol{x}_{t,q}$ 和 $\boldsymbol{x}_{\hat{t},\hat{q}}$ 不同的比特数，$P(\boldsymbol{x}_{t,q} \to \boldsymbol{x}_{\hat{t},\hat{q}})$ 表示实际发送的是 $\boldsymbol{x}_{t,q}$，但接收端错误地判决成符号 $\boldsymbol{x}_{\hat{t},\hat{q}}$ 的概率，该差错概率的大小同 $\boldsymbol{x}_{t,q}$ 和 $\boldsymbol{x}_{\hat{t},\hat{q}}$ 在接收端的欧氏距离有关。根据前面的分析可以看到，当发送信号为 $\boldsymbol{x}_{t,q}$ 和 $\boldsymbol{x}_{\hat{t},\hat{q}}$ 时，接收信号向量为 $\boldsymbol{g}_{t,q}$ 和 $\boldsymbol{g}_{\hat{t},\hat{q}}$，考虑到噪声向量服从复高斯分布特性，因此差错概率 $P(\boldsymbol{x}_{t,q} \to \boldsymbol{x}_{\hat{t},\hat{q}})$ 可以用 Q 函数来表示，即

$$P(\boldsymbol{x}_{t,q} \to \boldsymbol{x}_{\hat{t},\hat{q}}) = Q\left(\frac{\left\| \boldsymbol{g}_{t,q} - \boldsymbol{g}_{\hat{t},\hat{q}} \right\|}{2\sqrt{\sigma_n^2 / 2}} \right) = Q\left(\sqrt{\frac{\left\| \boldsymbol{g}_{t,q} - \boldsymbol{g}_{\hat{t},\hat{q}} \right\|^2}{2\sigma_n^2}} \right) \tag{6-11}$$

从式(6-11)中可以看到，该差错概率同接收信号的欧氏距离成正比，在已知信道响应的前提下，可以用枚举的方法获得一致界的数值结果。

3. 空间调制的仿真结果

以下给出空间调制的仿真结果[3]。

本节的仿真条件设置为平坦性衰落信道，通过产生 10^6 个独立信道，并对各个信道上的仿真结果取平均，获得最终的误比特率结果。

在天线配置上，接收机天线数 $N_R = 4$ ，不同的发送信号方法具有相同的频谱效率，都为一个数据块承载 3bit 信息。对于空间调制(SM)来说，激活天线序号承载 2bit 信息，发送调制符号承载 1bit 信息，即 BPSK 调制；最大比合并(maximum ratio combing，MRC)的发送端只有单天线，发送调制符号承载 3bit 信息，调制方式采用 8QAM；多数据流并行传输(VBLAST)，发送端采用 3 个天线，每个天线发送独立的数据流，调制方法为 BPSK。

根据图 6-5 的仿真结果能够看到，采用最优的最大似然检测方法，空间调制(SM)能够获得最优性能，在具有相同频谱效率的前提下，相对于最大比合并(MRC)和多数据流并行传输(BLAST)具有显著的性能增益。同时，最大似然检测方法的性能同采用成对差错概率的理论性能(analytical)吻合得很好，这说明采用成对差错概率作为理论分析工具对于最大似然检测具有很好的预测作用，同时以成对差错概率为优化目标，也是一种可行的空间调制发送信号优化方法，这一理论分析工具在后面也会一直用到。

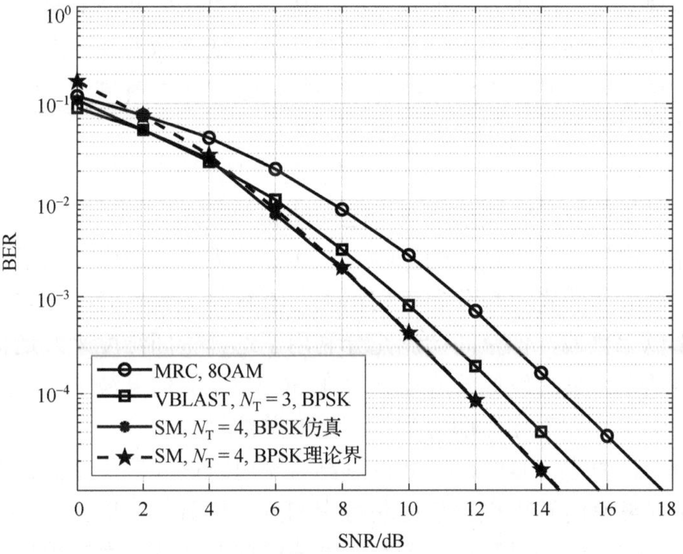

图 6-5　空间调制与 MRC 和 VBLAST 的仿真结果对比图

根据以上的分析，能够看到空间调制具有以下的优点。

(1) 高吞吐率：由于引入了空间调制维度，星座图从二维扩展到了三维，相对于单天线发送和正交空时编码，空间调制具有更高的吞吐率。

(2) 低复杂度接收机：由于在一个空间调制符号块的间隔内只有一个激活的天线发送信号，从接收机的角度来看，相当于单发多收(SIMO)的结构，从接收机的角度来讲，能够以比较低的复杂度实现最大似然检测。

(3) 低成本发射机：同样地，在一个符号块间隔内只有一个激活天线发送信号，使得发送端只需要一个射频通路和功率放大器，能够降低发射机的成本。

(4) 低峰均比低功耗：在发送端由于激活天线的序号承载了部分信息比特，激活天线发送的调制符号能够采用低阶调制，在相同的调制阶数下，空间调制的发送符号具有更低的峰均比，因此发射机的功耗更低；例如，在 $N_T = M = 4$ 的配置下，激活天线承载 2bit 信息，激活天线发送的调制符号承载 2bit 信息，调制方式用 QPSK 即可，对应的单天线发送需要采用 16QAM 调制，显然空间调制发送符号的峰均比较低。

同时，应当注意到，空间调制的实用化还面临着如下挑战。

(1) 在频谱效率上不占优势：根据以上的分析，在空间调制中，频谱效率同发送天线的对数成正比，与空间复用相比，频谱效率的提升不够明显。

(2) 快速的天线切换：根据图 6-2 和图 6-3 的例子，能够看到在连续的两个空间调制符号间隔上，激活天线的序号就会发生变化，这就意味着天线切换的速度应当和符号速率相同，对于高速数据传输来说，天线切换的速度需要能够达到纳秒量级，这对于天线切换的实现来说，是一个较高的要求。

(3) 时延扩展受限的时域波形设计：考虑实际发送信号波形限时限频的影响，在传统的发送信号设计中，一般通过引入滚降升余弦滤波器和展宽波形在时域的范围，实现在频域带外的迅速衰减，减少对邻近频带的干扰。而对于空间调制来说，在不同的符号间隔内，通过不同的激活天线发送信号，换句话说，就意味着在一个符号间隔内，只有一个激活天线发送信号，其他天线需要保持静默，这就要求时域波形不能扩展，对适配空间调制要求的信号波形提出了新的要求。

(4) 天线序号承载信息的可靠性依赖于信道：根据上述的分析能够看到，天线序号承载的信息依赖于不同发送天线信道响应之间的相关性，当相关性较强时，对空间维度承载的信息传输可靠性会带来较大的影响。在实际的无线信道中，天线相关性往往和实际的传输环境、散射体的密度与分布密切相关，不容易进行实时地动态调整。

虽然面临着以上挑战，但空间调制充分利用了选择空间维度来发送信号，降低了发射机的射频链路数量，具有较低的峰均比，在 5G/B5G 的信号波形设计上具有重要的意义，因此，其在学术界和工业界都得到了广泛的关注。

在后续两节中，将进一步给出空间调制结合空时编码和广义空间调制的设计方法。空间调制结合空时编码能够更进一步地获得空间分集增益，而广义空间调制能够突破传统空间调制中每个符号间隔只激活一个发送天线的限制，从而有效地提高频谱效率。

6.1.2 空间调制结合空时编码

在本节中，进一步给出空间调制结合空时编码的设计方法。在 6.1.1 节中，传统的 2 天线 Alamouti 空时编码是在两个连续的时隙上发送 2 个符号的不同副本。将空时编码与空间调制结合，就是进一步利用空域的特性，将空时编码块在不同的激活天线集合上进行传输，激活天线集合的选取同时承载信息。与传统空时编码不同的是，需要考虑激活天线集合引入之后，实现天线域和信号域的联合最大似然检测，同时，空时编码的设计方法也要进行相应增强。

1. 空间调制结合空时编码的信号结构

以下从经典的 2 天线 Alamouti 结构出发[4]，进行空间调制结合空时编码的介绍。2 天线 Alamouti 空时编码的发送信号矩阵能够写成如下形式：

$$\boldsymbol{X}=[\boldsymbol{x}_1\ \boldsymbol{x}_2]=\begin{bmatrix} x_1 & x_2 \\ -x_2^* & x_1^* \end{bmatrix} \tag{6-12}$$

在式(6-12)所示的发送矩阵结构中，矩阵的行代表时隙，矩阵的列代表天线；$\boldsymbol{x}_1$ 和 $\boldsymbol{x}_2$ 即代表在天线 1 和天线 2 上发送的信号向量。

将以上的结构扩展到空间调制中，考虑到空间调制需要根据空间调制比特选择激活天线集合，因此发端总的天线数应当大于 2。在每个空间调制数据块上，根据调制比特选择 2 个天线激活，作为空时编码信号。在这里，设发送端有 4 个发送天线，因此空间调制结合空时编码的发送信号矩阵如式(6-13)所示[5]：

$$\begin{aligned}
\boldsymbol{C}_1&=\{\boldsymbol{X}_{11},\boldsymbol{X}_{12}\}=\left\{\begin{bmatrix} x_1 & x_2 & 0 & 0 \\ -x_2^* & x_1^* & 0 & 0 \end{bmatrix},\begin{bmatrix} 0 & 0 & x_1 & x_2 \\ 0 & 0 & -x_2^* & x_1^* \end{bmatrix}\right\} \\
\boldsymbol{C}_2&=\{\boldsymbol{X}_{21},\boldsymbol{X}_{22}\}=\left\{\begin{bmatrix} 0 & x_1 & x_2 & 0 \\ 0 & -x_2^* & x_1^* & 0 \end{bmatrix}\exp(\mathrm{j}\theta),\begin{bmatrix} x_2 & 0 & 0 & x_1 \\ x_1^* & 0 & 0 & -x_2^* \end{bmatrix}\exp(\mathrm{j}\theta)\right\}
\end{aligned} \tag{6-13}$$

式(6-13)中的信号矩阵是将空间调制组合展开之后的结果，设定空间调制有 2bit，能够产生 4 种空时编码矩阵组合；进一步，将 4 个集合分成两个子集 $\boldsymbol{C}_1$ 和 $\boldsymbol{C}_2$，每个子集中包含两个空时编码矩阵组合。$\boldsymbol{C}_1$ 中包含的码字 $\boldsymbol{X}_{11}$ 和 $\boldsymbol{X}_{12}$ 是相互正交的，$\boldsymbol{C}_2$ 中包含的码字 $\boldsymbol{X}_{21}$ 和 $\boldsymbol{X}_{22}$ 是相互正交的；在 $\boldsymbol{C}_2$ 的码字上，增加了一个相位偏转因子 $\exp(\mathrm{j}\theta)$，目的是增加在衰落信道条件下，空时编码的最小乘积距离，以下将给出具体的相位偏转优化方法。

从频谱效率的角度，在连续两个时隙上，通过空间调制的手段多传了 2bit，因此式 (6-13)中发送信号的频谱效率为 $R_{\mathrm{T}}=1+\log_2 M$ ，M 为激活天线发送符号的调制阶数。

针对式(6-13)中的发送信号，考虑空时编码结构的对称性，对于相位偏转因子 θ 的优化只考虑最大化 $\boldsymbol{X}_{11}$ 和 $\boldsymbol{X}_{21}$ 的最小乘积距离即可。

假设发端实际发送的码字为 $\boldsymbol{X}_{11}$，其表达式为

$$\boldsymbol{X}_{11}=\begin{bmatrix} x_1 & x_2 & 0 & 0 \\ -x_2^* & x_1^* & 0 & 0 \end{bmatrix} \tag{6-14}$$

而接收机检测产生了差错，检测成了码字 $\hat{\boldsymbol{X}}_{21}$，其表达式为

$$\hat{\boldsymbol{X}}_{21}=\begin{bmatrix} 0 & \hat{x}_1 & \hat{x}_2 & 0 \\ 0 & -\hat{x}_2^* & \hat{x}_1^* & 0 \end{bmatrix} \tag{6-15}$$

式(6-15)中的 $\hat{x}_1$ 和 $\hat{x}_2$ 表示除了天线激活集合产生差错之外，天线发送的调制符号也有可能会出错。因此，$\boldsymbol{X}_{11}$ 和 $\hat{\boldsymbol{X}}_{21}$ 之间的最小乘积距离可以写成如下形式：

$$\begin{aligned}
p_{\min}(\theta)&=\max_{\theta}\min\det((\boldsymbol{X}_{11}-\hat{\boldsymbol{X}}_{12})(\boldsymbol{X}_{11}-\hat{\boldsymbol{X}}_{12})^H) \\
&=\max_{\theta}\min\det\left(\begin{bmatrix} x_1 & x_2-\exp(\mathrm{j}\theta)\hat{x}_1 & -\exp(\mathrm{j}\theta)\hat{x}_2 & 0 \\ -x_2^* & x_1^*+\exp(\mathrm{j}\theta)\hat{x}_2^* & -\exp(\mathrm{j}\theta)\hat{x}_1^* & 0 \end{bmatrix}\right.
\end{aligned}$$

$$
\times\begin{bmatrix} x_1^* & -x_2 \\ x_2-\exp(-\mathrm{j}\theta)\hat{x}_1^* & x_1+\exp(-\mathrm{j}\theta)\hat{x}_2 \\ -\exp(\mathrm{j}\theta)\hat{x}_2^* & -\exp(-\mathrm{j}\theta)\hat{x}_1 \\ 0 & 0 \end{bmatrix}\Bigg)
$$

$$
\begin{aligned}
&=\min_{\theta}\{(\eta-2\operatorname{Re}(\hat{x}_1^* x_2\exp(-\mathrm{j}\theta)))(\eta+2\operatorname{Re}(x_1\hat{x}_2^*\exp(\mathrm{j}\theta))) \\
&\quad -|x_1|^2|\hat{x}_1|^2-|x_2|^2|\hat{x}_2|^2+2\operatorname{Re}(x_1\hat{x}_1x_2^*\hat{x}_2^*\exp(\mathrm{j}2\theta))\}
\end{aligned}
\tag{6-16}
$$

其中，$\eta=|x_1|^2+|\hat{x}_1|^2+|x_2|^2+|\hat{x}_2|^2$。

通过式(6-16)能够看到，最小乘积距离除了与相位偏转因子 θ 有关之外，还与激活天线发送符号的调制方式有关。换句话说，不同调制方式对应的最优 θ 的取值是不同的。式(6-17)给出了 BPSK、QPSK、16QAM、64QAM 四种调制方式在 4 天线空间调制结合空时编码下的码字最优偏转角度。

$$
\begin{aligned}
&\text{BPSK}：p_{\min}(\theta)=12,\quad \theta=\pi/2 \\
&\text{QPSK}：p_{\min}(\theta)=11.45,\quad \theta=0.61 \\
&\text{16QAM}：p_{\min}(\theta)=9.05,\quad \theta=0.75 \\
&\text{64QAM}：p_{\min}(\theta)=8.23,\quad \theta=0.54
\end{aligned}
\tag{6-17}
$$

其中，θ 取值的单位为弧度(rad)。

基于该思想，以上的空时编码优化可以扩展到大于 4 天线的情况，详情可以参考文献[5]。

2. 空间调制结合空时编码的接收算法

接下来，将对应以上的发送信号格式进行接收端算法的介绍。与 6.1.1 节中的空间调制基本模型类似，在结合空时编码的场景上，接收机仍然需要进行最大似然检测。这里首先给出对应式(6-13)发送信号结构的接收机信号模型，如下：

$$
\boldsymbol{Y}=\sqrt{\frac{1}{2}}\boldsymbol{X}\boldsymbol{H}^T+\boldsymbol{N} \tag{6-18}
$$

其中，$\boldsymbol{H}\in\mathbb{C}^{N_\mathrm{R}\times N_\mathrm{T}}$ 代表信道响应矩阵，对应式(6-13)的例子，取 $N_\mathrm{T}=4$，接收天线数 N_R 可以取大于 1 的任意数值；发送信号 $\boldsymbol{X}$ 取自式(6-13)集合中规定的码字；$\boldsymbol{Y}\in\mathbb{C}^{2\times N_\mathrm{R}}$ 表示接收信号；$\boldsymbol{N}\in\mathbb{C}^{2\times N_\mathrm{R}}$ 表示接收机噪声；系数 $\sqrt{1/2}$ 表示在 2 个激活天线的条件下，发送端的功率归一化因子。

在接收机端，需要采用最大似然检测算法。为了表示方便，根据空时编码的特性，接收信号模型可以等价写成如下形式：

$$
\boldsymbol{y}=\sqrt{\frac{1}{2}}\boldsymbol{H}_e\begin{bmatrix} x_1 \\ x_2 \end{bmatrix}+\boldsymbol{n} \tag{6-19}
$$

向量 $\boldsymbol{y}=[\boldsymbol{Y}(1,:),\boldsymbol{Y}(2,:)]^T$ 是将式(6-18)中的接收信号矩阵按此方式展开后得到的向

量，$\boldsymbol{H}_e$ 的取值根据激活天线集合选取，对应发送信号码字 $\boldsymbol{X}_{11}$、$\boldsymbol{X}_{12}$、$\boldsymbol{X}_{21}$ 和 $\boldsymbol{X}_{22}$，包含以下四种情况[6]：

$$\boldsymbol{H}_e^{1,1}=\begin{bmatrix} h_{1,1} & h_{1,2} \\ h_{1,2}^* & -h_{1,1}^* \\ \vdots & \vdots \\ h_{N_{\mathrm{R}},1} & h_{N_{\mathrm{R}},2} \\ h_{N_{\mathrm{R}},2}^* & -h_{N_{\mathrm{R}},1}^* \end{bmatrix},\quad \boldsymbol{H}_e^{1,2}=\begin{bmatrix} h_{1,3} & h_{1,4} \\ h_{1,4}^* & -h_{1,3}^* \\ \vdots & \vdots \\ h_{N_{\mathrm{R}},3} & h_{N_{\mathrm{R}},4} \\ h_{N_{\mathrm{R}},4}^* & -h_{N_{\mathrm{R}},3}^* \end{bmatrix}$$
$$\boldsymbol{H}_e^{2,1}=\exp(\mathrm{j}\theta)\begin{bmatrix} h_{1,2} & h_{1,3} \\ h_{1,3}^* & -h_{1,3}^* \\ \vdots & \vdots \\ h_{N_{\mathrm{R}},2} & h_{N_{\mathrm{R}},3} \\ h_{N_{\mathrm{R}},3}^* & -h_{N_{\mathrm{R}},2}^* \end{bmatrix},\quad \boldsymbol{H}_e^{2,2}=\exp(\mathrm{j}\theta)\begin{bmatrix} h_{1,4} & h_{1,1} \\ h_{1,1}^* & -h_{1,1}^* \\ \vdots & \vdots \\ h_{N_{\mathrm{R}},4} & h_{N_{\mathrm{R}},1} \\ h_{N_{\mathrm{R}},1}^* & -h_{N_{\mathrm{R}},4}^* \end{bmatrix} \tag{6-20}$$

其中，$h_{i,j}$ 代表从第 j 个发送天线到第 i 个接收天线的信道响应，对应的是信道矩阵 $\boldsymbol{H}$ 的第 i 行第 j 列的元素。从式(6-20)可以看到，这四个矩阵 $\boldsymbol{H}_e^{1,1}$、$\boldsymbol{H}_e^{1,2}$、$\boldsymbol{H}_e^{2,1}$、$\boldsymbol{H}_e^{2,2}$ 各自的第 1 列和第 2 列都是相互正交的。因此，最大似然检测可以分解为分别对两个发送天线上的信号进行最大似然检测，用公式表达可以写成如下形式：

$$m_1^{(p,q)}=\min_{x_1}\left\|\boldsymbol{y}-\boldsymbol{h}_{e,1}^{p,q}x_1\right\|^2,\quad m_2^{(p,q)}=\min_{x_2}\left\|\boldsymbol{y}-\boldsymbol{h}_{e,2}^{p,q}x_2\right\|^2,\quad 1\leqslant p,q\leqslant 2 \tag{6-21}$$

其中，$\boldsymbol{h}_{e,1}^{p,q}$ 和 $\boldsymbol{h}_{e,2}^{p,q}$ 分别对应 $\boldsymbol{H}_e^{p,q},1\leqslant p,q\leqslant 2$ 的第 1 列和第 2 列；$m_1^{(p,q)}$ 和 $m_2^{(p,q)}$ 分别代表在激活天线码本对应 $\boldsymbol{X}_{pq}$ 时，发送符号 x_1 和 x_2 采用最大似然检测获得的度量。考虑到最大似然检测需要获得激活天线集合与发送的调制符号，因此，对应激活天线码本 $\boldsymbol{X}_{pq}$ 的总的度量为 $m^{(p,q)}=m_1^{(p,q)}+m_2^{(p,q)}$。在此基础上，比较所有的码本度量值，选择最大的度量值对应的发送天线集合和符号，就能够获得最终的最大似然检测结果。

根据以上的分析，可以看到结合空时编码的空间调制，其最大似然检测的复杂度同激活天线发送的调制符号阶数 M 成正比，不随发端天线数 N_{T} 增长，具有较好的可实现性。

3. 空间调制结合空时编码的理论分析

假设在空时编码的连续 2 个时隙上发送的比特数为 $2m$，则发送信号矩阵为 $\boldsymbol{X}_1,\boldsymbol{X}_2,\cdots,\boldsymbol{X}_{2^{2m}}$。对空间调制结合空时编码的理论性能分析，仍然采用一致界作为分析工具。此时，接收机误比特率的一致界可以表示为

$$P_b\leqslant\frac{1}{2^{2m}}\sum_{i=1}^{2^{2m}}\sum_{j=1}^{2^{2m}}\frac{P(\boldsymbol{X}_i\to\boldsymbol{X}_j)n_{i,j}}{2m} \tag{6-22}$$

其中，$P(\boldsymbol{X}_i\to\boldsymbol{X}_j)$ 表示实际的发送信号矩阵为 $\boldsymbol{X}_i$ 而接收机错判为矩阵 $\boldsymbol{X}_j$ 的概率，一般称其为成对差错概率；$n_{i,j}$ 表示 $\boldsymbol{X}_i$ 错判为 $\boldsymbol{X}_j$ 导致的差错比特数。在接收机端采用的是相干检测，需要已知信道响应信息，此时成对差错概率可以进一步表示为[2]

$$P(\boldsymbol{X}_i \to \boldsymbol{X}_j \mid \boldsymbol{H}) = Q\left(\sqrt{\frac{\rho}{2}}\left\|(\boldsymbol{X}_i \to \boldsymbol{X}_j)\boldsymbol{H}^T\right\|\right) \tag{6-23}$$

其中，ρ表示发送天线功率归一化后的信噪比；Q函数的表达式为

$$Q(x) = \sqrt{\frac{1}{2\pi}}\int_x^{\infty}\exp\left(-\frac{y^2}{2}\right)\mathrm{d}y \tag{6-24}$$

为了能够获得一致界的闭式表达式，需要对信道矩阵$\boldsymbol{H}$求期望，消除成对差错概率对信道的依赖。应当注意到，对于信道矩阵求期望的操作是在信道是快衰落的假设前提下进行的。在信道矩阵$\boldsymbol{H}$服从瑞利分布的条件下，对$\boldsymbol{H}$求期望后的成对差错概率可以写成如下形式：

$$P(\boldsymbol{X}_i \to \boldsymbol{X}_j) = \frac{1}{\pi}\int_0^{\pi/2}\left(1+\frac{\rho\lambda_{i,j,1}}{4\sin^2\phi}\right)^{-n_{\mathrm{R}}}\left(1+\frac{\rho\lambda_{i,j,2}}{4\sin^2\phi}\right)^{-n_{\mathrm{R}}}\mathrm{d}\phi \tag{6-25}$$

其中，$\lambda_{i,j,1}$和$\lambda_{i,j,2}$表示乘积距离矩阵$(\boldsymbol{X}_i-\boldsymbol{X}_j)(\boldsymbol{X}_i-\boldsymbol{X}_j)^H$的两个特征值。如果以上两个特征值相等，则式(6-25)可以进一步简化为

$$P(\boldsymbol{X}_i \to \boldsymbol{X}_j) = \frac{1}{\pi}\int_0^{\pi/2}\left(1+\frac{\rho\lambda_{i,j}}{4\sin^2\phi}\right)^{-2n_{\mathrm{R}}}\mathrm{d}\phi \tag{6-26}$$

在以下的仿真分析中，将利用一致界的计算结果同蒙特卡罗仿真结果进行比较，说明一致界对于性能预测的有效性。

4. 空间调制结合空时编码的仿真结果

以下给出空间调制结合空时编码的仿真结果。

仿真条件设置为平坦性衰落信道，通过产生多个独立信道，并对各个信道上仿真结果取平均，获得最终的误比特率结果。仿真过程满足蒙特卡罗仿真条件。在以下所有的仿真中，接收天线数$N_{\mathrm{R}}=4$。用来进行性能对比的方案包括 Alamouti 空时编码、码率为 3/4 的正交空时编码(OSTBC)[7]、多天线并行数据流传输(VBLAST)[8]、空间调制(SM)[3]，以及空间调制结合空时编码(STBC-SM)[5]。这里采用的空间调制(SM)即 6.1.1 节采用的方法，即每个时隙只激活一个发送天线。

首先给出空间调制结合空时编码最大似然仿真结果与一致界分析的仿真结果，如图 6-6 所示。

通过图 6-6 的分析能够看到，在发送天线数等于 3 和 4 的条件下，发送调制符号分别采用 BPSK 和 QPSK，空间调制结合空时编码最大似然检测和一致界分析的仿真结果具有很好的吻合度。随着信噪比的增大，最大似然检测同一致界基本重合，这说明一致界能够准确地反映检测器的性能，通过优化一致界能够实现接收机性能的提升。

接下来，进一步对比在不同频谱效率下，不同发送信号方式的性能。首先，规定频谱效率为 3bit/s/Hz。此时，2 个天线发送下的 Alamouti 空时编码采用的调制方式为 8QAM；4 天线发送下的正交空时编码(OSTBC)码率为 3/4，对应调制方式为 16QAM；

多天线并行传输(VBLAST)，发端采用 3 个天线，每天线发送 BPSK 调制符号；空间调制(SM)采用 4 个发送天线，每次激活 1 个天线，激活天线序号承载 2bit 信息，激活天线上发送 BPSK 调制符号；空间调制结合空时编码(STBC-SM)采用 4 个发送天线，每次激活 2 个天线，发送天线激活样式集合包含 4 种情况，激活样式每 2 个时隙承载 2bit 信息，平均到 1 个时隙为 1bit，发送调制符号采用 QPSK。

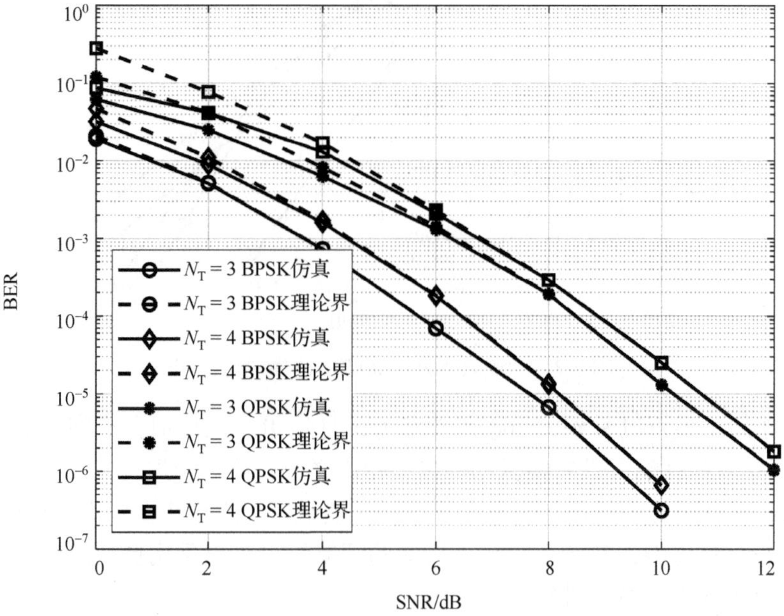

图 6-6　空间调制结合空时编码最大似然检测与一致界分析仿真结果图

从图 6-7 的结果可以看到，当频谱效率为 3bit/s/Hz 时，空间调制结合空时编码(STBC-SM)具有最优的性能，这是因为除了能够获得天线域的空间分集增益之外，通过星座点的最优旋转还能够获得乘积距离上的增益。其他对比方案，4 天线发送下的正交空时编码(OSTBC)具有仅次于 STBC-SM 的性能。当误比特率(BER)等于 10^{-5} 时，STBC 相对于 OSTBC 具有大约 2.5dB 的性能增益。

接下来，进一步分析频谱效率为 4bit/s/Hz 的情况。此时，2 天线发送下的 Alamouti 空时编码采用的调制方式为 16QAM；正交空时编码(OSTBC)对应的调制方式为 32QAM；多天线并行传输(VBLAST)，发端采用 2 天线，每天线发送 QPSK 调制符号；空间调制(SM)采用 8 发送天线，每次激活 1 天线，激活天线序号承载 3bit 信息，激活天线上发送 BPSK 调制符号，空间调制每时隙发送 4bit 信息。

空间调制结合空时编码(STBC-SM)为了达到 4bit/s/Hz 的频谱效率，采用两种不同的配置方式。第一种配置中，发送端采用 8 发送天线，每次激活 2 天线，发送天线激活样式集合包含 16 种情况，激活样式每 2 个时隙承载 4bit 信息，平均到 1 个时隙为 2bit 信息，发送调制符号采用 QPSK；第二种配置中，发送端采用 4 发送天线，每次激活 2 天线，发送天线激活样式集合包含 4 种情况，激活样式每 2 个时隙承载 2bit 信息，平均到 1 个时隙为 1bit 信息，发送调制符号采用 8QAM。

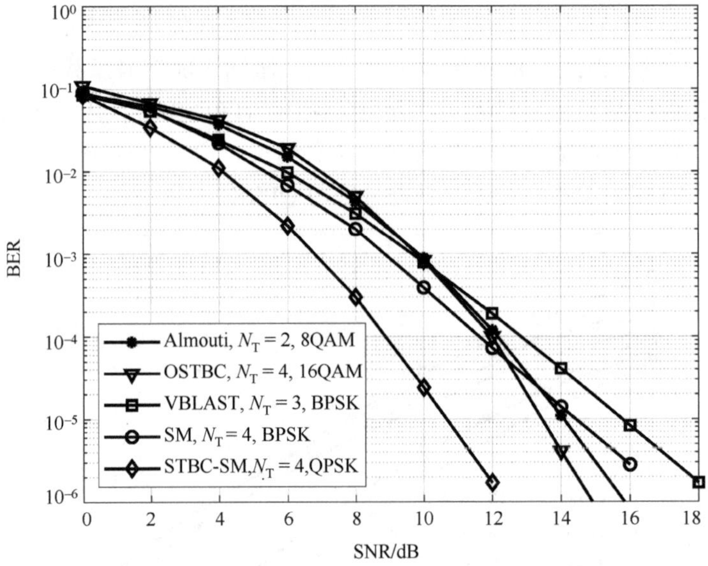

图 6-7　频谱效率为 3bit/s/Hz 的性能对比图

从图 6-8 的结果可以看到，当频谱效率为每时隙 4bit/s/Hz 时，空间调制结合空时编码(STBC-SM)的两种配置具有最优的性能。相比之下，第一种配置方法，即采用 8 发送天线的配置，具有更好的性能。这是由于发送天线数多，能够获得更优的空间分集增益，且空域承载较多的比特，在激活天线上发送的调制符号可以采用更低阶的调制，从两方面改进了接收机的误比特率性能。

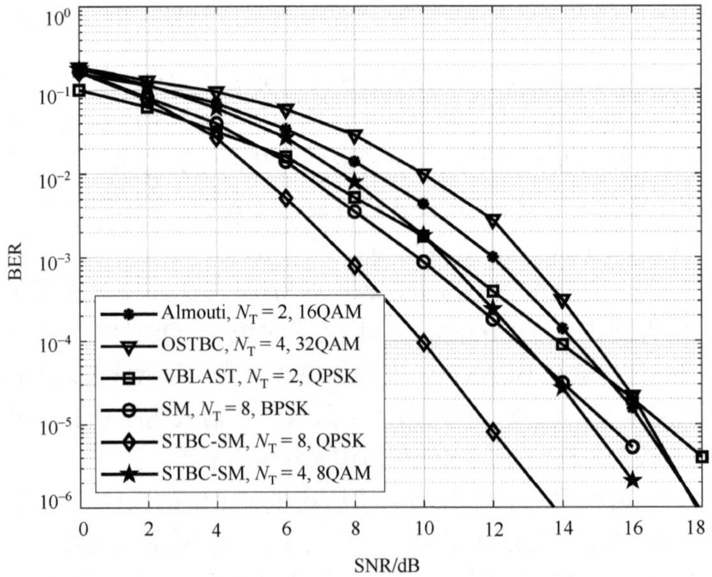

图 6-8　频谱效率为 4bit/s/Hz 的性能对比图

在其他对比方案中，空间调制(SM)具有仅次于 STBC-SM 两种配置的性能。这是由于在频谱效率为每时隙 4bit/s/Hz 的条件下，SM 采用 8 发送天线，具有更大的空间分集增益。当误比特率(BER)等于 10^{-5} 时，STBC-SM 的第一种配置比 SM 有大约 3.5dB 的性能增益，STBC-SM 的第二种配置相比于 SM 有大约 0.5dB 的性能增益。

最后，分析频谱效率为 6bit/s/Hz 的情况。此时，2 天线发送下的 Alamouti 空时编码采用的调制方式为 64QAM；码率为 3/4 的正交空时编码(OSTBC)采用的调制方式为 256QAM；多天线并行传输(VBLAST)，发端采用 3 天线，每天线发送 QPSK 调制符号；空间调制(SM)采用 8 发送天线，每次激活 1 天线，激活天线序号承载 3bit 信息，激活天线上发送 8QAM 调制符号，空间调制每时隙发送 6bit 信息。空间调制结合空时编码(STBC-SM)发送端采用 8 发送天线，每次激活 2 天线，发送天线激活样式集合包含 16 种情况，激活样式每 2 个时隙承载 4bit 信息，平均到 1 个时隙为 2bit，发送调制符号采用 16QAM，此时，空间调制结合空时编码每时隙发送 6bit 信息。

根据图 6-9 的仿真结果能够看到，空间调制结合空时编码(STBC-SM)具有最优的性能。当误比特率(BER)等于 10^{-5} 时，STBC-SM 相对于其他 4 种对比方案性能增益至少有 3dB。

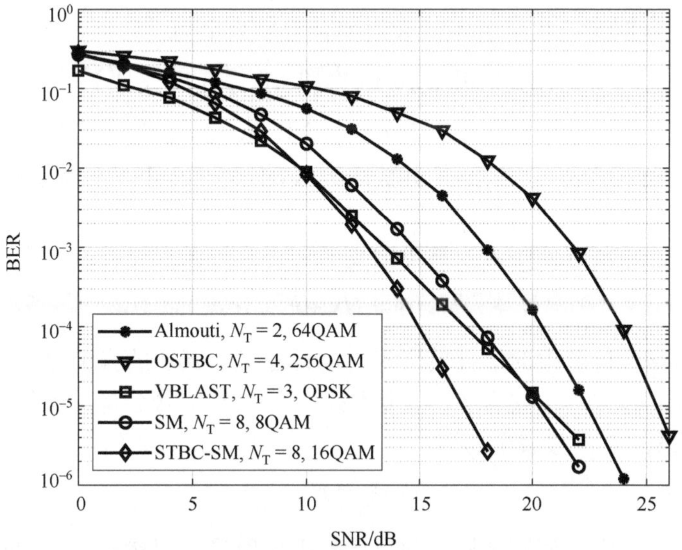

图 6-9　频谱效率为 6bit/s/Hz 的性能对比图

综合以上结果，能够发现，在多个频谱效率配置下，空间调制结合空时调制(STBC-SM)具有显著的性能优势。

6.1.3　广义空间调制

在 6.1.1 节介绍的空间调制中，激活天线只有 1 个，发送一个数据流；在 6.1.2 节介绍的空间调制结合空时编码中，激活天线数大于 1 个，但激活天线集合上发送的信号属于同一数据流的空时编码结果。在本节介绍的广义空间调制中[9,10]，发送端的激活天线数大于 1 个，并且不同的激活天线发送不同的数据流，这样的配置能够有效地提高传输的频谱效率。同时，广义空间调制能够有效地扩展到多用户的上行场景。对于多个激活天线和多用户引入高维信号检测问题，接收机采用基于发送信号概率分布信息的检测方法，目的是尽量降低接收机的计算复杂度，实现复杂度和性能之间的有效折中。

1. 广义空间调制的信号结构

为了保证符号表示的一致性，在广义空间调制中，仍然假设发送端有 N_{T} 个发送天线，接收端有 N_{R} 个接收天线。不同于 6.1.1 节中的基本空间调制模型，广义空间调制在一个调制符号块的时间范围内，激活天线数表示为 $N_{rf}\,(N_{rf}>1)$。因此，在广义空间调制中，能够同时发送 N_{rf} 个独立的数据流，并且激活天线组合承载的比特数可以表示为

$$K_{rf}=\log_2\left\lfloor\begin{pmatrix}N_{\mathrm{T}}\\N_{rf}\end{pmatrix}\right\rfloor \tag{6-27}$$

若发送符号的调制方式仍表示为 M，则总的比特速率为 $R_{\mathrm{T}}=K_{rf}+N_{rf}\log_2 M$，可以看到比特速率同激活天线数成正比。

为了更好地理解这一结构，以下举例进行说明。若 $N_{\mathrm{T}}=4$，$N_{rf}=2$，则需要承载的比特数 $K_{rf}=2$，此时所有可能的激活天线集合可以列举为

$$\boldsymbol{S}=\{[1,1,0,0]^T,[1,0,1,0]^T,[0,1,0,1]^T,[0,0,1,1]^T\} \tag{6-28}$$

从式(6-28)可以看到，$\boldsymbol{S}$ 的枚举和 6.1.2 节式(6-13)中发送信号矩阵的枚举类似，所不同的是 $\boldsymbol{S}$ 更加简单，只需要指明激活天线的序号即可，不需要空时编码和相位偏转。

此时，广义空间调制的接收信号模型为

$$\boldsymbol{y}=\boldsymbol{H}\boldsymbol{x}+\boldsymbol{n} \tag{6-29}$$

该表达式同 6.1.1 节中的信号模型相同，且各变量表示的含义也是一致的，区别在于发送信号向量 $\boldsymbol{x}\in\mathbb{C}^{N_{\mathrm{T}}\times 1}$ 中包含了 N_{rf} 个不为 0 的发送信号分量，等价于 $\boldsymbol{x}$ 的稀疏度为 N_{rf}，可以用向量的 0 范数表示，即

$$\|\boldsymbol{x}\|_0=N_{rf} \tag{6-30}$$

对于以上的广义空间调制结构，如果接收机采用最大似然检测，则有

$$\boldsymbol{x}_{\mathrm{ML}}=\min_{\tilde{\boldsymbol{x}}\in\boldsymbol{U}}\|\boldsymbol{y}-\boldsymbol{H}\tilde{\boldsymbol{x}}\| \tag{6-31}$$

其中，$\boldsymbol{U}$ 表示广义空间调制的星座点集合，其大小为 $2^{K_{rf}}\times M^{N_{rf}}$，遍历星座点的复杂度随激活天线数呈指数增长。这表明，在激活天线数较多的情况下，最大似然检测的复杂度较高，难以实现。

对于广义空间调制的理论性能分析，同样可以利用一致界作为工具，基于成对差错概率的累积和获得，其具体的推导方式同 6.1.1 节和 6.2.2 节类似，这里不再赘述。

应当注意到，广义空间调制的思想可以往多用户的方向扩展，尤其是对无线通信的上行多用户接入来说，通过广义空间调制可以利用各用户的激活天线序号维度承载信息。同时，在多用户接入下，接收机最大似然检测的复杂度随着激活天线数和用户数的乘积呈现指数增长的趋势，此时最大似然检测完全不可用，必须引入有效的低复杂度检测方

法。在后续小节中，将介绍上行多用户广义空间调制信号模型，以及基于概率传播的低复杂度检测算法。

2. 上行多用户接入广义空间调制信号模型

图 6-10 给出了多用户接入场景下，每个用户采用广义空间调制的结构框图。

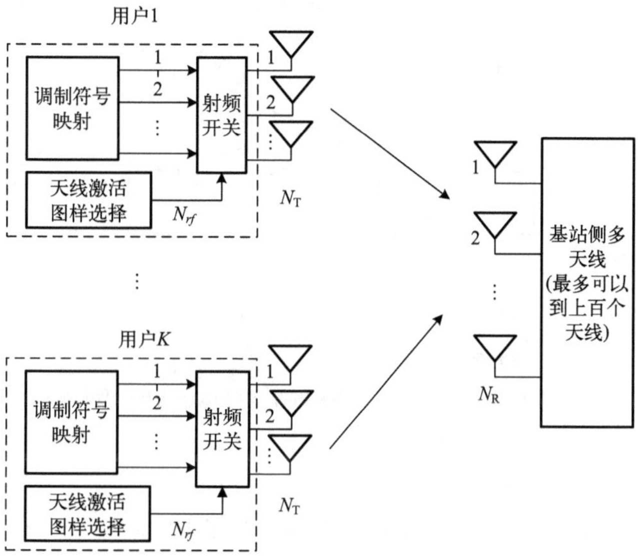

图 6-10　上行多用户接入采用空间调制通信链路示意图

如图 6-10 所示，假设共有 K 个用户接入，每个用户的上行发送天线数都等于 n_T，上行基站端的接收天线数为 N_R。此时，第 k 个用户的上行信道响应可以表示为 $\boldsymbol{H}_k \in \mathbb{C}^{N_R \times n_T}$，且每个用户采用的广义空间调制方式都相同，即采用相同的激活天线集合，激活天线上发送相同调制阶数的符号。因此，K 个用户总的信道响应矩阵可以表示为

$$\boldsymbol{H}_U = [\boldsymbol{H}_1, \boldsymbol{H}_2, \cdots, \boldsymbol{H}_K] \in \mathbb{C}^{N_R \times K n_T} \tag{6-32}$$

因此，基站端的接收信号模型写成如下形式：

$$\boldsymbol{y} = \boldsymbol{H}_U \boldsymbol{x} + \boldsymbol{n} = \sum_{k=1}^{K} \boldsymbol{H}_k \boldsymbol{x}_k + n \tag{6-33}$$

其中，$\boldsymbol{x}_k \in \mathbb{C}^{n_T \times 1}, 1 \leqslant k \leqslant K$ 表示第 k 个用户的上行发送信号，在采用广义空间调制的场景下，每个用户在一个调制符号块的时间范围内，激活天线数都等于 n_{rf}，此时，$\boldsymbol{x}_k$ 的 0 范数满足 $\|\boldsymbol{x}\|_0 = n_{rf}$，向量 $\boldsymbol{x} = [\boldsymbol{x}_1^T, \boldsymbol{x}_2^T, \cdots, \boldsymbol{x}_K^T] \in \mathbb{C}^{K n_T \times 1}$ 表示 K 个用户总的发送信号向量。

在上行多用户接入的条件下，进行最大似然检测的表达式为

$$\boldsymbol{x}_{\mathrm{ML}} = \arg \min_{\boldsymbol{x} \in \boldsymbol{U}^K} \|\boldsymbol{y} - \boldsymbol{H}_U \boldsymbol{x}\| \tag{6-34}$$

其中，$\boldsymbol{U}$ 表示广义空间调制的星座点集合；在上行多用户接入的场景下，对于接收机最大似然检测而言，需要遍历所有 K 个用户的星座点，此时，最大似然检测的复杂度表示为 $2^{K_{rf} K} \times M^{N_{rf} K}$，这意味着当用户数 K 较大时，最大似然检测难以实现。

除此之外，在上行多用户接入的场景下，一般假设 K 个用户总的发送天线数 $Kn_{\mathrm{T}} \leqslant N_{\mathrm{R}}$，这就意味着信道矩阵 $\boldsymbol{H}_U$ 是列满秩的矩阵。

以下将介绍基于因子图结构的概率传播算法。

3. 基于接收信号因子图的概率传播算法

首先，给出基于式(6-33)的接收信号因子图模型[11]，如图 6-11 所示。

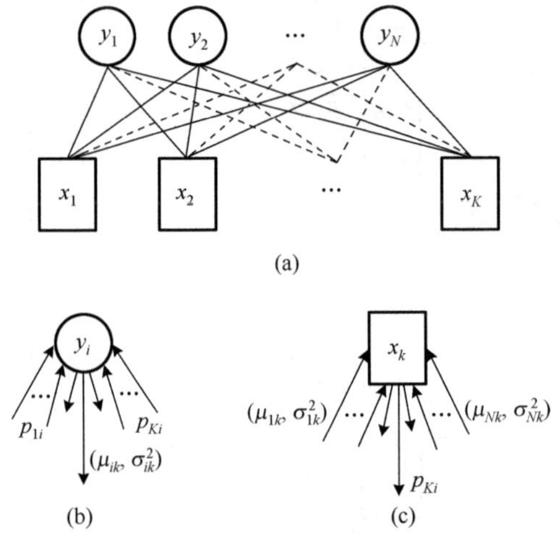

图 6-11　上行多用户接入因子图模型

在该因子图的模型上，第 i 个天线上的接收信号 y_i 代表因子图的信道节点，第 k 个用户的发送信号 $\boldsymbol{x}_k$ 代表因子图的变量节点。根据因子图，将 y_i 展开成如下形式：

$$y_i = \boldsymbol{h}_{i,[k]}\boldsymbol{x}_k + \sum_{j=1, j\neq k}^{K} \boldsymbol{h}_{i,[j]}\boldsymbol{x}_j + n_i \tag{6-35}$$

式中，$\boldsymbol{h}_{i,[j]} = [h_{i,(j-1)n_{\mathrm{T}}+1}, h_{i,(j-1)n_{\mathrm{T}}+1}, \cdots, h_{i,jn_{\mathrm{T}}}]$ 表示长度为 n_{T} 的行向量，对应第 i 个接收天线上第 j 个用户的信道响应。同时，令 $g_{i,k} = \sum\limits_{j=1, j\neq k}^{K} \boldsymbol{h}_{i,[j]}\boldsymbol{x}_j + n_i$，表示第 i 个接收天线上对于第 j 个用户的干扰和噪声的叠加。

为了能够以较低的计算复杂度实现信道节点处的概率信息更新，假设 $g_{i,k}$ 能够近似为高斯分布。对于高斯分布来说，已知均值和方差就相当于获取了该随机变量所有的统计信息。因此，分别用 $\mu_{i,k}$ 和 $\sigma_{i,k}^2$ 表示 $g_{i,k}$ 的均值和方差。首先给出均值的表达式：

$$\begin{aligned} \mu_{i,k} &= E\left[\sum_{j=1, j\neq k}^{K} \boldsymbol{h}_{i,[j]}\boldsymbol{x}_j + n_i\right] \\ &= \sum_{j=1, j\neq k}^{K} \sum_{q=1}^{2^{K_{rf}} \times M^{N_{rf}}} p_{j\to i}(\boldsymbol{x}(q))\boldsymbol{h}_{i,[j]}\boldsymbol{x}(q) \end{aligned} \tag{6-36}$$

其中，$\boldsymbol{x}(q)$ 表示 n_{T} 维的广义空间调制星座点，该星座点集合的大小为 $2^{K_{rf}} \times M^{N_{rf}}$；

$p_{j\to i}(\boldsymbol{x}(q))$ 表示从变量节点 $\boldsymbol{x}_j$ 传递到信道节点 y_i 的边缘概率。之后，进一步给出方差的表达式：

$$\sigma_{i,k}^2 = \sum_{j=1,j\neq k}^{K} \sum_{q=1}^{2^{K_{rf}}\times M^{N_{rf}}} p_{j\to i}(\boldsymbol{x}(q))\boldsymbol{h}_{i,[j]}\boldsymbol{x}(q)\boldsymbol{x}^H(q)\boldsymbol{h}_{i,[j]}^H - \mu_{i,k}^2 \tag{6-37}$$

基于均值和方差的结果可以计算从信道节点 y_i 传递到变量节点 $\boldsymbol{x}_k$ 的后验分布概率，其计算表达式为

$$p_{i\to k}(\boldsymbol{x}_k = \boldsymbol{x}(q)) \propto \exp\left(-\frac{\left|y_i - \boldsymbol{h}_{i,[k]}\boldsymbol{x}(q) - \mu_{i,k}\right|^2}{2\sigma_{i,k}^2}\right) \tag{6-38}$$

式(6-36)～式(6-38)的操作是在信道节点 y_i 上进行的。进一步，通过如下计算实现在变量节点 $\boldsymbol{x}_k$ 的边缘概率更新：

$$p_{k\to i}(\boldsymbol{x}_k = \boldsymbol{x}(q)) = \prod_{j=1,j\neq i}^{N_{\mathrm{R}}} p_{j\to k}(\boldsymbol{x}_k = \boldsymbol{x}(q)) \tag{6-39}$$

以上信道节点和变量节点的计算迭代进行，最终在最后一次迭代，计算的结果是累积在变量节点 $\boldsymbol{x}_k$ 上获得的所有边缘概率信息，即

$$p_k^{\mathrm{out}}(\boldsymbol{x}_k = \boldsymbol{x}(q)) = \prod_{j=1}^{N_{\mathrm{R}}} p_{j\to k}^{(I)}(\boldsymbol{x}_k = \boldsymbol{x}(q)) \tag{6-40}$$

式中，I 表示该因子图方法的最大迭代次数。

4. 广义空间调制的仿真结果

在本节的仿真结果中，主要给出的是广义空间调制结合多用户接入的结果。在多用户接入中，上行基站侧的接收天线数有两种配置，分别是 $N_{\mathrm{R}}=64$ 和 $N_{\mathrm{R}}=128$，上行接入的用户数 $K=16$。进行对比的发送信号方案有 3 种，分别是传统多用户 MIMO、空间调制多用户 MIMO[12]和广义空间调制多用户 MIMO[10]。传统多用户 MIMO，检测算法采用球译码算法(sphere decoding，SD)[13]；空间调制和广义空间调制多用户 MIMO，检测算法都采用前面介绍的消息传递算法(message passing，MP)。

以上 3 种方案的每用户频谱效率都相同，都为 6bit/s/Hz。在传统多用户 MIMO 中，各用户发送端采用单天线，发送信号调制方式为 64QAM；在空间调制多用户 MIMO 中，每用户发送端采用 4 天线，即 $n_{\mathrm{T}}=4$，每时隙只激活一个发送天线，即 $n_{rf}=1$，此时激活天线序号承载 2bit 信息，激活天线上发送 16QAM 调制符号；在广义空间调制多用户 MIMO 中，每用户采用 4 天线，即 $n_{\mathrm{T}}=4$，每时隙激活 2 个发送天线，即 $n_{rf}=2$，激活天线样式集合包含 4 种情况，激活样式承载 2bit 信息，2 个激活天线分别发送 QPSK 调制符号。

根据图 6-12 的仿真结果能够看到，在接收天数数目为 64 和 128 两种配置下，广义空间调制多用户 MIMO 都具有更优的性能。当 $N_{\mathrm{R}}=64$ 时，在误比特率(BER)等于 10^{-5} 的情况下，广义空间调制多用户 MIMO 相比于空间调制多用户 MIMO 性能要好约 4dB，

相对传统多用户 MIMO 性能要好约 7dB；当 $N_R=128$ 时，在误比特率(BER)等于 10^{-5} 的情况下，广义空间调制多用户 MIMO 相比于空间调制多用户 MIMO 性能要好约 5dB，相对传统多用户 MIMO 性能要好约 9dB。

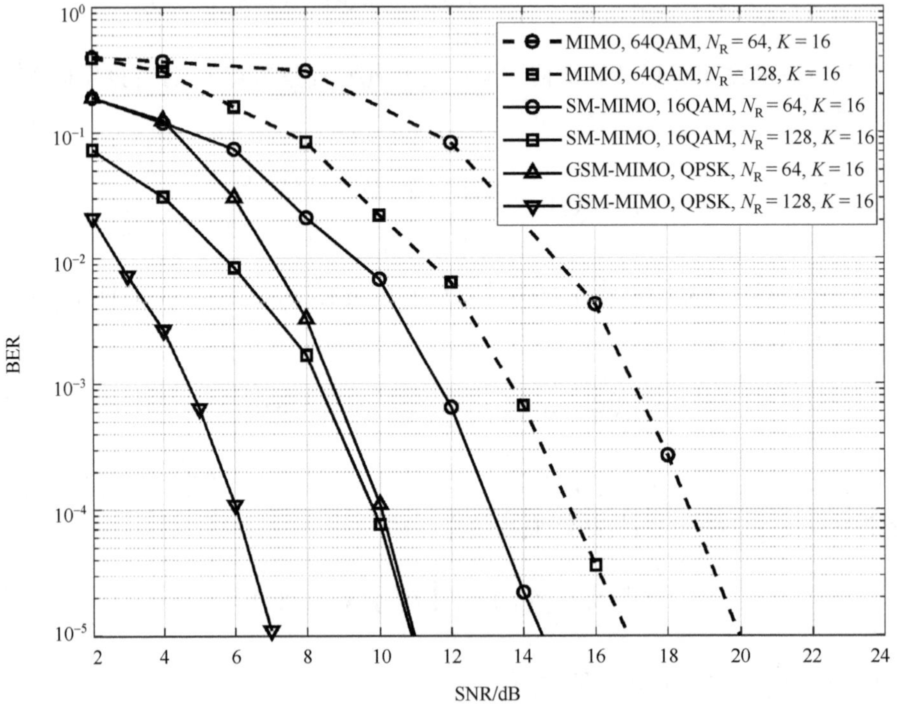

图 6-12　频谱效率为 6bit/s/Hz 的三种方案性能对比图

接下来，比较在广义空间调制多用户 MIMO 下，接收机采用不同低复杂度算法的性能，这里对比的方案包括消息传递算法(MP)、最小误差算法(MMSE)、最小均方误差干扰抵消算法(MMSE-SIC)，其他的仿真配置同图 6-12 中的配置相同。

根据图 6-13 的仿真结果能够看到，消息传递算法相比 MMSE 算法和 MMSE-SIC 算法具有显著的性能优势。当 $N_R=64$ 时，消息传递算法在误码率斜率上相比 MMSE 算法和 MMSE-SIC 算法有显著的性能增益，随着 SNR 的增大，消息传递算法的增益会越来越大。当 $N_R=128$ 时，在误比特率(BER)等于 10^{-5} 的情况下，消息传递算法相比 MMSE-SIC 算法要好 1.5dB，相比于 MMSE 算法性能要好 3.5dB。在两种配置下，MMSE-SIC 和 MMSE 算法性能产生差距的原因是，随着天线数目的增加，在 $N_R=128$ 的条件下，信道硬化的现象更加显著，更有利于提升 MMSE-SIC 和 MMSE 算法的性能。

最后，为了进一步表明广义空间调制的优势，将广义空间调制结合消息传递检测算法同传统多用户 MIMO 的多种配置进行对比，频谱效率为 4bit/s/Hz，用户数 $K=16$，接收天线数 $N_R=128$。用于对比的传统 MIMO 包括 3 种方案，分别是每用户单天线，发送调制信号采用 16QAM，接收机采用球译码算法；每用户 2 天线，发送调制符号采用 QPSK，接收机采用似然上升搜索(likelihood ascent search，LAS)算法；每用户 4 天线，发送调制符号采用 BPSK，接收机采用似然梯度搜索算法。仿真结果如图 6-14 所示。

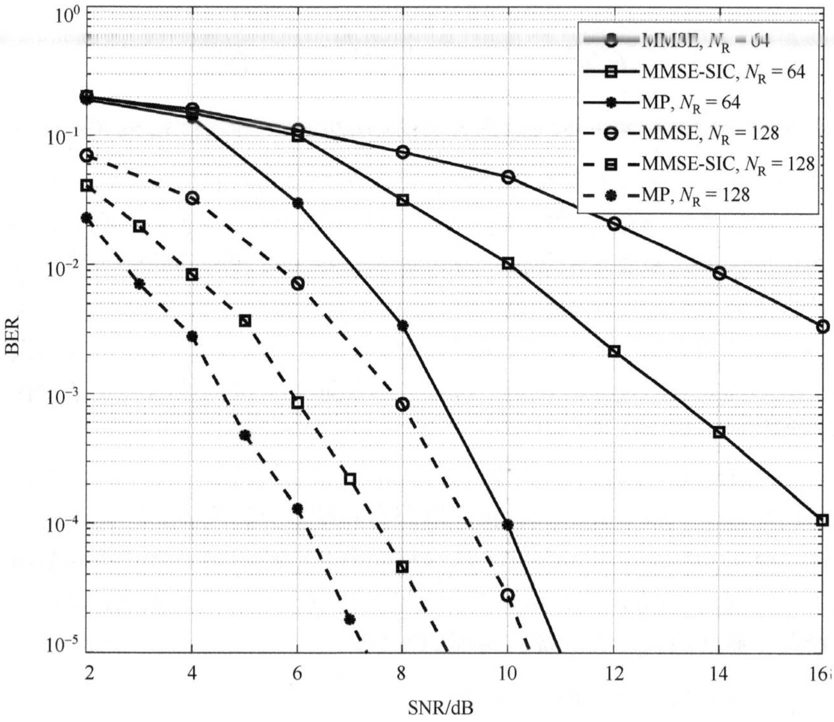

图 6-13　广义空间调制多用户 MIMO 采用不同接收算法的性能对比图

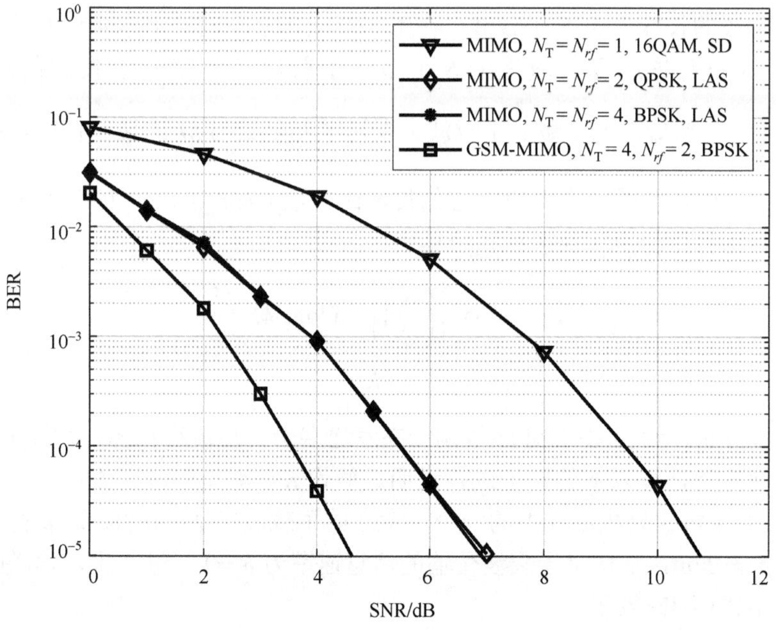

图 6-14　广义空间调制同传统多用户 MIMO 多种算法对比图

以上仿真结果说明，广义空间调制结合概率传播算法具有最优的性能。当误比特率(BER)等于 10^{-5} 时，广义空间调制结合概率传播算法相比于 2 天线 QPSK 和 4 天线 BPSK 要好 2dB，相比于单天线 16QAM 要好 6dB。

6.2　子载波域的序号调制

在 6.1 节中，介绍了在天线域进行空间调制的方法，其核心思想是利用激活天线的序号传递额外信息。从抽象的观点来理解，可以认为空间调制是一种利用发送载体的序号进行信息传递的方法。将这一思想进行拓展，将空间调制的思想拓展到 OFDM 系统中，发送信息的载体从天线变成了子载波，此时通过选择子载波激活的序号传递额外信息，一般称这种方法为子载波域序号调制。

在基于天线域的空间调制中，采用最大似然检测的方法能够有效地获得接收机多天线在空域上的分集增益，优化的重点一般放在性能逼近最大似然的低复杂度接收机设计及空时编码的乘积距离优化上。

而对于基于 OFDM 系统的序号调制[14]，单个符号只在激活的子载波上传输，为了提高接收机的可靠性，较为关心接收机能够获得的频率分集增益。因此，对于子载波域的序号调制，首先介绍基本的子载波域序号调制方法，然后给出一种不同激活子载波上分别传输符号实-虚部的协作交织传输方案，接下来进一步引入扩频码，给出一种利用码片的分集增益和激活的码片集合提升性能的方案。

6.2.1　OFDM 中子载波域序号调制

假设 OFDM 中 FFT 的点数为 N，即一个数据块中包含 N 个子载波；将一个数据块分成 G 段，每段的长度为 K 个子载波。在每一段上，独立地采用序号调制的方式。在一个符号间隔内，首先选择一段上的 S 个激活子载波，其序号承载的信息比特数为 $p_1 = \log_2\left\lfloor \binom{K}{S} \right\rfloor$，然后在 S 个激活子载波上发送调制阶数为 M 的调制符号，承载的比特数为 $p_2 = S\log_2 M$。因此，在一段上总的传输比特数 $p = p_1 + p_2$。对于包含 N 个子载波的数据块，平均每子载波传输的信息速率为

$$R = \frac{\log_2\left\lfloor \binom{K}{S} \right\rfloor + S\log_2 M}{K} \tag{6-41}$$

根据以上分析，给出 OFDM 序号调制在发送端的处理流程框图，如图 6-15 所示。

为了理解方便，举以下的例子进行说明。假设 $K=4$，$S=1$，$M=4$，这就意味着在 4 个子载波中每次只激活其中的一个，激活的子载波发送 QPSK 调制符号，此时，$p_1 = 2\,\text{bit}$，$p_2 = 2\,\text{bit}$，平均每子载波传输的信息速率为 $R=1$。进一步，发送的符号星座点集合可以用式(6-42)表示：

$$\boldsymbol{s}_m \in A_{\text{IM}}^{(K,S,M)},\quad A_{\text{IM}}^{(K,S,M)} = \left\{ \begin{bmatrix} \pm\sqrt{2}\pm\sqrt{2}i \\ 0 \\ 0 \\ 0 \end{bmatrix}, \begin{bmatrix} 0 \\ \pm\sqrt{2}\pm\sqrt{2}i \\ 0 \\ 0 \end{bmatrix}, \begin{bmatrix} 0 \\ 0 \\ \pm\sqrt{2}\pm\sqrt{2}i \\ 0 \end{bmatrix}, \begin{bmatrix} 0 \\ 0 \\ 0 \\ \pm\sqrt{2}\pm\sqrt{2}i \end{bmatrix} \right\} \tag{6-42}$$

其中，$\mathcal{A}_{\text{IM}}^{(K,S,M)}$ 代表序号调制下的星座点集合

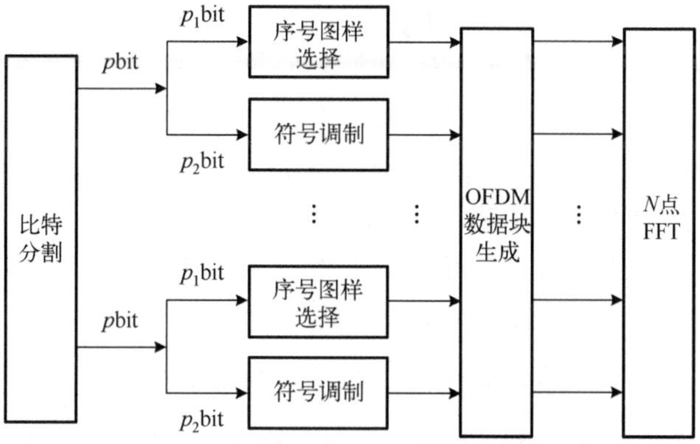

图 6-15　OFDM 序号调制发送端处理框图

根据式(6-42)能够看到，为了保证平均每子载波发送功率的归一化，激活子载波上发送端的符号功率增大为原来的 4 倍。

如果以长度为 K 的段为单位，第 g 个分段上的接收信号如下：

$$\boldsymbol{y}_g = \boldsymbol{H}_g \boldsymbol{s}_g + \boldsymbol{n}_g \tag{6-43}$$

其中，$\boldsymbol{y}_g \in \mathbb{C}^{K\times 1}$ 表示第 g 个分段上的接收信号；发送符号 $\boldsymbol{s}_l$ 取自式(6-42)所示的符号集合；在 OFDM 系统下，信道矩阵 $\boldsymbol{H}_g \in \mathbb{C}^{K\times K}$ 是对角矩阵，对角线元素代表第 g 个分段对应子载波上的信道响应。进一步将所有 G 个分段拼接起来，获得对应一个 OFDM 数据块的接收信号模型：

$$\boldsymbol{y} = \boldsymbol{H}\boldsymbol{s} + \boldsymbol{n} \tag{6-44}$$

其中，$\boldsymbol{y} = [\boldsymbol{y}_1^T, \boldsymbol{y}_2^T, \cdots, \boldsymbol{y}_G^T] \in \mathbb{C}^{N\times 1}$ 表示整个数据块上的接收信号，同理，数据块的发送信号向量可以用 $\boldsymbol{s} = [\boldsymbol{s}_1^T, \boldsymbol{s}_2^T, \cdots, \boldsymbol{s}_G^T] \in \mathbb{C}^{N\times 1}$ 表示，信道响应矩阵 $\boldsymbol{H}$ 具有对角特性，其表达式为

$$\boldsymbol{H} = \text{blkdiag}\{\boldsymbol{H}_1, \boldsymbol{H}_2, \cdots, \boldsymbol{H}_G\} \tag{6-45}$$

其中，blkdiag{·}表示各个子块位于 $\boldsymbol{H}$ 的对角线上。

基于 OFDM 序号调制的接收机性能，首先进行基于成对差错概率的一致界分析，然后介绍具有低复杂度特性的检测算法。

1. 基于成对差错概率的一致界分析

首先将 $\boldsymbol{H}$ 的对角线元素提取出来，写成向量的形式 $\boldsymbol{h}_F$。根据时域信道响应和频域信道响应的对应关系，可以得到如下表达式：

$$\boldsymbol{h}_F = \boldsymbol{F}\boldsymbol{h} \tag{6-46}$$

其中，$\boldsymbol{h} = [h_0, \cdots, h_{\upsilon-1}, \boldsymbol{0}_{N-\upsilon}]^T$ 表示时域信道响应；υ 表示最大多径时延；$\boldsymbol{F}$ 表示 N 维的 FFT 矩阵。因此，频域信道响应的相关矩阵 $\boldsymbol{R}_h$ 可以写成如下形式：

$$\boldsymbol{R}_h = E[\boldsymbol{h}_F \boldsymbol{h}_F^H] = \boldsymbol{F}E[\boldsymbol{h}\boldsymbol{h}^H]\boldsymbol{F}^H = \boldsymbol{F}\tilde{\boldsymbol{I}}_\upsilon \boldsymbol{F}^H \tag{6-47}$$

其中，矩阵 $\tilde{\boldsymbol{I}}_\upsilon$ 的表达式为

$$\tilde{\boldsymbol{I}}_\upsilon = \begin{bmatrix} \dfrac{1}{\upsilon}\boldsymbol{I}_\upsilon & \boldsymbol{0}_{\upsilon\times(N-\upsilon)} \\ \boldsymbol{0}_{(N-\upsilon)\times\upsilon} & \boldsymbol{0}_{(N-\upsilon)\times(N-\upsilon)} \end{bmatrix} \tag{6-48}$$

式(6-47)中的第三个等号依赖于各径的功率相等，且是独立同分布的。在此条件下，能够看到相关矩阵 $\boldsymbol{R}_h$ 是非满秩矩阵，其秩的大小为 υ。

根据式(6-47)中 $\boldsymbol{R}_h$ 的表达式，可以看到 $\boldsymbol{R}_h$ 是 Hermitian 矩阵，也是一个 Toeplitz 矩阵，这就意味着 $\boldsymbol{R}_h$ 对角线上任意 $K\times K$ 大小的子矩阵相同，即

$$[\boldsymbol{R}_h]_{(g-1)K+1:1:gK,(g-1)K+1:1:gK} = [\boldsymbol{R}_h]_g = \tilde{\boldsymbol{R}}_h \tag{6-49}$$

将以上的性质构造第 g 个分段上的一致界分析。在这里，不同分段上接收信号的噪声相互独立，因此最大似然检测是在不同分段信号上独立进行的。

根据 $\boldsymbol{h}_F$ 的表达式，交换接收信号模型中发送信号和信道响应的位置，即发送信号从向量变为对角矩阵的形式，信道响应从对角矩阵变为向量，则式(6-43)中的接收信号可以写成如下形式：

$$\boldsymbol{y}_g = \boldsymbol{S}_g\boldsymbol{h}_{F,g} + \boldsymbol{n}_g \tag{6-50}$$

其中，$\boldsymbol{S}_g = \mathrm{diag}\{\boldsymbol{s}_g\}$ 表示由发送信号构成的对角矩阵。

在一致界分析中，首先给出已知信道条件下的成对差错概率，即

$$P(\boldsymbol{S}_g \to \hat{\boldsymbol{S}}_g \mid \boldsymbol{h}_{F,g}) = Q\left(\sqrt{\frac{\varDelta_g}{2\sigma_n^2}}\right) \tag{6-51}$$

其中，$\varDelta_g$ 表示接收信号星座点欧氏距离的平方，其表达式为

$$\varDelta_g = \left\|(\boldsymbol{S}_g - \hat{\boldsymbol{S}}_g)\boldsymbol{h}_{F,g}\right\|^2 = \boldsymbol{h}_{F,g}^H(\boldsymbol{S}_g - \hat{\boldsymbol{S}}_g)^H(\boldsymbol{S}_g - \hat{\boldsymbol{S}}_g)\boldsymbol{h}_{F,g} = \boldsymbol{h}_{F,g}^H\boldsymbol{A}\boldsymbol{h}_{F,g} \tag{6-52}$$

由于 Q 函数是一个非解析函数，可以将 Q 函数做以下近似[15]：

$$Q(x) \approx \frac{1}{12}\exp\left(-\frac{x^2}{2}\right) + \frac{1}{4}\exp\left(-\frac{2}{3}x^2\right) \tag{6-53}$$

因此式(6-51)可以近似成如下形式：

$$P(\boldsymbol{S}_g \to \hat{\boldsymbol{S}}_g \mid \boldsymbol{h}_{F,g}) \approx \frac{1}{12}\exp(-t_1\varDelta_g) + \frac{1}{4}\exp(-t_2\varDelta_g) \tag{6-54}$$

其中，$t_1 = 1/4\sigma_n^2$；$t_2 = 1/3\sigma_n^2$。

对于成对差错概率的闭式表达式，需要条件概率关于信道分布求期望，即

$$P(\boldsymbol{S}_g \to \hat{\boldsymbol{S}}_g) \approx E_{\boldsymbol{h}_F}\left[\frac{1}{12}\exp(-t_1\varDelta_g) + \frac{1}{4}\exp(-t_2\varDelta_g)\right] \tag{6-55}$$

这里假设 $\boldsymbol{h}_{F,g}$ 服从均值为 0 的复高斯分布，由于协方差矩阵都为 $\tilde{\boldsymbol{R}}_h$，因此每个分段上信

道的分布特性和序号 l 无关。对于 $\tilde{\boldsymbol{R}}_h$ 进行如下的分析，假设该矩阵的秩为 r_1，则 $\tilde{\boldsymbol{R}}_h$ 的特征值分解结果可以表示为

$$\tilde{\boldsymbol{R}}_h = \boldsymbol{U}\boldsymbol{D}\boldsymbol{U}^H \tag{6-56}$$

正交矩阵 $\boldsymbol{U} \in \mathbb{C}^{n\times r_1}$ 表示的是 $\tilde{\boldsymbol{R}}_h$ 所在的正交子空间，$\boldsymbol{D} \in \mathbb{C}^{r_1\times r_1}$ 是对角矩阵。因此，$\boldsymbol{h}_{F,g}$ 同样可以用该正交子空间进行表征，即

$$\boldsymbol{h}_{F,g} = \boldsymbol{U}\boldsymbol{\lambda} \tag{6-57}$$

向量 $\boldsymbol{\lambda} \in \mathbb{C}^{r_1\times 1}$ 表示信道响应在正交子空间中的投影系数结果，并有 $E[\boldsymbol{\lambda}\boldsymbol{\lambda}^H] = \boldsymbol{D}$。基于以上分析，$\Delta_g$ 可以写成如下等价形式：

$$\Delta_g = \boldsymbol{h}_{F,g}^H \boldsymbol{A}\boldsymbol{h}_{F,g} = \boldsymbol{\lambda}^H \boldsymbol{U}^H \boldsymbol{A}\boldsymbol{U}\boldsymbol{\lambda} \tag{6-58}$$

假设 $\boldsymbol{\lambda}$ 服从以下复高斯分布：

$$f(\boldsymbol{\lambda}) = \frac{\pi^{r_1}}{\det(\boldsymbol{D})}\exp(-\boldsymbol{\lambda}^H \boldsymbol{D}^{-1}\boldsymbol{\lambda}) \tag{6-59}$$

将式(6-59)的概率密度表达式代入式(6-55)中，能够得到

$$\begin{aligned}
P\left(\boldsymbol{S}_g \to \hat{\boldsymbol{S}}_g\right) &\approx E_{\boldsymbol{h}_F}\left[\frac{1}{12}\exp(-t_1\Delta_g) + \frac{1}{4}\exp(-t_2\Delta_g)\right] \\
&= E_{\lambda}\left[\frac{1}{12}\exp(-t_1\Delta_g) + \frac{1}{4}\exp(-t_2\Delta_g)\right] \\
&= \frac{\pi^{-r_1}}{12\det(\boldsymbol{D})}\int_{\lambda}\exp(-\boldsymbol{\lambda}^H(\boldsymbol{D}^{-1} + t_1\boldsymbol{U}^H\boldsymbol{A}\boldsymbol{U})\boldsymbol{\lambda})\mathrm{d}\boldsymbol{\lambda} \\
&\quad + \frac{\pi^{-r_1}}{4\det(\boldsymbol{D})}\int_{\lambda}\exp(-\boldsymbol{\lambda}^H(\boldsymbol{D}^{-1} + t_2\boldsymbol{U}^H\boldsymbol{A}\boldsymbol{U})\boldsymbol{\lambda})\mathrm{d}\boldsymbol{\lambda} \\
&= \frac{1}{12\det(\boldsymbol{I}_{r_1} + t_1\boldsymbol{D}\boldsymbol{U}^H\boldsymbol{A}\boldsymbol{U})} + \frac{1}{4\det(\boldsymbol{I}_{r_1} + t_2\boldsymbol{D}\boldsymbol{U}^H\boldsymbol{A}\boldsymbol{U})} \\
&= \frac{1}{12\det(\boldsymbol{I}_n + t_1\boldsymbol{U}\boldsymbol{D}\boldsymbol{U}^H\boldsymbol{A})} + \frac{1}{4\det(\boldsymbol{I}_n + t_2\boldsymbol{U}\boldsymbol{D}\boldsymbol{U}^H\boldsymbol{A})} \\
&= \frac{1}{12\det(\boldsymbol{I}_n + t_1\tilde{\boldsymbol{R}}_h\boldsymbol{A})} + \frac{1}{4\det(\boldsymbol{I}_n + t_2\tilde{\boldsymbol{R}}_h\boldsymbol{A})}
\end{aligned} \tag{6-60}$$

式(6-61)中的第 5 个等号根据行列式的如下性质获得

$$\det(\boldsymbol{I}_{r_1} + \boldsymbol{M}\boldsymbol{N}) = \det(\boldsymbol{I}_n + \boldsymbol{N}\boldsymbol{M}) \tag{6-61}$$

根据式(6-60)的结果，成对差错概率可以看作信道协方差矩阵和星座点欧氏距离的解析函数。

根据以上分析，定义 $\boldsymbol{A}_1 = \boldsymbol{I}_n + t_1\tilde{\boldsymbol{R}}_h\boldsymbol{A} = \boldsymbol{I}_n + t_1\boldsymbol{B}, \boldsymbol{A}_2 = \boldsymbol{I}_n + t_2\tilde{\boldsymbol{R}}_h\boldsymbol{A} = \boldsymbol{I}_2 + t_2\boldsymbol{B}$，因此行列式可以表示为特征值的乘积：

$$\det(\boldsymbol{A}_i)=\det(\boldsymbol{I}_n+t_i\boldsymbol{B})=\prod_{\beta=1}^{r}(1+t_i\lambda_\beta(\boldsymbol{B})),\quad i=1,2 \tag{6-62}$$

在分析分集增益的重数时，一般关注高信噪比下的渐近特性，因此式(6-60)可以进一步近似为

$$\begin{aligned}P\left(\boldsymbol{S}_g\to\hat{\boldsymbol{S}}_g\right)&\approx\frac{1}{12\det(\boldsymbol{I}_n+t_1\tilde{\boldsymbol{R}}_h\boldsymbol{A})}+\frac{1}{4\det(\boldsymbol{I}_n+t_2\tilde{\boldsymbol{R}}_h\boldsymbol{A})}\\&=\frac{1}{12\prod_{\beta=1}^{r}(1+t_1\lambda_\beta(\boldsymbol{B}))}+\frac{1}{4\prod_{\beta=1}^{r}(1+t_2\lambda_\beta(\boldsymbol{B}))}\\&\approx\frac{1}{12t_1^r\prod_{\beta=1}^{r}\lambda_\beta(\boldsymbol{B})}+\frac{1}{4t_2^r\prod_{\beta=1}^{r}\lambda_\beta(\boldsymbol{B})}\end{aligned} \tag{6-63}$$

其中，$r=\operatorname{rank}(\tilde{\boldsymbol{R}}_h\boldsymbol{A})$，根据矩阵秩的性质，可以得到$r\leqslant\min(r_1,r_2)$，在以上的分析中，已经定义了$r_1=\operatorname{rank}(\tilde{\boldsymbol{R}}_h)$，进一步定义$r_2=\operatorname{rank}(\boldsymbol{A})=\operatorname{rank}((\boldsymbol{S}_l-\hat{\boldsymbol{S}}_l)^H(\boldsymbol{S}_l-\hat{\boldsymbol{S}}_l))$。因此，可以看到$r_1$取决于信道的径数，而$r_2$取决于发送信号的结构。

以上分析表明，在如式(6-42)所示的信号结构下，信号乘积距离矩阵$\boldsymbol{A}$的秩为 1，因此从成对差错概率的角度分析，分集重数为 1，接收机的分集增益严重受限。因此，需要从分集的角度增强接收机的性能，在 6.2.2 节和 6.2.3 节中将分别介绍协作交织传输和基于扩频码的分集增强方法。

2. 低复杂度序号调制检测方法

在前面的理论分析中，能够看到对发送符号的最大似然检测是通过分段处理得到的，即

$$\boldsymbol{s}_{g,\mathrm{ML}}=\arg\min_{\boldsymbol{s}_l\in A_{\mathrm{IM}}^{(K,S,M)}}\left\|\boldsymbol{y}_g-\boldsymbol{H}_g\boldsymbol{s}_g\right\|^2 \tag{6-64}$$

与天线域的空间调制模型不同，在 OFDM 序号调制中，信道响应矩阵具有对角特性，利用这一特性，可以考虑采用低复杂度的检测方法，将序号信息承载比特的检测与调制符号承载比特的检测实现串行化处理[16]，从而降低计算复杂度。

为了表示方便，将式(6-64)中的最大似然拆解成序号和调制符号的两步操作，即

$$\boldsymbol{s}_{g,\mathrm{ML}}=\arg\min_{I_S}\left(\min_{[\boldsymbol{s}_l]_{I_S}}\left(\left\|[\boldsymbol{y}_g-\boldsymbol{H}_g\boldsymbol{s}_g]_{I_s}\right\|^2+\left\|[\boldsymbol{y}_g]_{I_S^C}\right\|\right)\right) \tag{6-65}$$

其中，I_S表示发送信号向量$\boldsymbol{s}_l$中非 0 元素的集合，也称为支撑集；I_S^C表示$\boldsymbol{s}_l$中 0 元素的集合，该集合也是支撑集的补集。

基于以上分析，首先进行支撑集的检测，因此引入如下的假设检验模型。

$$\begin{aligned}&H_0:\ y_{g,k}=n_{g,k},\quad k=1,2,\cdots,K\\&H_1:\ y_{g,k}=h_{F,g,k}s_{g,k}+n_{g,k},\quad k=1,2,\cdots,K\end{aligned} \tag{6-66}$$

其中，假设检验 H_0 表示第 k 个子载波没有被激活，是空子载波；假设检验 H_1 表示第 k 个子载波被发送的调制符号占用。

可以看到，对于支撑集的检测是逐子载波进行的，通过计算每个子载波是否是空集的似然概率，选出空子载波概率最低的一组作为支撑集，在获得支撑集的基础上，再进行发送调制符号的检测，通过以上两步处理避免序号和发送调制符号进行联合最大似然的操作，从而降低复杂度。

在假设检验 H_0 下，即第 k 个子载波没有被激活，接收信号的条件概率密度函数为

$$f_0(y_{g,k}) = \frac{1}{\pi\sigma_n^2}\exp\left(-\frac{\left\|y_{g,k}\right\|^2}{\sigma_n^2}\right) \tag{6-67}$$

在假设检验 H_1 下，即第 k 个子载波被激活，接收信号的条件概率密度函数为

$$f_1(y_{g,k}) = \frac{1}{\pi\sigma_n^2}\exp\left(-\frac{\left\|y_{g,k} - h_{F,g,k}s_{g,k}\right\|^2}{\sigma_n^2}\right) \tag{6-68}$$

考虑到发送信号 $s_{l,k}$ 在判断第 k 个子载波是否被激活时是未知的，式(6-68)的条件概率密度需要修正为

$$f_1(y_{g,k}) = \frac{1}{\pi\sigma_n^2}\exp\left(-\frac{\min\limits_{s_{l,k}=s(q),q=1,\cdots,M}\left\|y_{l,k} - h_{F,l,k}s_{l,k}\right\|^2}{\sigma_n^2}\right) \tag{6-69}$$

其中，$s(q)$ 表示激活子载波上发送的调制符号星座点。

根据以上表达式，构造第 k 个子载波是否被激活的判决准则，得到如下的激活检测似然比表达式：

$$\eta_{g,k} = \log\frac{f_1(y_{g,k})}{f_0(y_{g,k})} = \frac{1}{\sigma_n^2}\left(\left\|y_{g,k}\right\|^2 - \min_{s_{g,k}=s(q),q=1,\cdots,M}\left\|y_{g,k} - h_{F,g,k}s_{g,k}\right\|^2\right) \tag{6-70}$$

当似然比 $\eta_{g,k} > 0$ 时，认为该子载波被激活，如果 $\eta_{l,k} < 0$，则认为该子载波未被激活。

对于序号调制来说，在长度为 K 的第 g 个分段上，每次有 S 个子载波被激活，激活子载波的集合表示为 I_S，则需要判别在哪个集合上的激活检测似然比之和最大，因此激活集合的似然比为

$$\eta_g(I_S) = \sum_{k\in I_S}\eta_{g,k} \tag{6-71}$$

且以上似然比结果得到的激活集合为

$$\hat{I}_S = \arg\max_{I_S}\eta_l(I_S) \tag{6-72}$$

根据式(6-72)的激活集合结果，再进行激活子载波上的调制符号检测。

通过以上的两步检测方法，能够实现激活子载波检测和调制符号检测的解耦，从而降低接收机的计算复杂度，满足实用化的要求。

3. 子载波序号调制的仿真结果

在以下的仿真中，统一取 OFDM 数据块中 FFT 的点数 $N=128$，无线信道的多径数 $\upsilon=10$，各个多径为独立等概分布。分段长度 K 和每个分段上激活子载波的数目 S 为可变参数。通过参数的设置，对比不同频谱效率下现有 OFDM 传输方法同 OFDM 子载波序号调制的性能。

首先，给出频谱效率为 1bit/s/Hz 的性能对比。此时，传统 OFDM 方法每子载波的调制方式为 BPSK。对于 OFDM 子载波序号调制来说，分段长度 $K=4$，每个分段上的激活子载波数 $S=2$，此时每个分段上能够实现的最大激活子载波图样数为 $C_4^2=6$，以 2 为底取对数并向下取整，则有序号承载比特数为 $p_1=2\,\text{bit}$，每个激活子载波发送 BPSK 符号，则调制符号比特数为 $p_2=2\,\text{bit}$。因此，在此种配置下，在每个分段上，平均每子载波承载 1bit 信息，频谱效率与传统 OFDM 方法相同。图 6-16 给出了两种方法的 BER 性能对比结果，此时子载波序号调制采用最大似然检测方法。

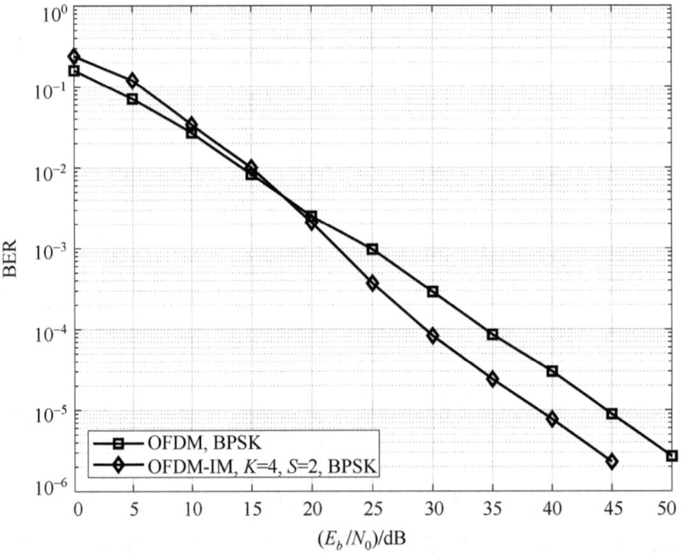

图 6-16　频谱效率为 1bit/s/Hz 的性能对比图

从图 6-16 的仿真结果可以看到，在低信噪比条件下，当 $K=4$，$S=2$ 时，子载波序号调制的性能要差于传统的 OFDM。随着信噪比的升高，子载波序号调制的性能优势逐渐体现出来。当误比特率(BER)等于 10^{-5} 时，序号调制的性能优势约为 7dB。

下面进一步变化分段长度 K 和每个分段上激活子载波的数目 S，观察子载波序号调制的变化趋势。增大 K 的值，取 $K=16$，激活子载波数 $S=5$，此时每个分段上能够实现的最大激活子载波图样数为 $C_{16}^5=4368$，以 2 为底取对数并向下取整，则有序号承载比特数为 $p_1=12$，$S=5$ 个激活子载波上各自发送 BPSK 调制符号，则调制符号承载比特数 $p_2=5$。根据以上分析，看到在该配置下的子载波序号调制平均每 16 个子载波承载 17bit 信息，频谱效率略超过传统 OFDM。图 6-17 给出了该配置下的仿真结果。

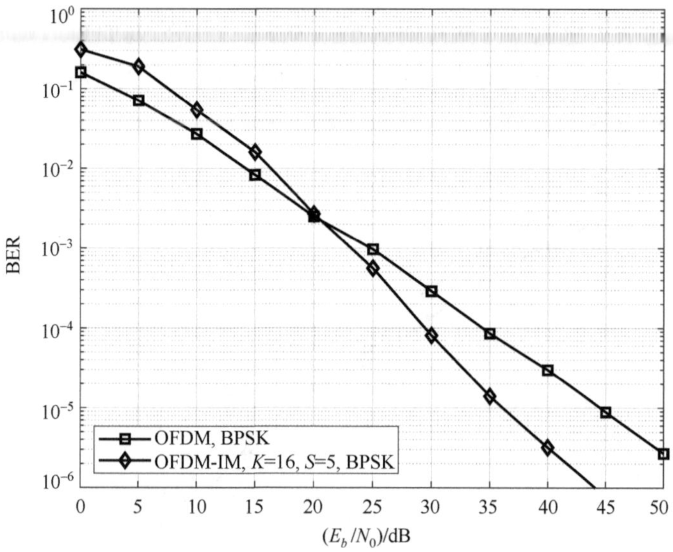

图 6-17　频谱效率为 1bit/s/Hz 的性能对比图(增大分块长度和激活子载波数)

从仿真结果看，增大 K 和 S 的值，在频谱效率不降低的前提下，子载波序号调制相当于传统 OFDM 的增益进一步增加。当误比特率(BER)等于 10^{-5} 时，序号调制的性能优势约为 10dB。

接下来，继续仿真频谱效率增大的情况，频谱效率从 1bit/s/Hz 变为 2bit/s/Hz。此时，传统 OFDM 每个数据子载波发送 QPSK 符号。在子载波空间调制中，分段长度 $K=16$，激活子载波数 $S=10$，此时每个分段上能够实现的最大激活子载波图样数为 $C_{16}^{6}=8008$，以 2 为底取对数并向下取整，则有序号承载比特数为 $p_1=12$，$S=10$ 个激活子载波上发送 QPSK 调制符号，则调制符号承载比特数 $p_2=20$。根据以上分析，该配置下，每个分段上 16 个载波上承载 32bit 信息，频谱效率同传统 OFDM 相同。图 6-18 给出了该配置下的仿真结果图。

从以上的仿真结果能够看到，在频谱效率为 2bit/s/Hz 的情况下，在高信噪比区间内，子载波序号调制相较于传统 OFDM 仍然具有性能优势。当误比特率(BER)等于 10^{-5} 时，序号调制的性能优势约为 5dB。

应当注意到，在以上的仿真结果中，序号调制相较于传统 OFDM，在低信噪比区间内的性能并不具有优势，且从 BER 曲线的斜率来看，性能增益并不十分显著。在后续章节中，进一步考虑增大信号分集增益的方法，改善接收机的误比特率性能。

6.2.2　协作交织传输的序号调制优化方法

在本节中，介绍一种协作交织的序号调制发送信号优化方法。

1. 协作交织传输的信号模型

在传统的交织选择上，可以采用子载波级别的块交织方法[17]。在本节中，进一步引入信号域上的交织方法，该方法在激活子载波的选择上，与 6.2.1 节的方法相同，差别在于调制符号与激活子载波之间的对应关系。为了能够获得接收机的频率分集增益，发射机将调制符号的实部和虚部分开，分别在不同的激活子载波上传输[18]。该方法的整体处理框图如图 6-19 所示。

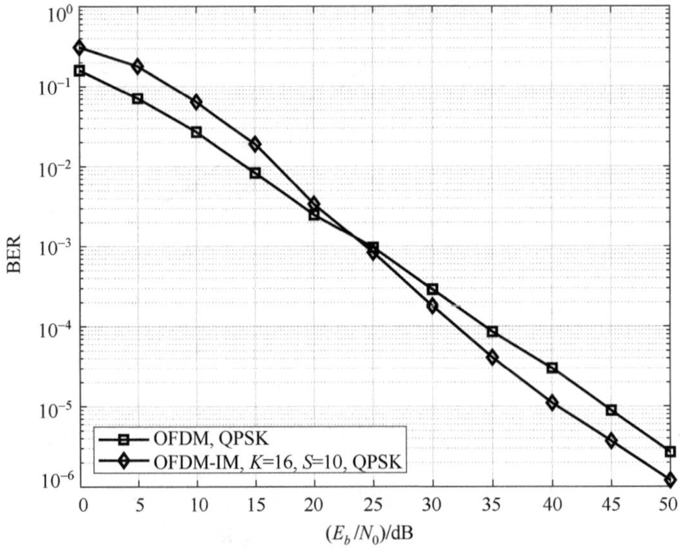

图 6-18　频谱效率为 2bit/s/Hz 的性能对比图

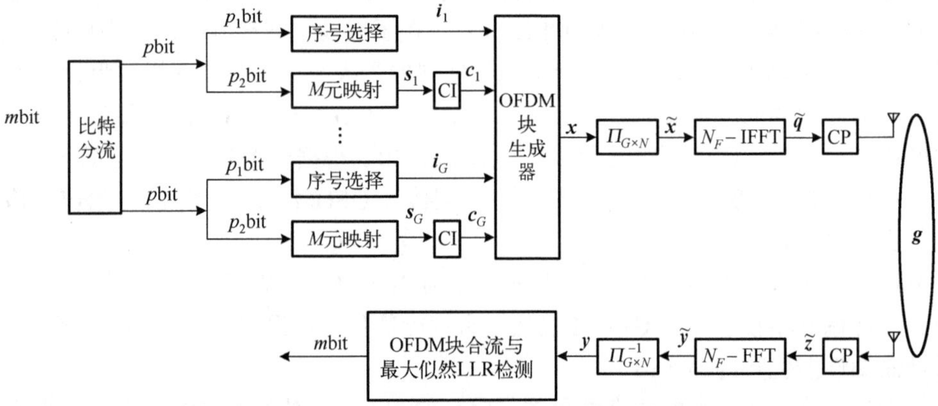

图 6-19　协作交织传输的序号调制处理框图

如图 6-19 所示，在发送端仍然采用分段处理。一个数据块的 N 个子载波被分成 G 段，每段包含 K 个子载波。在每个符号间隔内，K 个子载波中有 S 个被激活，在激活的子载波上承载调制阶数为 M 的调制符号。同样地，定义序号承载的比特数为 $p_1=\log_2\left\lfloor\binom{K}{S}\right\rfloor$，调制符号承载的比特数为 $p_2=S\log_2 M$。在表 6-1 中，给出了当 $K=4,S=2$ 时，具有协作交织特征的发送符号与未交织的发送符号对比表格。

表 0-1　协作交织与未交织的发送符号对比表格

激活天线图样	未交织发送符号	协作交织发送符号
[1,0,1,0]	$[s_1, 0, s_2, 0]$	$[s_1^R + i \times s_2^I, 0, s_2^R + i \times s_1^I, 0]$
[0,1,0,1]	$[0, s_1, 0, s_2]$	$[0, s_1^R + i \times s_2^I, 0, s_2^R + i \times s_1^I]$
[1,0,0,1]	$[s_1, 0, 0, s_2]$	$[s_1^R + i \times s_2^I, 0, 0, s_2^R + js_1^I]$
[0,1,1,0]	$[0, s_1, s_2, 0]$	$[0, s_1^R + i \times s_2^I, s_2^R + i \times s_1^I, 0]$

根据表 6-1 的表示，在激活子载波数 $S = 2$ 的条件下，2 个激活子载波上发送的调制符号其实部和虚部相互交换，即一个调制符号的信息分散在 2 个子载波上。从成对差错概率的角度分析，乘积距离矩阵 $\boldsymbol{A}$ 的最小秩为 2，因此，通过这种交织方式就能够有效提高接收机的分集增益。

考虑到在协作交织的信号格式下，同一个调制符号的实部和虚部相分离，因此在交织下的信号模型中采用实信号模型。为了表示方便，依然采用 $S = 2$ 的配置，定义激活子载波的序号分别为 i_1 和 i_2，则有

$$\begin{bmatrix} y_{i_1}^R \\ y_{i_1}^I \\ y_{i_2}^R \\ y_{i_2}^I \end{bmatrix} = \begin{bmatrix} h_{i_1}^R & 0 & 0 & -h_{i_1}^I \\ h_{i_1}^I & 0 & 0 & h_{i_1}^R \\ 0 & -h_{i_2}^I & h_{i_2}^R & 0 \\ 0 & h_{i_2}^R & h_{i_2}^I & 0 \end{bmatrix} \begin{bmatrix} s_1^R \\ s_1^I \\ s_2^R \\ s_2^I \end{bmatrix} + \begin{bmatrix} w_{i_1}^R \\ w_{i_1}^I \\ w_{i_2}^R \\ w_{i_2}^I \end{bmatrix} \tag{6-73}$$

基于式(6-73)的实信号模型，能够依据最大似然准则构造检测器；应当注意到，在协作交织传输模型下，对每一个分段进行最大似然检测的复杂度仍然随激活子载波个数 S 呈指数增长。

2. 协作交织传输的仿真结果

在本节的仿真中，仍然取 OFDM 数据块中 FFT 的点数 $N = 128$，无线信道的多径数 $\upsilon = 10$，各个多径为独立等概分布，仿真条件同 6.2.1 节相同。同时，分段长度 $K = 4$，每个分段上激活子载波的数目 $S = 2$。通过参数的设置，对比同样的频谱效率下，传统 OFDM、6.2.1 节中的 OFDM-IM 和协作交织的性能[18]。同时，在本节的仿真中，还考虑了级联信道译码器的性能，此时，信道编码采用了 LTE 中的卷积码，卷积码的码率为 1/3。

图 6-20 的仿真结果表明，协作交织传输能够获得更优的性能。在无信道编码的情况下，协作交织传输相比传统 OFDM 和 6.2.1 节中的 OFDM-IM 有显著的分集重数增益，体现在误比特率(BER)的斜率上。当误比特率(BER)等于 10^{-5} 时，协作交织传输相比于传统 OFDM 和 OFDM-IM 的增益都超过了 10dB。

在级联信道译码器的条件下，协作交织传输仍然表现出更好的性能，当译码后误比特率(BER)等于 10^{-5} 时，协作交织传输相比于传统 OFDM 和 OFDM-IM 的增益超过了 5dB。

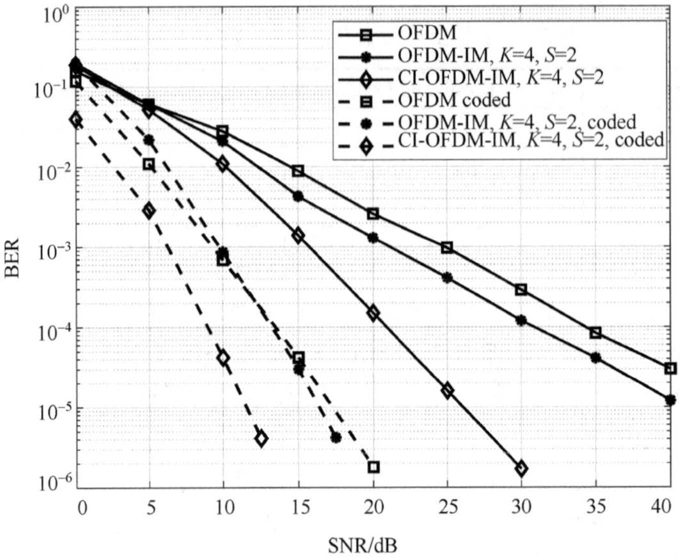

图 6-20　协作交织传输仿真结果图

6.2.3　基于扩频码序号调制的优化方法

根据 6.2.1 节和 6.2.2 节的分析，能够看到在 OFDM 多载波架构下的序号调制，频域的分集增益是影响接收机性能的关键因素。在 6.2.1 节介绍的基于子载波序号调制的发送信号结构中，基于每一个数据分段得到的乘积距离矩阵，其最小秩为 1，原因就在于发送的调制符号最多只用一个激活子载波进行承载；在 6.2.2 节中，进一步引入了基于协作交织优化的发送信号设计方法，调制符号的实部和虚部分别由 2 个不同的子载波承载，此时乘积距离矩阵的最小秩就变为 2，增大了接收机的分集增益。进一步，在本节中，考虑扩展序号调制的思想，将“序号”从子载波的编号拓展到扩频码的序号，通过引入扩频码[19]，扩大承载同一个调制符号的子载波个数，在多载波场景下，尽可能地挖掘频率分集增益，以下将详细介绍该方法。

1. 基于扩频码序号调制的数学模型

同 6.2.1 节和 6.2.2 节保持一致，基于扩频码序号的序号调制仍然应用在 OFDM 多载波传输系统中。仍然假设一个 OFDM 数据块包含 N 个子载波，需要分成 G 个子段，每段包含 K 个子载波，即 $N = KG$。与子载波序号不同的是，每个子段的 K 个子载波都用作数据信号的传输。K 个子载波上承载扩频因子为 K 的扩频信号，重点考虑采用正交扩频码，因此扩频码字集合也等于 K，Zadoff-Chu 序列和 Hadamard 序列都满足正交扩频序列的条件。在扩频码序号调制中，通过在 K 个扩频码中选择 S 个扩频码并将其激活，通过 S 个激活扩频序列的序号承载序号比特信息，因此，序号比特数 $p_1 = \log_2 \left\lfloor \binom{K}{S} \right\rfloor$。同时，由于扩频序列的正交性，$S$ 个激活的扩频序列上可以承载不同的调制符号，因此，调制符号承载比特数 $p_0 = S\log_2 M$ 。基于以上分析，通过拉平子载波序号调制和扩频码序号调制的承载能力，在相同频谱效率下，对它们接收机的性能进行比较。

为了表示方便，在本节的信号模型中，重点描述 $S=1$ 的场景，即在每个分段传输中只激活一个扩频码序列[20]。此时，包含 K 个扩频码序列的码字集合可以表示为

$$\mathcal{C} = \{\boldsymbol{c}_1, \boldsymbol{c}_2, \cdots, \boldsymbol{c}_K\} \tag{6-74}$$

通过序号选择，序号承载的比特数 $p_1 = \log_2 K$ 。通过承载的序号比特，在第 g 个分段上，从码字集合中选取的扩频码序号记为 i_g 。假设在第 g 个分段上发送的调制符号为 s_g ，则经过扩频后的发送信号为

$$\begin{aligned}\boldsymbol{x}_g &= [x_{g,1}, \cdots, x_{g,K}]^T \\ &= s_g \boldsymbol{c}_{i_g} = [s_g c_{i_g,1}, \cdots, s_g c_{i_g,K}]^T\end{aligned} \tag{6-75}$$

在 OFDM 信号传输架构下，在第 g 个分段上包含的各个子载波相互正交，则其对应的信道响应矩阵 $\boldsymbol{H}_g$ 为对角矩阵，此时接收信号模型同 6.2.1 节中类似：

$$\boldsymbol{y}_g = \boldsymbol{H}_g \boldsymbol{x}_g + \boldsymbol{n}_g \tag{6-76}$$

同样地，为了便于分析成对差错概率，也将式(6-76)中 $\boldsymbol{H}_g$ 和 $\boldsymbol{x}_g$ 交换位置，写成如下形式：

$$\boldsymbol{y}_g = \boldsymbol{X}_g \boldsymbol{h}_{F,g} + \boldsymbol{n}_g \tag{6-77}$$

信号矩阵 $\boldsymbol{X}_g$ 也是对角矩阵，对角线上包含了向量 $\boldsymbol{x}_g$ 中的元素， $\boldsymbol{h}_{F,g}$ 表示频域信道响应向量，含义与 6.2.1 节中相同。

在式(6-77)的基础上，最大似然检测方法可以表示为

$$\boldsymbol{X}_{g,\mathrm{ML}} = \arg\min \left\| \boldsymbol{y}_g - \boldsymbol{X}_g \boldsymbol{h}_{F,g} \right\|^2 \tag{6-78}$$

基于式(6-78)，能够进行成对差错概率的分析，类似于 6.2.1 节中的方法，最终的频率分集增益是受信号乘积距离矩阵约束的，此时的乘积距离矩阵可以写成如下形式：

$$\boldsymbol{A}_g = (\boldsymbol{X}_g - \hat{\boldsymbol{X}}_g)^H (\boldsymbol{X}_g - \hat{\boldsymbol{X}}_g) \tag{6-79}$$

考虑到 $\boldsymbol{X}_l$ 中包含了调制符号和扩频序列的双重影响，需要分开进行讨论。这里将信号矩阵 $\boldsymbol{X}_g$ 和 $\hat{\boldsymbol{X}}_g$ 写成如下形式：

$$\boldsymbol{X}_g = s_g \boldsymbol{C}_{i_g}, \quad \hat{\boldsymbol{X}}_g = \hat{s}_g \hat{\boldsymbol{C}}_{i_g} \tag{6-80}$$

扩频码字矩阵 $\boldsymbol{C}_{i_l}$ 是对角矩阵，对角线元素对应码字向量 $\boldsymbol{c}_{i_l}$ 中的元素。

若 $\boldsymbol{X}_g$ 和 $\hat{\boldsymbol{X}}_g$ 中包含的调制符号不同，即 $s_g \neq \hat{s}_g$ ，则 $\boldsymbol{X}_g$ 同 $\hat{\boldsymbol{X}}_g$ 对角线上每一个元素都不同，这就意味着乘积距离矩阵 $\boldsymbol{A}_g$ 是满秩矩阵，其秩为 K 。

若 $\boldsymbol{X}_g$ 和 $\hat{\boldsymbol{X}}_g$ 中包含的调制符号相同，即 $s_g = \hat{s}_g$ ，则 $\boldsymbol{X}_g$ 同 $\hat{\boldsymbol{X}}_g$ 对角线上元素不同的个数取决于采用的扩频码字，这就意味着扩频码字的选择会影响最终接收机的分集增益。

考虑到扩频码字的正交特性，以下主要分析 Zadoff-Chu 矩阵和 Hadamard 矩阵这两类情况。以 $K=4$ 为例，Hadamard 矩阵可以写成如下形式：

$$\boldsymbol{C}_{\mathrm{H}}=\begin{bmatrix}1&1&1&1\\1&-1&1&-1\\1&1&-1&-1\\1&-1&-1&1\end{bmatrix} \tag{6-81}$$

对于长度为 K 的 Zadoff-Chu 序列，可以写成如下形式：

$$\boldsymbol{z}_K^1=\left[1,\exp\left(\frac{\varepsilon\pi}{K}\right),\exp\left(\frac{4\varepsilon\pi}{K}\right),\cdots,\exp\left(\frac{(K-1)^2\varepsilon\pi}{K}\right)\right]^T \tag{6-82}$$

式(6-82)中的 ε 需要取和 K 互素的数。当 $K=4$ 时，ε 可以取 1。对于 Zadoff-Chu 序列构成的维度为 $N\times N$ 的矩阵，可以通过对 $\boldsymbol{z}_K^1$ 做循环平移得到，即

$$\boldsymbol{C}_{ZC}=\begin{bmatrix}a&1&a&-1\\-1&a&1&a\\a&-1&a&1\\1&a&-1&a\end{bmatrix} \tag{6-83}$$

通过分析式(6-82)和式(6-83)的矩阵特性，$\boldsymbol{C}_{\mathrm{H}}$ 的任意两列之间元素不相同的个数都为 2，转换到乘积距离矩阵上，就意味该矩阵的秩为 2；$\boldsymbol{C}_{ZC}$ 只有第 1 列和第 3 列、第 2 列和第 4 列这两种情况，元素不同的个数为 2，其他四种情况，即第 1 列和第 2 列、第 1 列和第 4 列、第 2 列和第 3 列、第 3 列和第 4 列，元素不同的个数为 4，映射到乘积距离矩阵上，$\boldsymbol{C}_{ZC}$ 的距离特性要优于 $\boldsymbol{C}_{\mathrm{H}}$，这也可以从仿真的结果上获得验证。考虑到最大似然检测较高的计算复杂度，在后面将介绍具有低复杂度特征的次优检测算法。

2. 低复杂度的检测算法

为了体现在扩频方法下，发送调制符号的稀疏性，前面在第 g 个分段上的发送符号 $\boldsymbol{x}_g$ 可以写成扩频码矩阵 $\boldsymbol{C}$ 和稀疏符号向量 $\boldsymbol{s}_g$ 乘积的形式：

$$\boldsymbol{x}_g=\boldsymbol{C}\boldsymbol{s}_g \tag{6-84}$$

通过和 6.2.2 节的发送信号相对比，能够发现扩频码序号调制相对于子载波序号调制，就是在发送稀疏符号向量的基础上增加了一个具有正交性的“预编码”矩阵 $\boldsymbol{C}$ 。因此，第 g 个分段上的接收信号可以写成如下形式[21]：

$$\boldsymbol{y}_g=\boldsymbol{H}_g\boldsymbol{C}\boldsymbol{s}_g+\boldsymbol{n}_g \tag{6-85}$$

这里的低复杂度检测算法是基于式(6-85)的接收信号模型得到的。

首先介绍一种基于扩频码码片的最小均方误差(MMSE)算法[21]，首先进行逐子载波的均衡，第 g 个分段的第 k 个子载波的均衡系数可以写成如下形式：

$$q_{g,k}=\frac{h_{F,g,k}^*}{\left|h_{F,g,k}\right|^2+\sigma_n^2} \tag{6-86}$$

式中，$h_{F,g,k}$ 表示在频域第 g 个分段的第 k 个子载波上的信道响应。将均衡器写成矩阵的形式，可以得到

$$\tilde{\boldsymbol{s}}_g = \boldsymbol{C}^H \boldsymbol{Q}_g \boldsymbol{y}_g, \boldsymbol{Q}_g = \boldsymbol{H}_g^H (\boldsymbol{H}_g \boldsymbol{H}_g^H + \sigma_n^2 \boldsymbol{I}_K)^{-1} \tag{6-87}$$

式中，$\boldsymbol{Q}_g$ 是对角矩阵，对角线元素为 $q_{g,k}, k=1,\cdots,K$ 。针对均衡后的结果，可以利用 6.2.1 节中的算法，先进行激活子载波的判断，然后进行激活子载波上调制符号的判决，详细的计算过程与 6.2.1 节中相同，这里不再赘述。

根据以上分析可以看到，MMSE 算法是串行处理的，先进行子载波均衡，再进行正交矩阵的逆变换。以下将重点介绍一种将发送信号向量 $\boldsymbol{s}_l$ 中的序号检测同 MMSE 均衡结合在一起的检测方法，称为基于序号样式的 MMSE(index-pattern MMSE，IP-MMSE)算法[21]。

首先假设 $\boldsymbol{s}_l$ 中所有可能的激活子载波组合构成一个集合，即

$$\mathcal{F} = \{\theta_1, \theta_2, \cdots, \theta_{2^{p_1}}\} \tag{6-88}$$

式中，$\theta_s, s=1,\cdots,2^{p_1}$ 表示激活集合的序号。在检测时，每次取“预编码”矩阵 $\boldsymbol{C}$ 中对应激活集合 θ_s 的 S 列，该子矩阵定义为 $\boldsymbol{C}_{\theta_s}$ ，则等效信道响应矩阵可以写成如下形式：

$$\boldsymbol{H}_{g,\theta_s} = \boldsymbol{H}_g \boldsymbol{G}_{\theta_s} \tag{6-89}$$

此时均衡器矩阵可以写成如下形式：

$$\boldsymbol{Q}_{g,\theta_s} = (\boldsymbol{H}_{g,\theta_s}^H \boldsymbol{H}_{g,\theta_s} + \sigma_n^2 \boldsymbol{I}_S)^{-1} \boldsymbol{H}_{g,\theta_s}^H \tag{6-90}$$

基于以上均衡器矩阵，对均衡后的结果进行硬判决：

$$\hat{\boldsymbol{s}}_{g,\theta_s} = \mathcal{D}(\boldsymbol{Q}_{g,\theta_s} \boldsymbol{y}_g) \tag{6-91}$$

此时，得到了 2^{p_1} 个备选硬判决结果，需要将这些结果重新代入信道矩阵中，实现发送信号重构，并计算重构信号与接收信号之间的欧氏距离，选择欧氏距离最小的硬判决结果作为最终算法的输入，用公式表示如下：

$$\hat{\theta}_s = \arg \min_{s=1,\cdots,2^{p_1}} \left\| \boldsymbol{y}_g - \boldsymbol{H}_{g,\theta_s} \hat{\boldsymbol{s}}_{g,\theta_s} \right\|, \quad \hat{\theta} = \hat{\theta}_s, \quad \hat{\boldsymbol{s}} = \hat{\boldsymbol{s}}_{\hat{\theta}_s} \tag{6-92}$$

基于以上算法描述，能够看到基于序号样式的 MMSE 算法，对应每个激活序号集合需要进行一个矩阵求逆，即在遍历所有集合的基础上，需要进行 2^{p_1} 次 $S \times S$ 的矩阵求逆，当激活序号集合中包含的子载波个数不为 1 时，该复杂度不能忽略。因此，考虑对基于序号样式的 MMSE 算法进行改进，重点考虑 $\boldsymbol{Q}_{g,\theta_s}$ 求解的低复杂度近似，该算法称为增强序号样式 MMSE 算法(EIP-MMSE)[21]，即

$$\boldsymbol{Q}_{g,\theta_s} = \boldsymbol{C}_{\theta_s}^H \boldsymbol{Q}_g \tag{6-93}$$

用式(6-93)的结果取代式(6-90)，可以看到只需要进行一次矩阵求逆，且 $\boldsymbol{Q}_g$ 中包含的矩阵求逆为对角矩阵，复杂度较低，该方法是一个性能和复杂度之间较为折中的实现方案。

3. 扩频码序号调制与多用户传输的结合

基于扩频码序号调制的发送信号设计可以和多用户传输相结合，主要考虑下行的场

景。首先，需要考虑如何进行用户的区分，这里介绍的方法主要是将扩频码的集合分成互不相交的子集。假设 n 个用户同时传输下行信息，此时 $K \times K$ 的正交码字矩阵从列空间的角度分成 n 个不同的子集，每个子集包含 $K/n = T$ 列。例如，当 $K = 8$ 时，需要同时承载 $n = 2$ 个用户，每个用户扩频码子集中包含 $T = 4$ 列。为了表示方便，在以下的信号模型中，假设每个用户在各自的扩频码子集上一次只激活一个扩频码，此时，当 $T = 4$ 时，激活扩频码序号即承载 2bit 信息[20]。

不失一般性，以用户 1 的接收信号为例进行分析。与前几节类似，此处仍然在 OFDM 架构下进行信号建模，对于第 g 个分段第 k 个子载波的接收信号，可以写成如下形式：

$$y_{g,k,1} = h_{F,g,k,1} \sum_{m=1}^{n} s_g^{(m)} c_{g,k,i^{(m)}} + n_{g,k,1}, \quad 1 \leqslant k \leqslant K \tag{6-94}$$

式中，$h_{F,l,k,1}$ 表示第 1 个用户在第 g 个分段第 k 个子载波的频域信道响应；在下行传输中，n 个用户的信号是叠加在一起进行发送的，$s_g^{(m)}$ 表示第 m 个用户在第 g 个分段上发送的调制符号；$c_{g,k,i^{(m)}}$ 表示第 m 个用户在第 g 个分段第 k 个子载波的扩频码片，$i^{(m)}$ 表示扩频码序号，承载了序号信息。

对于多用户检测来说，最大似然检测具有最高的可靠性，但复杂度较高，需要同时获得 n 个用户的调制符号和扩频码序号，如下所示：

$$\{\hat{s}_g^{(1)}, \hat{i}^{(1)}, \cdots, \hat{s}_g^{(n)}, \hat{i}^{(n)}\} = \arg \min_{\{s_g^{(1)}, i^{(1)}, \cdots, s_g^{(n)}, i^{(n)}\}} \sum_{k=1}^{K} \left\| y_{g,k,1} - h_{F,g,k,1} \sum_{m=1}^{n} s_g^{(m)} c_{g,k,i^{(m)}} \right\|^2 \tag{6-95}$$

为了降低计算复杂度，可以考虑先检测扩频码序号，再检测调制符号。此时，对于第 k 个子载波，检测扩频码序号所用的均衡器系数可以表示为

$$z_{g,k,i^{(1)}} = \frac{h_{F,g,k,1}^{*} c_{g,k,i^{(1)}}^{*}}{\left| h_{F,g,k,1} \right|^2 (n-1) + \sigma_n^2}, \quad i^{(1)} = 1, \cdots, T \tag{6-96}$$

均衡器结果为

$$\varDelta_{g,i^{(1)}} = \sum_{k=1}^{K} z_{g,k,i^{(1)}} y_{g,k,1} \tag{6-97}$$

则扩频码序号的检测结果为

$$\hat{i}^{(1)} = \arg \min_{i^{(1)}} \left| \varDelta_{l,i^{(1)}} \right|^2 \tag{6-98}$$

进一步，第 1 个用户调制符号的判决结果可以表示为

$$\hat{s}^{(1)} = \arg \min_{s^{(1)}} \left\| \sum_{k=1}^{K} z_{g,k,\hat{i}^{(1)}} y_{g,k,1} - s^{(1)} \sum_{k=1}^{K} \frac{\left\| h_{F,g,k,1} \right\|^2}{\left\| h_{F,g,k,1} \right\|^2 (n-1) + \sigma_n^2} \right\| \tag{6-99}$$

基于以上的串行处理过程，能够获得第 1 个用户的调制符号和扩频码序号信息。同理，对于其余 $n-1$ 个用户，可以采用相同的策略进行处理。

4. 基于扩频码序号调制的仿真结果

在本节中将给出基于扩频码序号调制的仿真结果。为了比较方便，信道条件统一采用瑞利衰落信道，即认为各个子载波的信道响应都服从瑞利分布，且子载波的信道响应相互独立。

首先给出频谱效率为 1bit/s/Hz 的性能对比图。对比的方案包括传统的 OFDM、6.2.1 节中的子载波序号调制(OFDM-IM)、6.2.2 节中的协作交织传统(CI-OFDM- IM)、传统 OFDM 结合扩频(OFDM-SS)四种方案。对于传统 OFDM，每子载波上承载 BPSK 符号；对于 OFDM-IM 和 CI-OFDM-IM，分段长度 $K=4$，激活子载波数 $S=2$，激活子载波样式承载 2bit 信息，每个激活子载波上传输 BPSK 符号；传统 OFDM 结合扩频方案，扩频序列长度为 4，实际发送的调制符号为 16QAM。

对于扩频序号调制，采用多种配置，主要分成两大类：一类是每次传输只激活一个扩频码(IM-OFDM-SS)[20]，另一类是每次传输激活多个扩频码(GIM-OFDM-SS)[20]。对于 IM-OFDM-SS 来说，包含两种配置：第一种配置是分段长度 $K=4$，激活一个扩频码的情况下，实际发送调制符号为 QPSK；第二种配置是分段长度为 $K=8$，激活一个扩频码的情况下，实际发送调制符号为 32QAM。对于 GIM-OFDM-SS 来说，设置分段长度 $K=16$，激活扩频码的个数 $S=5$，激活扩频组合样式的个数 $C_{16}^{5}=4368$，取以 2 为底的对数并下取整之后为 12bit，每个激活的扩频码上承载 BPSK 调制符号，此时每个分段的 16 子载波上传输 17bit 信息，频谱效率为 1.0625bit/s/Hz，略大于 1bit/s/Hz。

根据图 6-21 的仿真结果能够看到，两种扩频码序号调制 IM-OFDM-SS 和 GIM-OFDM-SS 的性能要显著地优于对比方案，并且扩频码的序列越长，误比特率的性能就越好。这是由于在瑞利衰落信道的条件下，扩频码序列越长，即意味着更大的频率分集增益，因此，对于 GIM-OFDM-SS 来说，分段长度达到了 16，最多能够获得 16 重的频率分集增益，性能最好。结合扩频序号调制和对比方案能够看到，误比特率的性能同分段长度 K 成正比。

以下进一步给出频谱效率为 1.5bit/s/Hz 的仿真结果。仿真信号仍然采用瑞利衰落信道。对比方案有三种：6.2.1 节中的子载波序号调制(OFDM-IM)、6.2.2 节中的协作交织传统(CI-OFDM-IM)、传统 OFDM 结合扩频(OFDM-SS)。对于 OFDM-IM 和 CI-OFDM-IM，分段长度 $K=4$，激活子载波数 $S=2$，激活子载波样式承载 2bit 信息，每个激活子载波上传输 QPSK 符号；传统 OFDM 结合扩频方案，扩频序列长度为 4，实际发送的调制符号为 64QAM。

对于扩频序号调制，在图 6-22 中采用激活单个扩频码的配置(IM-OFDM-SS)，分段长度 $K=4$，实际发送调制符号为 16QAM。通过图 6-22 的仿真结果能够看到，在中低信噪比下，IM-OFDM-SS 的性能要好于对比方案的性能。随着信噪比的提高，传统 OFDM 结合扩频(OFDM-SS)方法的性能要好于 IM-OFDM-SS。

接下来，对比多用户上行扩频序号调制(IM-MC-CDMA)的性能。对比的方案采用传统的多用户 CDMA(MC-CDMA)方法[19]。此处分别比较频谱效率为 1bit/s/Hz 和 2bit/s/Hz 这两种情况，两种方案在相同的频谱效率下承载用户数也相同。

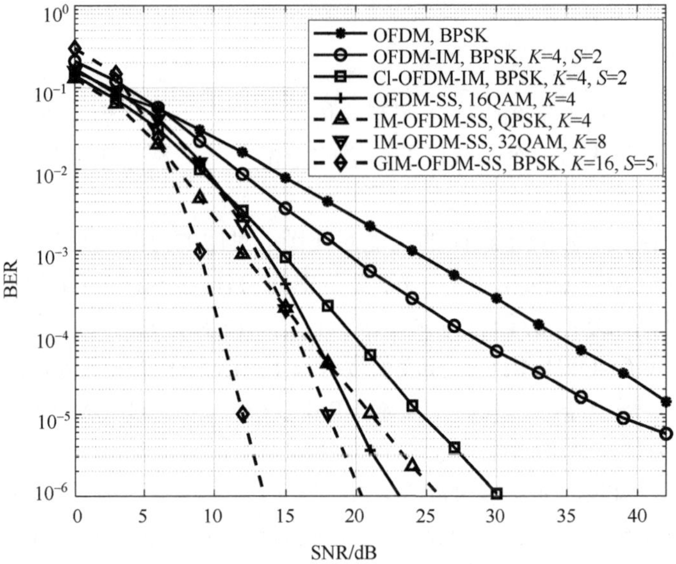

图 6-21　频谱效率为 1bit/s/Hz 的扩频序号调制性能对比图

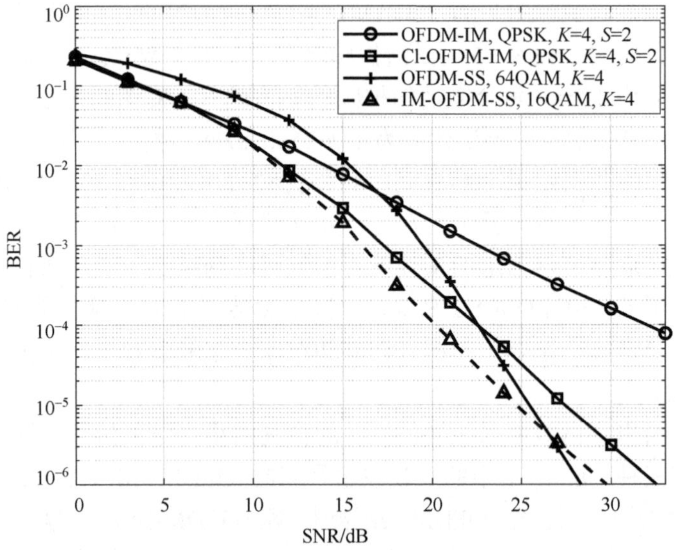

图 6-22　频谱效率为 1.5bit/s/Hz 的扩频序号调制性能对比图

在 1bit/s/Hz 频谱效率下，MC-CDMA 方法承载 2 个用户，扩频序列长度为 2，每个用户发送 BPSK 调制符号；此时，IM-MC-CDMA 的分段长度 $K=8$，即扩频序列长度为 8，承载 2 个用户，每个用户的扩频序列子集包含 4 个序列，每个分段上发送信息只激活一个扩频序列，2 个用户的扩频序号各承载 2bit 信息，2 个用户在各自激活扩频序列上发送 QPSK 调制符号，因此在 $K=8$ 的分段长度上 2 个用户总计发送 8bit 信息。

在 2bit/s/Hz 频谱效率下，MC-CDMA 方法承载 4 个用户，扩频序列长度为 8，每个用户发送 16QAM 调制符号；此时，IM-MC-CDMA 的分段长度 $K=8$，即扩频序列长度为 8，承载 4 个用户，每个用户的扩频序列子集包含 2 个序列，每个分段上发送信息只激活一个扩频序列，4 个用户的扩频序号各承载 1bit 信息，4 个用户在各自激活扩频序列上发送 8QAM 调制符号，因此在 $K=8$ 的分段长度上 4 个用户共计发送 16bit 信息。

通过图 6-23 的仿真结果能够看到，在 1bit/s/Hz 频谱效率下，IM-MC-CDMA 方法在误比特率性能曲线的斜率上具有显著的优势，这是由于在本仿真的 IM-MC-CDMA 中采用了更长的扩频序列，因此在各子载波相互独立的瑞利衰落信道下能够获得更大的频率分集增益。在 2bit/s/Hz 频谱效率下，IM-MC-CDMA 方案和 MC-CDMA 方法具有相同的扩频序列长度，此时，两方案曲线的斜率相同，当误比特率(BER)等于 10^{-4} 时，IM-CDMA 方法的性能增益约为 1dB。

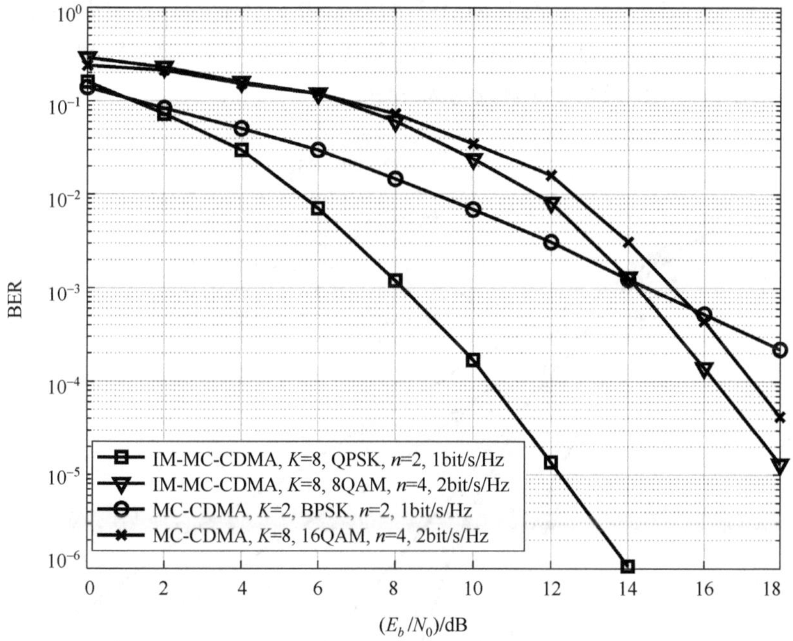

图 6-23　多用户上行场景下的扩频码序号调制性能图

接下来分析在扩频码序号调制下的低复杂度算法的性能。仿真信道仍然采用各子载波相互独立的瑞利衰落信道。此时，低复杂度算法的对象主要关注在一个分段上扩频序列数大于 1 的情况，与图 6-21 相对应，此种配置方案标记为 GIM-OFDM-SS。这里比较频谱效率为 1bit/s/Hz 的情况。此时，GIM-OFDM-SS 的分段长度为 $K=8$，每个分段上激活扩频序列的数目 $S=2$，此时激活序列样式有 $C_8^2=28$ 种，取以 2 为底的对数并向下取整，则激活序列样式能够承载 4bit 信息，每个激活子载波上发送 QPSK 调制符号，此时采用的低复杂度算法包括前面给出的 MMSE、IP-MMSE 和 EIP-MMSE 三种算法，并与同配置下的最大似然算法进行对比。

对比的方案包括传统 OFDM、OFDM-IM、CI-OFDM-IM 和 IM-OFDM-SS。在传统 OFDM 中，每个子载波发送 BPSK 调制符号；在 OFDM-IM 中，分段长度 $K=4$，激活子载波数 $S=2$，激活子载波样式承载 4bit 信息，每个激活子载波上传输 QPSK 符号；在 CI-OFDM-IM 中，分段长度 $K=4$，激活子载波数 $S=2$，激活子载波样式承载 2bit 信息，每个激活子载波上传输 BPSK 符号；在 IM-OFDM-SS 中，分段长度 $K=8$，激活扩频序列数目 $S=1$，激活序列序号能够承载 3bit 信息，激活序列上的调制符号为 32QAM。

通过图 6-24 的仿真结果能够看到，采用 GIM-OFDM-SS 在 1bit/s/Hz 频谱效率下能够获得更优的性能，相比于 IM-OFDM-SS，虽然扩频序列长度相同，但由于 GIM-OFDM-SS 在一个分段上激活了更多的扩频序列，因此扩频序列样式能够承载更多的比特，同时更多的扩频序列意味着每个扩频序列上承载的调制符号可以使用低阶调制，因此 GIM-OFDM-SS 的性能更好。对于低复杂接收算法来说，MMSE 方法的性能最差，IP-MMSE 能够获得和最大似然检测(ML)几乎相同的性能，但根据前面的分析，IP-MMSE 算法的复杂度还是比较高的，而 EIP-MMSE 算法能够在性能和算法复杂度之间取得比较良好的折中。当误比特率等于 10^{-5} 时，EIP-MMSE 相对于 IP-MMSE 和 ML 的性能损失约为 2dB，相比于 MMSE 算法的增益约为 5dB。

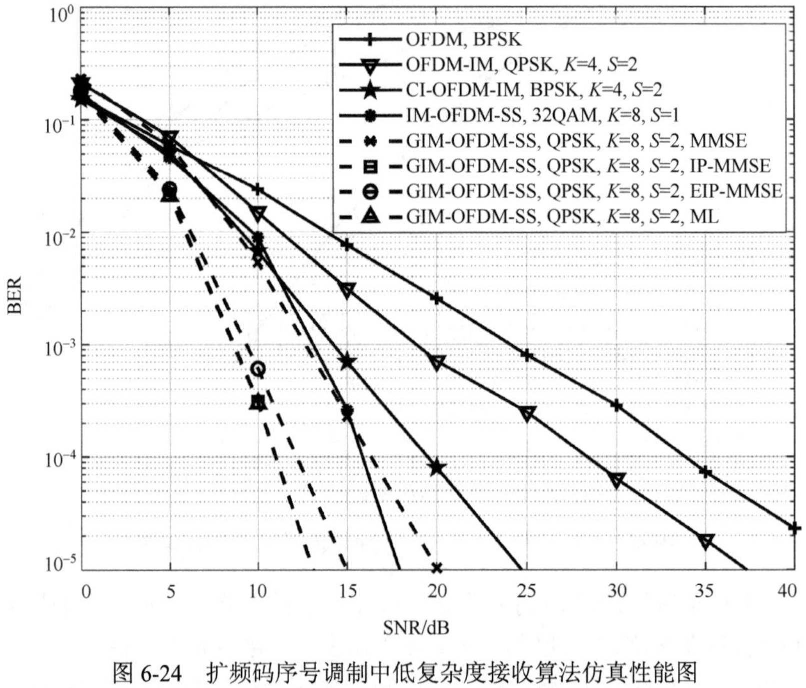

图 6-24　扩频码序号调制中低复杂度接收算法仿真性能图

6.3　单载波传输下的序号调制

在单载波传输模型下，基于序号调制的发送信号格式同多载波下的信号模型类似，差别在于在单载波传输模型下，信号位于时域[22,23]。与 6.2 节中的设置类似，仍然假设一个数据块为 N，等分成 G 段，每个字段包含 K 个符号，在每个字段上有 S 个符号间隔实际发送调制符号。此时，每个分段上发送符号的位置信息能够承载 $p_1=\log_2\left\lfloor\binom{K}{S}\right\rfloor$ bit，在 S 个符号间隔上，发送调制阶数为 M 的调制符号承载的比特数为 $p_2=S\log_2 M$。

以下给出一个分段上发送符号的示例，若 $K=4$，$S=1$，$M=4$，就意味着在长度为 4 的分段上，只有一个符号间隔实际发送调制符号，且采用的调制方式为 QPSK。此时，可以将长度为 K 的分段看成一个整体，其星座点的表达式为

$$\boldsymbol{s}_m \in \left\{ A_{\mathrm{IM}}^{(4,1,2)} : \begin{bmatrix} \pm\sqrt{2}\pm\sqrt{2}i \\ 0 \\ 0 \\ 0 \end{bmatrix}, \begin{bmatrix} 0 \\ \pm\sqrt{2}\pm\sqrt{2}i \\ 0 \\ 0 \end{bmatrix}, \begin{bmatrix} 0 \\ 0 \\ \pm\sqrt{2}\pm\sqrt{2}i \\ 0 \end{bmatrix}, \begin{bmatrix} 0 \\ 0 \\ 0 \\ \pm\sqrt{2}\pm\sqrt{2}i \end{bmatrix} \right\} \tag{6-100}$$

其中，$A_{\mathrm{IM}}^{(K,S,M)}$ 表示对应参数选取下序号调制星座点的集合。

通过式(6-100)可以发现，平均每个符号间隔的发送功率为 1，即

$$\frac{1}{K}\left|\boldsymbol{s}_m\right|^2 = \frac{1}{K}\sum_{k=1}^{K}\left|s_m^{(l)}\right|^2 = 1 \tag{6-101}$$

以上设置的目的是保证发送符号功率的归一化，从而有效地实现 MMSE 均方误差检测算法。在序号调制的过程中，还有一个需要考虑的问题是从比特到符号的映射，这个映射包含比特到位置的映射，也包含比特到数据符号的映射。

6.3.1　接收机线性均衡算法

在单载波传输序号调制中，同样需要引入循环前缀，从而将符号间干扰限制在一个数据块的范围内。同时应当注意到，对于单载波应用于符号间干扰信道的场景，引入序号调制与单载波传输相结合的意义在于，通过序号调制的引入增大了调制符号的间隔，使得实际发送的调制符号只占整个时域的一部分，这种时域稀疏化发送符号的方法能够有效降低符号间干扰，尤其是对于强符号间干扰信道，这种设计是有意义的。以下介绍基于数据块的数学模型，以及基于最小均方误差准则的接收算法。

对于一个长度为 N 的数据块，通过级联 L 个子段之后，得到的结果如下：

$$\boldsymbol{s} = [\boldsymbol{s}_1^T, \boldsymbol{s}_2^T, \cdots, \boldsymbol{s}_L^T]^T \tag{6-102}$$

在有循环前缀的符号间干扰信道设置下，对应一个数据块的时域接收信号可以写成如下形式：

$$\boldsymbol{y} = \boldsymbol{H}\boldsymbol{s} + \boldsymbol{n} \tag{6-103}$$

其中，噪声向量服从复高斯分布 $\boldsymbol{n} \sim \mathbb{C}\mathcal{N}(0, \sigma_n^2 \boldsymbol{I}_N)$。

与传统的单载波传输类似，信道矩阵 $\boldsymbol{H}$ 是 $N \times N$ 的循环平移矩阵；对于循环平移矩阵，其频域信道响应矩阵具有对角形式，即

$$\boldsymbol{\Lambda} = \boldsymbol{F}\boldsymbol{H}\boldsymbol{F}^H = \mathrm{diag}\{\lambda_0, \lambda_1, \cdots, \lambda_{N-1}\} \tag{6-104}$$

其中，$\boldsymbol{F}$ 和 $\boldsymbol{F}^H$ 分别表示 FFT 和 IFFT 矩阵。

在发送符号归一化的设置下，采用线性频域均衡的操作可以表示为如下形式：

$$\begin{aligned} \hat{\boldsymbol{s}} &= \boldsymbol{H}^H(\boldsymbol{H}\boldsymbol{H}^H + \sigma_n^2 \boldsymbol{I}_N)^{-1}\boldsymbol{y} \\ &= \boldsymbol{F}^H\boldsymbol{F}\boldsymbol{H}^H(\boldsymbol{H}\boldsymbol{H}^H + \sigma_n^2 \boldsymbol{I}_N)^{-1}\boldsymbol{F}^H\boldsymbol{F}\boldsymbol{y} \end{aligned}$$

$$= \boldsymbol{F}^H \boldsymbol{\Lambda}^H (\boldsymbol{\Lambda}\boldsymbol{\Lambda}^H + \sigma_n^2 \boldsymbol{I}_N)^{-1} \boldsymbol{r} \tag{6-105}$$

其中，$\boldsymbol{r} = \boldsymbol{F}\boldsymbol{y}$ 表示等效的频域接收信号。当用于信号解调时，均衡结果 $\hat{\boldsymbol{s}}$ 需要进行归一化，此时归一化后的结果为

$$\tilde{\boldsymbol{s}} = \frac{1}{\tilde{c}} \hat{\boldsymbol{s}} = \boldsymbol{s} + \tilde{\boldsymbol{n}} \tag{6-106}$$

其中，$\tilde{c}$ 满足如下公式，且经过归一化之后的方差能够用 $\tilde{c}$ 表示：

$$\tilde{c} = \frac{1}{N} \sum_{n=0}^{N-1} \frac{|\lambda_n|^2}{|\lambda_n|^2 + \sigma_n^2}, \quad \tilde{\sigma}_n^2 = \frac{1-\tilde{c}}{\tilde{c}} \tag{6-107}$$

为了与信道译码器级联，可以通过以上获得的均值和方差的结果计算输入信道译码器中的似然比。

在序号调制的基础上，以 K 长的分段为单位进行比特似然比计算的，根据以上的均衡结果，首先得到 $\tilde{\boldsymbol{s}}$ 的第 g 个分段 $\tilde{\boldsymbol{s}}_g$，$1 \leqslant g \leqslant G$，基于该分段获得式(6-100)所示星座点的似然概率，该似然概率的计算结果可以写成如下形式：

$$\tilde{p}_g(i) = \frac{\exp\left(-\dfrac{\left|\tilde{\boldsymbol{s}}_g - \boldsymbol{s}(i)\right|^2}{\tilde{\sigma}_n^2}\right)}{\displaystyle\sum_{\boldsymbol{s}(j)\in A_{\mathrm{IM}}^{(K,S,M)}} \exp\left(-\dfrac{\left|\tilde{\boldsymbol{s}}_g - \boldsymbol{s}(j)\right|^2}{\tilde{\sigma}_n^2}\right)} \tag{6-108}$$

根据符号概率的计算结果，以及比特到符号的映射方式，就能够计算出似然比。

6.3.2 接收机迭代检测算法

在软信息的辅助下，最小均方误差的性能可以获得改进[24]。在这里，假设在第 l 次迭代处理中，软反馈信息的均值为 $\overline{\boldsymbol{s}}^{[l]}$、方差为 $\overline{v}^{[l]}$。在单载波模型中，认为每个符号的检测可靠性一致，因此无论是检测后的方差 $\tilde{\sigma}_n^{2,[l]}$，还是先验信息的方差 $\overline{v}^{[l]}$，都认为是一个标量。

依据软反馈的信息均值，可以进行干扰抵消；假设 $\boldsymbol{s}$ 中的第 n 个元素为 s_n，则在软反馈的辅助下，在第 l 次迭代中，对 s_n 的检测过程可以表示为[24]

$$\begin{aligned} \overline{\boldsymbol{y}}_n^{[l]} &= \boldsymbol{y} - \boldsymbol{H}\overline{\boldsymbol{s}}^{[l]} + \boldsymbol{h}_k \overline{s}_n^{[l]} \\ &= \overline{\boldsymbol{y}}^{[l]} + \boldsymbol{h}_k \overline{s}_n^{[l]} \\ &= \boldsymbol{h}_n s_n + \sum_{j=0, j\neq n}^{N-1} \boldsymbol{h}_j (s_j - \overline{s}_j^{[n]}) + \boldsymbol{n} \end{aligned} \tag{6-109}$$

在式(6-109)中，令 $\overline{\boldsymbol{y}}^{[l]} = \boldsymbol{y} - \boldsymbol{H}\overline{\boldsymbol{s}}^{[l]}$。

进一步，根据最小均方误差准则，在反馈符号辅助下的检测结果可以写成如下形式：

$$\hat{s}_n^{[l]} = \boldsymbol{h}_n^H \boldsymbol{W}_n^{[l],-1} \overline{\boldsymbol{y}}_n^{[l]}$$

$$
\begin{aligned}
&= \boldsymbol{h}_n^H \boldsymbol{W}_n^{[l],-1}(\overline{\boldsymbol{y}}^l + \boldsymbol{h}_n \overline{s}_n^{[l]}) \\
&= \boldsymbol{h}_n^H \boldsymbol{W}_n^{[l],-1}\overline{\boldsymbol{y}}^l + \boldsymbol{h}_n^H \boldsymbol{W}_n^{[l],-1}\boldsymbol{h}_n \overline{s}_n^{[l]}
\end{aligned}
\tag{6-110}
$$

其中，$\boldsymbol{W}_n^{[l]} = \boldsymbol{H}\boldsymbol{V}^{[l]}\boldsymbol{H}^H + \sigma_n^2 \boldsymbol{I}_N + (1-\overline{v}^{[l]})\boldsymbol{h}_n \boldsymbol{h}_n^H$ 。

在式(6-110)中，使用的是反馈方差的均值，因此式中的$\overline{v}^{[l]}$和$\boldsymbol{V}^{[l]}$的表达式为

$$
\overline{v}^{[l]} = \frac{1}{N}\sum_{n=0}^{N-1}\overline{v}_n^l, \quad \boldsymbol{V}^{[l]} \approx \overline{v}^{[l]}\boldsymbol{I}_N
\tag{6-111}
$$

应当注意到$\overline{\boldsymbol{V}}^{[l]}$是一个对角线元素相同的对角矩阵。

在式(6-110)中包含了矩阵求逆的过程，根据矩阵求逆公式，可以将其中包含的求逆进行如下简化，首先令 $\boldsymbol{R}_v^{[l]} = \boldsymbol{H}\boldsymbol{V}^{[l]}\boldsymbol{H}^H + \sigma_n^2 \boldsymbol{I}_N$ ，然后可以得到

$$
\begin{aligned}
&(\boldsymbol{R}_v^{[l]} + (1-\overline{v}^{[l]})\boldsymbol{h}_n \boldsymbol{h}_n^H)^{-1} \\
&= \boldsymbol{R}_v^{[l],-1} - \frac{(1-\overline{v}^{[l]})\boldsymbol{R}_v^{[l],-1}\boldsymbol{h}_n \boldsymbol{h}_n^H \boldsymbol{R}_v^{[l],-1}}{1+(1-\overline{v}^{[l]})\boldsymbol{h}_n^H \boldsymbol{R}_v^{[l],-1}\boldsymbol{h}_n}
\end{aligned}
\tag{6-112}
$$

引入该矩阵求逆的方法的目的是简化式(6-110)的计算过程，将式(6-112)的结果代入式(6-110)中，分别对式(6-110)最后一个等号右侧的两项进行分析，其中第一项的表达式可以进行如下简化：

$$
\begin{aligned}
&\boldsymbol{h}_n^H \boldsymbol{W}_n^{[l],-1}\overline{\boldsymbol{y}}^l \\
&= \boldsymbol{h}_n^H \left(\boldsymbol{R}_v^{[l],-1} - \frac{(1-\overline{v}^{[l]})\boldsymbol{R}_v^{[l],-1}\boldsymbol{h}_n \boldsymbol{h}_n^H \boldsymbol{R}_v^{[l],-1}}{1+(1-\overline{v}^{[l]})\boldsymbol{h}_n^H \boldsymbol{R}_v^{[l],-1}\boldsymbol{h}_n} \right)\overline{\boldsymbol{y}}^{[l]} \\
&= \boldsymbol{h}_n^H \boldsymbol{R}_v^{[l],-1}\overline{\boldsymbol{y}}^{[l]} - \frac{(1-\overline{v}^{[l]})\boldsymbol{h}_n^H \boldsymbol{R}_v^{[l],-1}\boldsymbol{h}_k}{1+(1-\overline{v}^{[l]})\boldsymbol{h}_n^H \boldsymbol{R}_v^{[l],-1}\boldsymbol{h}_n}\boldsymbol{h}_n^H \boldsymbol{R}_v^{[l],-1}\overline{\boldsymbol{y}}^{[l]} \\
&= \frac{\boldsymbol{h}_n^H \boldsymbol{R}_v^{[l],-1}\overline{\boldsymbol{y}}^{[l]}}{1+(1-\overline{v}^{[l]})\boldsymbol{h}_n^H \boldsymbol{R}_v^{[l],-1}\boldsymbol{h}_n}
\end{aligned}
\tag{6-113}
$$

进一步，第二项的表达式可以写成如下形式：

$$
\begin{aligned}
&\boldsymbol{h}_n^H \boldsymbol{W}_n^{[l],-1}\boldsymbol{h}_n \overline{s}_n^{[l]} \\
&= \boldsymbol{h}_n^H (\boldsymbol{H}\boldsymbol{V}^{[l]}\boldsymbol{H} + \sigma_n^2 \boldsymbol{I} + (1-\overline{v}^{[l]})\boldsymbol{h}_n \boldsymbol{h}_n^H)^{-1}\boldsymbol{h}_n \overline{s}_n^{[l]} \\
&= \boldsymbol{h}_n^H \left(\boldsymbol{R}_v^{[l],-1} - \frac{(1-\overline{v}^{[l]})\boldsymbol{R}_v^{-1}\boldsymbol{h}_n \boldsymbol{h}_n^H \boldsymbol{R}_v^{[l],-1}}{1+(1-\overline{v}^{[l]})\boldsymbol{h}_n^H \boldsymbol{R}_v^{[l],-1}\boldsymbol{h}_n} \right)\boldsymbol{h}_n \overline{s}_n^{[l]} \\
&= \boldsymbol{h}_n^H \boldsymbol{R}_v^{[l],-1}\boldsymbol{h}_n \overline{x}_k - \frac{(1-\overline{v}^{[l]})\boldsymbol{h}_n^H \boldsymbol{R}_v^{[l],-1}\boldsymbol{h}_n}{1+(1-\overline{v}^{[l]})\boldsymbol{h}_n^H \boldsymbol{R}_v^{[l],-1}\boldsymbol{h}_n}\boldsymbol{h}_n^H \boldsymbol{R}_v^{l,-1}\boldsymbol{h}_n \overline{s}_n^{[l]} \\
&= \frac{\boldsymbol{h}_n^H \boldsymbol{R}_v^{[l],-1}\boldsymbol{h}_n \overline{s}_n^{[l]}}{1+(1-\overline{v}^{[l]})\boldsymbol{h}_n^H \boldsymbol{R}_v^{[l],-1}\boldsymbol{h}_n}
\end{aligned}
\tag{6-114}
$$

经过整理，看到式(6-110)的均衡结果可以写成如下形式：

$$
\hat{s}_n^{[l]} = \frac{\boldsymbol{h}_n^H \boldsymbol{R}_v^{[l],-1}\overline{\boldsymbol{y}}^{[l]} + \boldsymbol{h}_n^H \boldsymbol{R}_v^{[l],-1}\boldsymbol{h}_n \overline{s}_n^{[l]}}{1+(1-\overline{v}^{[l]})\boldsymbol{h}_n^H \boldsymbol{R}_v^{[l],-1}\boldsymbol{h}_n}
\tag{6-115}
$$

在计算实现式(6-115)表示的均衡结果时，希望能够采用向量化的表示方法，并利用矩阵的循环平移特性，使得信号处理过程能够在频域实现，从而降低计算复杂度。为了达到这一目的，首先定义如下矩阵：

$$\begin{aligned}\boldsymbol{D}^{[l]} &= \mathrm{diag}(\boldsymbol{H}^H \boldsymbol{R}_v^{[l],-1} \boldsymbol{H}) \\ &= \mathrm{diag}(\boldsymbol{H}^H (\boldsymbol{H}\boldsymbol{V}^{[l]}\boldsymbol{H} + \sigma_n^2)^{-1} \boldsymbol{H}) \\ &= \mathrm{diag}(\boldsymbol{F}\boldsymbol{\Lambda}^H (\overline{v}^{[l]}\boldsymbol{\Lambda}\boldsymbol{\Lambda}^H + \sigma_n^2 \boldsymbol{I}_N)^{-1} \boldsymbol{\Lambda}\boldsymbol{F}^H) \\ &= \overline{d}^{[l]}\boldsymbol{I}_N\end{aligned} \tag{6-116}$$

根据循环平移矩阵的特性，$\boldsymbol{D}^{[l]}$是一个对角线元素相等的对角矩阵，且$\overline{d}^{[l]}$的表示为

$$\overline{d}^{[l]} = \frac{1}{N}\sum_{i=0}^{N-1} \frac{|\lambda_i|^2}{\overline{v}^{[l]}|\lambda_i|^2 + \sigma_n^2} \tag{6-117}$$

因此，式(6-117)表征的均衡过程写成向量化形式为

$$\hat{\boldsymbol{s}}^{[l]} = (\boldsymbol{I} + (\boldsymbol{I} - \boldsymbol{V}^{[l]})\boldsymbol{D}^{[l]})^{-1} \times (\boldsymbol{H}^H \boldsymbol{R}_v^{[l],-1} \overline{\boldsymbol{y}}^{[l]} + \boldsymbol{D}^{[l]}\overline{\boldsymbol{s}}^{[l]}) \tag{6-118}$$

应当注意到，$\boldsymbol{V}^{[l]}$、$\boldsymbol{D}^{[l]}$都是对角矩阵，则计算复杂度的化简主要集中在$\boldsymbol{H}^H \boldsymbol{R}_v^{[l],-1}\overline{\boldsymbol{y}}^{[l]}$的计算上。利用频域信道响应的对角特性进行如下等效操作。

$$\begin{aligned}&\boldsymbol{H}^H \boldsymbol{R}_v^{[l],-1} \overline{\boldsymbol{y}}^{[l]} \\ &= \boldsymbol{F}^H \boldsymbol{F}\boldsymbol{H}^H \boldsymbol{R}_v^{[l],-1} \boldsymbol{F}^H \boldsymbol{F} \overline{\boldsymbol{y}}^{[l]} \\ &= \boldsymbol{F}^H \boldsymbol{F}\boldsymbol{H}^H (\boldsymbol{H}\boldsymbol{V}^{[l]}\boldsymbol{H}^H + \sigma_n^2 \boldsymbol{I}_N)^{-1} \boldsymbol{F}^H \boldsymbol{F} \overline{\boldsymbol{y}}^{[l]} \\ &= \boldsymbol{F}^H \boldsymbol{\Lambda}^H (\overline{v}^{[l]}\boldsymbol{\Lambda}\boldsymbol{\Lambda}^H + \sigma_n^2 \boldsymbol{I}_N)^{-1} \overline{\boldsymbol{r}}^{[l]}\end{aligned} \tag{6-119}$$

其中，$\overline{\boldsymbol{r}}^{[l]}$可以写成如下形式：

$$\begin{aligned}\overline{\boldsymbol{r}}^{[l]} &= \boldsymbol{F}\overline{\boldsymbol{y}}^{[l]} = \boldsymbol{F}(\boldsymbol{y} - \boldsymbol{H}\overline{\boldsymbol{s}}^{[l]}) \\ &= \boldsymbol{F}\boldsymbol{y} - \boldsymbol{\Lambda}\boldsymbol{F}\overline{\boldsymbol{s}}^{[l]}\end{aligned} \tag{6-120}$$

综合以上分析结果，向量化的均衡结果最终写成如下形式：

$$\hat{\boldsymbol{s}}^{[l]} = (\boldsymbol{I} + (\boldsymbol{I} - \boldsymbol{V}^{[l]})\boldsymbol{D}^{[l]})^{-1} \times (\boldsymbol{F}^H \boldsymbol{\Lambda}^H (\overline{v}^{[l]}\boldsymbol{\Lambda}\boldsymbol{\Lambda}^H + \sigma_n^2 \boldsymbol{I}_N)^{-1} \boldsymbol{r} + \boldsymbol{D}^{[l]}\overline{\boldsymbol{s}}^{[l]}) \tag{6-121}$$

在式(6-121)中，矩阵$\boldsymbol{G}$、$\boldsymbol{V}^{[l]}$、$\boldsymbol{D}^{[l]}$都是对角矩阵，这就意味所有的矩阵求逆操作都是针对对角矩阵进行的，计算复杂度为$O(N)$；同时，该公式中包含了 FFT 和 IFFT 的操作，因此式(6-121)总的复杂度是$O(N\log N)$量级的。

为了评估式(6-121)均衡结果的可靠性，同样需要分析其均衡后的信干噪比。首先给出均衡后有效信号系数的表达式：

$$\begin{aligned}\tilde{c}^{[l]} &= \boldsymbol{h}_n^H \left(\boldsymbol{R}_v^{[l],-1} - \frac{(1-\overline{v}^{[l]})\boldsymbol{R}_v^{[l],-1}\boldsymbol{h}_n\boldsymbol{h}_n^H\boldsymbol{R}_v^{[l],-1}}{1+(1-\overline{v}^{l})\boldsymbol{h}_n^H\boldsymbol{R}_v^{[l],-1}\boldsymbol{h}_n} \right)\boldsymbol{h}_n \\ &= \boldsymbol{h}_n^H \boldsymbol{R}_v^{[l],-1}\boldsymbol{h}_n - \frac{(1-\overline{v}^{[l]})\boldsymbol{h}_n^H\boldsymbol{R}_v^{[l],-1}\boldsymbol{h}_n}{1+(1-\overline{v}^{[l]})\boldsymbol{h}_n^H\boldsymbol{R}_v^{l,-1}\boldsymbol{h}_n}\boldsymbol{h}_n^H\boldsymbol{R}_v^{[l],-1}\boldsymbol{h}_n\end{aligned}$$

$$
\begin{aligned}
&= \frac{\boldsymbol{h}_n^H \boldsymbol{R}_v^{[l],-1} \boldsymbol{h}_n}{1+(1-\overline{v}^{[l]})\boldsymbol{h}_n^H \boldsymbol{R}_v^{[l],-1} \boldsymbol{h}_n} \\
&= \frac{\overline{d}^{[l]}}{1+(1-\overline{v}^{[l]})\overline{d}^{[l]}}
\end{aligned}
\tag{6-122}
$$

根据式(6-122)的表达式能够看到，当$l=1$时假设没有先验信息，输入均值为 0，方差为$\overline{v}=1$，此时式(6-122)恰好能退化成式(6-107)中$\tilde{c}$的表达式，即$\tilde{c}^{[1]}=\tilde{c}$。

第l次迭代中，经过信号系数归一化后的无偏检测结果可以写成：

$$
\tilde{\boldsymbol{s}}^{[l]} = 1/\tilde{c}^{[l]} \times \hat{\boldsymbol{s}}^{[l]} \tag{6-123}
$$

同时，无偏估计的结果对应的检测后噪声与干扰叠加结果的方差为

$$
\tilde{\sigma}_n^{[l],2} = \frac{1-\tilde{c}^{[l]}}{\tilde{c}^{[l]}} \tag{6-124}
$$

因此，这里统一用$\tilde{\boldsymbol{s}}^{[l]}$和$\tilde{\sigma}_n^{[l],2}$表示第 l 次迭代检测之后获得的对应外信息的检测均值和方差。该均值和方差对$(\tilde{\boldsymbol{s}}^{[l]},\tilde{\sigma}_n^{[l],2})$用于比特似然比的计算。同时，该处定义均值和方差对$(\overline{\boldsymbol{s}}^{[l]},\overline{v}^{[l]})$表示从 MMSE 检测输入的均值和方差对。

根据迭代 MMSE 均衡算法输出的均值和方差对的结果$(\tilde{\boldsymbol{s}}^{[l]},\tilde{\sigma}_n^{[l],2})$，能够计算该算法模式输出的似然比，计算过程同式(6-108)类似。

6.3.3　接收机压缩感知检测算法

在单载波序号调制下，考虑到总长为N的发送向量$\boldsymbol{s}$为稀疏信号，应当通过预编码的方式压缩$\boldsymbol{s}$的维度，并在接收机处通过压缩感知的方法对其进行恢复。

具有压缩维度特性的预编码可以用式(6-125)表示：

$$
\boldsymbol{d} = \boldsymbol{\Psi s} = \sum_{n=0}^{N-1} \boldsymbol{\psi}_n s_n \tag{6-125}
$$

其中，$\boldsymbol{\Psi}=[\psi_0,\cdots,\psi_{N-1}]\in\mathbb{C}^{N_C\times N}$表示预编码矩阵，并有$N_C \leqslant N$，$\boldsymbol{\psi}_n$表示矩阵$\boldsymbol{\Psi}$的第$n$列。

在有循环前缀的情况下，接收信号模型可以写成如下形式：

$$
\boldsymbol{y} = \boldsymbol{Hd} + \boldsymbol{n} = \boldsymbol{H\Psi s} + \boldsymbol{n} \tag{6-126}
$$

其中，$\boldsymbol{H}$仍然是循环平移矩阵，只是矩阵的维度变为$N_C \times N_C$。根据参考文献[25]的描述，预编码矩阵$\boldsymbol{\Psi}$可以利用超奈奎斯特采样理论得到[26]。

在高斯噪声影响下，接收信号的似然函数可以表示为

$$
f(\boldsymbol{y}\,|\,\boldsymbol{s}) = \frac{1}{(\pi\sigma_n^2)^{N_C}} \exp\left(-\frac{\|\boldsymbol{y}-\boldsymbol{H\Psi s}\|^2}{\sigma_n^2}\right) \tag{6-127}
$$

显然，基于似然函数能够进行最大似然检测，但最大似然检测具有较高的复杂度，难以实现。考虑到发送信号$\boldsymbol{s}$具有稀疏特性，因此可以采用压缩感知的方法对发送信号的恢复问题进行建模：

$$
\hat{\boldsymbol{s}} = \arg\min \|\boldsymbol{s}\|_1,\quad \text{s.t.}\quad \|\boldsymbol{y}-\boldsymbol{H\Psi s}\| \leqslant \varepsilon \tag{6-128}
$$

其中，ε 表示差错上界；$\|\boldsymbol{s}\|_1$ 表示向量 $\boldsymbol{s}$ 的 L1-范数。该问题可以通过压缩感知方法进行求解。

根据压缩感知理论，信号恢复的性能受限于矩阵 $\boldsymbol{H\Psi}$ 的 RIP(restricted isometry property)。下面给出 RIP 的定义。

若矩阵 $\boldsymbol{A}$ 对于 k 稀疏的向量 $\boldsymbol{x}$ 具有 RIP，则存在 RIP 常数 $\delta_k \in (0,1)$ 使得以下不等式成立：

$$(1-\delta_k)\|\boldsymbol{x}\|_2^2 \leqslant \|\boldsymbol{A}\boldsymbol{x}\|^2 \leqslant (1+\delta_k)\|\boldsymbol{x}\|_2^2 \tag{6-129}$$

其中，$\boldsymbol{x}$ 是 k 稀疏的，即 $\|\boldsymbol{x}\|_0 = k$；$\|\boldsymbol{x}\|_2$ 表示向量 $\boldsymbol{x}$ 的 L2-范数。向量 $\boldsymbol{x}$ 中非 0 元素构成的集合称为支撑集，对于 k 稀疏向量来说，k 也是支撑集的维度。

若矩阵 $\boldsymbol{A}$ 的每一列都是单位向量，则 RIP 也可以用 $\boldsymbol{A}$ 中各列的相关性进行表征。此时，RIP 常数 δ_k 可以表示为

$$\delta_k = (k-1)\mu(\boldsymbol{A}) \tag{6-130}$$

其中，$\mu(\boldsymbol{A})$ 是矩阵 $\boldsymbol{A}$ 中各列相关性的度量指标，其定义为

$$\mu(\boldsymbol{A}) = \max_{1\leqslant n<m\leqslant N} \frac{\left|\boldsymbol{a}_n^H \boldsymbol{a}_m\right|}{\|\boldsymbol{a}_n\|_2 \|\boldsymbol{a}_m\|_2} \tag{6-131}$$

参数 N 表示矩阵 $\boldsymbol{A}$ 的列数。

在实际信号恢复的过程中，考虑到符号间干扰的影响，矩阵 $\boldsymbol{H\Psi}$ 并不总是满足 RIP，同时式(6-128)所示的恢复算法需要依赖凸优化理论，在实现过程中具有较高的计算复杂度。因此，在单载波序号调制的稀疏信号恢复中，需要引入具有低复杂度的方法。

在本节中，重点关注具有概率推断特征的 CAVI(coordinate ascent variational inference)算法[25,27]。在该算法中，主要目标是恢复稀疏发送信号 $\boldsymbol{s}$ 的支撑集，这里用 $\boldsymbol{x}$ 表示对应的支撑集向量，则 $\boldsymbol{x}$ 中的元素满足如下约束条件：

$$x_n = \begin{cases} 1, & s_n \neq 0 \\ 0, & s_n = 0 \end{cases} \tag{6-132}$$

为了表示方便，令矩阵 $\boldsymbol{A} = \boldsymbol{H\Psi}$，且 a_n 表示矩阵 $\boldsymbol{A}$ 的第 n 列。对于支撑集的恢复，从概率推断的角度，这里主要关注 x_n 取 0 还是取 1 的概率，分别表示为 $\Pr(x_n = 0)$ 和 $\Pr(x_n = 1)$。在 CAVI 算法中，通过迭代的方式去逼近 x_n 真实的分布。对应式(6-126)中的接收信号模型，此处用 $\chi_n^{(i)}(x_n)$ 表示在第 i 次迭代处理中对 $\Pr(x_n)$ 的近似，其计算过程表示为

$$\chi_n^{(i)}(x_n) = \frac{1}{\det \boldsymbol{R}_n^i(x_n)} \exp(-\boldsymbol{y}^H \boldsymbol{R}_n^i(x_n)\boldsymbol{y}) \tag{6-133}$$

其中，矩阵 $\boldsymbol{R}_n^{(i)}(x_n)$ 应当写成：

$$\begin{gathered} \boldsymbol{R}_n^{(i)}(x_n) = \boldsymbol{a}_n\boldsymbol{a}_n^H x_n + \sum_{t<n} \boldsymbol{a}_t\boldsymbol{a}_t^H \overline{\chi}_t^{(i)}(x_t = 1) + \sum_{s>n} \boldsymbol{a}_s\boldsymbol{a}_s^H \overline{\chi}_s^{(i-1)}(x_s = 1) + \sigma_n^2 \boldsymbol{I}_{N_C} \\ x_n = \{0,1\} \end{gathered} \tag{6-134}$$

当 x_n 分别取 0 或取 1 时，$\boldsymbol{R}_n^{(i)}(x_n)$ 的计算结果不同，此外，$\overline{\chi}_n^{(i)}(x_n = 1)$ 表示对 $\chi_n^{(i)}(x_n = 1)$ 进行归一化之后的计算结果，即

$$\overline{\chi}_n^{(i)}(x_n = 1) = \frac{\chi_n^{(i)}(x_n = 1)}{\chi_n^{(i)}(x_n = 1) + \chi_n^{(i)}(x_n = 1)} \tag{6-135}$$

经过多次迭代之后，需要对取值概率的计算结果 $\chi_n^{(i)}(x_n)$ 进行判决，获得支撑集 $\boldsymbol{x}$。在获得支撑的基础上，可以进一步采用线性检测算法，如 MMSE 算法，恢复出支持集对应位置上的发送符号，该方法具有较强的可实现性。

6.3.4　单载波传输下序号调制的仿真结果

在本节的仿真结果中，分别给出线性均衡、迭代均衡和压缩感知方法的仿真结果。

1. 线性均衡仿真结果

在单载波传输序号调制下，首先给出未级联信道编码下的误比特率性能。此时，单载波数据块的长度 $N = 256$，分段长度 $K = 4$，每个分段上激活符号的个数 $S = 1$，发送的调制符号为 QPSK。此时在每个分段上，激活符号的序号承载 2bit 信息，调制符号承载 2bit 信息，传输效率为 1bit/s/Hz。此时的对比方案为传统的单载波频域均衡方案[28]，为了保证频谱效率的一致性，传统方案采用 BPSK 调制方式。

为了保证各数据块间没有相互干扰，假设循环前缀的长度大于最大多径时延。以下分别给出 4 径和 8 径信道下的仿真结果。在图 6-25 的多径信道中，假设各径功率相等，各径的信道响应相互独立，各径功率之和归一化。

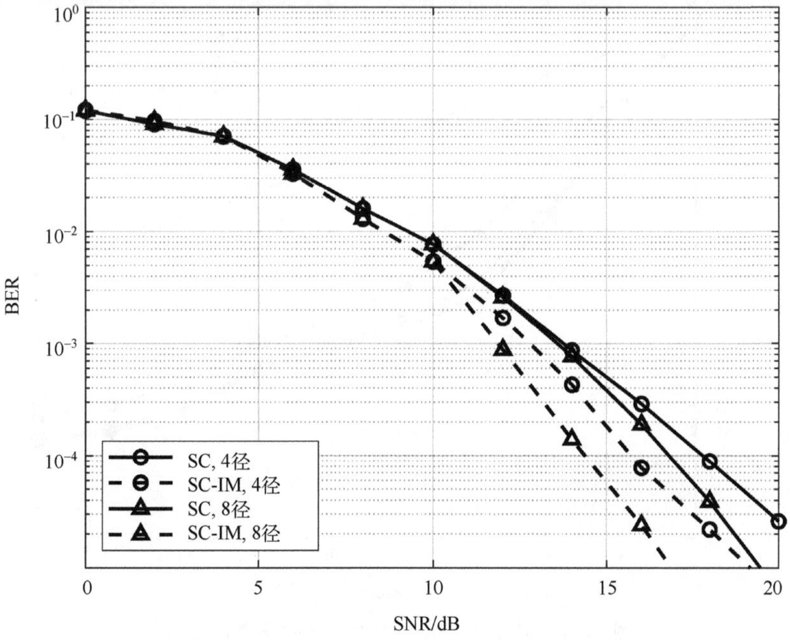

图 6-25　不同路径下的仿真结果图

在此条件约束下，通过图 6-25 的仿真结果能够看到，在 4 径和 8 径信道条件下，单载波传输序号调制相对于传统的单载波传输，在高信噪比条件下有较为明显的性能优势。在 4 径信道下，当误比特率为 10^{-4} 时，单载波传输序号调制性能要大于 1dB；在 8 径信道下，当误比特率为 10^{-4} 时，单载波传输序号调制性能要好 1.5dB。在各径独立且功率相同的情况下，随着信道径数的增加，单载波传输序号调制的性能优势会表现得更加显著。

2. 迭代均衡仿真结果

在本节中，进一步给出单载波传输下序号调制迭代均衡的仿真结果。考虑到单载波传输下符号间干扰的影响，在这里采用了一种符号间干扰较强的多径信道模型，其信道响应如下：

$$\boldsymbol{h} = 0.0795 \times [1, 0.707, 4, 2.121, 7.25, 3, 7.25, 2.121, 4, 0.707, 1] \tag{6-136}$$

该信道是一个 9 径信道，符号间干扰比较强。对于序号调制来说，在较强的符号间干扰下，其优势在于发送的调制符号不一定是相邻的，在时域上具有稀疏特性，受符号间干扰的影响较小。

在图 6-26 的仿真中，单载波数据块的长度 $N = 512$，分段长度 $K = 4$，每个分段上激活符号的个数 $S = 1$，发送的调制符号为 QPSK，采用的信道编码是 1/2 码率的非系统卷积码，从传输信息比特的角度考虑，该仿真的频谱效率为 0.5bit/s/Hz。在信道译码的辅助下，接收机采用 6.3.2 节中所给出的迭代均衡方法，并根据均衡结果计算比特似然比。

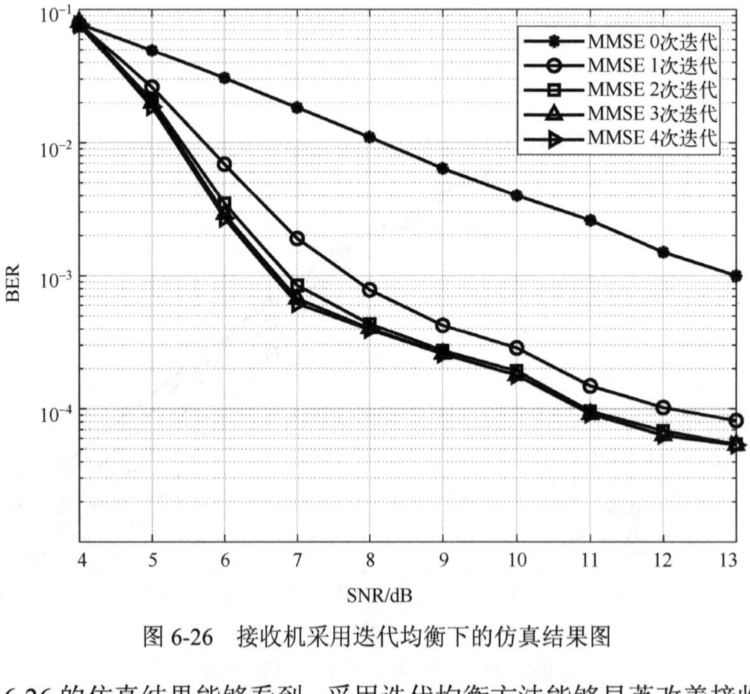

图 6-26　接收机采用迭代均衡下的仿真结果图

根据图 6-26 的仿真结果能够看到，采用迭代均衡方法能够显著改善接收机性能。从第 0 次迭代到第 1 次迭代，性能改善的幅度最大，第 2 次迭代之后，再进行迭代均衡获得的收益较小，接收机性能趋向于收敛。

3. 压缩感知检测仿真结果

这里主要给出在压缩感知接收算法下的仿真结果。为了能够体现压缩感知的优势，仿真结果的纵坐标为序号比特的差错概率(index error rate，IER)。

在图 6-27 中采用的多径信道为 6 径信道，各径功率相等，且信道响应相互独立。单载波传输数据块的长度，即 IFFT 变换的点数为 $N_C=128$，发送信号 $\boldsymbol{x}$ 的维度为 $N=160$，发送信号分成 5 段，数据分段的长度 $K=32$，在一个时隙内，每个数据分段上激活的发送符号数 $S=1$，则一个单载波数据块上承载的序号比特数为 25。

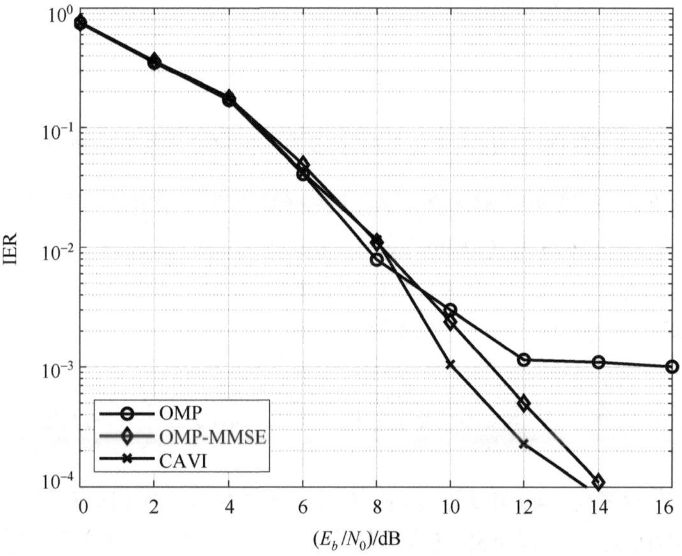

图 6-27　数据块长度为 160、分段长度为 32 的序号比特差错概率性能

仿真图 6-27 中的性能曲线包括正交基匹配追踪(OMP)算法[29]、OMP-MMSE 算法和 6.3.3 节中介绍的 CAVI 算法。根据图 6-27 的仿真结果能够看到，在高信噪比下，CAVI 算法相比 OMP 算法和 OMP-MMSE 算法有显著的性能优势。OMP 算法随着信噪比的增大，出现了误码平台，序号比特的差错概率不能降到 10^{-3} 以下。当序号比特的差错概率为 10^{-3} 时，CAVI 算法相比 OMP-MMSE 算法要好 1dB。

接下来，继续给出另一种配置下的压缩感知仿真结果。在图 6-28 中，多径信道为 4 径信道，各径功率相同且相互独立。单载波传输数据块的长度，即 IFFT 变换的点数为 $N_C=64$，实际发送的符号向量 $\boldsymbol{x}$ 的维度为 $N=80$，发送信号分成 10 段，数据分段的长度 $K=8$，在一个时隙内每个分段上激活的发送符号数 $S=1$。综合以上分析，在图 6-28 的配置中，一个单载波数据块承载的序号比特数为 30。考虑到数据块的长度相比于图 6-26 的配置减半，因此，可以认为在图 6-27 的配置中，发送信号在时域的稀疏度上更密集。

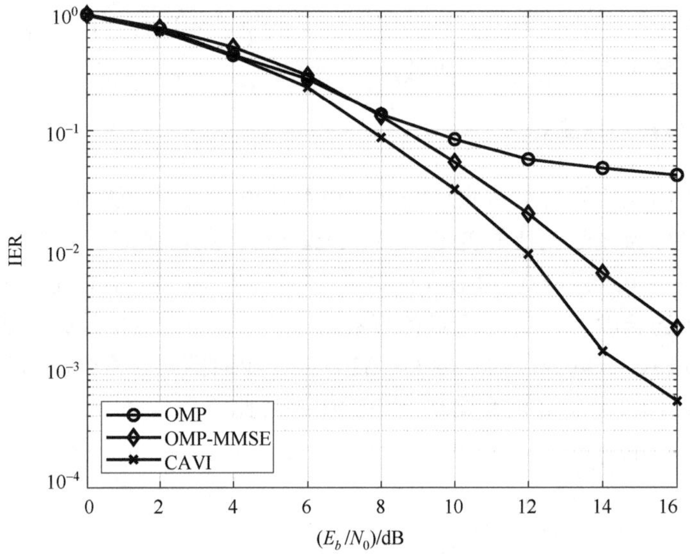

图 6-28 数据块长度为 80、分段长度为 8 的序号比特差错概率性能

通过图 6-28 的仿真结果能够看到，在发送符号向量 $\boldsymbol{x}$ 在时域更密集的情况下，6.3.3 节介绍的 CAVI 算法仍然具有更优的性能，且性能增益更为显著。相比于 CAVI 算法，OMP 算法在序号比特差错概率(IER)大于 10^{-3} 时就出现了误码平台，同时，OMP-MMSE 算法随 SNR 下降的斜率也要差于 CAVI 算法。

6.4 单载波传输下天线域的空间调制

在本节中，重点考虑基于单载波传输体制的天线域空间调制方法[30]，发送天线数仍然用 N_T 表示。考虑天线域和单载波传输结合的主要原因是，在单载波传输下，对于一个数据块而言，如果考虑数据块内每个符号间隔只激活一个天线的情况，则在实际系统中，发端只需要配置 1 个射频通道。这与基于 OFDM 子载波域的空间调制是有差别的，在不同的子载波上可以考虑根据激活天线序号承载序号信息，但是在 OFDM 的发端结构中，需要对整个发送端的数据块进行 IFFT。换句话说，在一个子载波上的激活天线发送信号，经过 IFFT 后，会分散到时域数据块的各个符号上，这就意味着在实际系统中，虽然逻辑上每个子载波只激活 1 个发送天线，但仍然需要配置 N_T 个射频通道。

从技术实现的角度看，单载波传输下需要解决的问题还包括符号间干扰问题，需要在天线域空间调制的环境下对符号间干扰进行有效的抑制和消除，实现接收机性能的优化。在本节中，重点介绍单载波有循环前缀条件下的信号模型与接收机检测算法。

6.4.1 单载波传输下天线域空间调制的信号模型

首先给出每个时隙只激活一个天线的条件下的信号模型。假设数据块的长度仍然为 N，发送天线数为 N_T，在一个数据块的第 n 个时隙上，发送信号向量可以表示为

$$\boldsymbol{s}_n=[0,\cdots,0,s_n^{(k)},0,\cdots,0]^T\in\mathbb{C}^{N_\mathrm{T}\times 1} \tag{6-137}$$

式(6-137)表明第 n 个时隙上，仅在第 k 个天线上发送调制符号，激活天线的序号承载的比特数为 $\log_2 N_{\mathrm{T}}$ ，调制符号的调制阶数为 M ，承载的比特数为 $\log_2 M$ 。根据以上发送模型能够看到，同 6.3 节中的序号调制不同，在本节中是通过天线域承载序号信号的。

一个数据块总的发送信号向量可以写成如下形式：

$$\boldsymbol{s}=[\boldsymbol{s}_0^T,\cdots,\boldsymbol{s}_{N-1}^T]^T\in\mathbb{C}^{N_{\mathrm{T}}N\times 1}\tag{6-138}$$

同 6.3 节类似，同样进行如下发送信号能量的归一化：

$$\frac{1}{N_{\mathrm{T}}}\left|\boldsymbol{s}_n\right|^2=\frac{1}{N_{\mathrm{T}}}\sum_{k=1}^{N_{\mathrm{T}}}\left|s_n^{(k)}\right|^2=1\tag{6-139}$$

考虑到接收端有 N_{R} 个接收天线，在循环前缀长度大于最大多径时延的情况下，信道响应矩阵具有块循环平移的性质，此时信道响应矩阵 $\boldsymbol{H}\in\mathbb{C}^{N_{\mathrm{R}}N\times N_{\mathrm{T}}N}$ 可以写成如下形式：

$$\boldsymbol{H}=\begin{bmatrix}\boldsymbol{H}_0 & \cdots & \boldsymbol{H}_2 & \boldsymbol{H}_1\\ \boldsymbol{H}_1 & \boldsymbol{H}_0 & \cdots & \boldsymbol{H}_2\\ \vdots & \ddots & \ddots & \vdots\\ \boldsymbol{H}_{N-1} & \cdots & \boldsymbol{H}_1 & \boldsymbol{H}_0\end{bmatrix}\tag{6-140}$$

其中，$\boldsymbol{H}_l\in\mathbb{C}^{N_{\mathrm{R}}\times N_{\mathrm{T}}}$ 表示第 l 条路径的信道响应，当 l 大于最大多径时延 $L_{\max}$ 时，矩阵 $\boldsymbol{H}_l$ 为 0 矩阵。此时，对应一个数据块的接收信号表示为

$$\boldsymbol{y}=\boldsymbol{H}\boldsymbol{s}+\boldsymbol{n}\tag{6-141}$$

其中，$\boldsymbol{y}=[\boldsymbol{y}_0^T,\cdots,\boldsymbol{y}_{N-1}^T]^T\in\mathbb{C}^{N_{\mathrm{R}}N\times 1}$ 表示对应一个数据块的接收信号，$\boldsymbol{y}_n\in\mathbb{C}^{N_{\mathrm{R}}\times 1}$ 表示第 n 个时隙上的信号分量；$\boldsymbol{n}\in\mathbb{C}^{N_{\mathrm{R}}N\times 1}$ 表示均值为 0、方差为 $\sigma_n^2\boldsymbol{I}_{N_{\mathrm{R}}N}$ 的复高斯噪声向量。

根据以上的时域信号模型，可以利用信道矩阵 $\boldsymbol{H}$ 的块循环平移特性将其转换到频域，使其具有块对角特性，从而方便均衡地进行。对应于 $\boldsymbol{H}$ 的频域响应矩阵可以写成如下形式：

$$\boldsymbol{\Lambda}=\boldsymbol{F}_{N_{\mathrm{R}}}\boldsymbol{H}\boldsymbol{F}_{N_{\mathrm{T}}}^H=\mathrm{blkdiag}\{\boldsymbol{\Lambda}_0,\cdots,\boldsymbol{\Lambda}_{N-1}\}\tag{6-142}$$

其中，$\boldsymbol{\Lambda}\in\mathbb{C}^{N_{\mathrm{R}}N\times N_{\mathrm{T}}N}$ 为块对角矩阵，块对角线上的矩阵 $\boldsymbol{\Lambda}_k\in\mathbb{C}^{N_{\mathrm{R}}\times N_{\mathrm{T}}}$ 表示第 k 个子载波上的信道响应，其表达式为

$$\boldsymbol{\Lambda}_k=\sum_{l=0}^{N-1}\boldsymbol{H}_l\exp\left(-\frac{\mathrm{j}2\pi kl}{N}\right)\tag{6-143}$$

另外，矩阵 $\boldsymbol{F}_{N_{\mathrm{R}}}=\boldsymbol{F}\otimes\boldsymbol{I}_{N_{\mathrm{R}}}$ ，$\boldsymbol{F}_{N_{\mathrm{T}}}^H=\boldsymbol{F}^H\otimes\boldsymbol{I}_{N_{\mathrm{T}}}$ ，$\boldsymbol{F}$ 和 $\boldsymbol{F}^H$ 分别表示 N 点的 FFT 和 IFFT 矩阵，计算符号 $\otimes$ 表示克罗内克积。

基于以上的频域响应结果，则频域接收信号模型表示为

$$\boldsymbol{r}=\boldsymbol{\Lambda}\boldsymbol{x}+\boldsymbol{v}\tag{6-144}$$

其中，$\boldsymbol{r}=\boldsymbol{F}_{N_{\mathrm{R}}}\boldsymbol{y}$ 表示频域的接收信号；$\boldsymbol{x}=\boldsymbol{F}_{N_{\mathrm{T}}}\boldsymbol{s}$ 表示频域的发送信号；$\boldsymbol{v}=\boldsymbol{F}_{N_{\mathrm{R}}}\boldsymbol{y}$ 表示频域的等效噪声，正交变换不改变噪声的均值和方差特性。由于频域信道响应矩阵具有块对角化特性，因此，在频域进行均衡具有较低的计算复杂度。

6.4.2 接收机均衡算法

在发送信号向量采用式(6-139)所示的能量归一化的条件下，接收机在频域的线性均衡可以表示为

$$\tilde{\boldsymbol{x}} = \boldsymbol{\Lambda}^H (\boldsymbol{\Lambda}\boldsymbol{\Lambda}^H + \sigma_n^2 \boldsymbol{I}_{N_R}) \boldsymbol{y} \tag{6-145}$$

以上均衡的结果位于频域，再对均衡结果进行 IFFT，将其变换到时域，得到以下结果：

$$\tilde{\boldsymbol{s}} = \boldsymbol{F}_{N_\mathrm{T}}^H \tilde{\boldsymbol{x}} \tag{6-146}$$

与 6.3 节给出的方法类似，对于均衡后的结果，仍然需要对每个时隙上的发送信号进行判决，此时判决对象是 $\tilde{\boldsymbol{s}} = [\tilde{\boldsymbol{s}}_0^T, \tilde{\boldsymbol{s}}_1^T, \cdots, \tilde{\boldsymbol{s}}_{N-1}^T]^T$ 中的每个子向量 $\tilde{\boldsymbol{s}}_n$。假设发送端采用 $N_\mathrm{T} = 4$ 个天线，每个时隙只激活一个发送天线，发送调制符号为 QPSK，此时 N_T 维发送信号的星座点可以表征为

$$\boldsymbol{s}_n \in \left\{ A_{\text{SC-SM}}^{(4,1,2)} : \begin{bmatrix} \pm\sqrt{2} \pm \sqrt{2}i \\ 0 \\ 0 \\ 0 \end{bmatrix}, \begin{bmatrix} 0 \\ \pm\sqrt{2} \pm \sqrt{2}i \\ 0 \\ 0 \end{bmatrix}, \begin{bmatrix} 0 \\ 0 \\ \pm\sqrt{2} \pm \sqrt{2}i \\ 0 \end{bmatrix}, \begin{bmatrix} 0 \\ 0 \\ 0 \\ \pm\sqrt{2} \pm \sqrt{2}i \end{bmatrix} \right\} \tag{6-147}$$

其中，SC-SM (single carrier spatial modulation) 表示单载波传输下天线域的空间调制，$A_{\text{SC-SM}}^{(N_\mathrm{T},1,M)}$ 表示对应的发送星座点集合，其中包含 $N_\mathrm{T}M$ 个空间调制星座点。

基于以上分析，对均衡结果采用硬判决的表达式可以写成：

$$\hat{q} = \arg\min_q \left\| \tilde{\boldsymbol{s}}_n - \boldsymbol{s}(q) \right\|_2, \quad \boldsymbol{s}(q) \in A_{\text{SC-SM}}^{(N_\mathrm{T},1,M)} \tag{6-148}$$

通过式(6-148)，可以看到在硬判决中，天线序号和发送调制符号是一起得到的。

在实际系统中，均衡结果往往还要输入信道译码器中，这时需要得到比特的似然比结果。同时，还可以考虑在信道译码器反馈的情况下，进一步提高判决的准确性，因此在判决的过程中将信道译码器提供的先验信息进一步考虑进去。假设 $\boldsymbol{s}_n$ 中第 p 比特为 1 的符号集合为 $\boldsymbol{S}_1^p$，第 p 比特为 0 的符号集合为 $\boldsymbol{S}_0^p$，似然比的计算可以表示为

$$\begin{aligned} L_e(b_p) = & \max_{\boldsymbol{s}(q)\in \boldsymbol{S}_1^p} \left[-\frac{\left\| \tilde{\boldsymbol{s}}_n - \boldsymbol{s}(q) \right\|_2^2}{\tilde{\sigma}_n^2} + \sum_{j\neq k} b_j L_a(b_j) \right] \\ & - \max_{\boldsymbol{s}(q)\in \boldsymbol{S}_0^p} \left[-\frac{\left\| \tilde{\boldsymbol{s}}_n - \boldsymbol{s}(q) \right\|_2^2}{\tilde{\sigma}_n^2} + \sum_{j\neq k} b_j L_a(b_j) \right] \end{aligned} \tag{6-149}$$

其中，$L_a(b_j)$ 表示译码器反馈的先验信息；$\tilde{\sigma}_n^2$ 表示均衡后残留干扰和噪声的方差。

根据式(6-149)能够看到，该方法仅在最后软判决的过程中用到了信道译码器的软信息，若进一步将信道译码软信息用于均衡中，能够进一步提高可靠性。改进的方法包括软信息辅助下前向均衡器优化、基于期望传播的迭代优化、判决反馈均衡优化、基于时

域处理的均衡算法等，除了接收机的算法优化之外，还能够利用发送端数据块结构的改进提升传输性能。

6.4.3 接收机均衡算法的仿真结果

在本节中，给出了接收机在单载波传输天线域空间调制下采用迭代接收机的仿真结果[30]。在仿真中，单载波数据块的长度 $N=256$，发送天线数 $N_\mathrm{T}=4$，接收天线数 $N_\mathrm{R}=4$，发送符号的调制方式采用 16PSK。在天线域空间调制下，发送天线序号承载 2bit 信息，调制符号承载 4bit 信息，每个符号间隔传输 6bit 信息，一个数据块包含的比特数为 $256\times 6=1536\,\mathrm{bit}$。信道编码采用 1/2 码率的 RSC 卷积码，卷积码编码后总比特长度为 38400，因此一个编码块包含 25 个编码数据块。

在 1/2 码率的条件下，图 6-29 中实际传输的频谱效率为 3bit/s/Hz。此时，对应的香农信道容量限为 3.7dB。通过图 6-29 的仿真结果能够看到，随着与译码器联合迭代的进行，接收机均衡的性能可以得到显著改善。当迭代次数达到 16 次时，接收机误比特率性能相对于该频谱效率下的信道容量限，差距仅为 1.4dB。

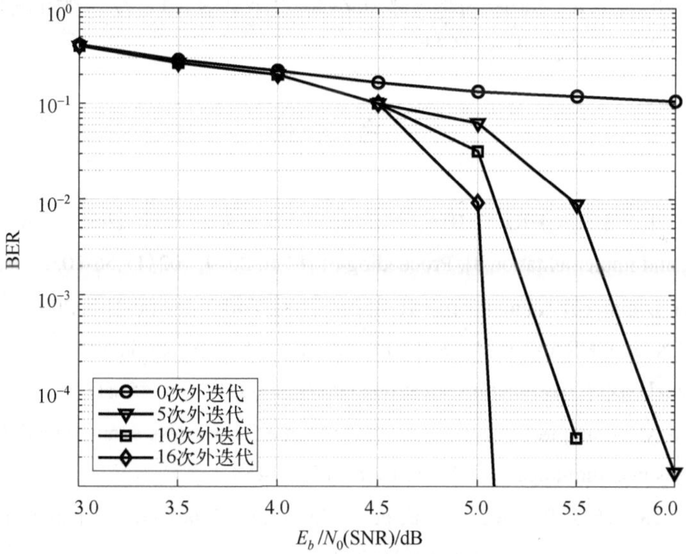

图 6-29　迭代均衡下的性能仿真图

6.5 本章小结

本章主要介绍了空间调制技术，空间调制是一种利用天线序号作为载体实现信息传输的物理层技术，该技术在衰落信道下，能够获得比传统 MIMO 多天线更优的性能，在 5G 后续演进中具有较强的实用化潜力。在 6.1 节中，重点描述了利用天线序号的天线域空间调制。在 6.2 节中，将序号调制的思想进行扩展，介绍了利用 OFDM 子载波序号传递信息的调制技术。在 6.3 节中，考虑了单载波传输下的序号调制，此时序号调制是通过发送调制符号的时隙序号进行承载的。之后，在 6.4 节中，介绍了单载波传输下的天线域空间调制，与 6.1 节的空间调制相比，单载波体制引入了符号间干扰，需要在接收机处加以消除。

习　题

6.1　请思考如何在大于 4 天线的情况下，实现空间调制结合空时编码的最优配置方法。

6.2　请通过蒙特卡罗仿真验证 OFDM 子载波序号调制的性能。仿真参数配置如下：分段长度 $K=4$，激活子载波数 $S=1$，发送调制符号为 16QAM，接收机采用最大似然检测和 6.2.1 节所介绍的低复杂度算法的性能。

6.3　请评估习题 6.2 配置下，最大似然检测和 6.2.1 节所介绍的低复杂度算法的复杂度。

6.4　请通过蒙特卡罗仿真实现单载波传输下的序号调制，单载波数据块的长度 $N=256$，分段长度 $K=4$，每个分段上激活符号的个数 $S=1$，发送的调制符号为 QPSK。接收机采用 6.3.1 节中的线性均衡算法。

参 考 文 献

[1] RENZO M D, HAAS H, GHRAYEB A, et al. Spatial modulation for generalized MIMO: challenges, opportunities, and implementation[J]. Proceeding of IEEE, 2014, 102(1):56-103.

[2] PROAKIS J G. Digital communications[M]. 4th ed. New York: McGrawHill, 2001.

[3] JEGANATHAN J, GHRAYEB A, SZCZECINSKI L. Spatial modulation: optimal detection and performance analysis[J]. IEEE communications letters, 2008, 12(8):545-547.

[4] ALAMOUTI S M. A simple transmit diversity technique for wireless communications[J]. IEEE journal of selected areas in communications, 1998, 16(8):1451-1458.

[5] BASAR E, AYGOLU U, PANAYIRCI E, et al. Space-time block coded spatial modulation[J]. IEEE transactions on communications, 2011, 59(3): 823-832.

[6] HASSIBI B, HOCHWALD B M. High-rate codes that are linear in space and time[J]. IEEE transactions on information theory, 2002, 48(7): 1804-1824.

[7] JAFARKHANI H. Space-time coding, theory and practice[M]. Cambridge: Cambridge University Press, 2005.

[8] BOHNKE R, WUBBEN D, KUHN V, et al. Reduced complexity MMSE detection for BLAST architectures[C]. IEEE global telecommunications conference. San Francisco, 2003.

[9] DATTA T, CHOCKALINGAM A. On generalized spatial modulation[C]. IEEE wireless communications and networking conference (WCNC). Shanghai, 2013: 2716-2720.

[10] NARASIMHAN T, RAVITEJA P, CHOCKALINGAM A. Generalized spatial modulation in large-scale multiuser MIMO systems[J]. IEEE transactions on wireless communications, 2015, 14(7):

3764-3779.

[11] WYMEERSCH H, PENNA F, SAVIC V. Uniformly reweighted belief propagation for estimation and detection in wireless networks[J]. IEEE transactions on wireless communications, 2012, 11(4): 1587-1595.

[12] RAVITEJA P, NARASIMHAN T, CHOCKALINGAM A. Detection in large-scale multiuser SM-MIMO systems: algorithms and performance[C]. IEEE VTC-spring. Seoul, 2014:1-5.

[13] WANG P, LE-NGOC T. A low-complexity generalized sphere decoding approach for underdetermined linear communication systems: performance and complexity evaluation[J]. IEEE transactions on communications, 2009, 57(11): 3376-3388.

[14] BASAR E, AYGOLU U, PANAYIRCI E, et al. Orthogonal frequency division multiplexing with index modulation[J]. IEEE transactions on signal processing, 2013, 61(22): 5536-5549.

[15] CHIANI M, DARDADI D. Improved exponential bounds and approximation for the Q-function with application to average error probability computation[C]. IEEE global telecommunications conference. Bologna, 2002: 1399-1402.

[16] CHOI J. Coded OFDM-IM with transmit diversity[J]. IEEE transactions on communications, 2017, 65(7): 3164-3171.

[17] XIAO Y. OFDM with interleaved subcarrier-index modulation[J]. IEEE communications letters, 2014, 18(8): 1447-1450.

[18] BASAR E. OFDM with index modulation using coordinate interleaving[J]. IEEE wireless communications letters, 2015, 4(4): 381-384.

[19] YANG L L. Multicarrier communications[M]. Hoboken: Wiley, 2009.

[20] Li Q, WEN M, BASAR E, et al. Index modulated OFDM spread spectrum[J]. IEEE transactions on wireless communications, 2018, 17(4):2360-2374.

[21] LUONG T V, KO Y. Spread OFDM-IM with precoding matrix and low-complexity detection designs[J]. IEEE transaction on vehicular technology, 2018, 67(12):11619-11626.

[22] NAKAO M, ISHIHARA T, SUGIURA S. Single-carrier frequency-domain equalization with index modulation[J]. IEEE communications letters, 2017, 21(2): 298-301.

[23] SUGIURA S, ISHIHARA T, NAKAO M. State-of-the-art design of index modulation in the space, time, and frequency domains: benefits and fundamental limitations[J]. IEEE access, 2017, 5: 21774-21790.

[24] YUAN X, GUO Q, WANG X, et al. Evolution analysis of low-cost iterative equalization in coded linear systems with cyclic prefixes[J]. IEEE journal on selected areas in communications, 2008, 26(2): 301-310.

[25] CHOI J. Single-carrier index modulation for IoT uplink[J]. IEEE journal on selected topics in signal processing, 2019, 13(6):1237-1248.

[26] FAN J, Guo S, Zhou X, et al. Faster-than-Nyquist signaling: an overview[J]. IEEE access, 2017, 5:1925-1940.

[27] CHOI J. A variational inference-based detection method for repetition coded generalized spatial modulation[J]. IEEE transactions on communications, 2019, 67(3): 2569-2579.

[28] FALCONER D, ARIYAVISITAKUL S L, BENYAMIN-SEEYAR A, et al. Frequency domain equalization for single-carrier broadband wireless systems[J]. IEEE communications magazine, 2002, 40(4): 58-66.

[29] PATI Y C, REZAIIFAR R, KRISHNAPRASAD P S. Orthogonal matching pursuit: recursive function approximation with applications to wavelet decomposition[C]. Proceedings of 27th Asilomar conference on signals, systems and computers. Pacific Grove, 1993: 40-44.

[30] SUGIURA S, HANZO L. Single-RF spatial modulation requires single-carrier transmission: frequency-domain turbo equalization for dispersive channels[J]. IEEE transactions on vehicular technology, 2015, 64(10): 4870-4875.